电机与电气控制技术

主　编　张春丽　李建利
副主编　严文超　罗红俊
参　编　刘　潇　秦　勇

机械工业出版社

本书主要介绍以三相异步电动机为控制对象的电气控制电路的分析、设计及安装调试，同时也介绍了直流电动机、变压器和控制电机的基础知识和应用，旨在让读者掌握电动机及其电气控制系统的结构、原理、运行控制和维护维修等理论知识，提高读者常用电气控制电路的设计、安装与调试技能，引导读者养成安全生产、规范操作、团结协作、爱岗敬业、精益求精等岗位责任意识与良好的职业习惯，践行为党育人、为国育才的初心和使命。

本书以丰富学生的知识底蕴为出发点，以锻炼学生的职业能力为落脚点，以常用电气控制电路的设计、安装与调试为实训任务，以电工国家职业技能标准为指导，以项目任务驱动方式组织教学内容，理论与实践相结合，充分体现高等职业教育特色。本书编者与企业合作开发课程内容，项目大多源于企业真实生产任务，实训内容贴近生产实际，具有可操作性和实用性。

本书适合作为高等职业院校电气自动化技术、机电一体化技术、机电设备维修与管理、机械制造与自动化、数控设备应用与维护等专业学生的授课教材，同时也可作为电工培训教材和工程人员参考用书。

为方便教学，本书配有电子课件、习题答案等配套资源，凡选用本书作为授课教材的教师，均可登录机械工业出版社教育服务网（www. cmpedu. com）免费索取。咨询电话：010-88379375。

图书在版编目（CIP）数据

电机与电气控制技术/张春丽，李建利主编. —北京：机械工业出版社，2022.9（2025.8 重印）

ISBN 978-7-111-71215-2

Ⅰ.①电… Ⅱ.①张…②李… Ⅲ.①电机学-高等职业教育-教材②电气控制-高等职业教育-教材 Ⅳ.①TM3②TM921.5

中国版本图书馆 CIP 数据核字（2022）第 125545 号

机械工业出版社（北京市百万庄大街 22 号 邮政编码 100037）

策划编辑：高亚云 责任编辑：高亚云 郭 维

责任校对：张 征 贾立萍 封面设计：鞠 杨

责任印制：刘 媛

北京富资园科技发展有限公司印刷

2025 年 8 月第 1 版第 3 次印刷

184mm×260mm · 16.5 印张 · 430 千字

标准书号：ISBN 978-7-111-71215-2

定价：47.00 元

电话服务	网络服务
客服电话：010-88361066	机 工 官 网：www. cmpbook. com
010-88379833	机 工 官 博：weibo. com/cmp1952
010-68326294	金 书 网：www. golden-book. com
封底无防伪标均为盗版	机工教育服务网：www. cmpedu. com

前 言

PREFACE

本书是项目化精品在线开放课程的配套教材，由湖北三峡职业技术学院老师和中国长江电力股份有限公司工程师共同编写。

为适应企业发展对专业人才的需求，编者在编写本书前进行了充分的调查和论证，依托校内外实训基地，从企业生产中的实际案例入手，秉承“讲、学、练、做”一体化的教学理念，依据工学结合、学练结合的原则，经过分析、总结和提炼，挑选9个项目情景作为载体，以项目任务构建起能力导向的教学模块。在教学内容安排上，本着易学、够用的原则，简化理论讲解和数学公式的推导，突出职业能力的培养。

本书共九个项目，分别是：项目一以CA6140型车床为载体认识三相异步电动机，项目二以CW6132型车床为载体学习低压电器及识读电气图，项目三以送料小车的前进、后退电气控制为载体学习三相异步电动机正反转控制，项目四以多级带式输送机的顺序控制为载体学习三相异步电动机顺序控制与多地控制，项目五以电镀行车电动机的起动控制为载体学习三相异步电动机起动控制，项目六以T68型镗床为载体学习三相异步电动机电气制动与调速控制，项目七以轧钢机为载体学习直流电动机的电气控制，项目八学习变压器的应用，项目九以全自动液体灌装生产线为载体学习控制电机的应用。每个项目以“项目情景描述→项目解读→专业知识积累→项目任务实现→拓展与提高→思考与练习”的逻辑展开，以丰富的专业知识为基础，以紧跟岗位需要的技能训练为保障，讲练结合，在完成项目任务的过程中，拉近课堂教学与生产实践的距离，努力提高学生解决实际问题的综合能力，落实立德树人根本任务。

为适应数字化教学需要，本书配有在线学习课程，读者可访问www.icourse163.org/course/HBSX-1449627165（或登录中国大学慕课官网搜索“电机及电气控制”）辅助学习。

项目一、五、六、九主要由张春丽编写，项目二、四主要由李建利编写，项目三、七主要由严文超编写，项目八由罗红俊编写。刘潇参与了项目六、七的编写，秦勇参与了项目二、九的编写，并提出了许多宝贵的意见和建议。全书由张春丽统稿。

由于编者水平有限，书中难免存在不足，敬请读者批评指正。

编 者

目　录

CONTENTS

项目一 认识三相异步电动机

一、项目情景描述

准大学毕业生小宋到某机床厂实习，实习岗位是CA6140型车床电气部分的运行维护和故障检修。第一天上岗，小宋早早地来到车间，看到机床操作工正准备起动车床车削零件，想上去帮忙却又不知如何下手。幸好带小宋的师傅来了，告诉他要如此这般，小宋如梦初醒，赶紧投入了学习，保障了实习的顺利进行。

猜猜看，师傅给小宋说了什么，要求他怎么做?

二、项目解读

制造业是国民经济的主体，是立国之本、兴国之器、强国之基。没有强大的制造业，就没有国家和民族的强盛。打造具有国际竞争力的制造业，是我国提升综合国力、保障国家安全、建设世界强国的必由之路。然而，与世界先进水平相比，我国制造业在自主创新能力、资源利用效率、产业结构水平、信息化程度、质量效益等方面差距明显，转型升级和跨越发展的任务艰巨又紧迫。

我国制造业的振兴既要依靠站在科技前沿的科学家，也离不开奋战在生产一线的技术工人。职业教育担负着培养高素质技术技能人才的重任，让我们从学好电动机、操作好车床入手，开启机电类专业技术人才的成长之旅，为我国制造业的振兴尽心竭力吧!

三、专业知识积累

（一）电机的定义与分类

电机是依据电磁感应定律实现电能转换或传递的电磁装置，主要用以生产、传输、分配及应用电能。平常所说的电机主要指发电机和电动机，发电机是把其他形式的能源转换成电能的机械设备，电动机是把电能转换成机械能的机械设备。实际上，电机的分类比较复杂，如图1-1所示。

（二）三相异步电动机的结构

三相异步电动机的基本结构如图1-2所示。它有两大基本组成：一是固定不动的部分，称

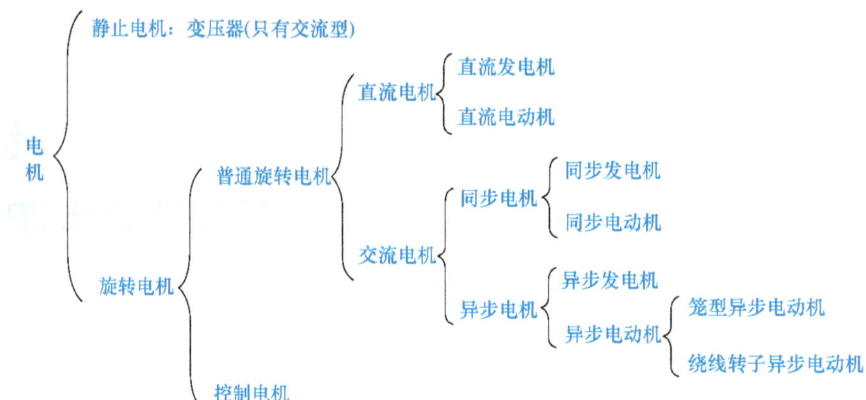

图 1-1 电机的分类

为定子；二是旋转部分，称为转子。定子和转子之间有空气隙，称为气隙。此外，还有机座、接线盒、端盖、转轴、轴承、风扇、风罩、吊环等附件。

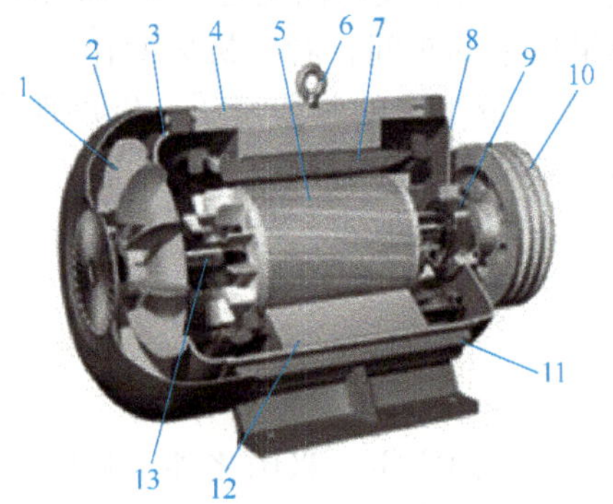

图 1-2 三相异步电动机的基本结构

1—风扇 2—风罩 3—后端盖 4—机座 5—笼型转子 6—吊环 7—定子绕组 8—前端盖 9—轴承 10—带轮 11—机座散热筋 12—定子铁心 13—转轴

1. 定子

定子由定子铁心和定子绕组组成。

（1）定子铁心 定子铁心是电动机磁路的重要组成部分。它是一个中空的圆柱体，紧贴着机座的内侧安装，其内圆周上均匀分布着许多彼此平行的定子槽，如图 1-3a 所示。定子铁心一般由 0.35mm 或 0.5mm 厚的硅钢片冲制叠压而成，这些硅钢片是表面涂有绝缘漆的环状冲片，称为定子冲片，如图 1-3b 所示。

a) 定子铁心　b) 定子冲片　c) 定子绕组

图 1-3 三相异步电动机的定子铁心、定子冲片与定子绕组

（2）定子绕组 定子绕组是电动机的电路部分，一般由漆包线绕制而成，按一定规律嵌放在定子铁心槽内，构成对称的三相绕组，如图 1-3c 所示。定子绕组与定子铁心之间有良好

的绝缘。

电动机的三相定子绕组通常用 U、V、W 表示，U1、V1、W1 分别对应定子绕组的三个首端，U2、V2、W2 分别对应定子绕组的三个尾端。这六个端子都接到电动机外壳上的接线盒中，然后再连接外电路。根据六个端子在接线盒中的不同接线方式，通常把定子绕组接成星形联结或三角形联结，如图 1-4 所示。星形（Y）联结和三角形（△）联结是三相异步电动机定子绕组的两种额定接线方式。

2. 转子

转子由转子铁心和转子绕组组成。

（1）转子铁心　转子铁心压装在转轴上，既是磁路的重要组成部分，又起着固定转子绕组的作用。如图 1-5 所示，转子铁心为圆柱形，由 0.35mm 或 0.5mm 厚的硅钢片叠制而成，通常利用冲制定子铁心冲片余下的内圆部分制成。转子铁心的外圆周上均匀分布着许多与铁心轴平行的槽，用来嵌放转子绕组。

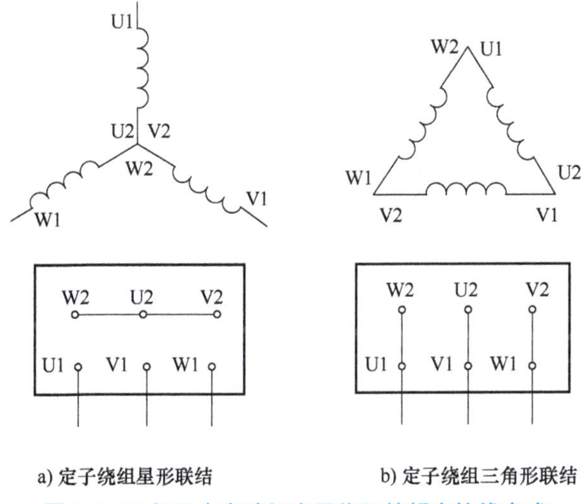

a) 定子绕组星形联结　　b) 定子绕组三角形联结

图 1-4　三相异步电动机定子绕组的额定接线方式

图 1-5　转子铁心

（2）转子绕组　转子绕组分为笼型转子绕组和绕线转子绕组两种。

笼型转子绕组由嵌放在转子铁心槽内的裸导条组成，通常是铜条或铝条，在铁心两端分别用两个短接的端环相连，将裸导条连接成一个整体，形成一个自身闭路的多相对称绕组，如图 1-6a 所示。如果去掉转子铁心，只看转子绕组，其外形就像一个笼子，如图 1-6b 所示，因此得名。中小型异步电动机的笼型转子绕组大都采用在转子铁心槽内浇注铝液的方式铸成，同时在端环上浇注出许多叶片，作为冷却风扇用。铸铝转子的外形如图 1-7 所示。

a) 笼型转子

b) 绕组

图 1-6　铜条构成的笼型转子和绕组

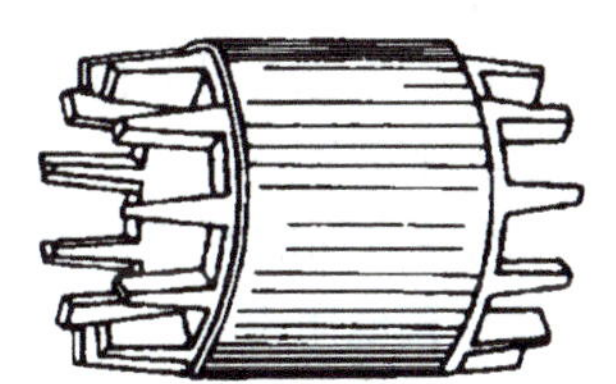

图 1-7　铸铝转子

绕线转子绕组类似于定子绕组，是嵌放在转子铁心槽中的三相对称绕组。将三个绕组的尾端连接在一起，构成星形联结，三个首端分别接到装在转轴上的三个铜制圆环（集电环）上，通过电刷与外电路相连，如图 1-8 所示。在电刷与外电路的连接处，可以通过串联可变电阻、频敏变阻器，附加电动势等来改善电动机的起动和运行性能，如图 1-9 所示。

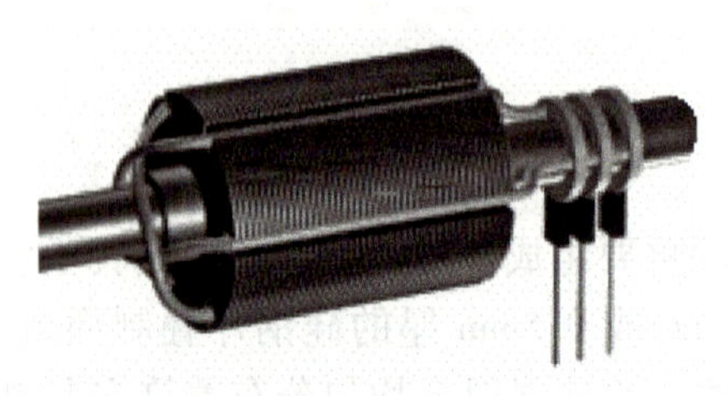

图 1-8 绕线转子铁心与绕组

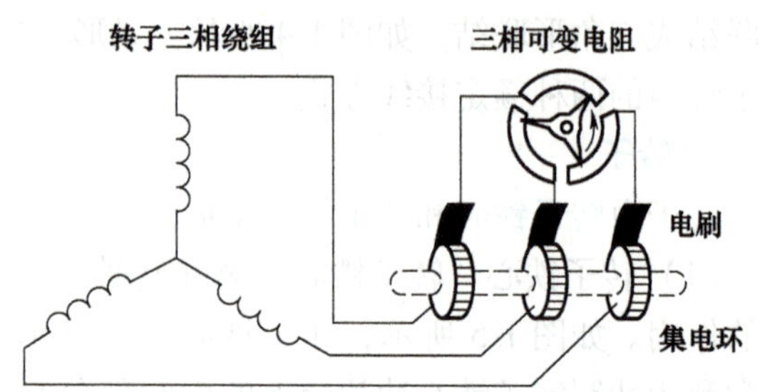

图 1-9 绕线转子绕组外接可变电阻示意图

具有笼型转子绕组的三相异步电动机称为三相笼型异步电动机，具有绕线转子绕组的三相异步电动机称为三相绕线转子异步电动机。这两种电动机的比较见表 1-1。

表 1-1 三相笼型异步电动机与三相绕线转子异步电动机的比较

电动机类型	结构特点	运行特点	电气符号		实际应用
			文字符号	图形符号	
三相笼型异步电动机	转子绕组由金属导条做成 中小型电动机为铸铝转子，大型电动机转子为铜条和铜端环焊接而成 结构简单，制造方便，成本低	工作可靠，运行控制简单 起动电流大，起动转矩并不大	M	M 3~	应用广泛，需求量最大 只能用于轻载或空载起动的场合
三相绕线转子异步电动机	转子绕组由绝缘导线做成，通过集电环和电刷连接外电路 结构复杂，制造成本高	运行控制复杂，需要经常维护 起动电流小，起动转矩大	M	M 3~	应用较少，需求量不大 一般只用于对起动和调速要求较高的重载场合，如起重机等设备

3. 气隙

如果没有气隙，定子和转子紧挨在一起，转子就无法旋转。气隙与定子铁心和转子铁心共同组成电动机的磁路。气隙路径虽短，但由于气隙磁阻远大于铁心磁阻，所以气隙的大小对电动机的性能有很大影响。

气隙越大，磁阻就越大。磁阻大，产生恒定的主磁通需要的励磁电流就会增大。励磁电流是无功电流，该电流增大会使电动机的功率因数降低、漏磁增大、铜损耗增加、温升增高、转矩减小、效率下降。然而，磁阻大可以减少气隙磁场中的谐波含量，从而减少附加损耗，并能改善起动性能。

气隙太小，会造成加工和装配困难，而且电动机运转时定、转子之间也容易产生摩擦或碰撞而影响运行安全。

综合考虑各方面的影响，中小型三相异步电动机的气隙设置为 0.2~2.5mm。

4. 机座及其他附件

机座是电动机的外壳，形状是一个空心的圆柱体，其作用是支撑电动机的各部件，并通过底脚上的螺钉安装和固定电动机。中小型电动机采用铸铁机座，大型电动机的机座一般由钢板焊接而成。全封闭式电动机的机座外表面上分布着许多散热筋，增加了与空气的接触面积，以利于散热。

接线盒安装在机座的侧面，起固定和保护定子绕组接线端子和引出线的作用。

端盖是电动机机座两端的盖子，一般分为前端盖和后端盖，靠近转轴的是前端盖，靠近风扇的是后端盖。端盖都是铸铁件，起防护作用，其上装有轴承。

风扇用来通风冷却电动机。风罩装在风扇的外面，用来保护风扇。

吊环固定在机座的最上面，用来吊装和搬运电动机。

转轴贯穿于转子铁心的内侧中心处，作为电动机与设备之间机电能量转换的纽带，作用是支撑转动零部件、传递转矩和确定转动零部件对定子的相对位置。

轴承用来固定和支撑电动机的转轴。

（三）三相异步电动机的工作原理

三相异步电动机的工作原理基于定子旋转磁场和转子电流的相互作用。

1. 旋转磁场的产生

图 1-10a 为具有两个磁极的三相异步电动机定子绕组结构。每相绕组只有一个线圈，三相绕组在定子铁心槽内按空间相隔 120°安放，其尾端 U2、V2、W2 连在一起，构成星形联结。

如图 1-10b 所示，当定子绕组的三个首端 U1、V1、W1 分别接三相交流电源的 L1、L2、L3 三相时，即 U1 接 L1、V1 接 L2、W1 接 L3，定子绕组中便有对称的三相交流电流 i_U、i_V、i_W 流过。设各相电流参考方向均由定子绕组的首端指向尾端，则三相定子电流 i_U、i_V、i_W 在相位上互差 120°电角度，在一个周期中的波形如图 1-11 所示。

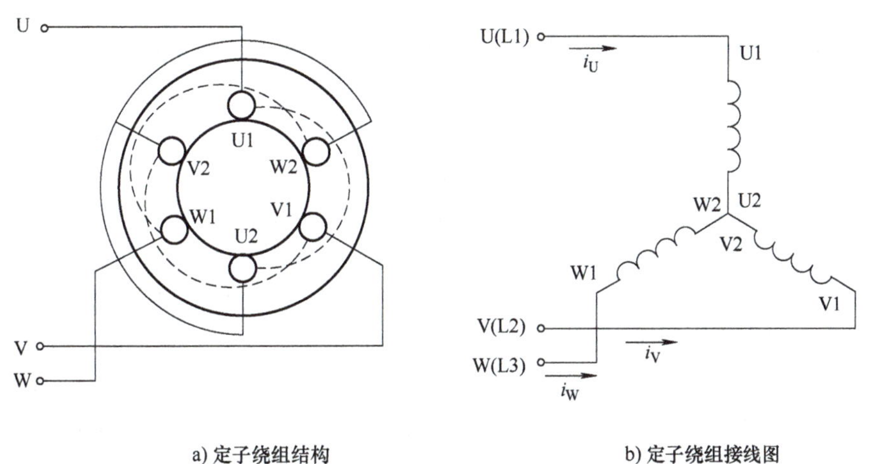

a) 定子绕组结构　　b) 定子绕组接线图

图 1-10　两极三相异步电动机定子绕组布置图

下面分析三相定子电流在定子铁心内部空间产生的合成磁场。

$\omega t=0$ 时刻：U 相电流瞬时值 i_U 为零，U 相绕组无电流；V 相电流瞬时值 i_V 为负，电流的实际流向与参考方向相反，即从尾端 V2 流入，从首端 V1 流出；W 相电流瞬时值 i_W 为正，电流的实际流向与参考方向相同，即从首端 W1 流进，从尾端 W2 流出。将每相电流产生的磁通势相加，便得到三相电流共同作用下产生的合成磁场。此刻，该合成磁场的方向自上而下，相当于一个 N 极在上、S 极在下的两极磁场，如图 1-11a 所示。

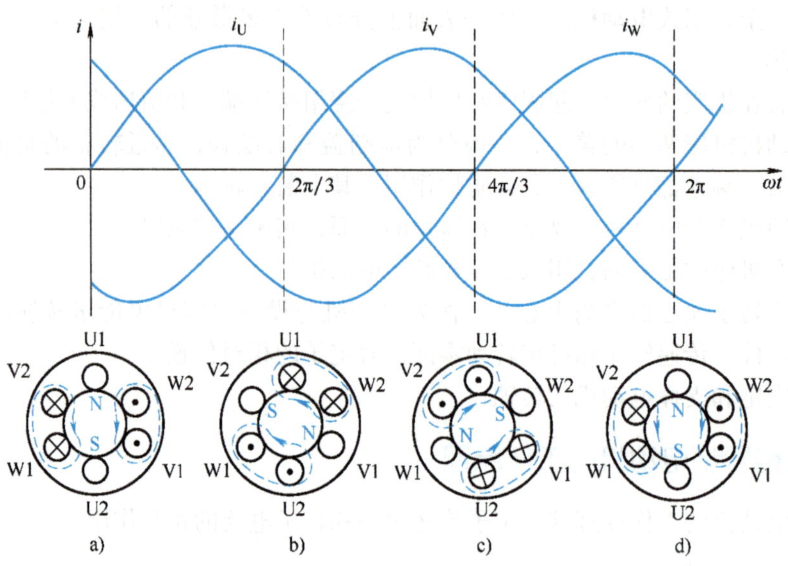

图 1-11　两极三相异步电动机的定子电流波形和产生的旋转磁场示意图

用同样的方法分析 $\omega t=2\pi/3$、$4\pi/3$、2π 时刻各相电流产生的合成磁场，不难发现这些合成磁场的磁通势大小相等，方向不断在变化，呈现出顺着三相电流相序方向旋转的规律，分别如图 1-11b、c、d 所示。而且，在 $\omega t=2\pi$ 与 $\omega t=0$ 时刻，三相电流的情况完全一致，合成磁场的磁通势完全一致，这表明当正弦交流电流变化一个周期时，合成磁场在空间也正好旋转了一圈。

上述三相异步电动机定子绕组的每相绕组只有一个线圈，三相定子绕组共有三个线圈，在空间互差 120°，分别置于定子铁心的 6 个定子槽中。当通入三相对称电流时，产生的合成磁场是一个圆形的旋转磁场，相当于一对 N、S 磁极在旋转。

由上述分析可知，将相位互差 120°的三相对称交流电分别接入空间位置互差 120°的三相对称定子绕组中，产生的合成磁场是一个圆形旋转磁场。

如果每相定子绕组由两个线圈串联组成，即 U 相由 U1U2 与 U1′U2′串联，V 相由 V1V2 与 V1′V2′串联，W 相由 W1W2 与 W1′W2′串联，则定子铁心槽数应为 12 个，不同相的相邻绕组的首端（如 U1 与 V1、V1 与 W1、W1 与 U1′等）在空间上相隔 60°，同一相中的两个线圈的首端（如 U1 与 U1′）在空间上相隔 180°，如图 1-12a 所示。

如前所述，给此三相定子绕组通入三相对称交流电，U1 接 L1、V1 接 L2、W1 接 L3，如图 1-12b 所示，则三相定子电流 i_U、i_V、i_W 的波形如图 1-13 所示，它们在相位上仍然互差 120°电角度。

仍然设三相定子电流的参考方向为由定子绕组的首端流入、尾端流出，再来分析每相定子绕组由两个线圈串联时，三相定子电流在定子铁心内部空间产生的合成磁场。

在 $\omega t=0$ 时刻，i_U 为零，i_V 为负，i_W 为正，U 相绕组无电流，V 相与 W 相电流方向及合成磁场如图 1-13a 所示。依次对 $\omega t=2\pi/3$、$4\pi/3$、2π 时刻进行分析，分别得到 i_U、i_V、i_W 的电流方向及合成磁场情况如图 1-13b、c、d 所示。仔细观察图 1-13，发现该合成磁场仍然是旋转磁场，只是有两对 N、S 磁极在旋转。当正弦交流电经过一个周期的变化时，合成磁场在空间旋转了 180°，也就是只转了半圈。由此可见，旋转磁场的极对数增多了，但旋转磁场的转速降低了。

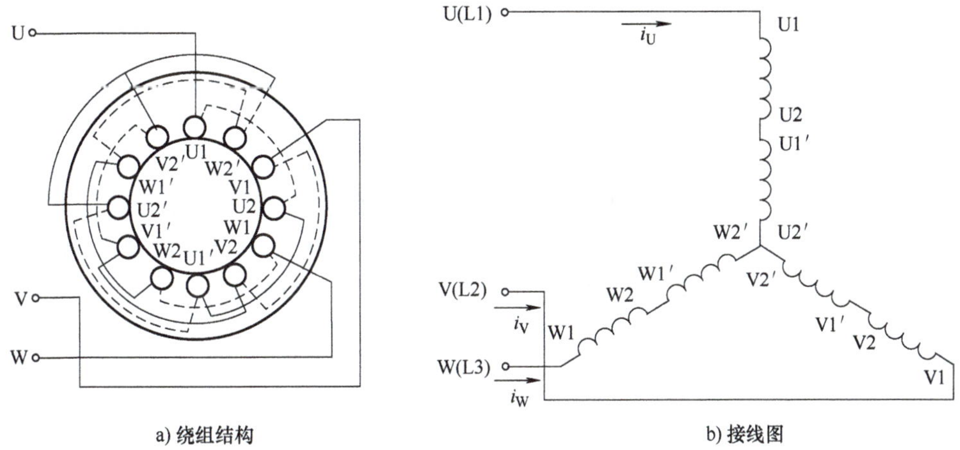

a) 绕组结构　　b) 接线图

图 1-12　四极三相异步电动机定子绕组布置图

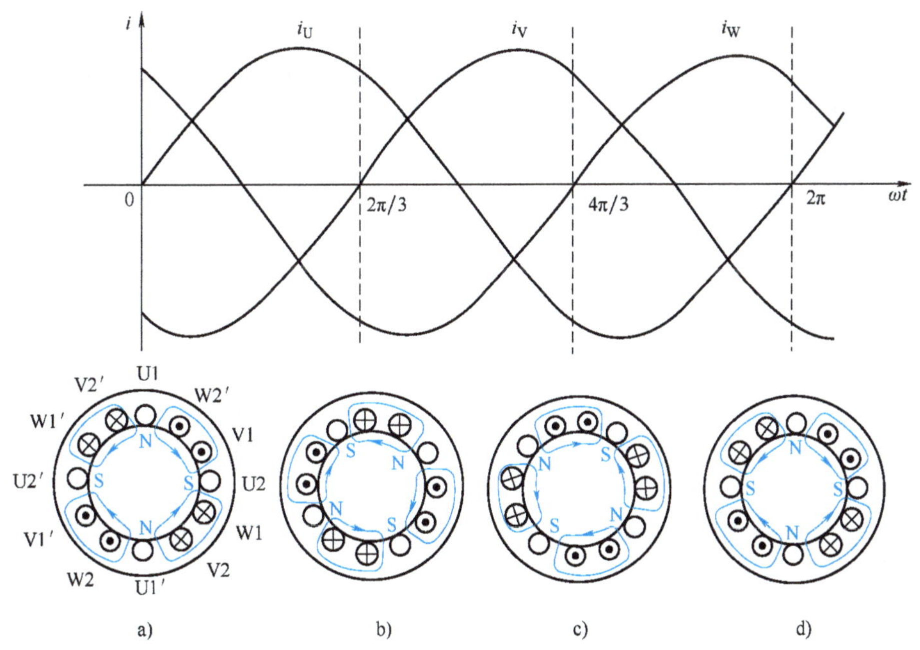

a)　b)　c)　d)

图 1-13　四极三相异步电动机的定子电流波形图和产生的旋转磁场示意图

2. 旋转磁场的转速 n_1

旋转磁场的转速通常用 n_1 表示。如上所述，若电动机的旋转磁场只含有一对磁极，当定子电流经历一个周期的变化时，旋转磁场在空间正好转过一圈。对 50Hz 的工频交流电来说，旋转磁场每秒钟将在空间旋转 50 圈，则对应的转速 $n_1=60f_1=60\times50\text{r/min}=3000\text{r/min}$。若旋转磁场包含两对磁极，则定子电流每经历一个周期的变化，旋转磁场只能转过 1/2 圈，比只有一对磁极时的转速慢了一半，即 $n_1=60f_1/2=1500\text{r/min}$。同理，在包含三对磁极的情况下，定子电流每变化一个周期，旋转磁场仅仅转过了 1/3 圈，对应的转速 $n_1=60f_1/3=1000\text{r/min}$。以此类推，可推导出具有 p 对磁极的旋转磁场的转速公式为

$$n_1 = \frac{60f_1}{p} \tag{1-1}$$

式中 n_1——旋转磁场的转速，又称为同步转速（r/min）；

f_1——接入定子绕组的交流电源的频率（Hz）；

p——旋转磁场的磁极对数。

由式（1-1）可知，同步转速 n_1 的大小取决于接入定子绕组的三相交流电源的频率 f_1 和旋转磁场的磁极对数 p。当电源频率 $f_1=50\text{Hz}$ 时，电动机的同步转速 n_1 与磁极对数 p 之间的关系为：$p=1$，$n_1=3000\text{r/min}$；$p=2$，$n_1=1500\text{r/min}$；$p=3$，$n_1=1000\text{r/min}$；$p=4$，$n_1=750\text{r/min}$；$p=5$，$n_1=600\text{r/min}$ 等。

3. 旋转磁场的转向

定子绕组产生的旋转磁场的转向取决于接入的三相交流电源的顺序，也就是相序。

三相定子绕组接入正序交流电时（U 接 L1、V 接 L2、W 接 L3，如图 1-14a 所示），产生的旋转磁场顺着三相定子绕组 U→V→W 的实际空间方位旋转。若三相定子绕组 U、V、W 在空间方位上顺时针排列，旋转磁场顺时针旋转，如图 1-14b 所示；若三相定子绕组 U、V、W 在空间方位上逆时针排列，旋转磁场逆时针旋转，如图 1-14c 所示。

若把接入三相定子绕组的三相交流电源的三根导线中的任意两根对调，也即接入反序交流电，比如 V1 接 L3、W1 接 L2，则流过绕组 U 的电流仍为 i_U，流过绕组 V 的电流变为 i_W，流过绕组 W 的电流变为 i_V，再按前述方法进行分析，可得出结论：改变接入定子绕组的三相交流电源的相序，旋转磁场的转向会随之改变。

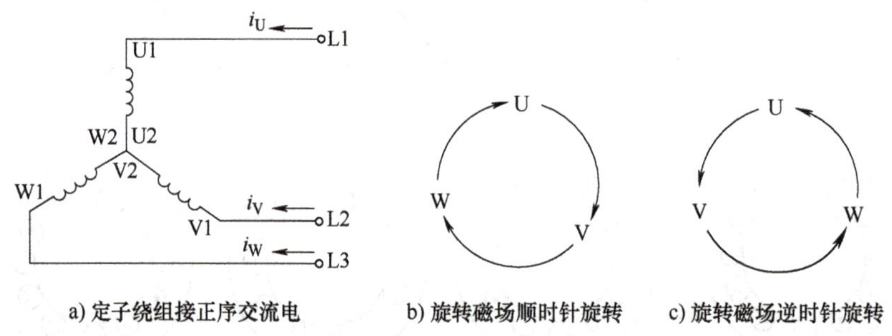

a) 定子绕组接正序交流电　b) 旋转磁场顺时针旋转　c) 旋转磁场逆时针旋转

图 1-14　定子绕组接入正序交流电时旋转磁场的转向

由于三相定子绕组 U、V、W 在定子内圆周上的空间方位可能是顺时针排列，也可能是逆时针排列，而在设计制造电动机时，这种空间排列顺序就固定了，所以今后为了便于分析，就将定子绕组接入正序交流电时旋转磁场的转向视为正转，而将定子绕组接入反序交流电时旋转磁场的转向视为反转，而不再考虑到底是顺时针旋转，还是逆时针旋转。

4. 转子的转动原理与转动方向

当定子绕组接入三相电源后，若旋转磁场顺时针旋转，则静止的转子与旋转磁场间就有了相对运动，相当于磁场静止而转子按逆时针方向旋转，则转子导体以逆时针方向切割旋转磁场，在转子导体中产生感应电动势 E_2，其方向由右手定则判断：位于转子上部的转子导体中的感应电动势穿出纸面，位于转子下部的转子导体中的感应电动势进入纸面，如图 1-15a 所示。由于转子导体是闭合回路，所以在感应电动势 E_2 的作用下，会有感应电流流过转子绕组，此感应电流就是转子电流 I_2。若忽略 $\dot{I}_2$ 与 $\dot{E}_2$ 之间的相位差，则 I_2 的方向与转子感应电动势 E_2 方向一致。转子导体处在定子产生的旋转磁场中，并且有电流流过，必然会受到电磁力的作用。转子导体所受到的电磁力 F 的作用方向可以根据左手定则来判断。电磁力 F 与转子半径的乘积就是电磁转矩 T。由于转子导体均匀分布在转子的外圆周上，所以，只要通入定子绕组的三相电源正常，电磁转矩 T 足够大，就能带动转子转动，而且转子的转动方向与旋转磁场的旋转方向一致。

当旋转磁场逆时针方向旋转时，用 N、S 磁极代替图 1-15a 中的定子铁心和定子绕组，则三相异步电动机的转动原理如图 1-15b 所示。同样地，先用右手定则判断感应电动势的方向，再用左手定则判断转子导体受电磁力 F 的作用方向。不难发现，只要旋转磁场改变转向，转子感应电动势、转子导体所受电磁力和转子的转动方向都跟着改变，总能保持转子与旋转磁场同向旋转。

以上分析基于三相异步电动机正常运行，而这里的正常运行是指电动机运行在电动状态（电动机有三种运行状态：电动、发电和制动），结论：三相异步电动机电动运行时，转子的转向总是与定子绕组产生的旋转磁场的转向一致。

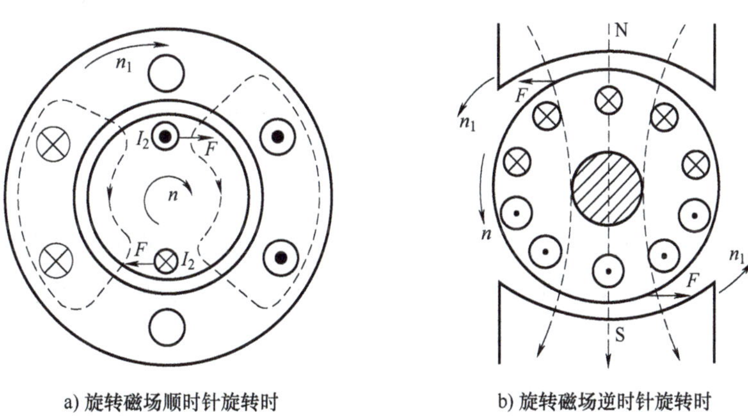

a) 旋转磁场顺时针旋转时　　b) 旋转磁场逆时针旋转时

图 1-15　三相异步电动机转动原理

5. 转子的转速 n 的大小

既然三相异步电动机电动运行时，转子的转向与旋转磁场的转向一致，那么转子的转速 n 会不会等于同步转速 n_1 呢?

解析：由三相异步电动机的转动原理可知，转子导体上受到的电磁转矩是让转子转动的动转矩，产生电磁转矩的条件是转子导体受到电磁力的作用，而这要求处在定子磁场中的转子导体中有电流流过，这个电流就是转子感应电流。如果转子转速 n 与旋转磁场的转速 n_1 相等，两者之间没有相对运动，就不存在转子导体切割磁力线的现象，转子导体中就不会产生感应电动势，也就不会有感应电流，自然就没有电磁力了，没有电磁力也就没有电磁转矩，转子就没法转动了。所以，转子要转动，其转速 n 与旋转磁场转速 n_1 之间必须有相对运动，两者不能同步运转，这就是“异步”电动机名称的由来。实际工作中，三相异步电动机电动运行时，其转速 n 总是小于同步转速 n_1。

那么，同步电机是怎么一回事呢?

解析：同步电机的转速 n 等于同步转速 n_1，转子和定子旋转磁场同向、同速运转。这种情况通常用作发电机，转子在外加转矩的带动下同步运行。如果用作电动机，就需要给转子绕组送入直流电，才能实现转子和定子旋转磁场的同步运转。

6. 三相异步电动机的转差率 s

由于电动运行的三相异步电动机的转速 n 恒小于同步转速 n_1，两者之间必然存在差别。同步转速 n_1 与转子转速 n 之差，称为转速差；转速差与同步转速 n_1 的比值，称为转差率，用 s 表示，即

$$s=\frac{n_1-n}{n_1} \tag{1-2}$$

转差率 s 是分析三相异步电动机运行情况的重要参数，可以通过式（1-2）来计算。

电动机在起动瞬间，$n=0$，$s=1$，转差率达到最大值；电动机额定运行时，对应的转差率称为额定转差率，用 s_N 表示，s_N 的取值范围是 0.01～0.07；电动机空载运行时，n 接近 n_1，s 很小，一般在 0.01 以下；电动机处于理想空载状态时，$n=n_1$，$s=0$，但这在实际运行中并不存在。所以，三相异步电动机电动运行时，转速 n 的取值范围是 $0\sim n_1$，转差率 s 的取值范围是 0～1。

转差率 s 的大小能反映电动机转速 n 的高低以及其所带机械负载的大小。三相异步电动机电动运行时，转差率 s 越大，转速 n 就越低，所带的机械负载就越大；转差率 s 越小，转速 n 就越高，所带的机械负载就越小。

将式（1-2）进行简单变形，就得到三相异步电动机的转速公式，即

$$n=n_1(1-s) \tag{1-3}$$

7. 转子电流的频率 f_2

三相异步电动机定子电流的频率 f_1 就是接入定子绕组的电源的频率，我国的交流电网工频是 50Hz，所以 $f_1=50\text{Hz}$。转子电流由电磁感应产生，其频率与转子的转速有关，也即与转差率 s 有关。转子电流的频率用 f_2 表示，计算公式为

$$f_2=sf_1 \tag{1-4}$$

在起动瞬间，由于 $n=0$，$s=1$，所以起动瞬间 $f_2=f_1$，转子电流频率等于电网频率；理想空载运行时，$n=n_1$，$s=0$，$f_2=0$。所以，三相异步电动机电动运行时转子电流频率 f_2 的取值范围是 0～50Hz。

（四）三相异步电动机的电磁转矩特性

电磁转矩是带动三相异步电动机转子转动的动转矩，它是定子各磁极的磁通与转子电流相互作用而在转子上形成的转矩，是电动机将电能转换成机械能的最重要的物理量之一。

电磁转矩有三种表达式：物理表达式、参数表达式和实用表达式。

1. 电磁转矩的物理表达式

从三相异步电动机的基本工作原理出发，把电磁功率表达式及转子电动势公式合并，可推导出电磁转矩的物理表达式为

$$T=C_T\Phi_m I_{2s}\cos\varphi_2 \tag{1-5}$$

式中　T——电动机的电磁转矩；

C_T——与电动机结构有关的常数，称为转矩常数；

Φ_m——旋转磁场每极磁通，即主磁通；

I_{2s}——转子电流的有效值；

$\cos\varphi_2$——转子电路的功率因数。

电磁转矩的物理表达式反映了电磁转矩产生的物理本质，适用于对电动机的运行性能进行定性分析，不适用于对电磁转矩进行定量计算。

2. 电磁转矩的参数表达式

从电磁转矩的物理表达式和电动机简化等效电路出发，可推导出电磁转矩的参数表达式为

$$T=C_T\frac{U_1^2sR_2}{f_1[R_2^2+(sX_2)^2]} \tag{1-6}$$

式中　U_1——电动机定子相电压的有效值；

f_1——电动机定子电源的频率；

s——电动机的转差率；

R_2——电动机转子每相绕组的电阻值；

X_2——电动机转子不动时每相的漏电抗。

当电源参数 U_1、f_1 与电动机的结构参数 C_T、R_2、X_2 都不变时，电磁转矩 T 仅与转差率 s 有关，两者之间有确定的函数关系 $T=f(s)$，给定不同的 s 值，就可算出不同的 T 值。在以 s 和 T 为坐标轴的直角坐标系中，确定出一系列（s，T）的坐标点，用描点法将这些坐标点连成平滑曲线，可得到 $T=f(s)$ 曲线，如图 1-16 所示。

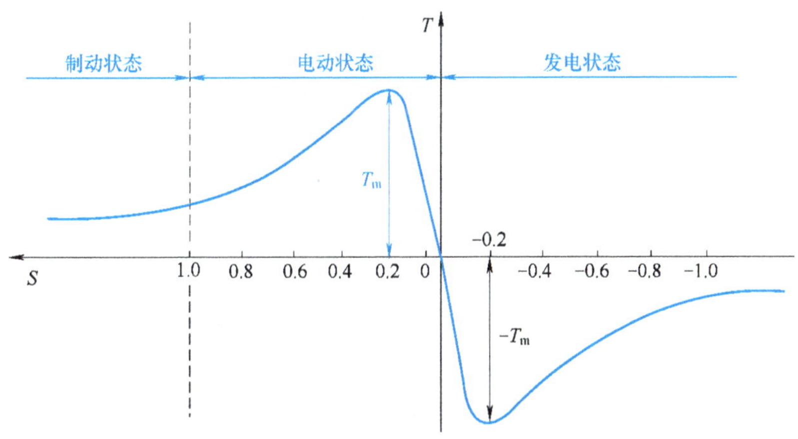

图 1-16　三相异步电动机的 $T=f(s)$ 曲线

在图 1-16 中，可以通过 s 值所处的不同取值区间，判断电动机运行在何种状态。

（1）电动状态　三相异步电动机运行在电动状态时，转差率 s 的取值范围是：$0\leqslant s\leqslant 1$。当 $s=0$ 时，$T=0$。当 s 的值从 0 开始增大，但尚处在很小值区间时，漏电抗 X_2 比绕组电阻 R_2 小得多，电磁转矩参数表达式分母中的（sX_2）^{2} 可以忽略不计，T 与转差率 s 成正比，会随着 s 值的增大而增大。当 s 的值继续上升至较大值区间时，漏电抗 X_2 又会比绕组电阻 R_2 大，电磁转矩参数表达式分母中的 R_2 可忽略，则 T 与 s 成反比，反而会随着 s 值的增大而减小。可见，随着转差率 s 从 0 开始不断增大，电磁转矩 T 与 s 的关系会从成正比变换到成反比。在此变化过程中，必有一个最大转矩 T_m。λ_m 是最大电磁转矩 T_m 与额定转矩 T_N 之比，称为最大转矩倍数，又称为过载能力，有

$$\lambda_m=T_m/T_N \tag{1-7}$$

一般地，Y 系列三相异步电动机的过载能力 λ_m 值为 1.8~2.2。

（2）发电状态　外力使转子加速到 $n>n_1$ 的情况，电动机就进入发电状态，则转差率 $s<0$。

转子转速 $n>n_1$ 时，转子导体切割旋转磁场的方向与电动状态时相反，转子导体上的感应电动势、感应电流、电磁力和电磁转矩的方向都会随之改变，即 $T<0$，电磁转矩变成了阻转矩，而且电磁功率也变为负值，这表明电动机向电网输出了电功率，故电动机处于发电状态。

（3）制动状态　外力使电动机的转向 n 与旋转磁场 n_1 的转向相反，转差率 $s>1$。

在制动状态下，转子导体切割旋转磁场的方向与电动状态时相反，转子导体上的感应电动势、感应电流、电磁力和电磁转矩的方向都随之改变，使得 $T<0$，电磁转矩变成阻转矩，起制动作用。

3. 电磁转矩的实用表达式

由电磁转矩的参数表达式简化成实用表达式为

$$T=\frac{2T_m}{\dfrac{s_m}{s}+\dfrac{s}{s_m}} \tag{1-8}$$

实用表达式反映了电动机的机械参数对电磁转矩的影响，适用于对电磁转矩进行工程计算，计算步骤如下：

1）利用铭牌数据计算 T_m，即

$$T_N=9550\frac{P_N}{n_N} \tag{1-9}$$

$$T_m=\lambda_m T_N=9550\lambda_m\frac{P_N}{n_N} \tag{1-10}$$

2）忽略空载转矩 T_0，令 $T=T_N$，$s=s_N$，代入式（1-8）可求得临界转差率 s_m 为

$$s_m=s_N(\lambda_m+\sqrt{\lambda_m^2-1}) \tag{1-11}$$

3）将求得的 T_m 及 s_m 值代入式（1-8），得到 $T=f(s)$。

4）把给定的转差率 s 的值代入 $T=f(s)$，就可求得对应的 T 值。

注意： 实用表达式并非电磁转矩的精确计算公式，因为其简化过程忽略了不少因素，其计算结果一定存在误差。由于此误差在工程允许范围内，所以实用表达式有工程应用价值。

（五）三相异步电动机的机械特性

电动机的机械特性是指在一定的电源电压 U_1 和转子电阻 R_2 下，电磁转矩 T 与转差率 s 之间的关系曲线 $T=f(s)$ 或者转速 n 与电磁转矩 T 的关系曲线 $n=f(T)$。

根据转速 n 与转差率 s 的关系，可将图 1-16 中的 $T=f(s)$ 曲线变换成机械特性曲线 $n=f(T)$，如图 1-17 所示。该机械特性曲线跨越了第Ⅰ、Ⅱ、Ⅳ象限，每个象限对应电动机的不同运行状态，第Ⅰ象限为电动状态，第Ⅱ象限为发电状态，第Ⅳ象限为制动状态。

1. 固有机械特性

固有机械特性是指电动机工作在额定电压和额定频率下，定子绕组按额定方式连接，定子电路和转子电路都不外接电阻等其他电路元器件时，由电动机本身固有的参数所决定的机械特性。

由于电动状态是三相异步电动机的正常运行状态，所以固有机械特性第Ⅰ象限的部分是

学习重点。

2. 固有机械特性上的特殊运行点

(1) 同步点 $(0, n_1)$　同步点又称为理想空载运行点，是指电动机在额定电压下不带负载运行，且忽略损耗时的运行点，对应坐标为 $T=0$，$n=n_1$。若无外界转矩的拖动，电动机不可能运行在同步点。

(2) 额定运行点 (T_N, n_N)　额定运行点是指电动机在额定电压和额定频率下带额定负载运行时的工作点，对应坐标为 $T=T_N$，$n=n_N$。电动机工作在额定运行点时，$I=I_N$，$T=T_N$，$P=P_N$，$n=n_N$，处于最佳运行状态。

当负载转矩 T_L 大于额定转矩 T_N 时，工作电流 I 大于额定电流 I_N，电动机运行在过载状态。电动机过载运行时，定子绕组容易过热而使绝缘老化甚至烧毁。三相异步电动机通常都具有一定的承受短时过载的能力，但是必须设置长期过载保护以避免电动机过热损坏。

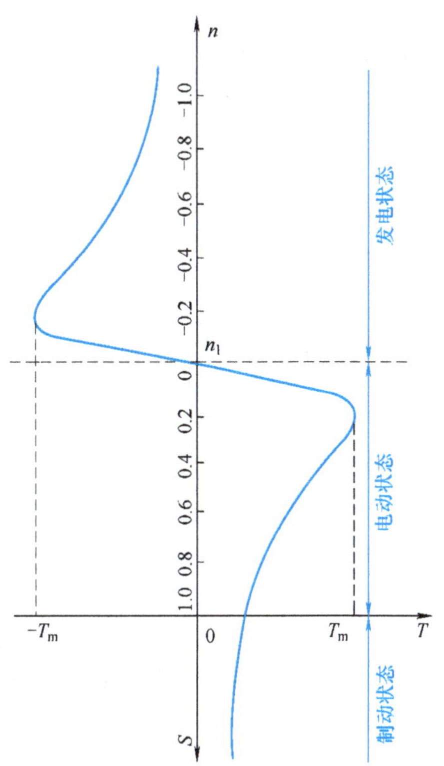

图 1-17　三相异步电动机的机械特性曲线

(3) 最大转矩点 (T_m, n_m)　最大转矩点又称临界点，因为它是三相异步电动机稳定运行与不稳定运行的临界点。对应 T_m 的转差率 s_m 称为临界转差率。最大转矩点的坐标为 $T=T_m$，$n=n_m$。

电动机所带的负载转矩 T_L 不可超过最大转矩 T_m，否则电动机的转速 n 会立即下降，并很快堵转。发生堵转时，转速 $n=0$，定子电流 $I=(4\sim7)I_N$，转子电流也随之增大，绕组严重发热，甚至会烧毁。因此，三相异步电动机在运行中应尽量避免堵转。一旦堵转，应立即切断电源，保护电动机不被烧毁。

(4) 起动点 $(T_{st}, 0)$　起动点是指定子绕组接通电源的瞬间，转子还没转起来（$n=0$，$s=1$）时的运行点，对应坐标为 $T=T_{st}$，$n=0$。T_{st} 称为起动转矩。电动机带负载起动时，若 $T_{st}>T_L$，能顺利起动；若 $T_{st}\leqslant T_L$，电动机不能起动，与堵转时情况一样，应立即断开电源，减轻负载之后重新起动。

起动转矩 T_{st} 与额定转矩 T_N 之比，称为电动机的起动能力，通常用 K_{st} 表示，即

$$K_{st}=\frac{T_{st}}{T_N} \tag{1-12}$$

一般地，三相异步电动机的起动能力 K_{st} 为 1.0~2.2。

以上各特殊运行点如图 1-18 所示。

三相绕线转子异步电动机可以通过集电环和电刷在转子绕组上外接其他电路元器件，以提高其起动能力。因此，需要重载起动时，应选用三相绕线转子异步电动机。

3. 人为机械特性

对一台三相异步电动机，人为地改变接入定子绕组的电源电压 U_1、频率 f_1、定子回路电阻或电抗、转子回路电阻或电抗中的一个或多个参数，所获得的机械特性称为人为机械特性。常用的人为机械特性有两种：降低定子端电压 U_1 的人为机械特性和转子回路串联对称电阻的

人为机械特性。

分析人为机械特性时，应在固有机械特性所在的坐标系中，确定出三个特殊运行点——同步点、最大转矩点和起动点——变化后的坐标点，用平滑曲线连接这三个点，定性画出人为机械特性。

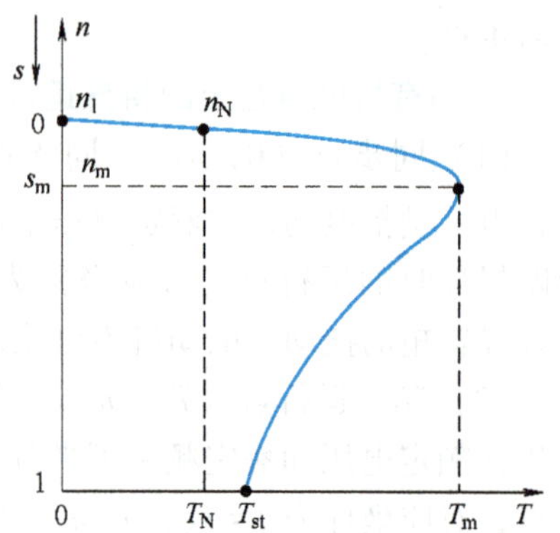

图 1-18　固有机械特性上的特殊运行点

(1) 降低定子端电压 U_1 的人为机械特性　只降低定子端电压 U_1，其他条件都与固有机械特性时保持一致时，所得到的人为机械特性称为降低定子端电压 U_1 的人为机械特性。

与固有机械特性相比，降低定子端电压 U_1 的人为机械特性上，三个特殊运行点的变化情况为：

1）同步点的坐标不变。同步转速 $n_1=60f_1/p$，降低定子端电压 U_1 对 n_1 无影响。$n=n_1$ 时，电磁转矩 $T=0$，与 U_1 无关。

2）最大转矩点的横坐标 T_m 减小，纵坐标 n_m 不变。最大转矩 T_m 与定子端电压 U_1 的二次方成正比，降低定子端电压 U_1 会使 T_m 的值大幅度减小。

由 $n_m=n_1(1-s_m)$ 可知，临界转速 n_m 与 U_1 无关，所以降低定子端电压 U_1 时，n_m 保持不变。

3）起动点的横坐标 T_{st}减小，纵坐标 $n=0$ 不变。起动转矩 T_{st}与 U_1^2 成正比，降低定子端电压 U_1 会使 T_{st}的值大幅度减小。起动瞬间 $n=0$ 不变。

依据上述分析，可定性画出降低定子端电压 U_1 的人为机械特性，如图 1-19 所示。从图 1-19 可看出降低定子端电压 U_1 对电动机的运行性能有如下影响：三相异步电动机的最大转矩 T_m 和起动转矩 T_{st}都大幅度减小，过载能力 $\lambda_m=T_m/T_N$ 和起动能力 $K_{st}=T_{st}/T_N$ 也随之显著下降；如果 U_1 降低得太多，可能会因最大转矩 T_m 小于负载转矩 T_L 而堵转，或者因起动转矩 T_{st} 小于负载转矩 T_L 而无法起动；带同样大的负载稳定运行时，电动机的转速 n 会降低；人为机械特性线性段的斜率增加，机械特性变软，不利于稳定运行。

(2) 转子回路串联对称电阻的人为机械特性　对于三相绕线转子异步电动机，如果其他条件都与固有机械特性时一样，仅在转子回路串联三相对称电阻 R_p，所获得的人为机械特性称为转子回路串联对称电阻的人为机械特性。转子回路串联三相对称电阻 R_p，就是人为地增大了转子电阻 R_2。

与固有机械特性相比，转子回路串联对称电阻的人为机械特性上，三个特殊运行点的变化情况为：

1）同步点的坐标不变。同步转速 $n_1=60f_1/p$，增大转子电阻 R_2 对 n_1 无影响。$n=n_1$ 时，$T=0$，与 R_2 无关。

2）最大转矩点的横坐标 T_m 不变，纵坐标 n_m 减小。最大转矩 T_m 与转子电阻 R_2 无关，T_m 不变。由于 $s_m=R_2/X_2$，$n_m=n_1(1-s_m)$，所以临界转差率 s_m 随 R_2 的增大而增大，而临界转速 n_m 随 R_2 的增大而减小。

3）起动点的横坐标 T_{st}随着转子电阻 R_2 的增大先增大后减小，纵坐标 $n=0$ 不变。

由起动转矩的计算公式 $T_{st}=\dfrac{C_T U_1^2 R_2}{f_1(R_2^2+X_2^2)}$可知，随着 R_2 的增大，起动转矩 T_{st}的值先增大后减小，由增大到减小的转折点就是起动转矩 T_{st}等于最大转矩 T_m 时的运行点。起动瞬间 $n=0$ 不变。

依据上述分析，可定性画出转子回路串联对称电阻的人为机械特性，如图 1-20 所示。从图 1-20 可看出转子回路串联对称电阻对电动机运行性能的影响：电动机转子回路串联三相对称电阻后，起动转矩 T_{st} 增大，起动能力 K_{st} 提高了；最大转矩 T_m 不变，过载能力 λ_m 不变；带同样大的负载稳定运行时，电动机的转速 n 降低；人为机械特性线性段的斜率增大，机械特性变软，不利于稳定运行。

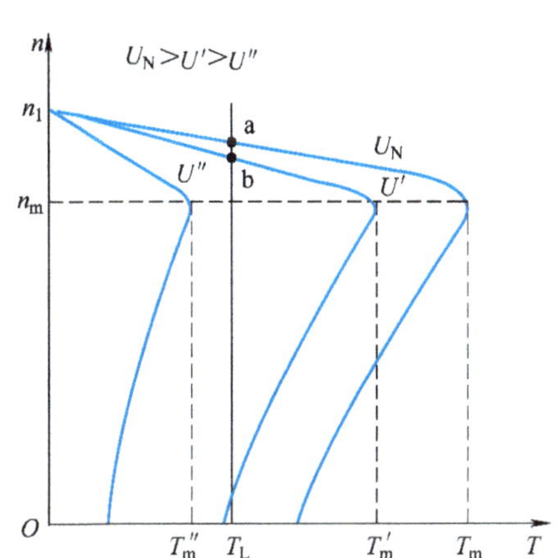

图 1-19　降低定子端电压 U_1 的人为机械特性

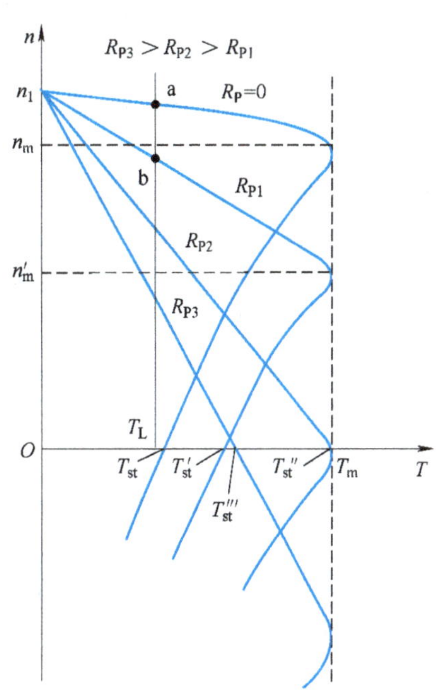

图 1-20　转子回路串联对称电阻的人为机械特性

（六）三相异步电动机的铭牌数据及相关参数

三相异步电动机的机座上都镶嵌着一块铭牌，铭牌上标有型号、额定值等，如图 1-21 所示。

1. 型号

电机的型号由产品代号、规格代号、特殊环境代号和补充代号四部分组成，格式为

产品代号-规格代号-特殊环境代号-补充代号

（1）产品代号　产品代号由电机类型代号、电机特点代号、设计序号和励磁方式代号等四个小节顺序组成。

三相异步电动机			
型号：Y112M-4		编号	
4.0kW		8.8A	
380 V	1440r/min	LW	82dB
接法　△	防护等级IP44	50Hz	45kg
标准编号	工作制 SI	B级绝缘	年　月
电 机 厂			

图 1-21　三相异步电动机铭牌

电机类型代号表征电机的类型，用汉语拼音大写字母表示。比如：异步电动机为 Y，同步电动机为 T，同步发电机为 TF，直流电动机为 Z，直流发电机为 ZF 等。

电机特点代号表征电机的性能、结构或用途，用汉语拼音大写字母表示。比如：隔爆型为 YB，绕线转子为 YR，电磁调速式为 YCT，变频调速式为 YVP 等。

设计序号表明电机产品设计的顺序，用阿拉伯数字表示。第一次设计的产品不标注设计序号，对系列产品所派生的产品按设计的顺序标注。比如：Y2、YB2 等。

励磁方式代号用汉语拼音大写字母表示，S 为三次谐波，J 为晶闸管，X 为相复励磁。

（2）规格代号　规格代号主要包括中心高、机座长度、铁心长度、极数等。

中心高指由电机轴心到机座底角面的高度。根据中心高不同，电机分为大型、中型、小型和微型四种。中心高 H 为 63mm 以下的属于微型电机；H 为 63～315mm 的属于小型电机；H 为355～630mm 的属于中型电机；H 在 630mm 以上的属于大型电机。

中心高数值越大，电机的容量就越大。机座中心高相同时，机座越长，铁心就越长，容量就越大。

机座长度用国际通用字母表示：S 为短机座，M 为中机座，L 为长机座。

铁心长度指电机铁心的实际长度，用阿拉伯数字表示，单位为 mm。

极数指电机的定子绕组产生的磁极数，极数一定是偶数，有 2 极、4 极、6 极、8 极等。

（3）特殊环境代号　特殊环境代号根据使用环境不同来区分，比如：高原为 G，船海为 H，户外为 W，化工防腐为 F，热带（tropics）为 T，湿热带（humid tropics）为 TH 等。

（4）补充代号　补充代号仅适用于有补充要求的电机。

举例：型号为 YB2-280M-4 H 的电动机代表的含义如图 1-22 所示。

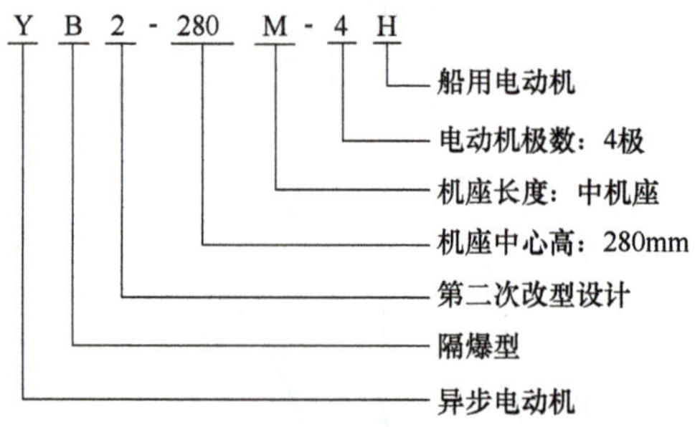

图 1-22　电机型号含义示例

2. 额定值

在铭牌上标注的主要额定值有：额定功率 P_N、额定电压 U_N、额定电流 I_N、额定频率 f_N、额定转速 n_N、防护等级、LW、工作制、接法等。

1）额定功率 P_N：指电动机额定运行时，轴上输出的机械功率（kW）。

2）额定电压 U_N：指电动机额定运行时，加在定子绕组上的线电压（V）。

3）额定电流 I_N：指电动机在额定电压、额定频率下，轴上输出额定功率时，定子绕组从电源取用的线电流（A）。

4）额定频率 f_N：接入电动机定子绕组的电源频率。我国电力系统额定频率规定为 50Hz。

5）额定转速 n_N：指电动机在额定电压、额定频率下，电动机轴上输出额定机械功率时的转子转速（r/min）。

6）防护等级：依据电器的防尘、防湿气特性加以分级，防止外物（含工具、人体各部位、固体异物等）接触电机转动部分、电机内带电体的防护等级。通常用特征字母“IP”后面跟两个数字表示，其中 IP 为“国际防护”的缩写，后面的第 1 个数字表示防止固体外物侵入的等级，第 2 个数字表示防湿气、防水侵入的密闭程度，数字越大表示其防护等级越高。例如 IP44 指电动机的防护结构达到了国际电工委员会（IEC）规定的 4 级防固体（防止大于 1mm 固体进入电机）、4 级防水（任何方向溅水应无害）要求，适用于灰尘飞扬、水滴溅射的场所。

7）LW：指电动机的总噪声等级，噪声单位为 dB。LW 值越小表示电动机运行的噪声越低。

8）工作制：指电动机的运行方式，分为连续工作制、短时工作制、断续周期工作制，分别用代号 S1、S2 和 S3 表示。

9）接法：指电动机在额定电压下，定子绕组的额定接线方式，分为Y联结和△联结。铭牌上标注的就是额定接线方式，使用电动机时一定要按铭牌标注的方式接线。凡是功率小于3kW的电动机，铭牌上给出的接法均为Y联结；功率在4kW以上的电动机，铭牌上给出的接法则均为△联结。

当电源电压不变时，如果将Y联结的电动机接成△联结，定子绕组上所加的电压就为Y联结时的$\sqrt{3}$倍，由于绕组是按Y联结时的绝缘要求制造的，就会因电流过大而发热；如果把△联结的电动机接成Y联结，定子绕组上所加的电压为△联结时的$1/\sqrt{3}$，绕组不会过热，但是电动机的输出功率会降低。

对于三相绕线转子异步电动机，铭牌上还标有转子绕组的额定电压和额定电流。其中，转子绕组的额定电压是指定子绕组上加额定电压、转子绕组开路时，集电环之间的线电压。

3. 三相异步电动机的防护形式

（1）开启式电动机　机壳未全封闭，机身、前后端盖都留有散热孔，自冷式，无散热风扇，结构简单，散热性能好，应用在干燥、室内、无尘、无有害气体的场合。

（2）防护式电动机　外壳有通气孔，旋转部分与带电部分具有一般保护，能防止铁屑、沙石、水滴等从上面或45°角以内侵入，但不能防尘和防潮，应用在比较清洁、干燥、无腐蚀性和爆炸性气体的场合。

（3）全封闭式电动机　机壳完全封闭，靠风扇、机壳散热筋强制散热，防止尘土、铁屑等从任何方向侵入电动机内部，安全性好，但散热性能差，应用在工作环境较恶劣的场合。

（4）特殊防护式电动机　用特殊材料做成，在某方面有特殊防护功能，结构坚固，分为隔爆型、防腐型、防水型等多种，分别用于易爆、有腐蚀性气体、多潮湿等环境。

四、项目任务实现

师傅告诉小宋：车床的日常维护很简单，主要是监视电源电压，监视电动机的线路电流、温度、声音、气味、振动等；至于故障检修，日常不需要做什么，因为车床一般不容易损坏，定期检修就可以。当然，这并不是说小宋就可以无所事事混日子，人事部门给小宋安排这个岗位是想让他从CA6140型车床入手，在熟悉CA6140型车床的结构、运动情况、电气控制情况的基础上，对电动机的选型、拆装、调试、运行维护、故障检测等进行系统学习，等定期检修时间到了能尽快上手检修，万一机床电气部分出故障了，也能帮着师傅进行故障检测和处理。

小宋按照师傅的指点，认真学习了CA6140型车床和电动机的知识，逐渐适应了岗位需要。

（一）车床简介

车床是主要用车刀对旋转的工件进行车削加工的机床。在车床上，还可以用钻头、扩孔钻、铰刀、丝锥、板牙和滚花工具等进行相应的加工。卧式车床是一种应用极为广泛的金属切削机床，主要用来车削外圆、内圆、端面、螺纹和定型表面，并可通过尾架进行钻孔、铰孔和攻螺纹等加工。

CA6140型车床是在原C620型车床的基础上改进而来的卧式车床，是机械设备制造企业所需的设备之一。其中，C代表车床，A代表改进型号，6代表卧式，1代表基本型，后两位数40代表可加工工件最大回转直径的1/10，也就是说最大回转直径为400mm。

1. CA6140 型车床的基本结构

该型车床的主要组成部件有主轴箱、进给箱、溜板箱、刀架、尾架、光杠、丝杠、床身、床座和冷却装置等。CA6140 型车床的结构外形如图 1-23 所示。

图 1-23　CA6140 型车床的结构外形

1—进给箱　2—挂轮架　3—主轴箱　4—卡盘　5—床鞍　6—刀架　7—小滑板　8—尾架　9—丝杠
10—光杠　11—床身　12—左床座　13—右床座　14—纵溜板　15—溜板箱　16—横溜板

1）进给箱：进给箱中装有进给运动的变速机构，调整其变速机构，可得到所需的进给量或螺距，通过光杠或丝杠将进给运动传至刀架以进行切削。

2）主轴箱：主轴箱的主要任务是将主电动机的旋转运动经过一系列的变速机构传到主轴，使主轴得到所需的正、反两种转向的不同转速。同时，主轴箱还要分出部分动力，将运动传给进给箱。

主轴是指机床上带动工件或刀具旋转的轴。主轴位于主轴箱中，是车床的关键零件。主轴部件通常由主轴、轴承和传动件（齿轮或带轮）等组成。主轴在轴承上运转的平稳性直接影响工件的加工质量，一旦主轴的旋转精度降低，则机床的使用价值就会降低。

3）丝杠与光杠：它们用于连接进给箱与溜板箱，把进给箱的运动和动力传给溜板箱，使溜板箱获得纵向直线运动。丝杠是专门为车削各种螺纹而设置的，工件的其他表面车削只用光杠，不用丝杠。

4）溜板箱：溜板箱是车床进给运动的操纵箱，内装有将光杠和丝杠的旋转运动变成刀架直线运动的机构，通过光杠传动实现刀架的纵向进给运动、横向进给运动和快速移动，通过丝杠带动刀架做纵向直线运动，以便车削螺纹。

5）刀架：刀架由两层滑板（中、小滑板）、床鞍与刀架体共同组成，用于安装车刀并带动车刀做纵向、横向或斜向运动。

6）尾架：尾架安装在床身导轨上，并沿此导轨纵向移动，以调整其工作位置。尾架主要用来安装顶尖，以支撑较长工件，也可安装钻头、铰刀等进行孔加工。

7）床身：床身带有精度要求很高的导轨（山形导轨和平导轨），是一个大型基础部件，用于支撑和连接车床的各个部件，并保证各部件在工作时有准确的相对位置。

8）冷却装置：冷却装置主要通过冷却泵将水箱中的切削液加压后喷射到切削区域，以降低切削温度、冲走切屑、润滑加工表面，从而提高刀具使用寿命和工件的表面加工质量。

2. CA6140 型车床的主要特点

1）床身、床座、油底壳等采用整体铸造结构，刚性高，抗振性好，符合高速切削机床的特点。

2）主轴箱采用三支承结构，三支承均为圆锥滚子轴承，主轴调节方便，回转精度高，精度保持性好。

3）进给箱设有公英制螺纹转换机构，螺纹种类的选择转换方便、可靠。

4）溜板箱内设有锥形离合器安全装置，可防止自动走刀过载后的机件损坏。

5）车床纵向设有四工位自动进给机械碰停装置，可通过调节碰停杆上的凸轮纵向位置，设定工件加工所需长度，实现零件的纵向定尺寸加工。

6）尾架设有变速装置，可满足钻孔、铰孔的需要。

7）车床润滑系统设计合理可靠，主轴箱、进给箱、溜板箱均采用体内飞溅润滑，并增设线泵、柱塞泵对特殊部位进行自动强制润滑。

3. CA6140 型车床的动力系统

常用的动力源有风力、水力、蒸汽机、柴油机、电动机等。由于电动机的体积比其他动力装置小，没有污染环境的因素，并且控制方便、运行性能好、传动效率高、可节省能源，所以电动机是应用最广泛的动力源之一。

带动生产机械运转的动力系统通常分为三种：电力拖动、液压传动和气压传动。电力拖动通过电动机的输出转矩直接带动机械设备工作。液压传动将电动机的输出转矩作用于液压缸，通过液压缸产生的液压，带动机械设备工作。气压传动则是将电动机的输出转矩作用于气缸，通过气缸产生的气压，带动机械设备工作。如今，80%以上的机械设备都由电力拖动来带动，小到由步进电动机拖动指针跳动的手表、大到上万千瓦的大型轧钢机械等。

该机床厂采用的是交流电力拖动系统，CA6140 型车床各部分的运动均由三相异步电动机带动，所以，先认识三相异步电动机，再学习电力拖动系统，最后才能分析 CA6140 型车床的电气控制系统。

（二）CA6140 型车床的运动形式及对应的电动机

1. CA6140 型车床的运动形式

为了完成对各种旋转表面的切削加工，车床的运动包括主运动、进给运动以及辅助运动三种。

主运动是各类机床切削加工时速度最高、功率消耗最大的运动形式。车床的主运动为工件的旋转运动。主轴通过卡盘或尾架上的顶尖带动工件旋转，主轴电动机经传动机构拖动主轴旋转。

车床的进给运动是指刀架的纵向或横向直线运动，有手动和自动两种运动方式。自动时，由主轴电动机拖动。加工螺纹时，由主轴箱输出轴依次经挂轮架、进给箱、光杠传入溜板箱而获得。

车床的辅助运动有刀架的快速移动、尾架的移动以及工件的夹紧与放松等。

2. CA6140 型车床上的电动机

CA6140 型车床上有 3 台电动机：主电动机、冷却泵电动机和快速移动电动机。

为确保主轴的旋转运动与刀具的纵、横向进给运动之间的严格比例关系，主运动和进给运动由同一台电动机驱动，称为主电动机。主电动机有两套不同的传动机构，分别控制主运动和进给运动。一般的车削加工不要求主轴反转，但加工螺纹时为避免乱扣，要求正向加工到头后反转退刀，再正向进刀继续加工，所以主轴应能实现正、反转。主轴的正、反转有两种实现方法：一是电气控制的正、反转，即由主电动机的正转、反转分别带动；二是主电动机单向旋转，利用机械换向机构完成主轴的正、反转。CA6140 型车床上的主电动机采用的是第二种：通过电磁摩擦离合器改变传动链的运动方向，将主电动机的单向旋转运动转变成主轴所需要的正转和反转。

车削加工时，应根据工件材料、刀具、工件加工工艺要求选择不同的切削速度，所以要求主轴能在相当大的范围内调速，而且加工螺纹时，工件的旋转速度与刀具的进给速度要有严格的比例关系，主轴能够变速是基本工作要求。主轴变速可以由主电动机的电气调速来实现，也可以采用机械变速。CA6140 型车床上的主电动机没有设置电气调速，只能单速旋转。主轴与主电动机之间通过齿轮变速器连接，依靠调节齿轮的传动比来完成机械调速。

冷却泵电动机的作用是为车削加工提供冷却液，防止加工过程中温升过高而损坏刀具和工件。若冷却泵电动机不能工作，则不允许主电动机工作。

快速移动电动机的作用是拖动溜板箱实现刀架的快速移动。

（三）三相异步电动机的选配

1. 电动机选配的基本原则

1）电动机的机械特性应满足生产机械的要求，要与负载特性相适应，保证运行稳定，并具有良好的起动性能和制动性能。

2）电动机的容量要能得到充分利用，使其温升尽可能达到或接近额定温升值。

3）电动机的结构要满足机械设计提出的安装要求，适合周围环境条件的要求。

4）在满足设计要求的前提下，优先采用结构简单、价格便宜、使用维护方便的三相笼型异步电动机。

2. 电动机类型的选择

1）机械对起动、调速及制动无特殊要求时，应采用三相笼型异步电动机，但功率较大且连续工作的机械，当技术经济上合理时，宜采用同步电动机。

2）符合下列情况之一时，宜采用绕线转子电动机。

① 重载起动的机械，选用笼型异步电动机不能满足起动要求，换大功率电动机又不合理时。

② 调速范围不大的机械，且低速运行时间较短时。

3）机械对起动、调速及制动有特殊要求时，电动机的类型及其调速方式应根据技术经济的综合比较来确定。

① 在交流电动机不能满足机械要求的特性时，宜采用直流电动机。

② 交流电源消失后必须工作的应急机组，亦可采用直流电动机。

③ 变负载运行的风机和泵类机械，当技术经济上合理时，应采用调速装置，并选用相应类型的电动机。

3. 电动机结构形式的选择

电动机安装方式有卧式和立式两种，由生产机械的具体拖动情况来决定。

应根据不同工作环境选择电动机的防护形式。开启式适用于干燥、清洁的环境；防护式适用于干燥和灰尘不多，没有腐蚀性和爆炸性气体的环境；封闭自扇冷式与他扇冷式用于潮湿、多腐蚀性灰尘、多风雨侵蚀的环境；全封闭式用于浸入水中的环境；隔爆式用于有爆炸危险的环境。

4. 电动机电压的选择

电动机的等级、相数、频率都要与供电电压一致。一般低压电网电压为380V，因此中小型三相异步电动机额定电压为220/380V及380/660V两种。当电动机功率较大时，可选用3kV、6kV及10kV的高压三相电动机。

5. 电动机额定转速的选择

由于电动机的额定功率正比于它的体积与额定转速的乘积，所以额定功率相同的电动机，额定转速越高体积就越小，造价也越低，效率和交流异步电动机的功率因数都较高。因此，电动机的额定转速通常不低于500r/min。生产机械的转速一般较低，用电动机拖动时通常需要用传动机构减速。电动机的额定转速越高，传动机构的传动比越大，传动机构越复杂，制造成本和维护费用越高，传动效率越低。所以，电动机的额定转速要综合考虑生产机械和电动机等多种因素才能确定。

6. 电动机额定功率的选择

电动机的额定功率由允许温升决定，可通过三种方法选择：计算法、统计法、类比法。

（1）计算法　通过计算负载功率，初步确定电动机的额定功率，再从电动机的发热、过载能力和起动能力等方面进行校验，最后确定电动机的额定功率。

（2）统计法　对各种生产机械的拖动电动机进行统计分析，找出电动机的额定功率与生产机械主要参数之间的关系，用经验公式计算出电动机的额定功率。

（3）类比法　通过对经过长期运行考验的同类机械所采用电动机的额定功率进行调查，并对生产机械的主要参数和工作条件进行类比，以此确定新的生产机械拖动电动机的额定功率。

7. CA6140型车床上的电动机选配

综上所述，结合CA6140型车床的实际工作需要，对其电动机的选配情况为：3台电动机均应采用Y系列全封闭式三相笼型异步电动机，同步转速为1500r/min或者3000r/min，额定电压为380V。主电动机既要拖动主运动又要拖动进给运动，应选择容量稍大的电动机，通常采用7.5kW，连续工作制；快速移动电动机拖动刀架进行快速移动，可以选容量小一些的，比如250W，短时工作制；冷却泵电动机拖动冷却泵，负载轻，可以选更小容量的，比如125W，连续工作制。

（四）三相异步电动机的拆装与试车

拆装电动机是了解、认识电动机的最好途径，也是对电动机进行检查、清理的必要步骤。但是，如果拆装不当，轻者会搞错零部件的装配位置，造成装配困难，重者则会损坏零部件。

1. 电动机的拆卸

依照图1-24所示的结构分解图，把电动机的各组成部分一一拆卸开。

（1）拆卸电动机的工具与器材　三相异步电动机（Y132M-4，功率7.5kW，额定电压380V，额定电流15A，定子绕组△联结，额定转速1470r/min）1台，电工通用工具1套，万用表（MF30或MF47等）1只，钳形电流表（T301-A型）1只，绝缘电阻（500V，0～

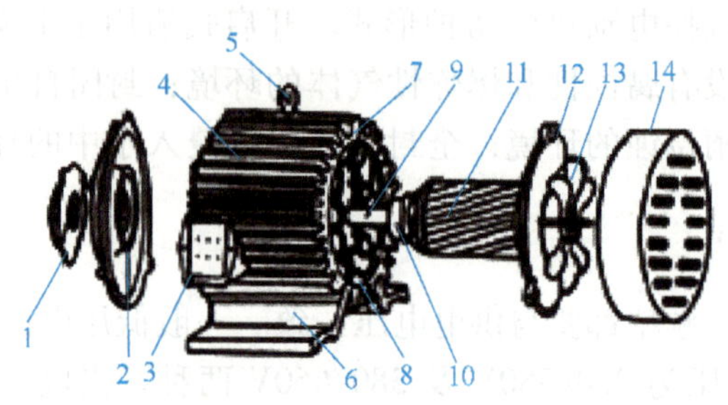

图 1-24　三相异步电动机的结构分解图

1—轴承盖　2—前端盖　3—接线盒　4—机座　5—吊环　6—底座　7—定子铁心
8—定子绕组　9—转轴　10—轴承　11—转子　12—后端盖　13—风扇　14—风罩

2000MΩ）1 只，转速表 1 只，拉具（两爪或三爪），汽油，刷子，干布，绝缘黑胶布等。

（2）中、小型三相异步电动机的拆卸步骤　以下拆卸步骤适用于容量 55kW 及以下的中、小型三相异步电动机。

1）拆除电动机定子绕组的外部接线，做好导线端子标记，记下连接线图。

2）拆开与电动机相连的其他连接件，如其他拖动或被拖动机械及基础螺钉等外部物件，将电动机吊运到检修场地。

3）将联轴器及带轮卸下。

4）卸去风罩和风扇。

5）卸下轴伸端的轴承盖和前端盖。

6）将后端盖与机座止口脱开，然后将转子连同后端盖一起抽出，放置在搁架上。

7）拆去端盖和轴承盖。

8）卸下轴承，加以清洗或更换。

（3）拆卸电动机的操作要点

1）使用拉具时，拉具的丝杠顶端要对准电动机轴的中心。

2）拆卸过程中，不能用锤子直接敲打带轮，否则会使轴变形，带轮损坏。

3）取下风罩前，可用锤子在风罩四周均匀敲打，风扇即可取下。若风扇是塑料材料，可将风扇浸入热水中，待膨胀后卸下。

4）不允许用锤子直接敲打端盖。当电动机容量很小或电动机后端盖与机座配合过紧不易卸下时，可用木锤（或在轴的前端垫上硬木）敲打，使后端盖与机座脱离。

5）抽出转子时，一定要小心缓慢，不得歪斜，防止碰伤定子绕组。

6）拉具的脚爪应紧扣在轴承的内圈上，拉具的丝杠顶端要对准转子轴的中心，扳动丝杠要慢，用力要均匀。

2. 电动机的装配

装配前，首先检查各零部件是否完好，如电动机转子上的两个轴承转动是否灵活、有无破损等，然后要认真清除各配合处的锈斑及污垢异物，尤其是定子内膛、定子绕组端部、转子表面都要吹刷干净，不能有杂物。

电动机的装配步骤与拆卸步骤大致相反。

（1）安装滚动轴承

1）用煤油将轴承盖及轴承清洗干净，然后检查轴承有无裂纹，再用手旋转轴承外圈，看其转动是否灵活、均匀，噪声是否较大。如果不需要更换，则需要再用汽油洗净，用干净的布擦干待装。如果感觉转动不是太好，应更换。新轴承应放入 70～80℃ 的变压器油中加热 5min，待防锈油全部融化后，再用汽油洗净，用干净的布擦干待装。

2）将轴颈部位擦干净，套上清洗干净，并装配已加好润滑油脂的内轴承盖。轴承往轴颈上装配有两种方法：冷套法和热套法。冷套法是把轴承套在轴颈上，用一段内径略大于轴径、外径小于轴承内圈直径的铁管，铁管的一端顶在轴承的内圈上，用手锤敲打铁管的另一端，把轴承敲进去。热套法是将轴承放在 80～100℃ 的变压器油中加热 30～40min，趁热快速把轴承推到轴颈根部，加热时轴承要放在网架上，不要与油箱底部或侧壁接触，油面要浸过轴承，温度不宜过高，加热时间也不宜过长，以免轴承退火。

3）在轴承滚珠间隙及轴承盖里装填洁净的润滑脂，润滑脂的塞装要均匀和适量，装得太满则受热后容易溢出，装得太少则润滑期短。一般地，对于装入轴承滚珠间隙里的润滑脂，两极电动机应装空腔容积的 1/3～1/2，极数在四极及以上的电动机，则应装空腔容积的 2/3。轴承内盖和外盖里的润滑脂，应装盖内容积的 1/3～1/2。

（2）安装后端盖和转子　将后端盖安装到轴承上，并用锤子敲打端盖，敲打时用力要均匀，切不可固定位置敲打。将后端盖和转子装入定子绕组内，用锤子沿圆周敲打端盖轴承部位。端盖部分进入定子后，对好固定螺钉孔位置，将螺钉装入端盖固定孔中，并用扳手拧紧螺钉。安装过程要保证转子铁心完全进入定子铁心内部，注意保护好转子的轴颈不受损伤。

（3）安装前端盖　装配时一定要对好标记，按拆卸时标注的印记复位。拧紧端盖螺钉，必须四周用力均匀，按对角线上下左右逐步拧紧，绝不能先将一个螺钉拧紧后再去拧紧另一个螺钉。

（4）检查转子　用手转动转子，检查其转动是否灵活，不得有卡、碰、摩擦等异常声响。

（5）安装风扇与风罩　首先要将风扇中心的卡扣与电动机轴伸端的凹槽对应。完成后，用锤子轻轻敲打风扇中心位置。用铁锤敲打风扇时，可垫一块木板，防止损坏风扇。然后，将风罩安装到风扇上，并用螺钉旋具固定好螺钉。

（6）安装带轮或联轴器　先将轴上键槽和带轮键槽内的毛刺清理干净，然后在轴表面涂上润滑油，再将键镶在轴槽内，之后固定通往风扇端的轴头，最后把带轮对准轴上键槽安装到位。

（7）安装完毕　此时要收拾好工具，定点存放，并清理场地。

此外，还要用万用表检查电动机绕组的通断情况，用兆欧表检查电动机的绝缘电阻，应大于 0.5MΩ。要注意正确使用绝缘电阻表，绝缘电阻值低于 0.5MΩ 时要对绕组采取烘干措施。

3. 电动机的空载试车

在电动机不带负载的情况下，给三相定子绕组通入三相交流电，起动电动机让其空转，观察其转动方向，听起动时的声音，观察轴承运转情况，看是否有振动和卡阻。若发现异常现象，应立即断电停车检查。空载试车的时间应不小于 1h。

空载试车的过程中，在确保安全的前提下，应做如下检查：

1）用转速表检查电动机的空载转速。

2）用钳形电流表检查电动机的空载电流。

一般大容量高转速电动机的空载电流为其额定电流的 20%～35%，小容量低转速电动机的空载电流为其额定电流的 35%～50%。空载电流不可过大，也不可过小，而且要三相平衡。

3）用酒精温度计检查电动机的温度，其温升要与绝缘等级相适应，不得超过允许限度。

4. 定子绕组首尾端判断

当电动机接线板损坏，定子绕组的 6 个出线端子分不清各是哪相、也分不清首尾端时，切不可盲目接线，必须分清哪两个端子为同一相，还要分清首尾端。

判别定子绕组首尾端的最简单方法是低压交流电源法，又称灯泡检查法。

（1）灯泡检查法的工具与器材　电工通用工具1套，万用表1只，36V交流电源，灯泡1只。

（2）灯泡检查法判别定子绕组首尾端的操作步骤

1）用万用表的电阻档，找出三相绕组各相的两个端子，并将各相端子分别用U1、U2，V1、V2和W1、W2进行假设编号。

2）如图1-25a所示，将U2与V1相接，在U1、V2端子上接一只灯泡，构成U1 U2 V1 V2两相绕组顺向串联，第三相的端子W1、W2接通36V交流电源。

3）若灯泡发亮，说明U相、V相首尾标注正确，即U1为首，U2为尾，V1为首，V2为尾；若灯泡不亮，则说明U相、V相首尾标注不正确，实际接线是逆向串联，如图1-25b所示。此时将U、V任一相的首尾端对调，使U相、V相成为顺向串联，灯泡便会发亮，其首、尾端也就确定了。

4）将U相与W相两绕组串联，V相端子接36V交流电源，按上述方法对W相的两个端子进行首、尾端判别。

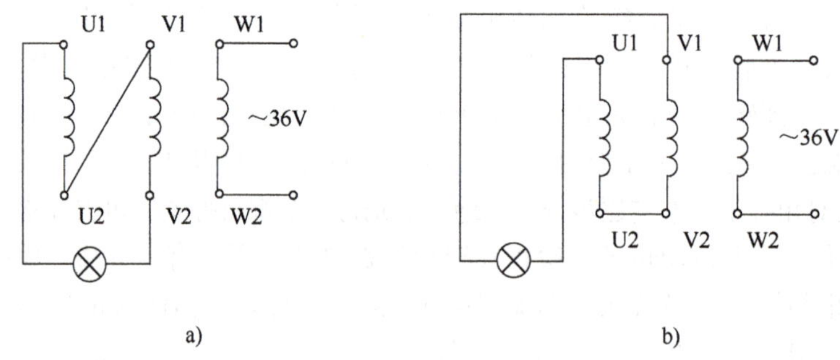

图1-25　灯泡检查法接线图

（3）灯泡检查法的工作原理　把定子绕组和铁心看作一个变压器，接36V电压的绕组是一次侧，另两个串联的绕组是二次侧。在图1-25a中，U相和V相绕组顺向串联，电压相加后约72V，足以点亮灯泡。在图1-25b中，U相和V相绕组逆向串联，电压相加后为零，灯泡就不会亮。

特别提示：采用灯泡检查法时，若现场没有合适的灯泡，可用电压表或万用表的交流电压档来代替灯泡，电压表有读数等同于灯泡亮，电压表无读数等同于灯泡不亮。

（五）三相异步电动机的运行维护

电动机在运行过程中，经常会因某些原因使机械或电气部分发生故障，造成电动机不能正常工作，严重时甚至会损坏电动机。电动机在运行时，运行维护人员需要通过耳、眼、鼻、手等感官，并借助于仪表、工具来监视其运行情况，判断运行是否正常。监视内容有电动机的线路电流、温度和响声等。如果出现不正常现象，应立即停机，找出故障并加以排除。

1. 监视电动机的运行温度

电动机机壳温度过高是电动机绕组和铁心过热的外部表现，过热会损坏电动机绕组的绝缘，甚至会烧毁电动机绕组，也会降低电动机其他方面的性能。

最简便的检查电动机温升的方法是通过手心摸机壳来判断，但事先必须用验电笔测试电动机外壳是否带电，或用手背试搭机壳是否麻手，在确实证明机壳不带电后，方可用手心摸机壳。电动机的绝缘等级若是 A 级，当环境温度为 40℃时，电动机外壳的温度应该小于 60℃。如果机壳摸上去烫得使手不自觉地缩回，便说明电动机已经过热了。也可在机壳上滴几滴水试验，若水滴上去后立即冒热气，则机壳温度在 80℃以上；如果水滴上去后听到嘶嘶声，机壳温度就更高了。

测电动机绕组温度可用温度计法。将电动机吊环拆去，将酒精温度计球部用锡纸包好放入，最好紧贴孔壁，用棉花或纱头堵严孔口。这时测出的温度会比绕组实际温度低 15~20℃。测电动机绕组温度不宜使用水银温度计，因为电动机内的交变磁场对水银温度计有影响，会使得测温不准。

2. 监视电动机的线路电流

当环境温度为标准温度值时，电动机定子电流等于或低于铭牌上所规定的额定值。当环境温度高于标准值时，应适当降低定子电流使其低于额定电流，但允许短时过载。当环境温度低于标准值时，可适当增加定子电流。如果电动机电流不符合规定，且过载很多，应查明原因并降低负载运行。

此外，还要监视电动机定子三相电流是否平衡。三相中最大或最小的一相电流与三相电流平均值的偏差，不得大于三相平衡电流的 10%，当超过该值时，应查明原因并排除故障。

3. 监视电源电压

电动机正常运行时允许的电源电压波动应不超过±5%，若电源电压过高或过低，则应考虑调整电动机负载。而三相电压间不平衡程度不得超过 5%，若超出这一范围，应找出原因，设法调整供电系统负载，使三相负载电压平衡。

4. 监视电动机的声音、气味和振动

电动机正常运行时的声音是平稳、轻快、均匀和有节奏的，无杂声或特殊叫声。若有杂声出现，往往有机电两方面的原因，应仔细听辨，并注意观察电动机转速是否下降或者是否发生剧烈振动。若出现以上情况，应立即停机检查，避免事态扩大造成更大损失。

电动机过载运行时间太长，将会损坏电动机绕组的绝缘，严重时能嗅到绝缘漆的焦煳味。这时应立即停机，检查原因并加以排除。

电动机在正常运行时只有轻度振动，如果振幅很大，就说明存在故障，应立即停机，检查机座螺钉、带轮、联轴器等是否松动或严重变形。

5. 监视轴承的运行情况

电动机轴承运行是否正常，可在用螺钉旋具解除轴承盖之后，听有无杂音来确定。若有杂音，应及时处理。另外，还需要监视轴承中润滑脂是否不足或过多。

除上述各项需经常监视、及时处理的异常现象外，还要注意电动机通风情况和周围环境是否清洁，注意熔丝有无损伤，以免电动机单相运行而烧坏绕组。

在监视电动机的同时，还应做好定期维修。定期维修分为小修与大修，小修一般属于检查和维护，对电动机不做大的拆卸；大修则要拆开电动机进行清理、检查和修理。一般小修每年进行 2~3 次，大修每年进行 1 次。不过，实际维修的频率还要根据电动机的工作性质和周围环境而定。

（六）三相异步电动机的常见故障分析

1. 运行中常见故障

（1）电动机的断相运行　产生该故障的原因包括电源线一相断路，开关或起动设备触头

烧蚀、松动、接触不良，一相熔断器熔丝熔断，电动机的一相绕组断路等。若电动机在运行过程中发生一相绕组忽然断路，额定输出功率将降为原来的一半，电动机的转速明显下降，振动增大，有异常声响，定子电流会大大超出其额定电流，容易使电动机绕组严重发热而烧坏。若电动机在起动时发生断相，将无法起动，并伴有明显的电磁嗡嗡声，此时应立即切断电源，进行故障检查。

（2）电动机的 V 联结运行　△联结的三相绕组内部若发生一相断线，则其余两相绕组成为 V 联结，如图 1-26 所示。这时 U、V、W 三相中有一相电流最大，另两相电流基本相等。若保证绕组中的相电流不超过额定电流，则电动机绕组的额定输出功率约为原来的 67%。如果电动机仍带原来的额定负载，则转速会明显下降，还伴有振动，定子电流超过额定值，绕组温升增高，若长时间运行，定会烧坏绕组。

由于定子绕组 V 联结，两相绕组中的电流相位不同，起动电流三相不平衡，有一相为正常值，另两相基本相等，因而起动转矩小，起动缓慢。当负载转矩较大时，可能起动不了。

（3）电动机定子绕组接地　若电动机绕组或引出线的带电部分与铁心或机壳相接，就造成了绕组接地故障。如果三相绕组只有一点碰壳，而电动机外壳未接地，机壳就有了和该点相同的电位。这时电动机仍可继续运行，但人若碰到机壳就有触电危险。

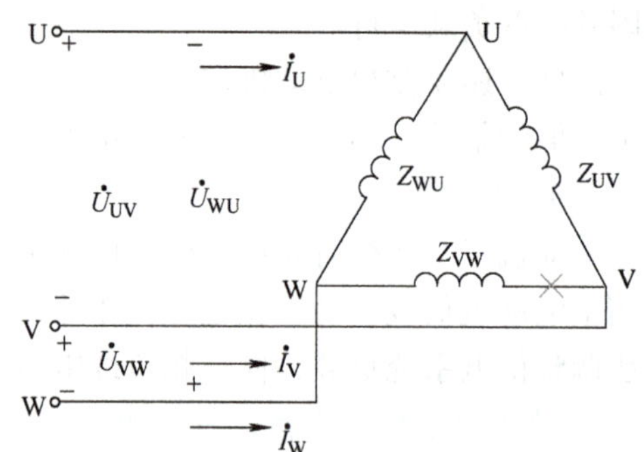

图 1-26　三相异步电动机的 V 联结

如果一相绕组的导线有一点碰到了铁心或机壳，但机壳是接地的，这样就会造成该点接地短路（因供电变压器的绕组中性点通常是接地的），同时会使该相绕组的部分线匝短接，有效匝数减少，将使该相电流增大。接地点越靠近绕组的引出线端，情况就越严重，甚至会烧坏绕组。

如果电动机的绕组有两相同时接地，除上述情况外，还会造成相间短路，这时故障的严重程度随绕组的接地点的位置而异，但总会造成电动机不正常运行，使绕组过热甚至烧坏。

（4）定子绕组匝间或相间短路　由于绕组线匝的绝缘损坏，使不该接通的两导线直接相碰造成的故障，称为绕组的匝间短路。

如果是同一相绕组的匝间短路，由于短路线圈的阻抗减小，在同样的感应电动势下会形成较大的电流，使短路线匝的温度迅速升高，甚至冒烟烧毁。短路的线匝越多，情况就越严重。发生匝间短路故障后，电动机一般仍能继续运行，但会发出异常的电磁噪声，同时电流增大而使绕组过热。

如果是两相绕组的相邻线匝发生短路，即造成了绕组的相间短路，这种故障对电动机的影响和前面所述两相绕组同时碰壳情况相同。

2. 运行中常见故障现象及原因分析

（1）电动机过热　电动机过热的原因可以从电源、负载和电动机本身三个方面进行分析。

1）电源方面的原因：

① 电源电压 U_1 高于额定电压 U_N。这时，磁通 Φ 随之增大，趋于饱和，使铁心损耗大大增加，引起铁心发热；磁通 Φ 增加还会引起励磁电流急剧增加，从而使定子电流增加，这会造成绕组铜损耗（$P=I^2R$）增大，继而引起绕组过热。

② 电源电压 U_1 低于额定电压 U_N，一方面电源电压 U_1 低会引起磁通 Φ 相应减小，使得

定子电流中的励磁电流分量减小；另一方面，由于电磁转矩 T 与电源电压 U_1 的二次方成正比，电源电压 U_1 低会使转速 n 下降，从而使转子电流和定子电流的负载分量都增大，即定子电流、转子电流都增大，从而使定子绕组、转子绕组损耗增大，容易过热烧毁。

③ 电源线路的一相发生断路，电动机断相运行，造成未断相两相的绕组过热。

2）负载方面的原因。定子电流的大小能反映出电动机拖动的负载的大小。电动机通常有一定的过载能力，短时的轻度过载不会影响电动机的正常工作。但是，若长期运行在过载情况下，电动机的定子电流、转子电流都会增大而超过允许值，致使电动机绕组过热。

3）电动机本身的原因。如前所述，因绕组一相断路而造成电动机断相运行或 V 联结运行、绕组的匝间或相间短路、转子断条等都会造成电动机过热。机械方面的故障也会造成电动机过热，如转轴弯曲引起转子扫膛、电动机装配不到位使转轴转动不灵活甚至卡死、轴承本身发热等。

此外，电动机本身通风不良，如电动机内部粉尘太多影响散热、未装风罩或未装内挡风板、不能形成风路、风扇损坏以及环境温度升高等，都会引起电动机过热。

（2）电动机运行中产生振动和噪声　电动机运行中产生振动和噪声的原因，往往包含机械和电气两个方面。

1）机械方面的原因：

① 电动机机座不牢或固定不紧。

② 转子的重心偏移，不在转子中心上。

③ 转子发生断条，使电动机转速降低，负载电流时高时低，显出周期性波动现象，并发出时高时低的嗡嗡声，机身也发生振动。

④ 由于转轴弯曲或轴承磨损造成电动机转子偏心，严重时会使定子与转子相擦而产生剧烈振动，并发出不均匀的摩擦声。

⑤ 转子零件松动，如笼型异步电动机内风扇上的配重螺钉松动或转子铁心与轴承松动等。

⑥ 铁心、硅钢片过于松弛，在电动机外壳上能听到嘶嘶的磁振动声。

⑦ 电动机和被拖动机械的轴心不在一条直线上。

⑧ 轴承内润滑脂不足，轴承室内传出嘶嘶声。

⑨ 轴承内的钢珠损坏，运转中有咕噜咕噜声。

2）电气方面的原因：

① 绕组短路、接反，会造成磁场不对称和电磁转矩不均匀，从而使电动机发生振动并发出一种低沉的声音。

② 气隙不均匀会使转子导体中产生高次谐波，从而产生电磁噪声。

辨别电动机的噪声时，不仅要听声音，还要观察其他现象，如电压和电流的大小、有无电动机过热、有无焦臭味。将这些现象联系起来综合分析，才能做出正确的判断。

（3）电动机运行中三相电流不平衡　电动机正常工作时，三相电流是平衡的。因三相绕组匝数略有不等而引起的三相电流不平衡往往程度很小，可以忽略。只有在三相电源电压不平衡程度过大或电动机本身有故障时，电动机才会产生较大的三相不平衡电流。当三相电流不平衡程度超过 10%，而且电动机发出低沉的嗡嗡声，机身也剧烈振动时，应首先检查电源的三相电压。

若电源三相电压是平衡的，则说明电动机本身有了故障，此时可能有以下情况：

1）电动机绕组断路。电动机每相绕组都由几个支路并联而成。若发生一条支路或几条支路断路，则三相阻抗就不平衡，就会造成三相电流不平衡，应停机检测每相绕组的电阻。最严重的断路是一相断路或熔断器一相熔丝熔断而造成的电动机断相运行。此时，断线相的电流为零，其余两相电流增加很多，电动机转速下降，并发出特殊的低沉的吼声。

2）电动机单相短路或相间短路。此时，短路电流很大，三相电流不平衡程度也很严重，熔断器熔丝应该熔断。当某相绕组内匝间短路或元件短路时，电动机三相电流也不平衡，但是熔丝可能不熔断，电动机绕组会因过热而烧毁，电动机冒烟并有焦臭味，应立即停机检查处理。

3）电动机一相首尾接反。一相反接会造成三相电流极不平衡，这时熔丝往往会熔断。若熔丝没有熔断，电动机将发生剧烈振动并有强烈的吼声。若电动机绕组内部有一部分接反，则与上述情况类似，只是程度稍轻。此时，应立即停机检查三相绕组的头、尾是否搞错，或拆开电动机检查有无部分绕组接反的情况。

五、拓展与提高

（一）电力拖动系统的基础知识

1. 电力拖动系统的基本组成

拖动就是由原动机带动生产机械产生运动。以电动机作为原动机拖动生产机械运动的方式称为电力拖动。电力拖动系统一般由控制设备、电动机、传动机构、生产机械和电源等组成，如图 1-27 所示。其中，控制设备由各种低压电器、自动化设备、工业控制计算机及可编程序控制器等组成，通过控制电动机的运行方式，来控制生产机械的各种运动。电动机作为原动机，通过传动机构拖动生产机械工作，传动机构和生产机械合起来统称为机械负载，电源向电动机和控制设备供电。

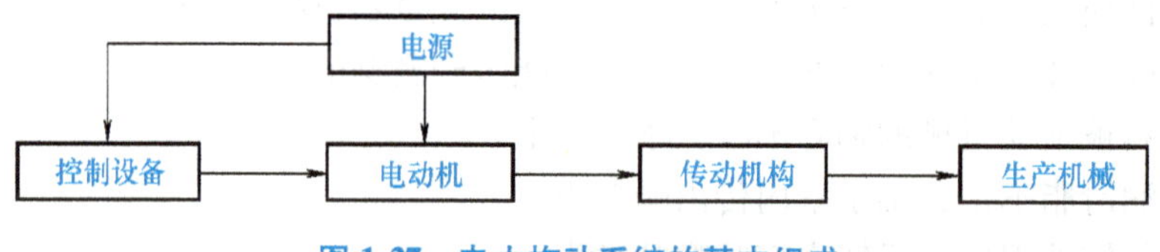

图 1-27　电力拖动系统的基本组成

2. 电力拖动系统的运动方程

电力拖动系统所用的电动机种类各异，生产机械的负载性质也各不相同，但电力拖动系统都遵循动力学的普遍规律，可以建立起通用的运动方程。

根据电动机与生产机械的连接关系不同，电力拖动系统可分为单轴拖动系统和多轴拖动系统。单轴拖动系统是由电动机轴直接拖动生产机械运转的系统。多轴拖动系统是在电动机与工作机构之间装设变速机构的电力拖动系统。在多轴拖动系统中，若以电动机轴为研究对象，将其他轴上的转矩、飞轮矩都折算到电动机轴上，综合等效为一个负载，就可以把多轴拖动系统简化为单轴拖动系统。所以，多轴拖动系统和单轴拖动系统有通用的旋转运动方程，即

$$T-T_{\mathrm{L}}=\frac{GD^2}{375}\frac{\Delta n}{\Delta t} \tag{1-13}$$

3. 运动方程式中各转矩正方向的规定

1）任意规定某一旋转方向为转速 n 的正方向。

2）电磁转矩 T 的正方向与转速 n 的正方向相同。

3）负载转矩 T_L 的正方向与转速 n 的正方向相反。

4）加速转矩 $\frac{GD^2}{375}\frac{\Delta n}{\Delta t}$ 的大小及正负号，由电磁转矩 T 和负载转矩 T_L 的代数和确定。

4. 电力拖动系统各转矩性质的判定

当电磁转矩 T 的作用方向与转速 n 的方向相同时，电磁转矩 T 为正值，属拖动性转矩；当电磁转矩 T 的作用方向与转速 n 的方向相反时，电磁转矩 T 为负值，属制动性转矩。

当负载转矩 T_L 的作用方向与转速 n 的方向相反时，负载转矩 T_L 为正值，属制动性转矩；当负载转矩 T_L 的作用方向与转速 n 的方向相同时，负载转矩 T_L 为负值，属拖动性转矩。

5. 电力拖动系统的运动状态

电力拖动系统的运动状态，可以通过电力拖动系统的运动方程式来判断：

1）当 $T=T_L$ 时，$\frac{\Delta n}{\Delta t}=0$，即 $n=0$ 或 $n=$ 常数，电力拖动系统处于静止或匀速运动的状态，这种运动状态被称为静态或者稳态。

2）当 $T>T_L$ 时，$\frac{\Delta n}{\Delta t}>0$，电力系统处于加速状态。

3）当 $T<T_L$ 时，$\frac{\Delta n}{\Delta t}<0$，电力系统处于减速状态。

（二）电力拖动系统的负载转矩特性

电动机及其轴上拖动的负载是连成一体的，影响电力拖动系统运行状态的有两大因素：一是电动机的机械特性；二是电动机轴上拖动的负载及负载转矩特性。

负载转矩特性简称负载特性，它是指电力拖动系统的旋转速度 n 与负载转矩 T_L 之间的函数关系，即 $n=f(T_L)$。依据在运动中呈现的负载特性不同，负载可分为三大类：恒转矩负载、恒功率负载和通风机型负载。

1. 恒转矩负载

恒转矩负载的特性是负载转矩 T_L 的大小不随转速 n 的变化而变化，T_L 等于常数。根据负载转矩 T_L 的方向特点，又分为反抗性恒转矩负载和位能性恒转矩负载两种。

（1）反抗性恒转矩负载　这种负载转矩 T_L 的大小不变，方向总是与生产机械的运动方向相反，阻碍生产机械的运动。

如图 1-28a 所示，按电力拖动系统各转矩正方向规定，当 n 为正方向时，反抗性负载转矩 T_{L1} 也为正方向，负载特性在第Ⅰ象限；n 为负方向时，T_{L1} 也为负方向，负载特性在第Ⅲ象限。

具有此类负载特性的生产机械有带式输送机、搅拌机、挤压机和机床平移机构等。

（2）位能性恒转矩负载　这种负载转矩 T_L 由重力作用产生，其特点是不论生产机械的运动方向变化与否，负载转矩的大小和方向都恒定不变，与生产机械的运动状态无关。

具有此类负载特性的生产机械有起重机、提升机等。

例如：起重机在提升重物时，负载转矩 T_{L2} 的方向与系统的转速 n 方向相反，为制动转矩；起重机在下放重物时，T_{L2} 方向与 n 方向相同，为驱动转矩。若以提升重物时电动机的旋转方向为正，按转矩正方向的规定，不管 n 是正方向还是负方向，T_{L2} 的大小和方向都不变，始终为正值，负载特性曲线在图 1-28b 的第Ⅰ、Ⅳ象限。

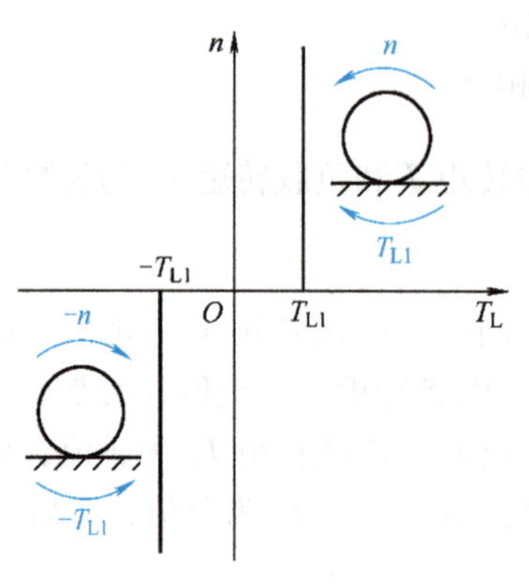

a) 反抗性恒转矩负载特性

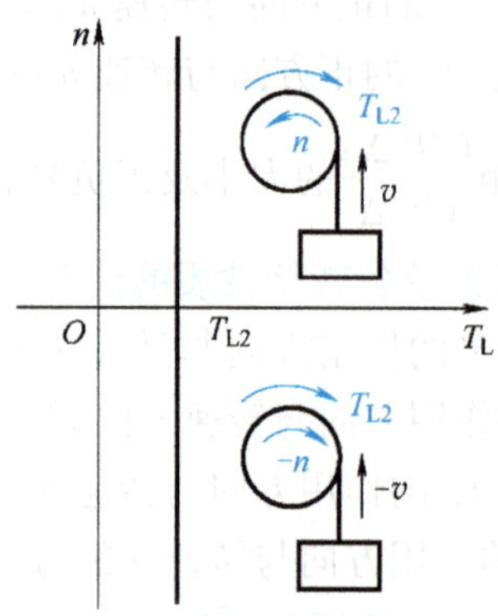

b) 位能性恒转矩负载特性

图 1-28 恒转矩负载特性

2. 恒功率负载

当系统的转速 n 变化时，恒功率负载从电动机吸取的功率为恒定值。负载转矩 T_L 与转速 n 的乘积为一常数，即负载转矩的大小与转速的高低成反比，此时有

$$P_L = T_L\Omega = T_L\frac{2\pi n}{60} = \text{常数} \tag{1-14}$$

恒功率负载特性曲线如图 1-29 所示。

具有恒功率负载特性的生产机械有轧钢机、造纸机、各种机床等。例如车床在粗加工时，切削量大，负载转矩 T_L 大，采用低速档；在精加工时，切削量小，负载转矩 T_L 小，采用高速档。

注意：负载的恒功率性质只表现在一定的转速范围内。因受机械强度的限制，当转速 n 很低时，负载转矩 T_L 不可能无限增大，负载的恒功率性质就不复存在，转变为恒转矩性质。

3. 通风机型负载

通风机型负载是按离心原理工作的机械，例如通风机、水泵、油泵等。此类负载的负载转矩 T_L 的大小与转速 n 的二次方成正比，即 $T_L = kn^2$，负载特性曲线是半条水平抛物线，如图 1-30 所示。

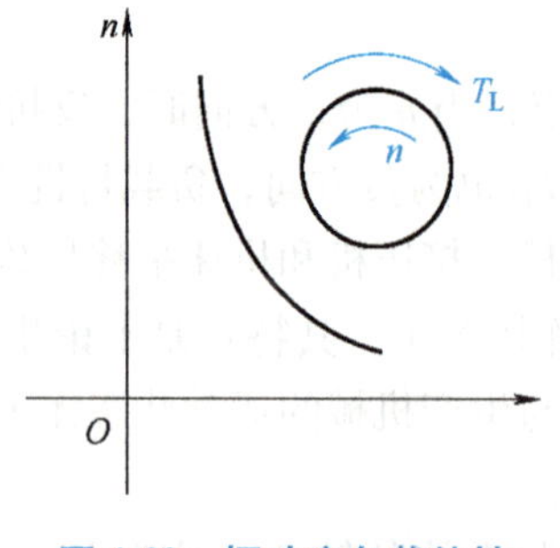

图 1-29 恒功率负载特性

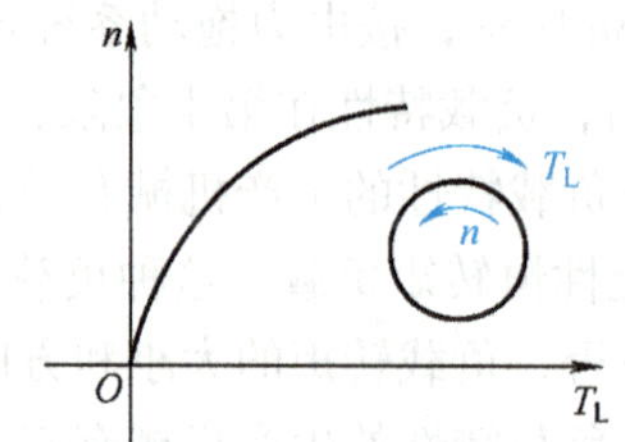

图 1-30 通风机型负载特性

实际生产生活中，单一类型的负载并不多见，通常是几种不同类型的负载的相近或综合，分析时既要全面考虑，又要抓住重点。例如起重机在提升重物时，负载转矩 T_L 是重物的重力

转矩和系统的摩擦转矩之和。重力转矩是位能性恒转矩负载，摩擦转矩是反抗性恒转矩负载。由于提升重物时，重力转矩比摩擦转矩大得多，所以分析其运行状态时，要以重力转矩为主，适当考虑摩擦转矩，或将摩擦转矩忽略不计。

（三）电力拖动系统的稳定性

当电力拖动系统在某一工作点匀速运行时，如果受到某种外界扰动，就会导致电动机的转速 n 发生变化，使系统离开原来的平衡状态。在外界扰动消失后，系统如果能够自动回到原来的平衡状态，或者在新的条件下达到新的平衡状态，这样的系统就是稳定的，否则就是不稳定的。

这里的“扰动”，通常指电网电压的波动或负载的微小变化等。

电力拖动系统稳定运行的条件有两个，缺一不可：

1）电动机的机械特性曲线和负载特性曲线有交点（$T=T_L$），该交点称为电力拖动系统的工作点。

2）在工作点 $T=T_L$ 处，满足

$$\frac{dT}{dn}<\frac{dT_L}{dn} \tag{1-15}$$

实用性结论：在电力拖动系统的工作点处，当扰动使转速 n 上升时，有 $T<T_L$；当扰动使转速 n 下降时，有 $T>T_L$，该系统就是稳定的。因此，电动机的机械特性具有下降趋势的电力拖动系统，通常就能稳定运行。

电动机机械特性曲线的线性段是下降的，无论配合何种类型的负载，均能稳定运行，所以机械特性曲线的线性段又被称为稳定运行区。电动机机械特性曲线的非线性段是上升的，在非线性段，恒转矩负载与恒功率负载都不能稳定运行，只有通风机型负载仍有稳定运行点。鉴于通风机型负载运行在非线性段时，常常由于转速太低而导致电动机损耗大，效率低，不能理想运行，因而通风机型负载在非线性段运行的情况实际很少采用，故机械特性曲线的非线性段被称为不稳定运行区。

（四）单相异步电动机

请看案例：暑假的傍晚，10 岁的小明打完球回到家里，像往常一样打开电风扇准备纳凉，却发现电风扇纹丝不动。见电源指示灯是亮的，小明料定是电风扇坏了。天气闷热，电风扇罢工，这让小明焦躁起来，他对着电风扇拍打起来。胡乱地拍打竟然让电风扇转了起来，小明纳闷了：难道这电风扇欠拍吗？聪明的你，能为小明答疑解惑吗？

任务解析：家用电风扇通常由单相异步电动机带动，既然是在电风扇起动时出现的状况，就要从单相异步电动机的起动原理入手，结合故障现象分析故障原因。

1. 单相异步电动机简介

单相异步电动机是利用单相交流电源供电的一种小容量（8~750W）交流电动机。与同容量的三相异步电动机相比，单相异步电动机的优点是结构简单、运行可靠、所需电源方便、成本低廉、维修方便；缺点是体积较大、运行性能较差、效率较低。但当容量不大时，这些缺点并不明显。

单相异步电动机广泛应用于家用电器、医疗器械、自动控制系统及小型电气设备中。

按照起动方式与相应结构的不同，单相异步电动机可分为分相式和罩极式两种。

2. 单相异步电动机的工作原理

（1）交流单相绕组产生脉振磁通势　在单相全距集中绕组 U1U2 中通入余弦变化的交流电时，所产生的磁通势在空间的分布在任何瞬间都是一个矩形波，该矩形波高度将随时间 t 按余弦规律变化。这种在空间位置固定而大小随时间变化的磁通势称为脉振磁通势，其频率与交流电流的频率相同。该矩形波含有 3、5、7 等奇次谐波，且仅含余弦项。对电动机正常工作来说，基波磁通势是主要的、起决定作用的，它既是时间 t 的函数，又是空间位置 x 的函数。

（2）单相异步电动机的工作原理　在讨论单相异步电动机的工作原理时，只需考虑矩形波磁通势的基波分量，其他谐波分量可忽略不计。基波磁通势可以分解成一对转向相反的旋转磁通势 F_{1+} 和 F_{1-}，F_{1+} 为正向旋转磁通势，F_{1-} 为反向旋转磁通势，两者幅值相等，均为单相基波脉振磁通势 F_1 幅值的 1/2，且均以同步角速度 ω 旋转。磁通势 F_{1+} 和 F_{1-} 在单相异步电动机气隙中旋转时，都会被转子导体切割，因而转子导体中会产生感应电动势和感应电流，形成电磁转矩 T_{1+} 和 T_{1-}。

由磁通势 F_{1+} 产生的电磁转矩 T_{1+} 与 F_{1+} 方向相同，使转子正向旋转，因而 T_{1+} 被称为正转电磁转矩；由磁通势 F_{1-} 产生的电磁转矩 T_{1-} 与 F_{1-} 方向相同，使转子反向旋转，因而 T_{1-} 被称为反转电磁转矩。T_{1+} 和 T_{1-} 大小相等、方向相反，两者作用在同一个转子上。

正转电磁转矩 T_{1+} 与正向转差率 $s_{1+}=(n_1-n)/n_1$ 的函数关系为 $T_{1+}=f(s_{1+})$，与三相异步电动机的 $T=f(s)$ 的关系特性一样，如图 1-31 中曲线 1 所示；反转电磁转矩 T_{1-} 与反向转差率 s_{1-} 的函数关系为 $T_{1-}=f(s_{1-})$，如图 1-31 中曲线 2 所示，其中 $s_{1-}=(-n_1-n)/(-n_1)=2-s_{1+}$。由于正转电磁转矩 T_{1+} 与反转电磁转矩 T_{1-} 同时存在，两者的合成转矩 $T_1=T_{1+}+T_{1-}$ 如图 1-31 中的曲线 3 所示。

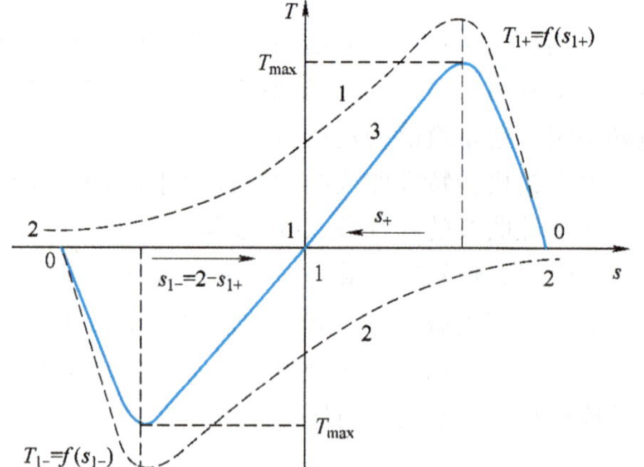

图 1-31　单相异步电动机机械特性曲线 $T=f(s)$

观察图 1-31 中的单相异步电动机机械特性曲线 $T=f(s)$，可得出如下结论：

1）当转子静止时，转速 $n=0$，正、反向转差率 $s_{1+}=s_{1-}=1$，合成转矩 $T_1=T_{st}=T_{1+}+T_{1-}=0$，这表明单相异步电动机的起动转矩为 0，若不采取其他的起动措施，电动机就不能起动。

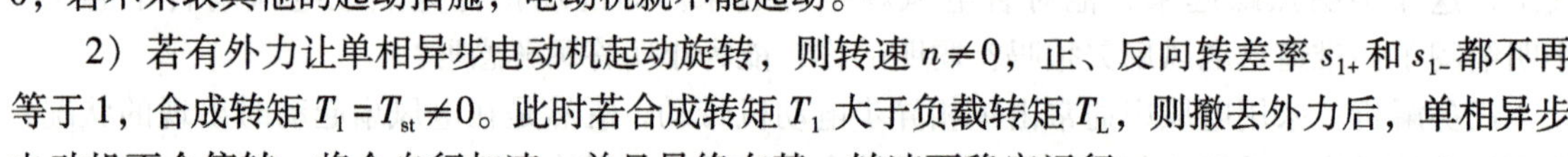

2）若有外力让单相异步电动机起动旋转，则转速 $n\neq0$，正、反向转差率 s_{1+} 和 s_{1-} 都不再等于 1，合成转矩 $T_1=T_{st}\neq0$。此时若合成转矩 T_1 大于负载转矩 T_L，则撤去外力后，单相异步电动机不会停转，将会自行加速，并且最终在某一转速下稳定运行。

3）单相异步电动机稳定运行的旋转方向由电动机起动时的旋转方向确定。

4）T_{1+} 和 T_{1-} 这两个方向相反的电磁转矩同时存在，一个驱动一个制动，使得合成转矩 $T_1=T_{1+}+T_{1-}$ 的数值不大。因此，单相异步电动机的过载能力、效率、功率因数等均低于同容量的三相异步电动机，且单相异步电动机的机械特性软，转速变化也较大。

3. 单相分相式异步电动机

（1）单相分相式异步电动机的结构　单相分相式异步电动机的结构示意图如图 1-32 所示。转子为笼型转子；定子包含两个单相绕组：工作绕组 U1U2（主绕组）和起动绕组 V1V2

（副绕组）。工作绕组和起动绕组空间相差90°电角度，起动绕组串联电容器 C 后再与工作绕组并联，接于单相交流电源上。

（2）单相分相式异步电动机的工作原理　只要使单相分相式异步电动机的定子两相绕组通入大小相等、相位相差90°电角度的正弦交流电：$i_U=I_m\sin\omega t$，$i_V=I_m\sin(\omega t+90°)$，在定子和转子气隙中产生的合成磁场就是圆形的旋转磁场。只要电容器 C 的容量选择适当，就能使起动绕组电流 i_V 和工作绕组电流 i_U 产生90°的相位差，从而形成旋转磁场。该旋转磁场的旋转速度与三相笼型异步电动机的相同，也为 $n_1=60f_1/p$。在旋转磁场作用下，笼型转子切割磁力线产生感应电动势和感应电流，从而获得起动转矩，带动转子旋转，使单相异步电动机起动并且加速到稳定转速连续运行。

在起动转矩要求较低的场合，起动绕组中的串联电容器常用串联电阻来代替，称为电阻分相式单相异步电动机。在起动完成后，切除起动绕组的电容分相式单相异步电动机，称为电容起动电动机；不切除起动绕组的，称为电容运转电动机。

（3）单相分相式异步电动机的反转　单相分相式电动机的转向由电流领先相转向滞后相，将工作绕组U1U2和起动绕组V1V2中的任意一个绕组的两个出线端对调，就改变了两绕组中电流的相序，也就改变了旋转磁场的转向，电动机便反转了。如图1-33所示，家用洗衣机采用的是单相电容运转电动机，其工作绕组和起动绕组完全相同，用转换开关S将工作绕组和起动绕组不断变换，从而实现电动机的正转与反转，继而驱动洗衣机波轮的正反转。

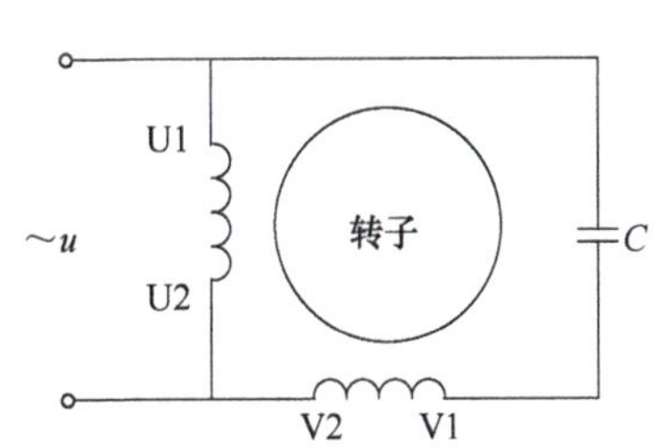

图1-32　单相分相式异步电动机结构示意图

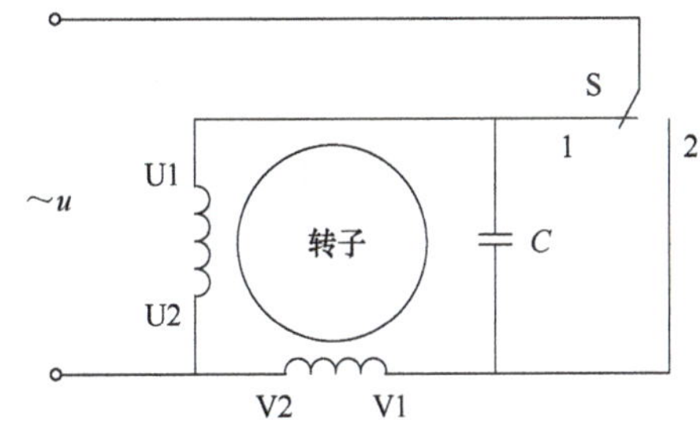

图1-33　洗衣机单相电容运转电动机的正反转

（4）单相分相式异步电动机的应用　单相电容运转电动机的定子气隙磁场接近圆形旋转磁场，运行性能得到较大改善，其效率、功率因数和过载能力都比普通单相异步电动机高，运行也较平稳。一般300mm以上的电风扇电动机和空调器压缩机电动机均为单相电容运转电动机。

4. 单相罩极式异步电动机

单相罩极式异步电动机按磁极形式不同，有凸极式和隐极式之分，凸极式更为常见。

（1）单相罩极凸极式异步电动机的结构　单相罩极凸极式异步电动机的结构如图1-34所示，定子和转子的铁心均由0.5mm厚的硅钢片叠制而成，转子为笼型转子，定子磁极做成凸极式，在定子凸极上装设单相集中绕组作为工作绕组，在磁极极靴的1/4～1/3处开有小槽，槽中嵌放铜环，铜环自身形成了闭合回路，称为短路环，短路环将较小部分的磁极罩起来，因而又称为罩极绕组。

（2）单相罩极凸极式异步电动机的工作原理　单相罩极凸极式异步电动机的工作原理如

图 1-35 所示。当工作绕组通入单相交流电流时，产生脉振磁通 $\dot{\Phi}$，$\dot{\Phi}=\dot{\Phi}_1+\dot{\Phi}_2$，其中 $\dot{\Phi}_1$ 为穿过定子凸极铁心未罩住部分的磁通，$\dot{\Phi}_2$ 为穿过定子凸极铁心被罩住部分的磁通，如图 1-35a 所示。显然，$\Phi_1>\Phi_2$。$\dot{\Phi}_2$ 穿过短路环，使短路环内产生感应电动势 $\dot{E}_K$ 和感应电流 $\dot{I}_K$。根据楞次定律，短路环中的感应电流 $\dot{I}_K$ 所产生的磁通 $\dot{\Phi}_K$ 总是阻止穿过短路环的磁通 $\dot{\Phi}_2$ 的变化，使 $\dot{\Phi}_2$ 变为 $\dot{\Phi}'_2$，$\dot{\Phi}'_2=\dot{\Phi}_2+\dot{\Phi}_K$。穿过未罩住部分的磁通 $\dot{\Phi}_1$ 一直保持不变。$\dot{\Phi}'_2$ 与 $\dot{\Phi}_1$ 出现相位差，且 $\dot{\Phi}'_2$ 总是滞后 $\dot{\Phi}_1$ 一个相位角，如图 1-35b 所示。

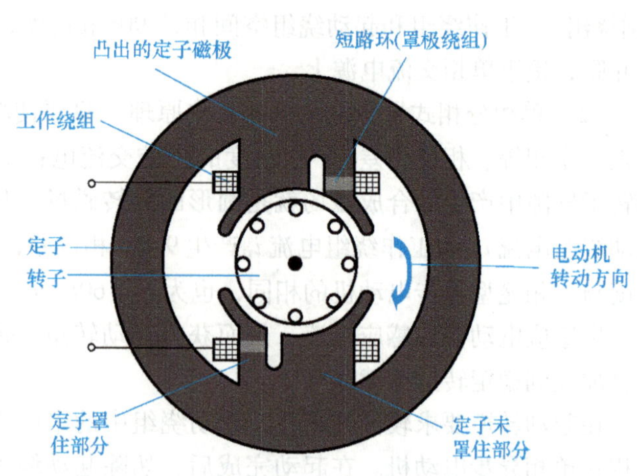

图 1-34　单相罩极凸极式异步电动机结构

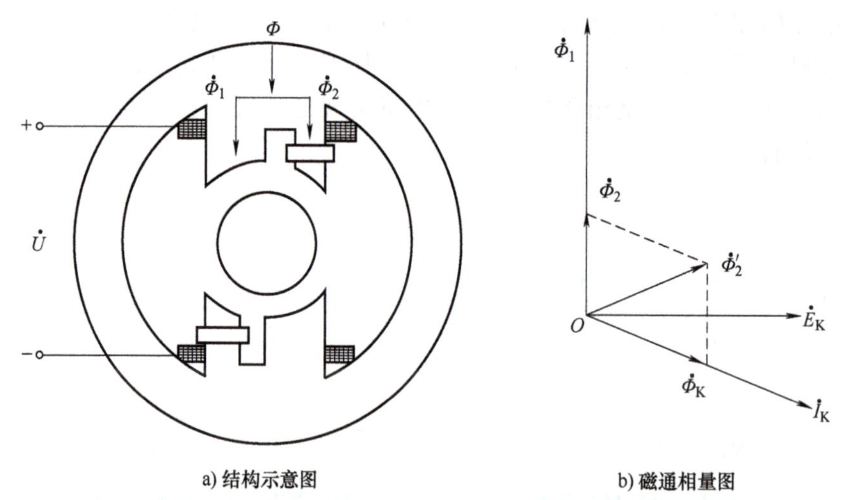

a) 结构示意图　　b) 磁通相量图

图 1-35　单相罩极凸极式异步电动机的工作原理分析

由图 1-35b 可知，$\dot{\Phi}_1$ 和 $\dot{\Phi}'_2$ 会随着交流电的变化而变化，它们在空间上处于不同位置，在时间上又有相位差，当 $\dot{\Phi}_1$ 达到最大时，$\dot{\Phi}'_2$ 还较小；当 $\dot{\Phi}_1$ 减小后，$\dot{\Phi}'_2$ 才随之增大逐渐达最大值。所以，整个磁极的磁力线从未罩住部分向罩住部分移行，在定子气隙中形成一个椭圆形旋转磁场。在该旋转磁场的作用下，转子获得起动转矩而使电动机顺利起动。因此，单相罩极凸极式异步电动机的转动方向总是从磁极的未罩住部分转向罩住部分。由于单相罩极凸极式异步电动机的结构不能改变，所以其转向不能改变。

（3）单相罩极凸极式异步电动机的特点及应用　单相罩极凸极式异步电动机的优点是结构简单、制造方便、噪声小、允许短时过载运行；缺点是起动转矩小，且只能单方向旋转，不能改变转向；常用于小型电风扇及仪器仪表中。

5. 任务解析

通过对单相异步电动机的学习，根据小明家电风扇的故障现象，可推断该电风扇是由电容分相式单相异步电动机带动的。电源正常电动机却不能起动，施加外力后才能起动，在外力撤除后仍能连续运转，这是缺少起动绕组的明显特征，可判定小明家电风扇的故障原因是起动绕组断线。

起动绕组断线的解决办法有两个：一是无需修理，每次需要起动电风扇时，接通电源后拨动一下电风扇叶片，给它一个外力，就可让电风扇转动起来；二是拆开电风扇，找到它的电动机，将断线的起动绕组重新接上，从根本上排除故障。

小明的胡乱拍打歪打正着，正好用上了第一种解决办法。

六、思考与练习

（一）填空题

1. 根据转子结构的不同，三相异步电动机可分________型和________型两大类。

2. 三相异步电动机的两大基本组成是________和________，两者之间是气隙。

3. 三相异步电动机定子绕组的两种额定接线方式分别是________和________。

4. 给一台两极三相异步电动机的定子绕组接入频率为 60Hz 的三相交流电，得到的旋转磁场的转速 n_1 = ________ r/min。

5. 一台两极三相异步电动机的额定转速为 2880r/min，其转差率 s = ________。

6. 三相异步电动机工作在电动状态时，转差率 s 的取值范围为________。

7. 人为地改变电动机的电源参数或结构参数而得到的机械特性称为________。

8. 电力拖动系统是由________作为原动机，拖动各类生产机械完成一定生产工艺要求的系统。

9. 根据电动机与生产机械连接关系的不同，电力拖动系统分为________轴拖动系统和________轴拖动系统。

（二）选择题

1. 一台转子绕组断路的三相异步电动机，给其定子绕组通入对称三相交流电，则（　　）。

A. 电动机会顺利起动运转

B. 电动机不会起动，因为定子绕组中不会产生旋转磁场

C. 电动机不会起动，因为转子导体中不会产生感应电动势

D. 电动机不会起动，因为转子导体中不会产生感应电流，也不会有电磁转矩

2. 三相异步电动机在电动运行时，额定转差率 s_N 的取值范围通常为（　　）。

A. 大于 1　　B. 小于 1　　C. −1 ~ 1　　D. 0.01 ~ 0.07

3. 三相异步电动机电动运行时，转子的转速 n（　　）。

A. 等于同步转速 n_1　　B. 大于同步转速 n_1　　C. 小于同步转速 n_1　　D. 等于转差率

4. 三相异步电动机的起动转矩 T_{st} 与接入定子绕组的电源电压 U_1 的关系是（　　）。

A. T_{st} 与 U_1 成正比　　B. T_{st} 与 U_1 的二次方成正比

C. T_{st} 与 U_1 成反比　　D. T_{st} 与 U_1 无直接关系

5. 三相异步电动机堵转时的情况是（　　）。

A. 电动机转速 n 会升高　　B. 电动机转速 n 会下降，但不会停转

C. 电动机会停转，且定子电流为 0　　D. 电动机会停转，但定子电流会增大

6. 三相异步电动机稳定运行的必要条件是（　　）。

A. 电磁转矩 T 等于负载转矩 T_L　　B. 电磁转矩 T 大于负载转矩 T_L

C. 电动机带额定负载　　D. 电动机轻载运行

7. （多选）根据转子转速 n 取值范围的不同，三相异步电动机的运行状态分为（　　）。

A. 电动状态　　B. 发电状态

C. 制动状态　　D. 欠电压过载状态

8. （多选）在三相异步电动机的固有机械特性上，抓住（　　）这些特殊运行点的变化规律，便可定性绘出人为机械特性曲线。

A. 同步点　　B. 最大转矩点

C. 起动点　　D. 额定运行点

9. （多选）根据在运动中呈现出的转矩性质的不同，负载可分为（　　）。

A. 恒转矩负载　　B. 恒功率负载

C. 不定性负载　　D. 通风机型负载

（三）判断题

1. 三相异步电动机的“异步”是指：在电动状态运行时，$n<n_1$，两者不同步。（　　）

2. 三相异步电动机电磁转矩的物理表达式反映了电磁转矩产生的物理本质。（　　）

3. 三相异步电动机电磁转矩的参数表达式适于分析参数变化对电动机运行性能的影响，但不适于对电磁转矩的定量计算。（　　）

4. 三相异步电动机电磁转矩的实用表达式适用于对电磁转矩进行工程计算。（　　）

5. 当负载转矩 T_L 大于额定转矩 T_N 时，三相异步电动机的运行电流小于额定电流。（　　）

6. 一旦三相异步电动机堵转，应立即切断电源，保护电动机不因过热而烧损。（　　）

7. 三相异步电动机常用的人为机械特性有两种：降低定子端电压的人为机械特性和转子电路串联电阻的人为机械特性。（　　）

8. 降低定子端电压 U_1，使三相异步电动机的起动能力和过载能力都大幅度提高。（　　）

9. 降低三相异步电动机的定子端电压 U_1，会使同步转速 n_1 降低。（　　）

10. 电动机长期欠电压过载运行，转子电流和定子电流都增大，将会降低使用寿命。（　　）

11. 车床的切削加工属于恒转矩负载，粗加工时切削量大，负载阻力大，要采用高速档。（　　）

12. 与在额定电压 U_N 下运行相比，三相异步电动机带额定负载欠电压运行时，转速 n 会降低，运行的稳定性也会变差。（　　）

13. 当三相异步电动机运行在固有机械特性曲线的线性段时，无论其拖动的是何种类型的负载，均能稳定运行。（　　）

项目二 学习低压电器及识读电气图

一、项目情景描述

在机床厂实习三个月后，小宋接到了阶段性考核任务：在30min内，分析讲解CW6132型车床电动机的电气控制过程，并且要求能让财务部员工听懂才算考核合格。财务部员工是电气控制方面的门外汉，没接触过机械加工，连基本的低压电器元件都不认识，更不要说电气控制电路和电气图了，要让他们在短时间内理解CW6132型车床电动机的电气控制过程，谈何容易？这让小宋犯了难，赶紧去请师傅出谋划策。

如果你是师傅，会给出什么建议来帮助小宋通过考核？

二、项目解读

《中国制造2025》是党和国家为我国制造业擘画的发展蓝图，蓝图是宏伟的，如何把它变成美好的现实呢？这需要制造业以及与制造业相关的专业人士的共同努力。

本项目识读电气图，虽然电气图无法与发展蓝图相提并论，但是只要我们本着求真、务实、严谨的学习态度，学好电气图，用好电气图，基于电气图安装出能完成具体任务的电路服务于生产，就是逐渐在向专业人士靠拢。当我们毕业荣升为专业人士之后，今日书本所学到的知识、所锻炼出来的技能、所培养出来的素质，一定能赋予我们实现发展蓝图的信心、决心和才干。

三、专业知识积累

在当前的工业生产领域中，电力拖动自动控制系统得到了广泛应用。自动控制设备以各类电动机或其他执行电器为控制对象，对其起动、停止、正反转、调速、制动等运行方式进行电气控制，并以此来实现生产过程自动化，满足生产加工工艺的要求。

电气控制的方法有继电接触器控制法、可编程逻辑控制法和计算机（单片机、可编程序控制器等）控制法等，其中继电接触器控制法是最基本、应用最广泛的方法，也是其他控制方法的基础。

继电接触器控制法是由各种开关电器经导线的连接来实现逻辑控制的，优点是电路图直观形象，控制装置结构简单，价格便宜，抗干扰能力强；缺点是由于采用固定的接线方式，其通用性、灵活性较差，难以实现系列化生产，且由于采用的是有触头的开关电器，触头易发生故障，维修量大等。尽管如此，目前，继电接触器控制仍广泛应用于各类机械生产设备中。

（一）常用低压电器基础知识

工作在额定电压在交流 1000V 或直流 1500V 及其以下的电路中，起通断、保护、控制和调节作用的电器，称为低压电器。

1. 低压电器的分类

（1）按工作原理分类

1）电磁式低压电器：采用电磁原理构成的低压电器。

2）电子式低压电器：利用集成电路或电子元器件构成的低压电器。

3）自动化电器：利用现代控制原理构成的低压电器，又称为智能化电器或可通信电器。

（2）按用途分类

1）低压控制电器：用于各种控制电路和控制系统中的电器，如转换开关、接触器、热继电器等。

2）低压配电电器：用于电能输送和分配的电器，如刀开关、熔断器、隔离开关和低压断路器等。

3）执行电器：用于完成某种动作或传送功能的电器，如电磁离合器等。

4）通信用低压电器：具有计算机接口和通信接口，可与计算机网络连接，用于完成某种动作或传送功能的电器，如智能化断路器、智能化接触器和电动机控制器等。

5）终端电器：用于线路末端的小型化、模数化的组合式开关电器，可根据需要组合成具有对电路和用电设备进行配电、保护、控制、调节、报警等功能的电路设备，包括各种智能单元、信号指示灯、防护外壳和附件等。

（3）按操作方式分类

1）手动电器：需要人工直接操作才能完成指令任务的电器，如按钮、刀开关、转换开关和主令控制器等。

2）自动电器：含有电磁铁或其他动力机构，能按指令、信号或参数的变化而自动动作的电器，如接触器、继电器、行程开关等。

2. 电磁式低压电器

从结构上看，电器一般都具有两个基本组成部分，即感受部分与执行部分。感受部分接受外界输入的信号，并通过转换、放大与判断做出有规律的反应，使执行部分动作，输出相应的指令，实现控制目的。对于有触头的电磁式低压电器，感受部分是电磁机构，执行部分是触头系统。

（1）电磁机构　电磁机构由线圈、铁心和衔铁组成。给线圈两端接上电源，线圈就会产生电磁场和电磁吸力，电磁吸力吸引衔铁向铁心靠拢。根据衔铁相对铁心的运动方式，电磁机构分为直动式与拍合式，拍合式又分为衔铁沿棱角转动和衔铁沿轴转动两种。几种常用电磁机构的结构如图 2-1 所示，其中图 2-1a～c 为直动式电磁机构，图 2-1d、e 为拍合式电磁机构。

按照通入线圈的电流性质不同，电磁机构分为直流电磁机构和交流电磁机构，对应线圈称为直流电磁线圈和交流电磁线圈。直流电磁线圈一般做成无骨架、高而薄的瘦高型，线圈

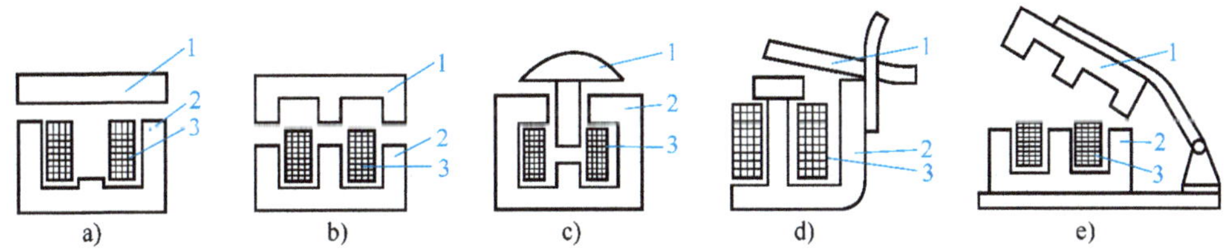

图 2-1　常用电磁机构的结构

1—衔铁　2—铁心　3—线圈

与铁心直接接触，易于散热；交流电磁线圈由于铁心存在磁滞和涡流损耗，会造成铁心发热，为此铁心与衔铁用硅钢片叠制而成，且为了改善线圈和铁心的散热，设有线圈骨架，使铁心和线圈隔开，并将线圈做成短而厚的矮胖型。另外，根据线圈在电路中的连接方式，又有串联线圈和并联线圈之分。串联线圈采用粗导线，匝数少，又称为电流线圈；并联线圈匝数多，线径较细，又称为电压线圈。

线圈通电之后，线圈周围会产生磁场，磁通经铁心、衔铁和工作气隙形成闭合回路，产生电磁吸力，将衔铁吸向铁心，这个过程称为衔铁吸合。同时，衔铁还受到复位弹簧的拉力。只有当电磁吸力大于弹簧反力时，衔铁才能被铁心可靠地吸住。当线圈断电时，电磁吸力消失，在弹簧的作用下，衔铁与铁心分离，这个过程称为衔铁释放。当线圈电流变小时，电磁吸力减小，衔铁也会释放。

1）直流电磁机构的吸力特性：

① 衔铁吸合前后，直流电磁机构中线圈的励磁电流不变，但吸力变化很大，气隙越小，吸力越大。因此，直流电磁机构适用于动作频繁的场合，而且衔铁吸合后电磁吸力大，工作可靠。

② 在直流电磁机构线圈断电时，因为电磁感应的作用，线圈中会产生很大的感应电动势，通常可达线圈额定电压的十多倍，将会使线圈因过电压而损坏。为此，需要在线圈两端并联一个由电阻与硅二极管串联组成的放电回路。线圈通电时，属正常励磁状态，二极管截止，放电回路不起作用；线圈断电时，自感电动势经过放电回路将其能量消耗在电阻上，起过电压保护作用。

2）交流电磁机构的吸力特性：

① 交流电磁机构的电磁吸力 F 是随时间脉动的，如图 2-2 所示，在 50Hz 频率下，1s 内有 100 次过零点，在线圈通电时，衔铁会时而吸合时而释放，产生振动、噪声和机械磨损，应加以克服。

② 图 2-2 中，$F_{\sim}$ 是电磁吸力 F 的交流分量，F_{av} 为电磁吸力的平均值。F_{av} 的值基本不变，表明平均吸力与气隙的大小几乎无关。

③ 根据主磁通原理，线圈上加的电压不变时，铁心中的磁通 Φ 恒定。在衔铁未吸合时，磁路中气隙较大，交流电磁机构中的线圈电流比吸合后无气隙时的线圈电流大得多。对于 U 形交流电磁机构，线圈已通电但衔铁尚未吸合时的线圈电流，通常为衔铁吸合后额定电流的 5~6 倍；对于 E 形电磁机构，此种情况下，线圈电流则高达额定电流的 10~15 倍。所以，交流电磁机构在线圈通电后，因机械卡阻衔铁不能吸合，或者交流电磁机构频繁动作时，都将因励磁电流过大而烧毁线圈。因此，交流电磁机构不适用于对可靠性要求高与频繁操作的场合。

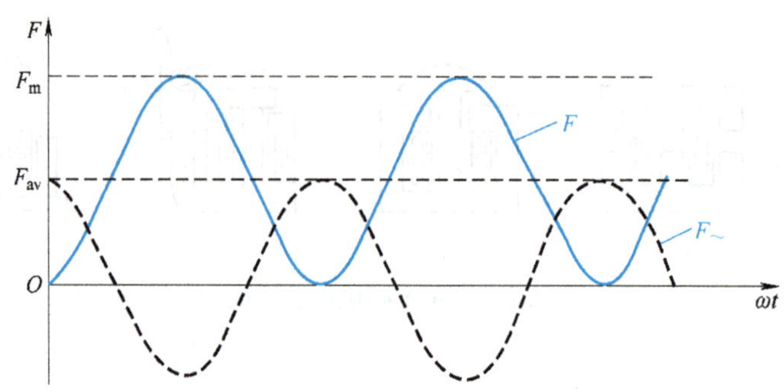

图 2-2　交流电磁机构电磁吸力随时间变化情况

为消除交流电磁机构衔铁吸合时的振动和噪声，通常要在铁心端面开一个小槽，槽内嵌入铜制的短路环，如图 2-3 所示。短路环把端面 S 分成环内部分 S_1 与环外部分 S_2，将磁路磁通 Φ 分成两个相位不同的磁通 Φ_1 和 Φ_2，Φ_1 和 Φ_2 分别产生电磁吸力 F_1 和 F_2，两个吸力之间也存在一定的相位差。这样一来，虽然这两个吸力 F_1 和 F_2 各自都有达到零值的时候，但两者达到零值的时刻已错开，其合力就大于零，只要总吸力始终大于反力，衔铁便被吸牢，就不会出现振动和噪声了。

(2) 触头系统　触头系统是电磁式低压电器的执行部分，它与衔铁相连，随着衔铁的吸合而动作，随着衔铁的释放而复位，起接通和断开电路的作用。触头必须有良好的导电性能，通常用铜、银、镍及其合金材料制成，有时也在铜触头表面镀上锡、银或镍。对于一些特殊用途的电器，如微型继电器和小容量电器，常采用银质材料制成的触头。

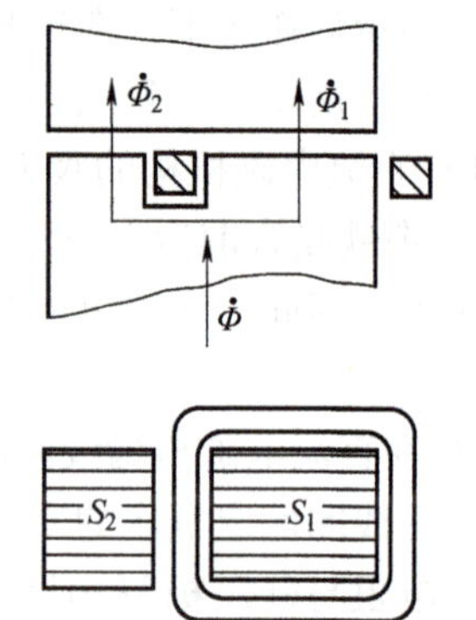

图 2-3　交流电磁机构的短路环

1) 触头的分类。按原始状态不同，触头可分为常开触头和常闭触头。原始状态（线圈未通电，触头也未受机械压力的状态）时是闭合的，线圈通电时才断开的触头，叫常闭触头，也叫动断触头。原始状态时是断开的，线圈通电时才闭合的触头叫常开触头，也叫动合触头。

按所控制的电路不同，触头可分为主触头和辅助触头。主触头用于接通或断开主电路，允许通过较大的电流。辅助触头用于接通或断开辅助电路，只能通过较小的电流。

按能否运动，可以把触头分为静触头和动触头。静触头固定不动，动触头通过连杆与衔铁相连，能随衔铁的吸合与释放随连杆一起运动。

2) 触头的接触电阻。触头闭合，并且有工作电流通过时的状态，称为电接触状态。当触头处于电接触状态时，动、静触头之间的电阻称为接触电阻，其大小直接影响电路的工作情况。若接触电阻较大，电流流过触头时就会造成较大的电压降，这对弱电控制系统影响较大。同时，接触电阻越大，电流流过触头时造成的铜损耗越大，将会使触头发热、温度升高，严重时会使触头熔焊，既影响电路工作的可靠性，又会降低触头的使用寿命。

触头接触电阻的大小主要与触头的接触形式、接触压力、触头材料及触头表面状况等有关。要减小接触电阻，首先要选用电阻率小的材料做触头，使触头本身的电阻尽量减小；其次要在触头上安装触头弹簧以增加触头的接触压力，使触头闭合时接触更加紧密；另外，还要改善触头的表面状况，尽量避免或减少触头表面氧化膜的形成，并在使用过程中保持触头清洁。

3）触头的接触形式。触头的接触形式有点接触、线接触和面接触三种，如图 2-4 所示。点接触触头由两个半球形触头或一个半球形与一个平面形触头构成，如图 2-4a 所示，常用于小电流电器中，如接触器的辅助触头和继电器的触头。线接触触头通常由两个指形触头或者一个指形触头与一个平面形触头构成，如图 2-4b 所示，它们的接触区是一条直线，适用于通电次数多、电流大的场合，多用于中等容量的电器。面接触触头由两个平面形触头构成，如图 2-4c 所示，一般在触头接触面上镶有合金，允许通过较大的电流。中小容量的接触器主触头多采用面接触结构。

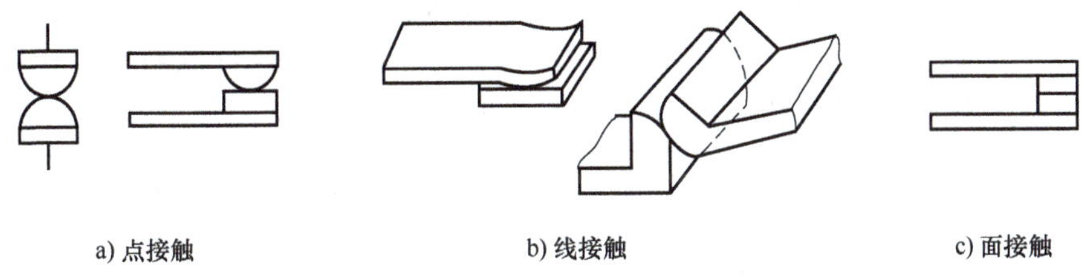

a) 点接触　　b) 线接触　　c) 面接触

图 2-4　触头的接触形式

4）触头的结构形式。触头的结构形式主要有桥式触头和指形触头两种，如图 2-5 所示。

桥式触头如图 2-5a、b 所示，由两个触头共同完成电路的接通与断开，断开电路时会出现双断口，利于灭弧。这类触头的接触形式一般是点接触和面接触。

指形触头如图 2-5c 所示，其接通和断开过程均采用滚动式接触，产生的滚动摩擦能磨去触头表面的氧化膜，从而减小接触电阻。指形触头的接触形式一般是线接触。

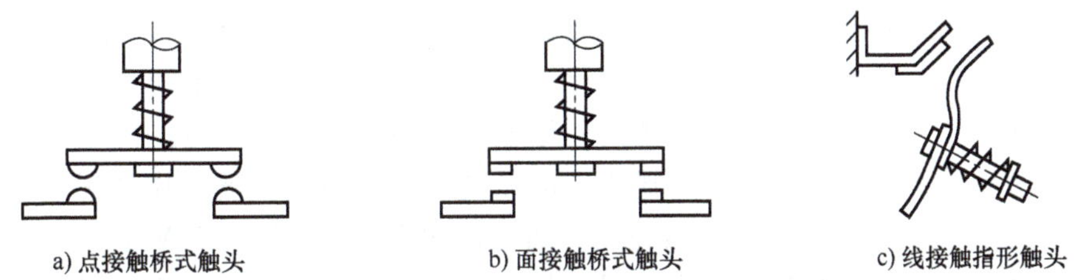

a) 点接触桥式触头　　b) 面接触桥式触头　　c) 线接触指形触头

图 2-5　触头的结构形式

（3）电弧的产生和危害　触头在自然环境下断开电路时，如果被断开电路的电流（电压）超过某一数值（根据触头材料的不同，电流和电压值分别为 0.1～1A 和 12～20V），在刚刚分开的触头间隙就会产生电弧。电弧实际上是动、静触头间的气体在强电场作用下产生的放电现象。这时，触头间隙的气体被电离，产生大量的电子和离子，在强电场作用下，大量的带电粒子做定向运动，使绝缘的气体变成了导体。电流通过这个游离区时所消耗的电能会转换为热能和光能，因热和光的效应而产生高温和强光。

电弧的危害：①触头烧蚀，缩短电器的使用寿命。②延长电路的断开时间，甚至使电路不能断开而造成严重事故。③电弧若飞到人身上，就会出现飞弧伤人事故；电弧若飞到可燃物上，就会发生火灾。

（4）灭弧的基本方法

1）快速拉长电弧，以降低电场强度，使电弧电压不足以维持电弧燃烧。

2）用电场力使电弧在冷却介质中运动，降低弧柱周围的温度，使电弧运动速度减慢，离子复合速度加快，从而熄灭电弧。

3）将电弧挤入绝缘壁组成的窄缝中，迅速导出电弧内部热量，以冷却电弧。

4）将电弧分成许多串联的短弧，增加维持电弧所需的临界电压降。

（5）常用的灭弧装置　根据触头上流过的电流性质不同，电弧有交流和直流之分。交流电弧有自然过零点，主要解决电流过零后如何防止重燃的问题，比较容易熄灭；直流电弧没有自然过零点，相对不容易熄灭。

1）双断口桥式触头电动力灭弧。图 2-6 所示为一种双断口桥式触头，当触头断开时，在断口处产生电弧，电弧电流在两电弧之间产生图中所示的磁场。根据左手定则，电弧电流将受到指向外侧的电动力 F 的作用，使电弧向外运动而被拉长。一方面，电弧被拉长，降低了电场强度；另一方面，电弧与空气的接触面积加大，易于降温。这种双断口桥式触头在分断时形成两个断点，将一个电弧分成两个电弧，有利于电弧熄灭，常用于小容量交流接触器中。

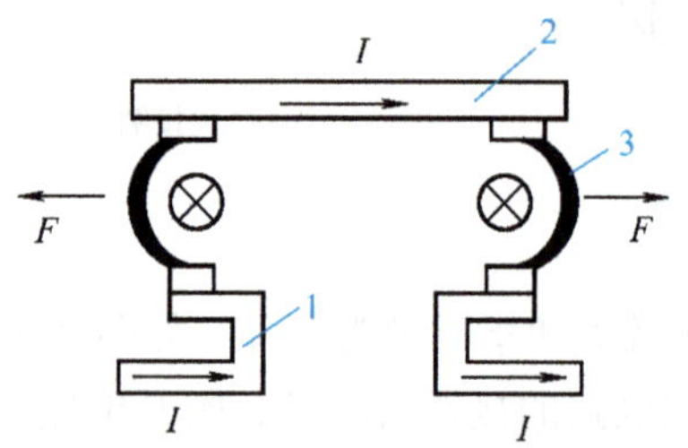

图 2-6　双断口桥式触头电动力灭弧

1—静触头　2—动触头　3—电弧

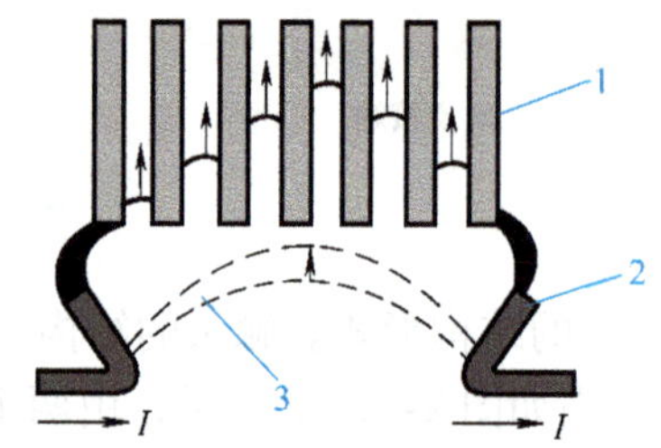

图 2-7　栅片灭弧

1—灭弧栅　2—动触头　3—原本的电弧

2）栅片灭弧。图 2-7 所示为栅片灭弧。灭弧栅由多片镀铜的薄钢片（称为栅片）制成，它们置于灭弧罩内触头的上方，彼此之间相互绝缘，片间距离 2～5mm。当触头断开电路时，在动、静触头之间产生电弧。由于钢片磁阻比空气磁阻小得多，电弧电流产生的磁通大量进入灭弧栅中，使电弧上方靠近灭弧栅一侧的磁通非常稀疏，而电弧下方的磁通非常密集，这种上疏下密的磁场易于将电弧拉入灭弧栅中。电弧进入灭弧栅后，被栅片分割成许多串联的短电弧，当交流电压过零点时电弧自然熄灭。两栅片间必须有 150～250V 的电压，才能让电弧重新燃烧起来。一方面，电源电压不足以维持电弧继续燃烧；另一方面，栅片的散热作用使电弧自然熄灭后很难重燃。

栅片灭弧装置对交流电弧比对直流电弧的灭弧效果要好得多，因而常用在交流电器中。

3）磁吹灭弧。磁吹灭弧如图 2-8 所示。在触头电路中串联一个磁吹线圈。触头电流通过磁吹线圈时产生的磁场，由导磁夹板引向触头周围。磁吹线圈产生的磁场与电弧电流产生的磁场相叠加，这两个磁场在电弧下方因方向相同而被加强，在电弧上方因方向相反而相互削弱。在下方强磁场的作用下，电弧受力方向为 F 所指的方向，故电弧被拉长并被吹入灭弧罩中。引弧角与静触头相连接，其作用是引导电弧向上运动，将热量转递给灭弧罩壁，促使电弧熄灭。磁吹灭弧装置利用电弧电流本身来灭弧，电弧电流越大，灭弧能力越强，在直流灭弧装置中应用广泛。

4）灭弧罩灭弧。灭弧罩过去由陶土、石棉、水泥或耐弧塑料制成，现在已逐渐改用耐弧 BMC 模塑料，即团状模塑料。在灭弧罩内有一个或数个纵缝，缝的下部宽上部窄，如图 2-9 所示。当触头断开时，电弧在电动力作用下进入灭弧罩，与灭弧罩接触，使电弧迅速冷却而熄灭。同时，灭弧罩还可以将各路电弧分隔开来，以防止发生短路。灭弧罩灭弧装置对交流电弧和直流电弧都适用。

在实际生产中，为了加强灭弧效果，通常需要同时采用两种或多种灭弧方法。

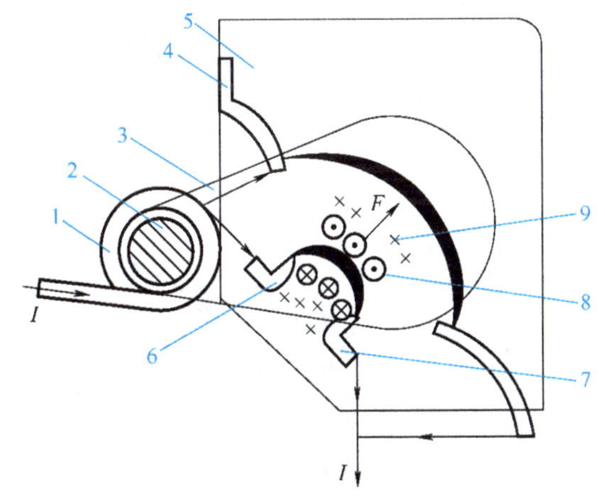

图 2-8　磁吹灭弧

1—磁吹线圈　2—铁心　3—导磁夹板　4—引弧角　5—灭弧罩
6—静触头　7—动触头　8—电弧电流磁场　9—磁吹线圈磁场

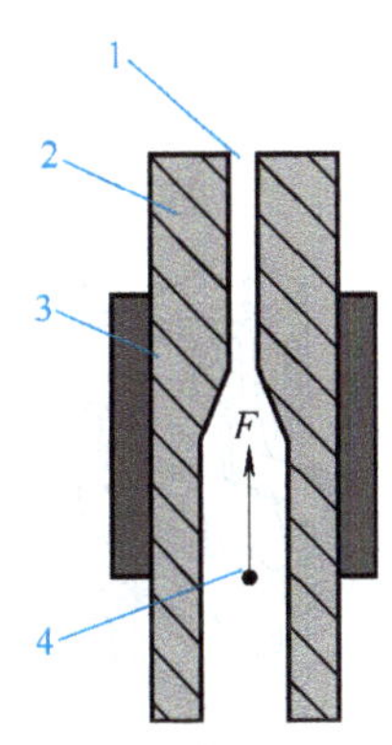

图 2-9　灭弧罩灭弧

1—纵缝　2—介质　3—磁性夹板　4—电弧

（二）电磁接触器

接触器是一种用于中远距离上频繁地接通和断开交/直流主电路及大容量控制电路的自动开关电器，主要用于控制交/直流电动机、电热设备、电容器组等设备。接触器具有强大的执行机构，大容量的主触头有迅速熄灭电弧的能力。接触器有低电压释放功能，与保护电器配合，可用于电动机的控制及保护，应用十分广泛。接触器的文字符号是 KM，各导电部件的电气符号如图 2-10 所示。

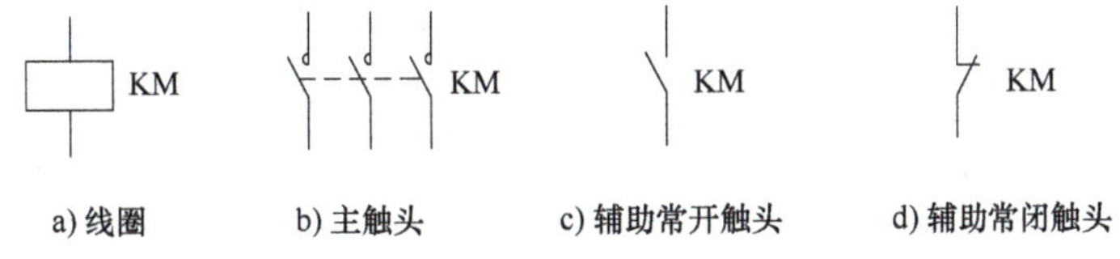

图 2-10　接触器的电气符号

1. 接触器的分类

按操作方式不同，接触器可分为电磁接触器、气动接触器和电磁气动接触器三种；按灭弧介质不同，接触器有空气电磁式、油浸式和真空式之分；按主触头上流过的电流性质分，有交流接触器和直流接触器；按电磁机构的励磁方式不同，接触器可分为直流励磁与交流励磁两种。应用最广泛的是空气电磁式交流接触器和空气电磁式直流接触器，简称交流接触器和直流接触器。

2. 电磁接触器的结构

电磁接触器由电磁机构、触头系统、灭弧装置、释放弹簧、缓冲弹簧、触头压力弹簧、支架及底座等组成，如图 2-11a 所示。电磁机构由线圈、铁心和衔铁组成，用于产生电磁吸力，带动触头动作。触头系统有主触头和辅助触头之分。中小容量的交/直流接触器的主触头和辅助触头一般都采用直动式双断口桥式触头。大容量的主触头采用转动式单断口指形触头。辅助触头在结构上通常将常开触头和常闭触头成对设置。

接触器主触头的作用是接通或断开主电路或大电流电路，在触头间隙中会产生电弧，要采取灭弧措施。小容量接触器通常采用电动力灭弧、灭弧罩灭弧；大容量接触器常采用灭弧罩灭弧、栅片灭弧装置及真空灭弧装置灭弧。直流接触器常采用磁吹式灭弧。

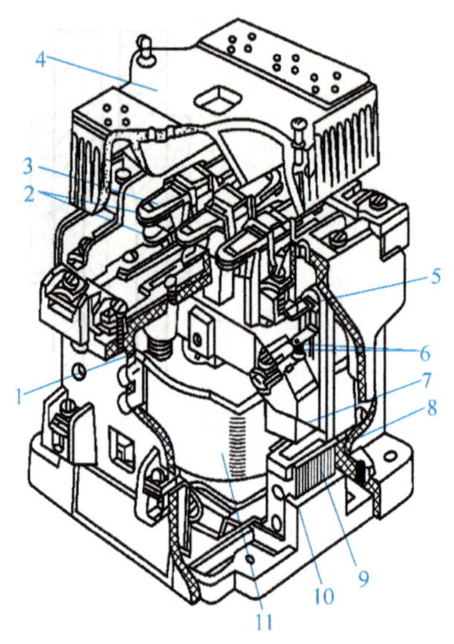

a) 电磁接触器内部结构

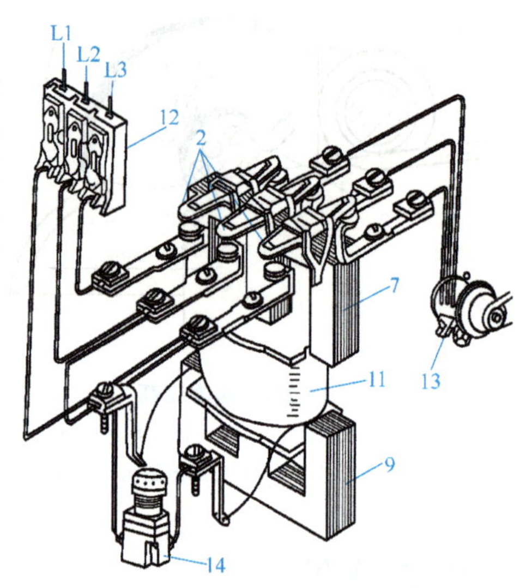

b) 接触器在电动机点动时的工作示意图

图 2-11　交流接触器结构和工作原理示意图

1—释放弹簧　2—主触头　3—触头压力弹簧　4—灭弧罩　5—常闭辅助触头　6—常开辅助触头
7—衔铁　8—缓冲弹簧　9—铁心　10—短路环　11—线圈　12—熔断器　13—电动机　14—起动按钮

3. 接触器的工作原理

如图 2-11b 所示，以接触器控制电动机点动为例说明其工作原理。按下起动按钮，接触器线圈通电，线圈产生磁场将铁心磁化，就会产生电磁吸力，吸引衔铁向铁心靠拢，并最终与铁心吸合在一起。触头系统中的动触头经机械机构与衔铁连在一起，衔铁吸合带动动触头移动，使常闭触头断开、常开触头闭合。主触头是常开触头，它一闭合就将三相电源接入三相定子绕组，电动机就起动运转了。松开起动按钮，接触器线圈断电，电磁吸力消失，衔铁在释放弹簧的反作用力下释放，动触头回归原位，主触头复位断开，电动机断电停机。在没有松开按钮时，一旦电源电压消失或明显降低，线圈中就会没有励磁或励磁不足，电磁吸力随之消失或减小，衔铁在释放弹簧的反作用力下释放，动触头随衔铁复位，使得主触头断开，电动机脱离电源而停转，这就是欠电压和失电压保护。

（三）热继电器

热继电器是利用电流流过发热元件产生热量来使检测元件受热弯曲，进而推动机构动作的一种保护电器，主要用于电动机的长期过载保护。由于发热元件具有热惯性，检测元件受热弯曲也需要一定的时间，当发热元件中通过的电流超过整定电流值的 20%时，热继电器会在 20min 内动作。因此，热继电器不能用于瞬时过载保护，更不能用于短路保护。

1. 电气控制对热继电器性能的要求

（1）应具有合理可靠的保护特性　电动机的过载特性是指电动机在某过载电流下工作因发热剧增而缩短使用寿命甚至被烧毁所需要的时长 t 与该过载电流 I 之间的关系曲线，它呈现反时限特性。考虑各种误差的影响，电动机的过载特性用一条曲带表示，如图 2-12 中的曲带 1。

热继电器的保护特性是指流过热继电器发热元件的电流与热继电器触头动作时间的关系。由于热继电器主要用于电动机的长期过载保护，为了适应电动机的过载特性，热继电器应具有形如电动机过载特性那样的反时限特性，而且为了充分利用电动机的过载耐受能力，又能起到过载保护的作用，热继电器的保护特性应处于电动机过载特性的下方并与之相邻近，如图 2-12 中的曲带 2 所示。这样，当电动机发生过载时，热继电器就能在电动机达到其允许的最大过载之前动作，切断电动机电源，实现过载保护。

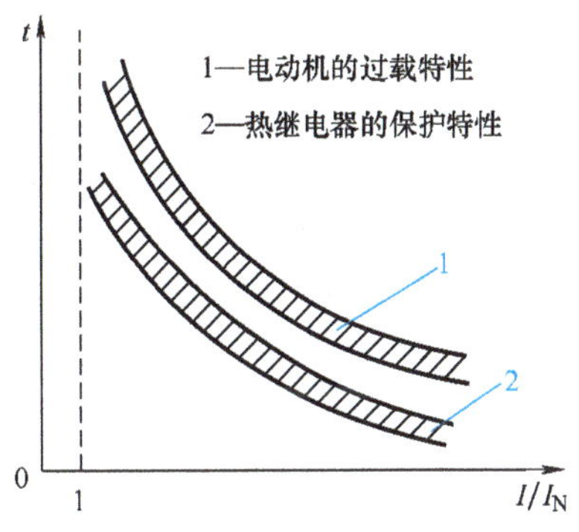

图 2-12　热继电器的保护特性

（2）具有一定的温度补偿　当环境温度变化时，热继电器发热元件的受热弯曲就会出现误差。为消除这种误差，应为热继电器设置温度补偿装置，在一定范围内进行温度补偿。

（3）整定电流可以方便地调节　整定电流是指长期通过发热元件而不致使热继电器动作的最大电流。热继电器的整定电流大小可通过旋转整定电流的旋钮来改变。为减少热继电器发热元件的规格，热继电器的整定电流应该能够在发热元件额定电流的 66%～100% 范围内调节。

（4）具有手动复位与自动复位功能　热继电器动作后复位需要一定的时间，自动复位应在 5min 内完成，手动复位要在 2min 后才能按下复位按钮。

2. 双金属片式热继电器的结构及工作原理

在电力拖动系统中应用最广的是双金属片式热继电器。它主要由发热元件、主双金属片、触头系统、动作机构、复位按钮、电流调整装置和温度补偿元件等部分组成，如图 2-13 所示。

双金属片是热继电器的感测元件，它是将两种线膨胀系数不同的金属片以机械碾压的方式形成一体而成的，线膨胀系数大的称为主动片，线膨胀系数小的称为被动片。而环绕其上的电阻丝（发热元件）串联于电动机定子电路中，其上流过的是电动机定子线电流，能反映电动机的过载情况。由于电流的热效应，发热元件温升增加使双金属片受热产生线膨胀，于是双金属片向被动片一侧弯曲。当电动机正常运行时，发热元件产生的热量虽然能使双金属片弯曲，但是弯曲位移小，不足以使热继电器的触头动作。只有当电动机长期过载时，过载电流流过发热元件，经过一定的时间后，使双金属片弯曲位移增大到能够推动导板，继而推动补偿双金属片、动触头及杠杆，使静触头（常闭）断开，此常闭触头串联于接触器线圈电路中，触头断开，则接触器线圈就断电，使得接触器主触头复位，断开接入电动机定子绕组的电源，实现电动机的过载保护。

调节旋钮用于改变补偿双金属片与导板间的距离，达到调节动作电流的目的。此外，复位调节螺钉用以改变常开触头的位置，能使热继电器工作在手动复位或自动复位两种状态。在手动复位状态时，在故障排除后需要按下复位按钮才能使热继电器的触头复位。

补偿双金属片可在规定范围内补偿环境温度对热继电器的影响。当环境温度变化时，主双金属片与补偿双金属片同时、同向弯曲，使导板与补偿双金属片之间的推动距离保持不变，就能使继电器的动作特性不受环境温度变化的影响了。

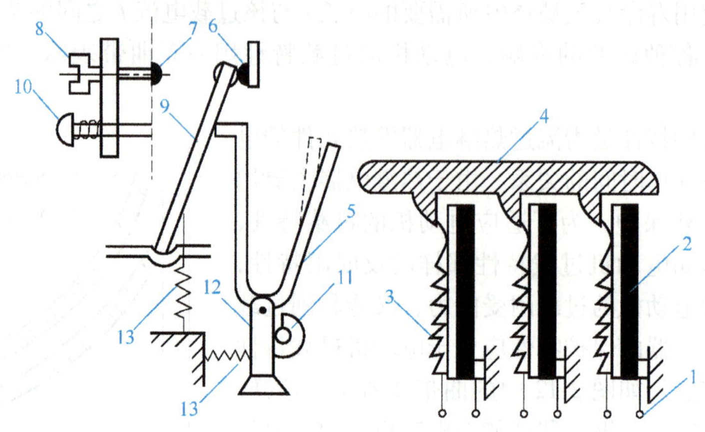

图 2-13　双金属片式热继电器结构原理

1—接线端子　2—主双金属片　3—发热元件　4—导板　5—补偿双金属片　6—静触头（常闭）　7—静触头（常开）　8—复位调节螺钉　9—杠杆（带动触头）　10—复位按钮　11—调节旋钮　12—支撑杆　13—弹簧

3. 具有断相保护的热继电器

三相异步电动机运行时，若发生一相断路，流过电动机各相绕组的电流将发生变化，变化情况与电动机三相定子绕组的接线方式有关。如果电动机三相定子绕组为星形联结，当发生一相断路时，另外两相线电流增加很多，此时线电流等于相电流，流过电动机绕组的电流就是流过热继电器发热元件的电流。发热元件严重发热，普通的两相或三相结构的热继电器就可对电动机进行断相保护。

如果电动机三相定子绕组为三角形联结，在正常情况下，线电流是相电流的$\sqrt{3}$倍，串联在电动机电源进线中的发热元件按电动机额定电流（即线电流）来整定。如图 2-14 所示，当发生一相断路时，若电动机负载仅为额定负载的 58%，流过跨接于全电压下的一相绕组的相电流 I_{P3} 等于额定相电流的 115%，而流过两相绕组串联的电流 $I_{P1}=I_{P2}$，仅为额定相电流的 58%。此时未断路的两相电流正好为额定线电流，接在电动机进线中的发热元件流过的是额定线电流，热继电器不动作，但流过全压下的那相绕组的电流是额定相电流的 115%，时间一长便有过热烧毁的危险。所以，定子绕组三角形联结的电动机不能用普通结构的热继电器作断相保护，要用带断相保护的热继电器才行。

将普通三相结构的热继电器的导板改成差动机构，就做成了带断相保护的热继电器，如图 2-15 所示。差动机构由上导板、下导板及装有顶头的杠杆组成，它们之间均用转轴连接。图 2-15a 为未通电时导板的位置；图 2-15b 为发热元件流过正常工作电流时的位置，此时三相双金属片都受热向左弯曲，但弯曲的挠度不够，下导板会向左移动一小段距离，但顶头尚未碰到补偿双金属片，热继电器不动作；图 2-15c 为电动机三相同时过载的情况，三相双金属片同时向左弯曲，推动下导板向左移动的位移增加，推动杠杆使顶头碰到补偿双金属片的端部，热继电器动作；图 2-15d 为 W 相断路时的情况，W 相双金属片冷却，端部由向左弯曲变为向右复原，推动上导板向右移，而另外两相电路正常，双金属片仍受热，端部继续向左弯曲推动下导板向左移动，上、下导板的移动一个向右一个向左，产生了差动作用，通过杠杆的放大作用，迅速推动补偿双金属片，使热继电器动作，切断电动机电源，完成断相保护。

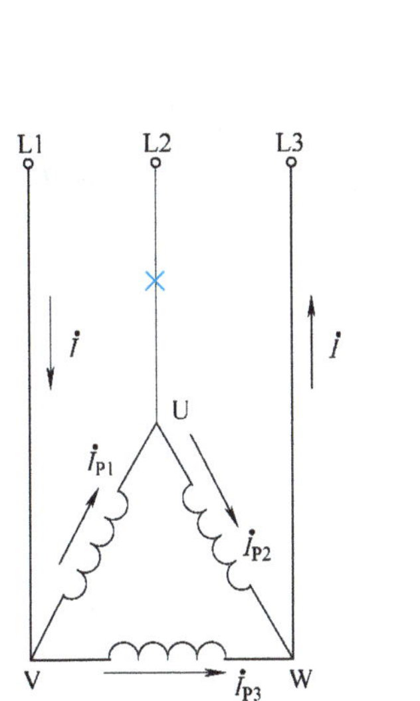

图 2-14　三角形联结 U 相断路时的电流分析

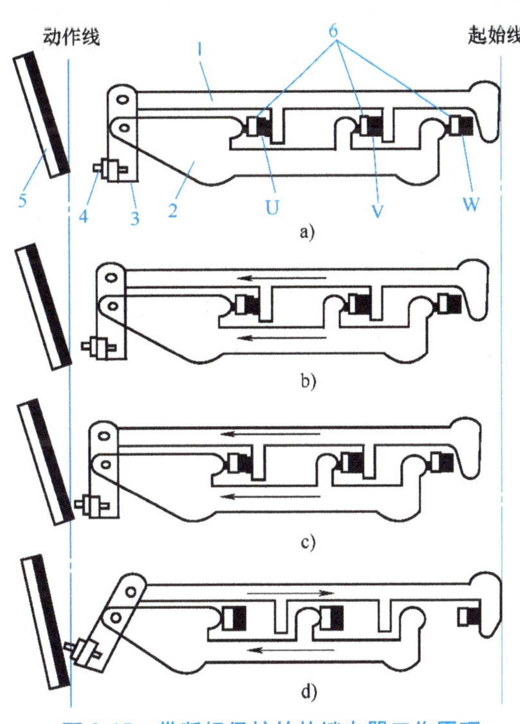

图 2-15　带断相保护的热继电器工作原理
1—上导板　2—下导板　3—杠杆　4—顶头
5—补偿双金属片　6—主双金属片

4. 热继电器的电气符号

热继电器的电气符号如图 2-16 所示。

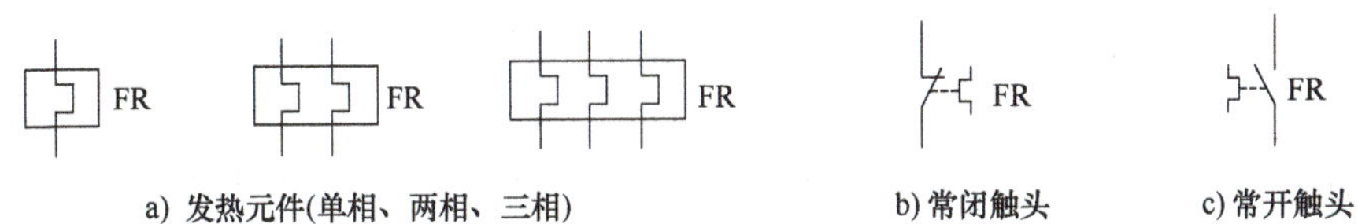

图 2-16　热继电器的电气符号

（四）熔断器

熔断器是当电流超过规定值一定时间后，以其本身产生的热量使熔体熔化而断开电路的一种保护电器，广泛用于低压配电系统、控制系统以及用电设备的短路保护和过电流保护。

1. 熔断器的结构及工作原理

熔断器主要由熔体、熔管（座）、填料及导电部件组成。熔体是熔断器的主要部分，常做成丝状、片状或笼状，其材料有两类：一类为低熔点材料，如铅锡合金、锑铝合金、锌等；另一类为高熔点材料，如银、铜、铝等。熔管里通常装有填料，填料既是灭弧介质，又能起到帮助熔体散热的作用。目前广泛应用的填料是石英砂。

熔断器串联在被保护电路的首端，熔体中流过的是负载电流。当电路发生短路或过电流时，通过熔体的电流增大，使其发热，达到熔体的熔化温度时熔体就会自行熔断，期间伴随着燃弧和熄弧过程，随后切断故障电路，对设备起到保护作用。当电路正常工作时，熔体在额定电流下不应该熔断，所以其最小熔化电流必须大于额定电流。

2. 熔断器的电气符号

熔断器的文字符号为 FU，电气符号如图 2-17 所示。

3. 熔断器的保护特性

熔断器的保护特性是指流过熔体的电流 I 与熔体熔断时间 t 的关系，称“时间-电流特性”或称“安-秒特性”，如图 2-18 所示。图中，I_{min} 为最小熔化电流或称临界电流。

当熔体电流 I 小于临界电流 I_{min} 时，熔体不会熔断；当熔体电流 I 大于临界电流 I_{min} 并且持续一定的时间，熔体熔断。熔体电流 I 越大，熔体熔断所需要的时间越短，即熔断器的保护特性具有反时限性。

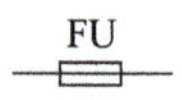

FU

图 2-17　熔断器的电气符号

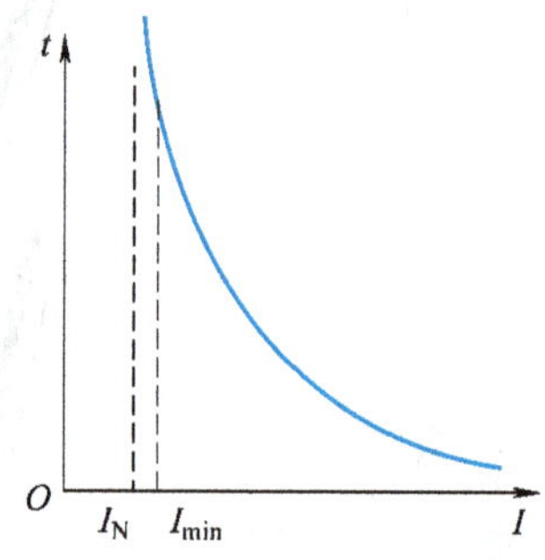

图 2-18　熔断器的保护特性

（五）刀开关

刀开关是手动电器中最简单而使用又较为广泛的一种低压电器。刀开关处于合闸位置时，接通电源；处于分闸位置时，断开电源。刀开关常用于不频繁地接通和断开额定电流以下的负载、容量不大的低压电路或直接起动小容量电动机。

1. 刀开关的电气符号

刀开关的文字符号是 QK，按照极数不同，对应的电气符号如图 2-19 所示。

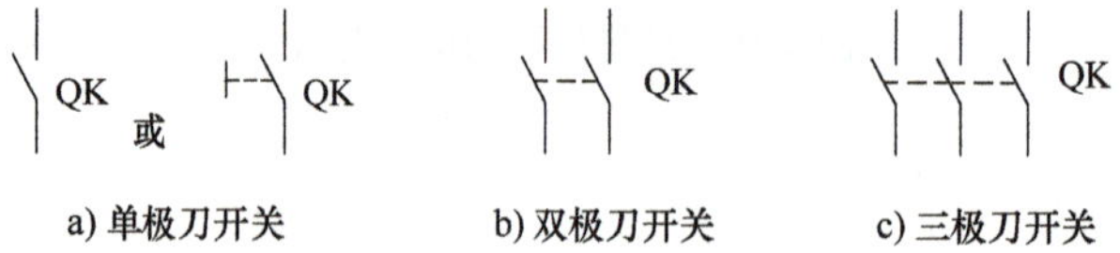

QK 或 QK　　QK　　QK

a) 单极刀开关　　b) 双极刀开关　　c) 三极刀开关

图 2-19　刀开关的电气符号

2. 刀开关的分类

1）根据工作原理、使用条件和结构形式的不同，刀开关可分为刀开关、刀形转换开关、开启式开关熔断器组、封闭式开关熔断器组、熔断器式刀开关和组合开关等。

2）根据转换方式，刀开关可分为单投式和双投式。

3）根据刀的极数，刀开关可分为单极、双极和三极。

4）根据刀的操作方式，刀开关可分为手柄直接操作式和杠杆式。

除特殊的大电流刀开关由电动机采用杠杆式操作外，一般都采用手柄直接操作方式。

5）以熔体作为动触头的，称为熔断器式刀开关，简称刀熔开关。

3. HK2 刀开关

（1）外形与结构　图 2-20 所示为 HK2 刀开关的外形与结构，带电部件如动触刀、静触头、熔丝、进线座及出线座等都固定在瓷底板上，且用胶盖盖住，确保手握瓷柄进行合闸、分闸操作时不会触及带电部分。胶盖还具有下列保护作用：①将各极隔开，防止因极间飞弧导致电源短路；②防止电弧飞出盖外，灼伤操作人员；③防止金属零件掉落在动触刀上形成极间短路。

由于 HK2 刀开关装设了熔丝，所以它具备短路保护功能。

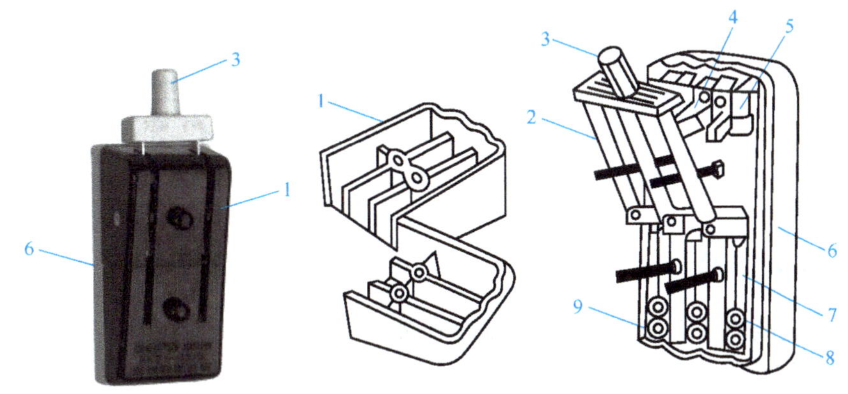

图 2-20　HK2 刀开关的外形和结构

1—胶盖　2—动触刀　3—瓷柄　4—静触头　5—进线座　6—瓷底板　7—熔丝　8—熔丝接头　9—出线座

（2）使用注意事项

1）刀开关应垂直安装在控制屏或开关板上，不可随意搁置，要保证合闸时手柄向上，不得倒装或平装，避免因铰链松脱或受到振动时，刀片在重力作用下自动下落而引起误合闸。

2）刀开关的进线座在上方，出线座在下方，安装接线时千万不能搞反，否则在更换熔丝时将会发生触电事故。

3）必须先拉开动触刀再更换熔丝，要用与原熔丝规格相同的新熔丝更换，同时要防止新熔丝在安装过程中受到机械损伤。

4）若胶盖和瓷底板损坏或胶盖失落，刀开关就不可再使用，以防出现安全事故。

4. 封闭式开关熔断器组

封闭式开关熔断器组的外形和内部结构如图 2-21 所示。它的外壳由铸铁或钢板制成，壳内安装着刀式触头、灭弧系统、熔断器、速断弹簧以及操作机构等。

与刀开关相比，封闭式开关熔断器组有以下特点：

1）触头设有灭弧室（罩），电弧不会喷出，不必顾虑会发生相间短路事故。

2）熔断丝的分断能力高，一般为 5kA，高者可达 50kA 以上。

3）操作机构为储能合闸式的，且有机械联锁装置。前者可使开关的合闸和分闸速度与操作速度无关，从而改善开关的动作性能和灭弧性能；后者则保证了在合闸状态下打不开箱盖及箱盖未关妥前合不上闸，提高了安全性。

4）有坚固的封闭外壳，可保护操作人员免受电弧灼伤。

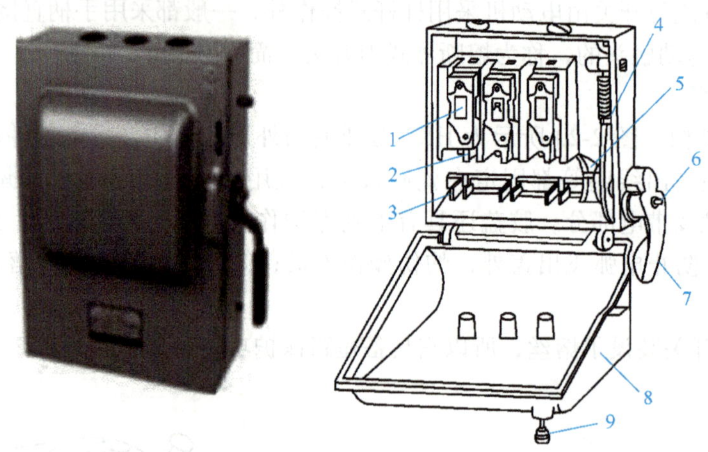

图 2-21　封闭式开关熔断器组的外形和内部结构

1—熔断器　2—静夹座　3—刀式触头　4—速断弹簧
5—机械联锁　6—转轴　7—手柄　8—开关盖　9—锁紧螺钉

（六）低压断路器

低压断路器是既有手动开关作用，又能自动进行短路保护、长期过载保护、欠电压保护、失电压保护的一种开关电器。

1. 低压断路器的结构

低压断路器由主触头及灭弧装置、各种脱扣器、自由脱扣机构和操作机构等组成，如图 2-22 所示。主触头是执行元件，用来接通和分断主电路。主触头上装有灭弧装置，以提高其分断能力。

脱扣器是感受元件，包括过电流脱扣器、分励脱扣器、热脱扣器和欠电压、失电压脱扣器。当电路故障时，脱扣器感测到故障信号，经自由脱扣机构使主触头断开，切断电源，保护电路和设备。

过电流脱扣器实质是一个具有电流线圈的电磁机构，电流线圈串联在主电路中，其中流过的是负载电流。当正常电流流过时，铁心中产生的电磁吸力不足以克服衔铁的拉力，衔铁不吸合；当电路出现瞬时过电流或短路电流时，吸力大于衔铁的拉力，衔铁吸合，带动自由脱扣机构使断路器主触头断开，实现过电流与短路保护。

分励脱扣器是用于远距离使断路器断开电路的脱扣器，其实质是一个电磁铁，由主电路或其他控制电路供电，可以按照操作人员指令或继电保护信号使电磁铁线圈通电，让衔铁吸合，使断路器主触头断开而切断电源。一旦电源被切断，分励脱扣器的电磁线圈就断电，属短时工作制。

热脱扣器由发热元件和双金属片组成，发热元件串联在主电路中，其工作原理与双金属片式热继电器相同。当长时间过载时，由于发热元件温度升高，使双金属片受热多而发生严重弯曲，带动自由脱扣机构，使断路器主触头断开，实现长期过载保护。

欠电压、失电压脱扣器是一个具有电压线圈的电磁机构，其线圈并联在主电路中。当主电路电压消失或降至一定值以下时，电磁吸力不足以继续吸持衔铁，在反力作用下，衔铁释

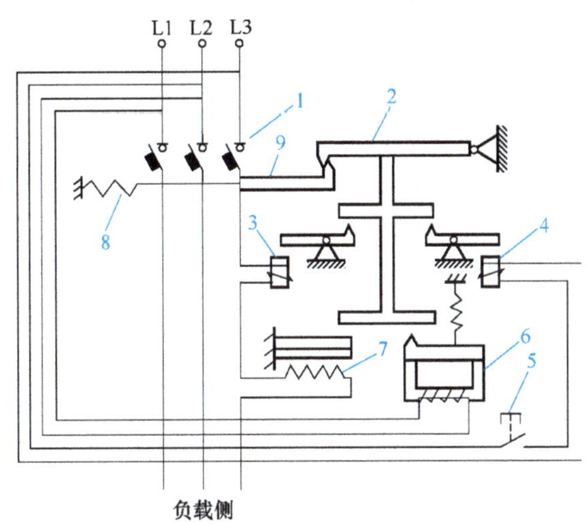

图 2-22　低压断路器的结构与工作原理

1—主触头　2—自由脱扣机构　3—过电流脱扣器　4—分励脱扣器　5—控制按钮
6—欠电压、失电压脱扣器　7—热脱扣器　8—分闸弹簧　9—传动杆

放，衔铁顶板推动自由脱扣机构，使断路器主触头断开，切断电源，实现欠电压与失电压保护。

操作机构是实现断路器闭合、断开的机构。电力拖动控制系统中的断路器通常采用手动操作机构，低压配电系统中的断路器有电磁铁操作机构和电动机操作机构两种。

自由脱扣机构用于连接操作机构和主触头。当操作机构处于闭合位置时，可操作分励脱扣机构进行脱扣，将主触头断开。

2. 低压断路器的工作原理

低压断路器的工作原理可以通过图 2-22 来分析。图中，低压断路器处于已合闸状态，其三相常开主触头串联于三相交流主电路中，传动杆被自由脱扣机构的锁扣钩住，保持主触头的闭合状态，分闸弹簧被拉伸。当电路正常时，主触头保持闭合状态，保证负载通电工作。

当主电路出现过电流且达到过电流脱扣器的动作电流时，过电流脱扣器的衔铁吸合，衔铁的右端上翘将自由脱扣机构往上顶，使锁扣与传动杆脱开，传动杆在分闸弹簧的弹性回复作用下往左移，使主触头断开。

类似地，当电路中出现欠电压或者失电压时，欠电压、失电压脱扣器的衔铁释放，将自由脱扣机构的锁扣脱开，使主触头断开。当电路出现长期过载时，热脱扣器的双金属片向上弯曲程度增加，使自由脱扣机构的锁扣脱开，同样能使主触头断开。当操作人员按下控制按钮或者继电保护信号到来时，分励脱扣器中的电磁铁线圈通电，使衔铁吸合，衔铁的左端上翘将自由脱扣机构往上顶，锁扣脱开，使主触头断开。

3. 低压断路器的保护特性

低压断路器的保护特性主要是指低压断路器长期过载和过电流保护特性，即低压断路器动作时间与热脱扣器和过电流脱扣器动作电流的关系曲线，如图 2-23 所示。为达到良好的保护效果，低压断路器的保护特性应与被保护对象的发热特性合理配合，即低压断路器的保护特性 2 应位于被保护对象发热特性 1 的下方，并以此来合理选择低压断路器的保护特性。图 2-23 中，ab 段为过载保护特性，具有反时限性；df 段为瞬时动作曲线，当故障电流超过 d

点对应电流时，过电流脱扣器便瞬时动作；ce 段为定时限延时动作曲线，当故障电流大于 c 点对应电流时，过电流脱扣器经短时延时后动作，延时长短由 c 点与 d 点对应的时间差决定。根据需要，断路器的保护特性可以是两段式，如 abdf，既有过载延时保护又有短路瞬动保护，而 abce 则为过载长延时和短路延时保护；也可以是三段式保护特性，如 abcghf 曲线，既有过载长延时、短路短延时，又有特大短路瞬动保护。

4. 低压断路器的电气符号

低压断路器的文字符号是 QF，图形符号如图 2-24 所示。

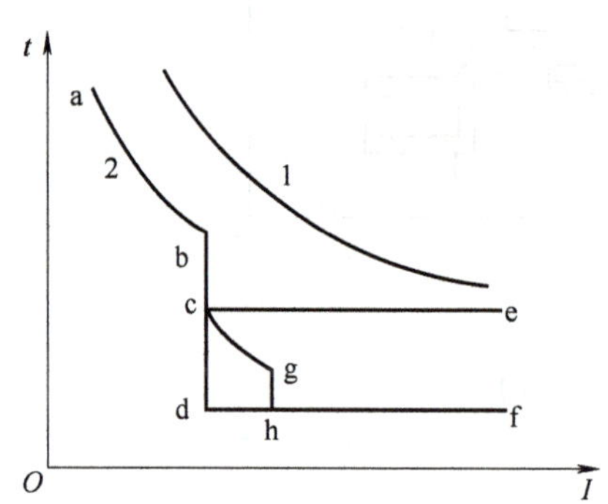

图 2-23　低压断路器的保护特性

1—被保护对象的发热特性　2—低压断路器保护特性

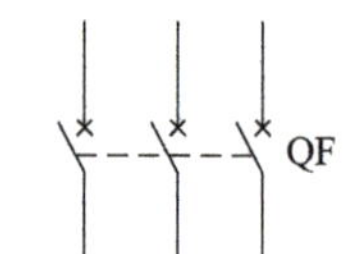

图 2-24　三极低压断路器的电气符号

（七）按钮

按钮是一种结构简单、应用广泛的主令电器，主要用于远距离控制具有电磁线圈的电器，如接触器、继电器等，也用在控制电路中发布指令和执行电气联锁，其外形如图 2-25 所示。

1. 按钮的电气符号

按钮的电气符号如图 2-26 所示。

图 2-25　按钮的外形

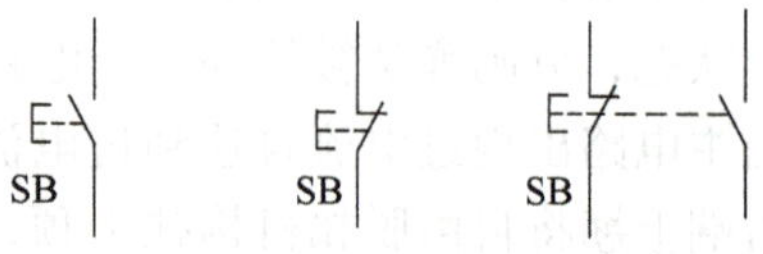

SB　SB　SB

a) 常开按钮　b) 常闭按钮　c) 复合按钮

图 2-26　按钮的电气符号

2. 按钮的结构及工作原理

以复合按钮为例，其基本结构如图 2-27 所示，由外壳、按钮帽、复位弹簧、传动连杆、触头等组成。触头通常为桥式触头，根据实际需要装配成 1 个常开 1 个常闭到 6 个常开 6 个常闭等多种形式。

按钮依靠手动按压按钮帽让触头接通和断开。由图 2-27 可以看出，按钮帽被按下时，上方的常闭触头先断开，下方的常开触头后闭合。松开按钮帽时，受复位弹簧的作用，下方的常开触头先复位断开，上方的常闭触头后复位闭合。

3. 按钮的分类

按钮按用途不同分为起动按钮、停止按钮和复合按钮等；按保护形式分为开启式、保护

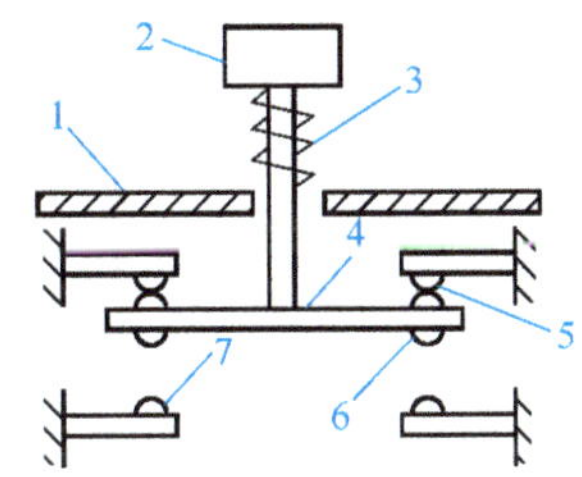

图 2-27　复合按钮的结构示意图

1—外壳　2—按钮帽　3—复位弹簧　4—传动连杆
5—常闭触头　6—动触头　7—常开触头（静触头）

式、防水式和防腐式等；按结构形式分为嵌压式、紧急式、钥匙式、带信号灯式、带灯揿钮式、带灯紧急式等；按钮帽类型分为一般式、钥匙式、旋钮式和蘑菇头式等；按工作形式分为自锁式和复位式。

四、项目任务实现

小宋面临的考核任务是：在 30min 内，让对电气控制一窍不通的财务部员工也可弄清 CW6132 型车床电动机的电气控制过程。那么，小宋的师傅给了他如下建议：利用这 30min，先介绍 CW6132 型车床电动机电气控制过程中用到的低压电器元件，然后讲解三相异步电动机的点动和连续控制这两个典型控制环节，接下来简单说明阅读电气图的基本方法，最后分析 CW6132 型车床电动机的电气原理图，这样一来，不懂电气控制基础知识的人也能听懂了。

低压电器已经讲过，这里就从三相异步电动机的点动和连续控制这两个最基本的控制环节开始，呈现小宋要讲解的内容。

（一）三相异步电动机的基本电气控制电路

1. 三相异步电动机的点动控制

生产机械的运转状态有短时、间断性运转与连续、长期性运转两种，相应地，拖动其运转的电动机就有两种电气控制方式：点动控制与连续控制。

图 2-28 所示为三相笼型异步电动机点动控制电路，其工作过程为：合上断路器 QF，按下起动按钮 SB，接触器 KM 线圈得电，衔铁吸合，带动主触头闭合，定子绕组接入三相交流电，电动机起动运转。松开起动按钮 SB，SB 常开触头自动复位至断开状态，接触器 KM 线圈失电，衔铁释放，带动主触头断开，电动机脱离电源而停转。电动机运转的时长由按下按钮的时长所决定。

应用：控制需要短时、间断性运转的电动机。

保护环节：熔断器组 FU1 和 FU2 分别用于主电路和控制电路的短路保护。

由于点动是短时工作，电动机不会发生长期过载，所以无需设置长期过载保护。

2. 三相异步电动机的连续控制

图 2-29 所示为三相笼型异步电动机连续控制电路。该电路又叫起保停控制或长动控制电路。

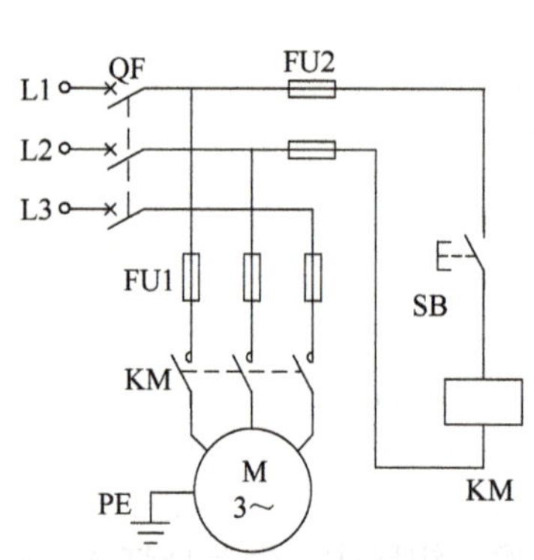

图 2-28　三相笼型异步电动机点动控制电路

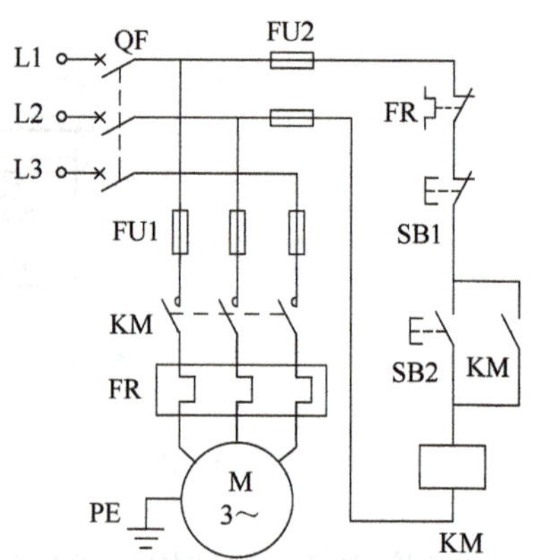

图 2-29　三相笼型异步电动机连续控制电路

该电路的起动过程为：合上断路器 QF，按下起动按钮 SB2，接触器 KM 线圈得电，KM 的主触头和辅助常开触头都闭合，定子绕组接入三相交流电，电动机起动运转。松开 SB2，SB2 常开触头自动复位断开，与 SB2 并联的 KM 常开辅助触头仍然是闭合的，能保持 KM 线圈继续通电，电动机连续运转。这种依靠接触器自身的辅助常开触头，使接触器线圈保持通电状态的现象叫自锁或自保，这个起自锁作用的辅助常开触头称为自锁触头。

该电路的停车过程为：按下停止按钮 SB1，KM 线圈电路被切断，KM 的主触头和自锁触头同时断开，电动机断电停车。松开停止按钮 SB1，SB1 常闭触头自动复位至闭合状态，此时起动按钮 SB2 和 KM 的自锁触头都是断开的，所以 KM 线圈不会得电，电动机保持断电停车状态。

（1）点动控制电路与起保停控制电路的区别

结构上：起保停控制电路在点动控制电路的基础上增加了热继电器、停止按钮和接触器自锁环节。

功能上：点动控制电路能实现电动机的短时运转，起保停控制电路能实现电动机的连续运转。

（2）起保停控制电路的保护环节

短路保护：熔断器组 FU1 和 FU2 分别用于主电路和控制电路的短路保护。

长期过载保护：热继电器 FR 实现电动机的长期过载保护。

欠电压、失电压保护：起动按钮 SB2 与接触器 KM 的自锁环节相配合，实现欠电压、失电压保护。

欠电压、失电压保护的作用：①电源电压严重下降时，防止电动机欠电压运行造成绕组过热甚至烧毁；②防止断电后又突然来电时，电动机自行起动而造成人身和设备损害；③避免突然来电时，多台电动机同时起动而造成电网电压严重下降，甚至可能引发二次停电。

3. 三相异步电动机的点动/连续控制

有些生产机械有时需要间断运转，有时需要连续运转，这要求作为原动机的电动机既能点动运行又能连续运行。常用的三相异步电动机点动/连续控制电路有三种：

（1）手动开关控制的点动/连续控制电路　在三相异步电动机连续控制电路的自锁环节串联一个手动开关 SA，如图 2-30 所示。该电路的工作情况是：①需要点动时，先断开手动开关 SA，再合上断路器 QF，按下起动按钮 SB2 让接触器 KM 线圈得电，KM 主触头和自锁触头都闭合，给定子绕组接入三相交流电，电动机起动运转。由于手动开关 SA 断开了接触器 KM 的自锁回路，所以接触器 KM 不能自锁。一旦松开起动按钮 SB2，接触器 KM 线圈就失电，KM 主触头复位断开，切断定子绕组电源，电动机就停转，实现点动控制。②需要连续工作时，先合上手动开关 SA，再合上断路器 QF，按下起动按钮 SB2 让接触器 KM 线圈得电，KM 主触头和自锁触头都闭合，给定子绕组接入三相交流电，电动机起动运转。由于手动开关 SA 接通了接触器 KM 的自锁回路，所以接触器 KM 能够自锁。松开起动按钮 SB2，接触器 KM 线圈保持得电状态，KM 主触头保持闭合，定子绕组仍然通电，电动机继续运转，实现连续控制。

（2）中间继电器控制的点动/连续控制电路　在三相异步电动机连续控制电路中加一个起动按钮 SB3 和一个中间继电器 KA，如图 2-31 所示，该电路的工作情况是：①需要点动时，合上断路器 QF 后，按下点动起动按钮 SB3，让中间继电器 KA 线圈得电，KA 的常闭触头断开，切断接触器 KM 的自锁回路，KA 的常开触头闭合，让 KM 线圈得电，KM 的主触头和自锁触头都闭合，给定子绕组接入三相交流电，电动机起动运转。由于 KA 的常闭触头断开了 KM 自锁回路，所以 KM 不能自锁。松开 SB3，KM 线圈就失电，KM 主触头和自锁触头都复位断开，电动机断电停转，实现点动控制。②需要连续工作时，合上 QF 后，按下连续起动按钮 SB2，接触器 KM 线圈得电，KM 主触头和自锁触头都闭合。因中间继电器 KA 没有得电，其常闭触头是闭合的，KM 自锁回路是通的。松开 SB2，KM 线圈继续得电，主触头和自锁触头都保持闭合，电动机继续运转，实现连续控制。

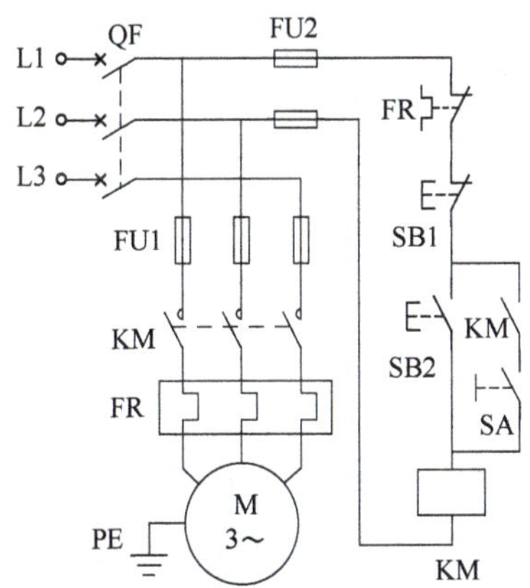

图 2-30　手动开关控制的点动/连续控制电路

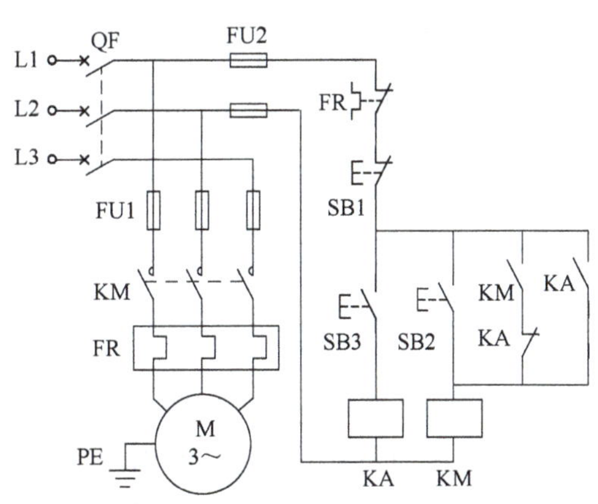

图 2-31　中间继电器控制的点动/连续控制电路

（3）复合按钮控制的点动/连续控制电路　在三相异步电动机连续控制电路中加入复合按钮 SB3，如图 2-32 和图 2-33 所示。该电路的工作情况是：①需要点动时，合上断路器 QF 后，按下复合按钮 SB3，SB3 的常闭触头断开，切断接触器 KM 自锁回路，SB3 的常开触头闭合，让 KM 线圈得电，KM 主触头和自锁触头都闭合，定子绕组通电，电动机起动运转。由于 KM 自锁回路是断路，不能自锁，松开复合按钮 SB3，KM 线圈就失电，KM 主触头和自锁触头都复位断开，电动机断电停转，实现点动控制。②需要连续工作时，合上 QF

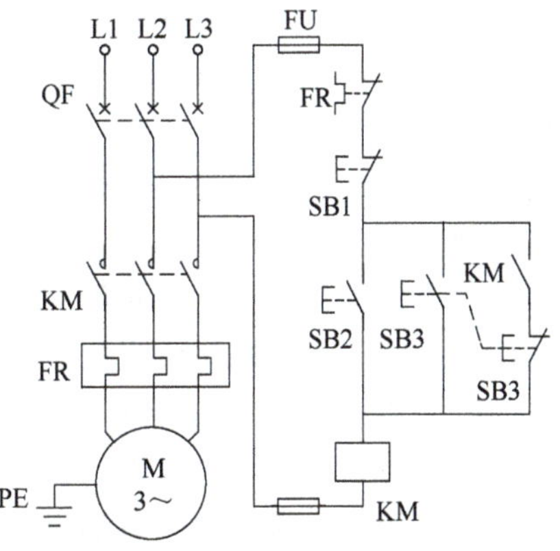

图 2-32　复合按钮控制的点动/连续控制电路

后，按下起动按钮 SB2，接触器 KM 线圈得电，其主触头和自锁触头都闭合。由于 SB3 的常闭触头是闭合的，所以自锁回路是通的。松开起动按钮 SB2，KM 线圈继续得电，主触头和自锁触头都保持闭合，电动机继续运转，实现连续控制。

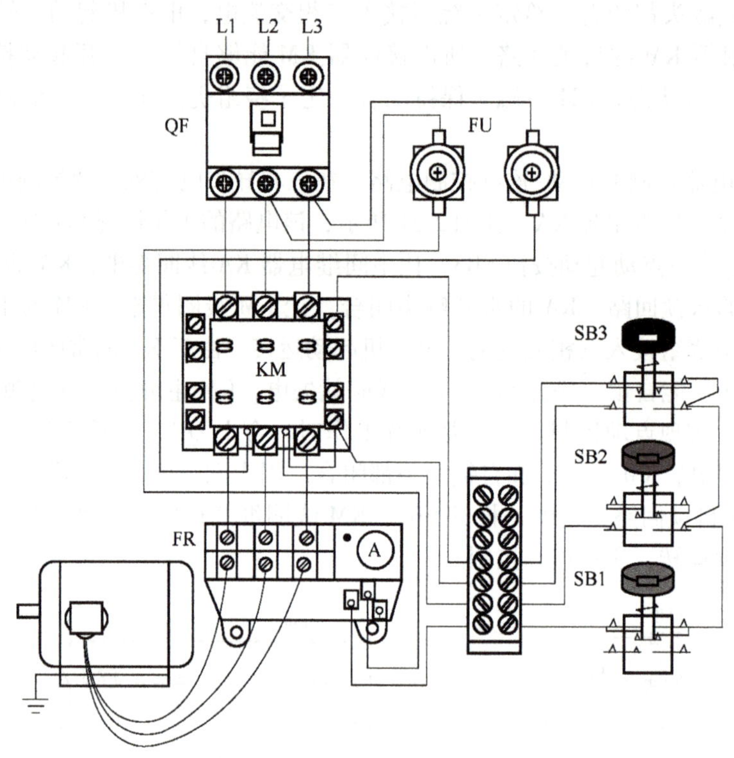

图 2-33　图 2-32 对应的实物接线示意图

（二）识读 CW6132 型车床的电气图

电气控制系统由各种电器元件按一定要求连接而成。为了清晰地表达电气控制系统的工作原理，便于系统的安装、调整、使用和维修，通常将电气控制系统中的电器元件用一定的电气符号表示，再用一定的图形表达出其连接情况。这种图形就是电气控制系统图，简称电气图。电气图是工程技术的通用语言，主要描述对象是电器元件的图形符号、文字符号和连接线。这些图形符号、文字符号必须符合最新国家标准。常用的电气图有电气原理图、电器元件布置图与电气安装接线图等。

1. 电气原理图

电气原理图是表征电路中各电器元件的连接关系和工作原理的图。它采用电器元件展开形式来绘制，包含了电路中电器元件的导电部件及其接线端子之间的连接关系。它不反映电器元件的大小，也不反映电器元件的实际安装位置。其特点为结构简单、层次分明、关系明确。其作用为便于了解控制系统的工作原理，指导系统或设备的安装、调试与维修。

下面以图 2-34 为例，介绍电气原理图的绘制原则和注意事项。

（1）触头图示状态　电气原理图中各电器元件触头的状态，应该按照原始状态（不通电、不受力状态）绘制。接触器、电磁继电器的触头，按电磁线圈不通电时的状态绘制；控制按钮、行程开关的触头，按不受外力作用时的状态绘制；低压断路器及组合开关的触头，按未

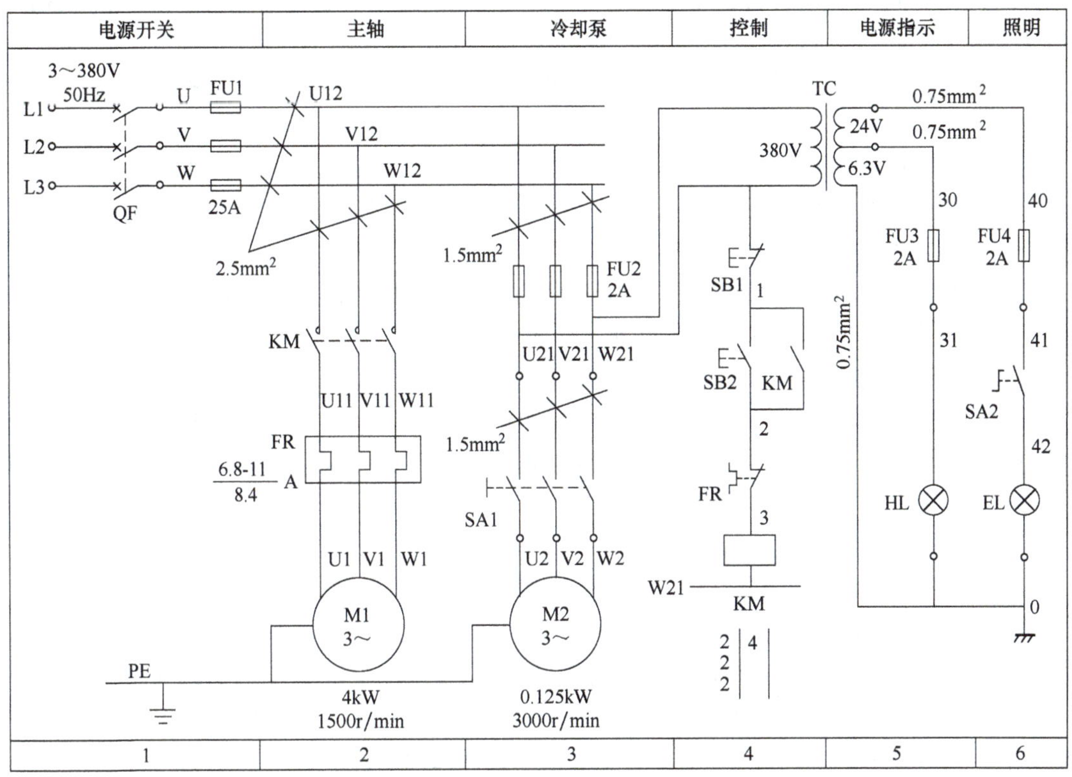

图 2-34　CW6132 型车床电气原理图

合闸状态绘制；热继电器的触头，按未脱扣状态绘制；速度继电器的触头，按电动机转速为零时的状态绘制；事故、备用与报警开关等，按设备处于正常工作时的状态绘制；标有“OFF”等多个稳定操作位置的手动开关，按拨在“OFF”位置时的状态绘制。

（2）文字标注规则　电气图中的文字标注，遵循就近标注规则与相同规则。就近标注规则是指电器元件各导电部件的文字符号应标注在对应图形符号的附近区域；相同规则是指同一电器元件的不同导电部件必须采用相同的文字符号标注。

（3）绘制电气原理图的原则

1）电气原理图由主电路和辅助电路组成，可垂直布置也可水平布置。主电路是从电源到电动机的大电流电路。主电路用粗实线绘制在图面的左侧（垂直布置时）或上方（水平布置时）。辅助电路包括控制电路、照明电路、信号电路及保护电路等，通常是小电流电路。辅助电路用细实线绘制在图面的右侧（垂直布置时）或下方（水平布置时）。

2）直流电源用水平线画出，一般正极画在图面上方，负极画在图面下方，分别用 L+和 L-标记。

3）垂直布置时，三相交流电源线水平地集中画在图面上方，L1、L2、L3 三相自上而下排列，中性线 N 和保护接地线 PE 依次排在相线之下。主电路垂直于电源线画出。控制电路垂直在两条水平电源线之间。耗电电器元件直接与下方水平电源线相接，触头接在上方水平电源线与耗电电器元件之间。

4）只画电路中用到的电器元件的带电部件，非带电部件一律不在图中出现。同一电器元件上的不同带电部件，按电路连接关系画出，并且用同一文字符号标明。图中有多个同类电

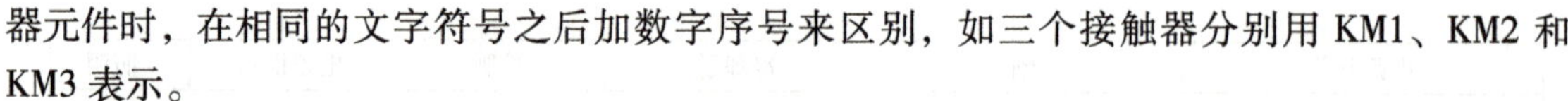

器元件时，在相同的文字符号之后加数字序号来区别，如三个接触器分别用 KM1、KM2 和 KM3 表示。

5）采用分散表示法，各电器元件的不同带电部件要根据电路连接关系来画，不必集中画在一起。

6）当电气触头的图形符号垂直放置时，以“左开右闭”的原则绘制，即：常开触头画在垂线左侧，常闭触头画在垂线右侧；当电气触头的图形符号水平放置时，以“上闭下开”的原则绘制，即：常闭触头画在水平线上方，常开触头画在水平线下方。

7）各电器元件应按照功能布置，功能相同的电器元件集中在一起，并尽可能按动作顺序从左到右（垂直布置时）或从上到下（水平布置时）排列。

8）需要测试和拆接的外部引线端子，采用空心圆表示。

9）线路的十字交叉连接点，如果有直接的电路联系，就用实心黑圆点表示；无直接电路联系的，不画黑圆点，但应尽量避免无直接电路联系的线条交叉。线路的丁字交叉连接点，都是有直接电路联系的，无需用黑圆点标记。

（4）电气原理图中的线号标记

1）主电路中，电源开关之后的三相交流电源 L1、L2、L3 对应用 U、V、W 顺序标记。

2）各电动机分支电路的各连接点，采用三相文字代号后面加数字来标记，数字中的十位数表示电动机代号，个位数表示该支路各连接点的代号。如：U11 表示电动机 M1 第一相的第一个连接点，U12 表示电动机 M1 第一相的第二个连接点；U21 为电动机 M2 第一相的第一个连接点，U22 为电动机 M2 第一相的第二个连接点；依此类推。

3）控制电路一般采用三位或三位以下的阿拉伯数字编号。

4）电路标记方法按“等电位”原则，与同一个等电位点直接相连的线路（不论线路长短和去向）都共用一个线号，非等电位点处一线一号，不得重复。

5）在垂直绘制的电路中，各分支电路从左向右依次标号。在同一分支电路中，由上而下依次标号。凡是被线圈、绕组、触头或电阻、电容等所间隔开的线段，均应标上不同的线号。

（5）电气原理图的图面区域划分　为了便于确定电气原理图上的内容和各组成部分在图中的位置，方便读者检索，常常需要在图样上分区，即图幅分区。

图幅分区如图 2-35 所示：在图面最外侧画出边框线，在边框内侧距离边框线一定宽度处画出图框线，在图框线内侧右下角设置标题栏；在边框线与图框线围成的区域内，竖边从上到下依次标注大写拉丁字母“A、B、C、D…”，作为列的代号，横边从左到右依次标注阿拉伯数字“1、2、3、4…”，作为行的代号；分区的个数按照图的复杂程度来定，建议组成分区的长方形的任何边长都应不小于 25mm、不大于 75mm。图幅分区后，就等于在电气原理图上建立了坐标。这样一来，电气原理图上电器元件和连接线的位置就有了三种表示方法：①用行代号表示；②用列代号表示；③用区代号（行代号在前，列代号在后）表示。

当电气原理图不复杂时，水平布置的，一般只需标明行的标记；垂直布置的，一般只需标明列的标记。复杂的电气原理图，则需要标明组合标记。

实际应用中，在垂直布置的不复杂的电气原理图中，一般只在图面下方的分区方框内用阿拉伯数字标出列的标记，在上方分区方框内则用中文汉字写出各分区电路的功能。一般按“支路居中”原则从左至右进行分区，以便于查阅电器元件的位置。支路居中是指各支路的中垂线，应对准分区方框的中线位置。类似地，对于水平布置的电气原理图，一般只在图面右

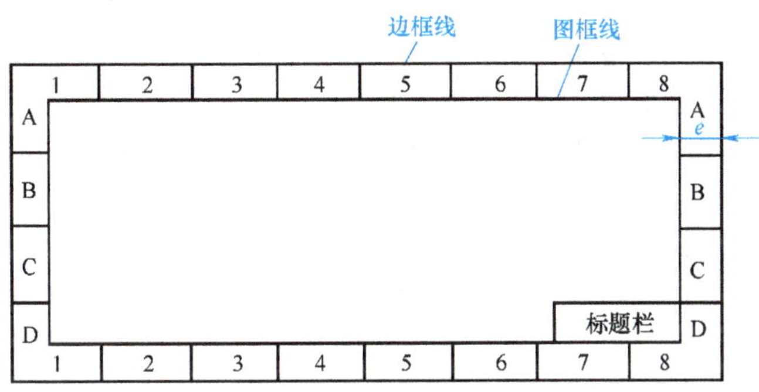

图 2-35　电气原理图的图幅分区

边的分区方框内用拉丁字母标出行的标记，在左边分区方框内用中文字写出各分区电路的功能。

（6）符号位置的索引　电气原理图中，各元器件符号位置的索引用图号、页次和图区编号的组合索引法，索引代号的组成如图 2-36 所示。

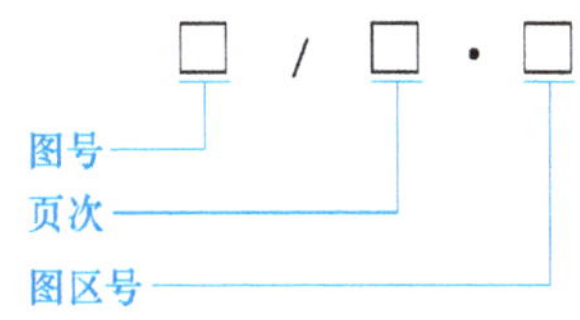

图 2-36　索引代号的组成

当只有一个图号时，图号可省略。当某图号仅有一页图样时，只写图号和图区的行、列号。当电器元件的相关触头只出现在一张图样上时，只标出图区号即可。

为了方便检索，在幅面较大的复杂电气原理图中，要在接触器和继电器的线圈图形符号下方标注相应的触头索引代号。依据此索引代号，能快速找到该电器元件的触头所在的区域，便于进行电路分析。对接触器和继电器上未使用的触头，通常用“×”或者“＊”标明，有时也可以什么也不写，直接用空白表示。

1）接触器的触头索引代号通常表示为：

KM

主触头所在的图区号	辅助常开触头所在的图区号	辅助常闭触头所在的图区号

例如：在图 2-34 所示 CW6132 型车床电气原理图中，接触器 KM 的触头索引代号表示的含义为：KM 的 3 对主触头都在图中的第 2 列，KM 的 1 对辅助常开触头在图中的第 4 列，该电路中没有用到 KM 的辅助常闭触头。

2）继电器的触头索引代号通常表示为：

KV（KA）

常开触头所在的图区号	常闭触头所在的图区号

（7）电气原理图中技术数据的标注　电气原理图中各电器元件的技术数据均应填写在电器元件明细表内。一些重要技术数据，还要在电气原理图中用小号字体标注在电器元件的文字符号的下方，如熔断器的额定电流、热继电器的电流范围和整定值、导线的截面积、电动机的容量和额定转速等。

2. 电器元件布置图

（1）电器元件布置图的定义　电器元件布置图用来表明电气原理图中各电器元件的实际位置，是控制设备生产及维护的技术文件，要根据电器元件的外形尺寸绘出，并标明各电器元件的间距尺寸，未加说明的尺寸单位均为 mm。机床电器元件布置图主要由机床电气设备布置图、控制柜及控制板电气设备布置图、操作台及悬挂操纵箱电气设备布置图等组成，可依据电气控制系统的复杂程度集中绘制或单独绘制。

图 2-37 是 CW6132 型车床控制板电器元件布置图，与图 2-34 所示的电气原理图相对应。

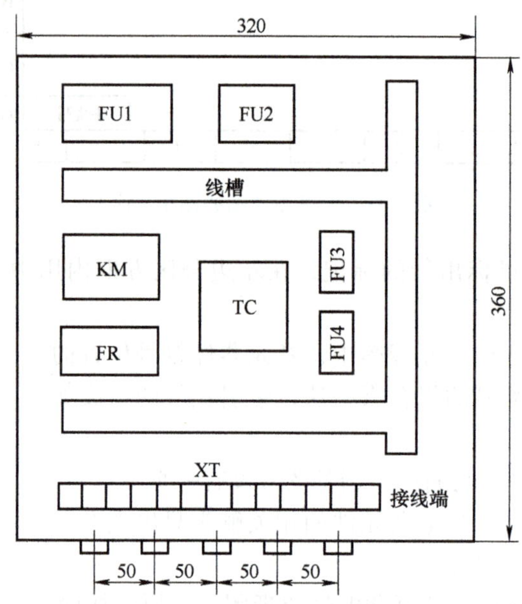

图 2-37　CW6132 型车床控制板电器元件布置图

（2）电器元件布置图中各电器元件的安装位置　电器元件的安装位置由设备的结构和工作要求决定。比如电动机要和被拖动的机械部件安装在一起；行程开关应放在需要获取动作信号的地方；操作元件要放在操作方便的地方；熔断器、接触器、继电器等一般电器元件，应安装在控制柜或控制板内。

（3）设置电器元件布置图的注意事项

1）体积大和较重的电器元件应安装在电器安装板下方，发热的应安装在电器安装板上方。

2）强电、弱电应分开，弱电应屏蔽，防止外界干扰。

3）需要经常维护、检修、调整的电器元件，安装位置不宜过高或过低。

4）电器元件的布置应考虑整齐、美观、对称。外形尺寸与结构类似的电器元件应安装在一起，以利于安装和配线。

5）电器元件不宜布置得过密，应留有一定的间距。需要使用走线槽时，应加大各排电器元件的间距，以方便布线和维修。

3. 电气安装接线图

（1）电气安装接线图的定义　电气安装接线图主要用于电气控制电路的安装接线、线路检查、线路维修和故障处理，是安装线路、检查线路和维修线路必备的技术文件，通常要与电气原理图和电器元件布置图一起使用。电气安装接线图中的各个项目（如元件、器件、部件、组件、成套设备等）均采用简化外形（如正方形、矩形、圆形）表示，简化外形旁标注项目的文字符号，文字符号应与对应电气原理图中的文字符号一致。

电气安装接线图表明了电气控制电路中所有电器元件的实际安装位置，标出了各电器元件之间的接线关系、接线去向、线缆种类、敷设路线等详细信息。

（2）电气安装接线图的分类　根据表达对象和用途不同，电气安装接线图可分为单元接线图、互连接线图和端子接线图三类。

与图 2-34 和图 2-37 相对应的 CW6132 型车床电气安装接线图如图 2-38 所示。

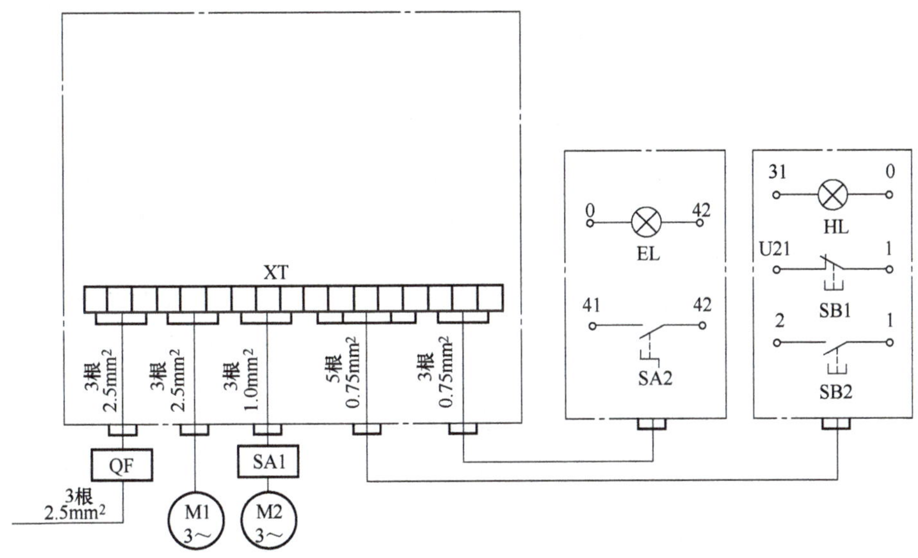

图 2-38　CW6132 型车床电气安装接线图

（3）电气安装接线图的绘制原则

1）各电器元件均应按照实际安装位置绘制，电器元件所占图面按实际尺寸以统一比例绘制。

2）一个电器元件中所有的带电部件均画在一起，并用点画线框起来，即采用集中表示法。

3）各电器元件的图形符号和文字符号均应以原理图中的对应符号一致，并符合国家标准。

4）在电气安装接线图中，一般应标出项目的相对位置、项目代号、端子间的电气连接关系、端子号、导线号、导线类型、截面积等。

5）安装在同一控制柜上的电器元件可直接连接，而控制柜内的电器元件与柜外电器元件的连接，必须经过接线端。

6）走向相同的相邻导线可画成一股线。

7）连接线较少的区域，可直接画出电器元件间的连接线；当连接线很多，全部画出来交叉太多，不容易看清连接关系时，可以不画出连接线，在电器元件的接线端处标明连接线的线号即可。

8）穿管或成束的接线应标明穿管的种类、内径、长度等，还应注明导线根数，导线的型号、规格和截面积等。

9）互连接线图中的互连关系可用连续线、中断线或线束表示，一般不表示导线实际走线途径。操作者在施工时根据实际情况选择最佳走线方式即可。

（三）CW6132 型车床电动机的电气控制电路分析

1. 电气控制电路分析的基础知识

（1）电气控制电路分析的依据　分析电气控制电路的依据是设备本身的基本结构、运动情况、加工工艺要求、对电力拖动的要求以及设备对电气控制的要求，也就是要熟悉控制对象、掌握控制要求，这样才能有针对性地进行分析。这些依据主要来自设备的相关技术资料，如设备说明书、电气原理图、电气安装接线图及电器元件明细表等。

（2）电气控制电路分析的内容

1）设备说明书。设备说明书由机械、液压部分与电气部分两方面组成。

阅读设备说明书，要重点掌握：①设备的构造，主要技术指标，机械、液压、电气部分的传动方式与工作原理；②电气传动方式，电动机及执行电器元件的数目、规格型号、安装位置、用途与控制要求；③设备的使用方法，操作手柄、开关、按钮、指示信号装置以及它们在控制电路中的作用；④与机械、液压部分直接关联的电器元件，如行程开关、电磁阀、电磁离合器、传感器、压力继电器、微动开关等的位置、工作状态与机械、液压部分的关系，以及在控制中的作用；⑤机械操作手柄与开关元件之间的关系，液压系统与电气控制的关系。

2）电气原理图。这是电气控制电路分析的中心内容。电气原理图由主电路和辅助电路构成，其中辅助电路又包括控制电路、检测电路、照明电路、信号电路、保护与连锁环节以及特殊控制电路等部分。

在分析电气原理图时，可通过设备说明书提供的电器元件明细表查阅电器元件的技术参数，进而分析出电气控制电路的主要参数，估计出各部分的电流、电压值，便于在调试或检修中合理选择和使用仪表进行检测。

3）电气设备的总装接线图。阅读分析电气设备的总装接线图，可以了解系统的组成分布情况，各部分的连接方式，主要电气部件的布置、安装要求，导线和导线管的规格型号等，以便对设备的电气设备有个清晰的了解。总装接线图的阅读分析，应对照电气原理图和设备说明书进行。

4）电器元件布置图与电气安装接线图。这是制造、安装、调试和维护电气设备必需的技术资料。在测试、检修时，可通过电器元件布置图与电气安装接线图，迅速方便地找到各电器元件的测试点，进行必要的检测、调试和维修。

（3）分析电气原理图的基本原则　分析电气原理图时要遵循的基本原则为：先机后电、先主后辅、化整为零、集零为整、统观全局、总结特点。

1）先机后电。先分析机械部分，后分析电气部分。首先了解设备的基本结构、运行情况、工艺要求、操作方法，以便对生产机械的结构及其运行情况有总体的了解，然后明确设备对电力拖动自动控制的要求，为阅读和分析电路的工作情况做好准备。

2）先主后辅。先阅读主电路，后阅读辅助电路。主电路的作用是保证实现设备的拖动要求。通过阅读主电路，弄清设备由几台电动机拖动、各台电动机的用途，看电动机是由什么电器元件控制的（有的用刀开关或组合开关手动控制，有的用按钮加接触器或继电器自动控制），然后结合加工工艺弄清各电动机的起动、转向、调速、制动等的控制要求及其保护环节。阅读辅助电路时，首先要运用化整为零法按功能不同分块去阅读分析控制电路，因为主电路的各种控制是由控制电路实现的。检测电路、照明电路、信号电路等都具有相对独立性，起辅助作用而不影响控制系统的主要功能。由于这些电路中的很多部分是受控制电路中的电器元件控制的，所以通常要结合控制电路一并分析。

3）化整为零。将控制电路按功能不同划分为若干个局部控制电路，然后从电源和主令信号开始，逐步分析每一局部电路的工作原理。

4）集零为整。经过化整为零对每个局部电路逐一分析之后，必须集零为整检查整个控制电路，看是否有遗漏，要看清各局部电路之间的控制关系、联锁关系、机电之间的配合等情况。

5）统观全局。集零为整总体检查之后，还需要从整体和大局的角度进一步理解各控制环节之间的联系，比如互锁、顺序控制等，以便正确理解各部分的作用，以免遗漏。

6）总结特点。各种设备的电气控制虽然都是由各种基本控制环节组合而成，但是整机的电气控制都有各自的特点，这也是各种设备电气控制的区别所在，总结出特点，能加深对电气设备的理解。

2. CW6132 型车床电动机的电气控制电路分析

观察图 2-34 所示 CW6132 型车床电气原理图，发现该车床只用了一台主轴电动机 M1 和一台冷却泵电动机 M2，电路很简单，按照分析电气原理图的基本原则进行分析时，有些步骤可直接省略。

（1）分析机械部分　主轴电动机 M1 拖动主运动与进给运动，机械变速，由电磁摩擦离合器来实现主轴正反转。冷却泵电动机 M2 拖动冷却泵输出冷却液，为车削加工降温。

（2）分析电气部分

1）分析主电路。

主轴电动机 M1：三相笼型异步电动机，直接起动，单速、单向旋转，连续工作制。

冷却泵电动机 M2：三相笼型异步电动机，直接起动，单速、单向旋转，连续工作制。

2）分析辅助电路。

合上断路器 QF，电源指示灯 HL 亮，表明电源正常。

按下起动按钮 SB2，接触器 KM1 得电并自锁，主轴电动机 M1 起动并连续运转。

合上手动开关 SA1，接触器 KM2 得电，冷却泵电动机 M2 起动并连续运转。

需要照明时，合上手动开关 SA2，照明灯 EL 被点亮。

3）统观全局，找出电路中的保护环节。

熔断器组 FU1 作为主电路总的短路保护，熔断器组 FU2 作为冷却泵电动机 M2 的短路保护，熔断器 FU3 和 FU4 分别作为电源指示电路和照明电路的短路保护。

热继电器 FR 作为主轴电动机 M1 的长期过载保护。

起动按钮 SB2 与接触器 KM 的自锁环节相配合，实现主轴电动机 M1 的欠电压、失电压保护。

五、拓展与提高

（一）三相异步电动机的点动控制实训

1. 实训安全操作规程

1）穿全套实训服，戴好实训帽，长发需盘扎起来。

2）确保所用的绝缘用具、仪器仪表、安装工具质量完好，禁止使用破损、失效的用具。

3）实训过程要认真、仔细，禁止玩耍、打闹。

4）在未经本人验电之前，任何电气设备和线路一律视为有电，严禁触碰。需要接触操作时，应切断该处的电源，经验电、放电（电容性设施）之后，验电合格，方能接触工作。

5）电气设备的外露可导电部分必须与电网接地网可靠连接，中性线与接地线必须分开，接地线的截面积要符合标准。

6）在可能的情况下，应尽量停电检测。如需带电操作，必须设专人监护。监护人应符合从业要求，监护时不得操作，也不得做与监护无关的事。

7）需要拆卸修理时必须切断电源，按安全操作程序进行。禁止在设备运转过程中拆卸修理。

8）按照电气图安装电路，不得随意改变控制电路原有的接线方式与结构。

9）遇到人身触电，应立即切断电源，按紧急救护法进行抢救。

10）遇到电气设备发生火灾，要立即切断电源，用砂子或二氧化碳灭火器灭火，严禁用泡沫灭火器或水来灭火。

2. 实训目的

1）认识常用低压电器元件：低压断路器、熔断器、接触器、按钮。

2）熟悉低压断路器、熔断器、接触器、控制按钮的选择和质量检测。

3）掌握常用低压电器元件的安装和接线方法。

4）学会依据三相异步电动机点动控制电气原理图，画出电器元件布置图和电气安装接线图。

5）学会三相异步电动机点动控制电路的线路检查。

3. 实训器材

按照表 2-1 准备三相异步电动机点动控制的实训器材。

表 2-1　三相异步电动机点动控制实训器材一览表

名称	型号	数量	检测调试情况
低压断路器 QF	DZ47-63 C10	1	
接触器 KM	CJ10	1	
熔断器 FU	RL-5A	5	
起动按钮 SB	机床双联按钮	1	
导线	控制电路用 1mm² BV 按钮盒子用 0. 75mm² BVR 主电路用 1. 5mm² BLV	若干	
电路板	制成	1	
万用表	MF47	1	
剥线钳	多功能	1	
螺钉旋具	十字形	1	
尖嘴钳	普通尖嘴钳	1	
电动机	Y 系列三相笼型异步电动机	1	

4. 实训步骤

1）读懂电气原理图。读懂图 2-39 所示三相异步电动机点动控制电气原理图，明确电器元件的数量、种类和规格，弄懂各电器元件之间的连接顺序和控制关系。

2）画出电器元件布置图和电气安装接线图。根据电气原理图画出电器元件布置图（见图 2-40）和电气安装接线图（见图 2-41），核对这三个图中对应的各电器元件的图形符号及文字符号是否一致。

3）根据这三个图找出安装接线所需要的电器元件。

4）检查选取的电器元件的质量，具体要求如下。

① 核对各电器元件的型号规格与图纸要求是否一致。

② 检查各电器元件的外观是否整洁、外壳有无破裂、零部件是否齐全、各接线端子及紧固件有无缺损、锈蚀等现象。

③ 检查电器元件的触头有无熔焊、变形、严重氧化和锈蚀等现象；触头闭合、分断动作是否灵活；触头开距、超程是否符合要求；压力弹簧是否正常。

④ 检查电器元件的电磁机构和传动部件的运动是否灵活，衔铁有无卡住、吸合位置是否正常等，使用前应清除铁心端面的防锈油。

⑤ 用万用表检查所有电磁线圈的通断情况。

5）按照图 2-40 所示电器元件布置图，将检查合格的元器件固定在电路板上。

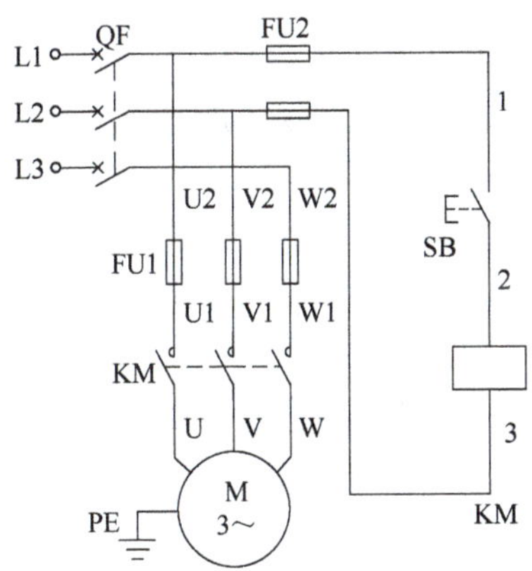

图 2-39　三相异步电动机点动控制电气原理图

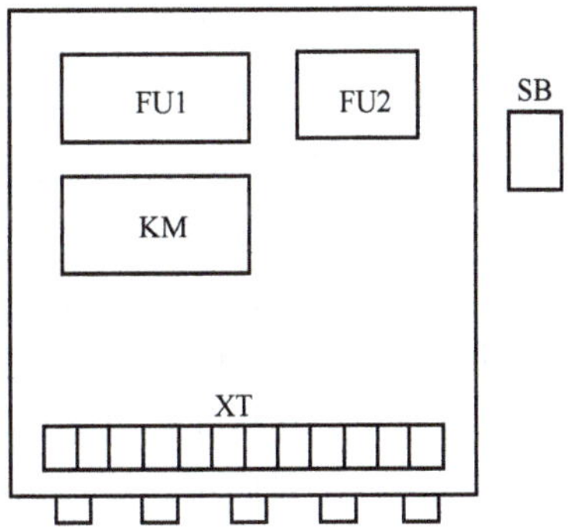

FU1　FU2　SB　KM　XT

图 2-40　点动控制电气柜内的电器元件布置图

6）按照图 2-41 所示电气安装接线图完成接线，兼顾工艺要求，工艺要求如下。

① 布线时，要遵循自上到下、自左到右的原则，防止导线漏接、错接。

② 断路器、熔断器、低压断路器等电器元件，应以上进下出为原则来接线。

③ 走线时应先将导线拉直，做到横平竖直。需要改变导线的走向时，要用手将拐角做成 90°的慢弯，弯曲半径为导线直径的 3~4 倍，不要用钳子做成死弯，以免损伤绝缘层及线芯，也方便今后维修。

④ 同一走向的导线应汇成一束，依次弯向所需要的方向，同平面并行导线之间尽量避免交叉。做好的导线应绑扎成束，并用非金属线卡好。

⑤ 选择截面积合适的导线，按接线图规定的位置，在固定好的电器元件之间测量所需要的长度，截取长短适当的导线，剥去导线两端的绝缘皮，剥去的绝缘层的长度应满足连接需要，既要保证连接处不会露出线芯，又要保证接线端子不能压住绝缘皮。为保证导线与接线端子接触良好，压接时应去掉芯线表面的氧化物。多股导线的每一股线头都应绞紧压实。

⑥ 根据接线端子的情况，将芯线弯成圆环或直接压进接线端子。接线端子应紧固好，必要时装设弹簧垫圈，防止电器元件动作时因受振动而松脱。

⑦ 同一接线端子上不允许压接超过两根导线，导线截面积不同时，应将截面积大的放在下层，截面积小的放在上层。

⑧ 如果线路需要套线号管，则要在成形好的导线的两端套上与电路线号一致的号码管（机打或者手写线号），号码管标号要准确，字迹清晰。

7）安装完毕，按照以下步骤进行线路检查。

① 核对接线。对照电气原理图、电气安装接线图，从电源端开始逐段核对端子接线的线号，排除错接、漏接和虚接现象，重点检查控制电路中容易接错线的线号，还应核对同一导线两端的线号是否一致。

② 检查端子接线是否牢固。检查端子上所有接线压接是否牢固，接触是否良好，不允许有松动、脱落现象。

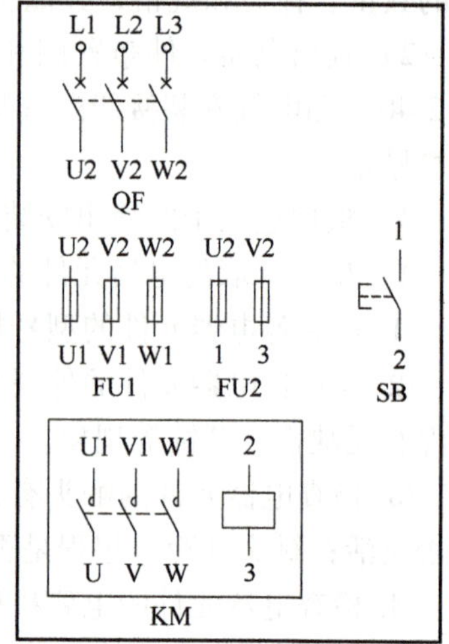

图 2-41　电动机点动控制电气安装接线图

③ 用万用表检查电路中是否有短路和断路。断开三相电源，在主电路中，手动模拟接触器的动作状态，用万用表先测量各相电路是否导通，再测量相间绝缘情况；在控制电路中，手动按下起动按钮，用万用表测量控制电路是否导通（线路电阻应该是几百到上千欧的，为接触器线圈的电阻）。

8）电路检查无误后，进行空载通电试车。空载试车是在不接入电动机的情况下，合上断路器，按下起动按钮，给线路通电，看接触器能否吸合。若空载试车不成功，则立即断电进行故障检查和排除。故障排除后，再次空载试车。

9）空载试车成功后，带上电动机通电试车。电动机试车过程中，若出现异常情况，应立即断电，进行故障检查和排除。故障排除后，再次通电试车，直到试车成功为止。

10）实训结束，工具归位，清扫和整理现场，完成 6S 管理。

5. 实训注意事项

1）严格遵守安全操作规程和实训纪律。

2）按正确的方法和步骤进行操作，细心、谨慎，不要弄坏电器元件、工具和仪表。

3）通电试车必须征得指导老师的同意，并在指导老师的监护下进行。

4）通电试车过程中严禁触及电路中的任何带电部件。

（二）三相异步电动机的连续控制实训

三相异步电动机连续控制的电气原理图、电器元件布置图、电气安装接线图和实物接线图，分别如图 2-42～图 2-45 所示。

1. 实训目的

1）进一步熟悉常用低压电器元件，特别是新增的热继电器，能对它们正确进行检测。

2）掌握安装接线的一般方法和步骤，能较为熟练地安装三相异步电动机连续控制电路。

3）掌握线路检查的一般方法和步骤，尝试进行三相异步电动机连续控制电路的线路检查。

4）熟悉三相异步电动机连续控制电路的工作情况，在通电调试时能及时发现故障。

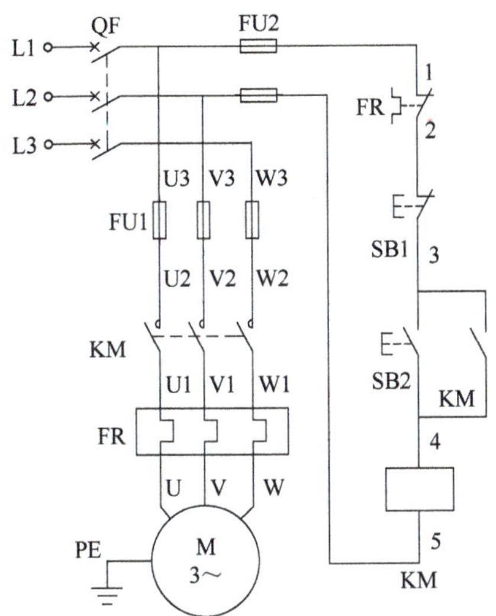

图 2-42　三相异步电动机连续控制电气原理图

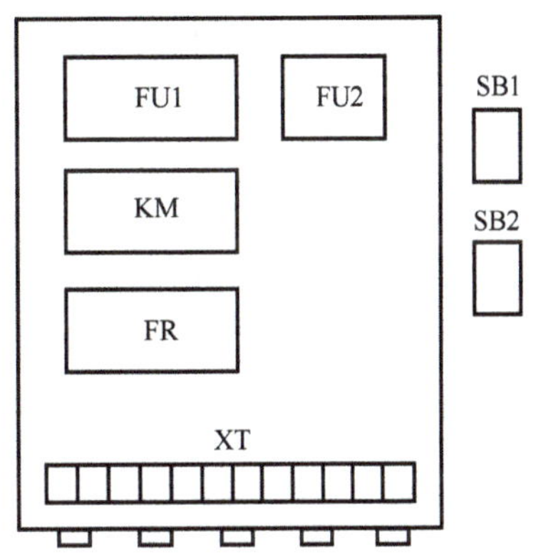

图 2-43　连续控制电气柜内电器元件布置图

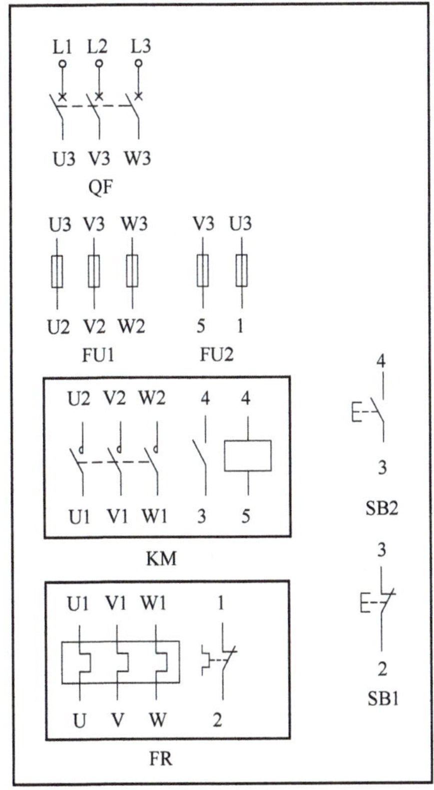

图 2-44　三相异步电动机连续控制电气安装接线图

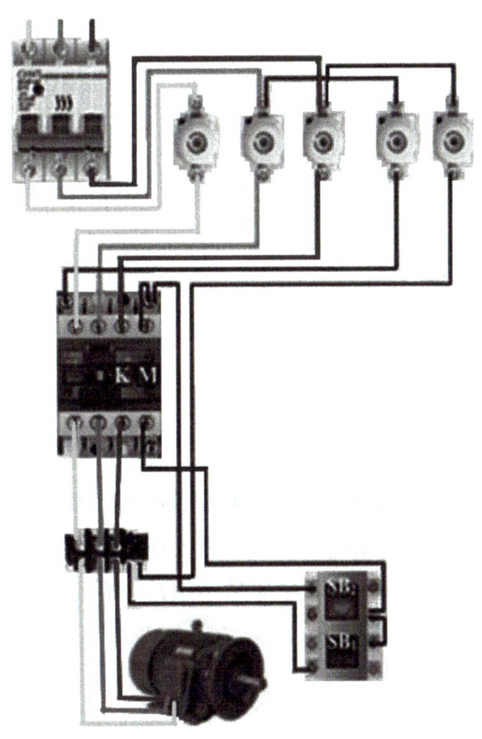

图 2-45　三相异步电动机连续控制实物接线图

2. 实训器材

与点动控制实训相比，连续控制需要增加两个电器元件，一个是 JR20-16 型热继电器 FR，另一个是停止按钮 SB1。

3. 实训安全操作规程与实训注意事项

与三相异步电动机的点动控制实训相同。

4. 实训步骤

步骤与三相异步电动机的点动控制实训基本相同。

主要不同有二：一是在检查选取的电器元件质量时，要对新增的热继电器和停止按钮进行检查；二是在空载试车时，要注意观察接触器是否能自锁。

（三）CA6140 型车床电动机的电气控制电路分析

图 2-46 是 CA6140 型车床的电气原理图。利用本项目在前面“二、项目任务实现”中学习的“电气控制系统图”和“电气控制电路分析基础”知识，对该图进行分析，弄清楚该车床电气控制的基本情况。由于该图并不复杂，所以一些分析步骤可以省略。

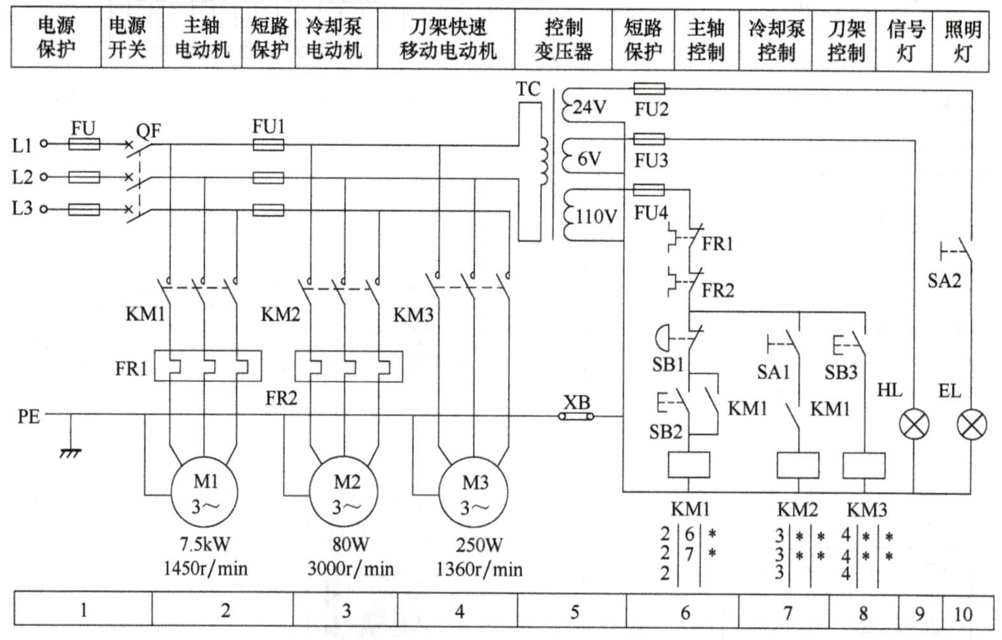

图 2-46　CA6140 型车床的电气原理图

（1）分析机械部分　CA6140 型车床上有三台电动机 M1、M2 和 M3。主轴电动机 M1 拖动主运动与进给运动，由齿轮变速器实现机械变速，由电磁摩擦离合器实现主轴正反转。冷却泵电动机 M2 拖动冷却泵输出冷却液，为车削加工降温。快速移动电动机 M3 拖动溜板箱实现刀架快速移动。

（2）分析电气部分

1）分析主电路。

主电动机 M1：三相笼型异步电动机，直接起动，单速、单向旋转，连续工作制。

冷却泵电动机 M2：三相笼型异步电动机，直接起动，单速、单向旋转，连续工作制。

快速移动电动机 M3：三相笼型异步电动机，直接起动，单速、单向旋转，短时工作制。

2）分析辅助电路。

合上断路器 QF，信号灯 HL 亮，表明电源正常。

按下起动按钮 SB2，接触器 KM1 线圈得电，主触头和自锁触头都闭合，主电动机 M1 起动并连续运转。同时，KM1 的辅助常开触头闭合，为接触器 KM2 线圈得电准备通路。

合上手动开关 SA1，接触器 KM2 线圈得电，主触头闭合，冷却泵电动机 M2 起动并连续运转。虽然接触器 KM2 没有自锁环节，但是，由于手动开关 SA1 不会自动复位，合闸后只要不拉闸就一直保持闭合状态，所以 KM2 线圈会一直得电，冷却泵电动机 M2 是连续运转的，而非点动的。

注意：接触器 KM1 的辅助常开触头串联在接触器 KM2 的线圈电路中，以确保主电动机 M1 起动后，冷却泵电动机 M2 才能起动。这是最常用的顺序控制。

按下起动按钮 SB3，接触器 KM3 得电，因 KM3 无自锁环节，快速移动电动机 M3 只在 SB3 被按下的时间段能够得电运转，一旦松开 SB3，M3 就停转，即 M3 是点动运行。

需要照明时，合上手动开关 SA2，照明灯 EL 被点亮。

3）统观全局，找出电路中的保护环节。熔断器组 FU 作为主电路中总的短路保护和主轴电动机 M1 的短路保护，熔断器组 FU1 作为冷却泵电动机 M2 和快速移动电动机 M3 的短路保护，熔断器 FU2、FU3 和 FU4 分别作为照明电路、信号灯电路和控制电路的短路保护。

热继电器 FR1 和 FR2 分别作为主轴电动机 M1 和冷却泵电动机 M2 的长期过载保护。

快速移动电动机 M3 是点动工作，无需设置长期过载保护。

起动按钮 SB2 与接触器 KM1 的自锁环节相配合，实现主轴电动机 M1 的欠电压、失电压保护。

六、思考与练习

（一）填空题

1. 电磁式低压电器的触头接触形式有________接触、________接触和________接触三种。

2. 串联在电路中的控制按钮的一对常开触头，通常作为________________用。

3. 刀开关的上接线端子应该接________，下接线端子应该接________。

4. 熔断器通常串联在被保护电路的首端，用于________和严重过载保护。

5. 定子绕组________联结的电动机，要采用带断相保护的热继电器进行断相保护。

6. 电气原理图通常分为________电路和________电路两部分。

7. 电气原理图中的文字符号“L1、L2、L3”通常表示________________。

8. 在电气原理图中，文字符号________通常表示保护接地线。

9. 三相异步电动机的欠电压、失电压保护通常有两个作用：一是在出现欠电压或失电压时，让电动机立即________；二是当电压恢复正常时，防止电动机________________。

10. 在安装电气控制电路时，首先要根据控制要求选择合适的电器元件，然后对选择出的电器元件进行________________，检测合格之后再进行________________。

（二）选择题

1. 低压电器的工作电压通常在（　　）。

A. 交流 1000V、直流 1500V 及以下　　B. 交流 380V、直流 220V 左右

C. 直流 110V 以下　　D. 36V 以下

2. 为消除交流电磁机构衔铁吸合时的振动和噪声，通常要在其铁心端面上装设（　　）。

A. U 形塑料环　　B. 铜制的短路环

C. 起动电阻　　D. 制动电磁铁

3. 最适宜于熄灭直流电弧的灭弧装置是（　　）。

A. 桥式双断口电动力灭弧　　B. 栅片灭弧

C. 磁吹灭弧　　D. 灭弧罩灭弧

4. 适用于分析电路工作原理的图是（　　）。

A. 卡诺图　　B. 电器元件布置图

C. 电气安装接线图　　D. 电气原理图

5. 三相异步电动机点动控制电路中必须设置（　　）。

A. 过电压保护　　B. 过电流保护

C. 短路保护　　D. 长期过载保护

6. 典型的起保停控制电路能够实现三相异步电动机的（　　）。

A. 点动控制　　B. 连续控制

C. 自行起动　　D. 调速控制

7. 不能安装在电气控制柜内的是（　　）。

A. 熔断器　　B. 热继电器

C. 接触器　　D. 电动机

8. （多选）电磁式低压电器的电磁机构通常包括（　　）三部分。

A. 线圈　　B. 铁心

C. 衔铁　　D. 触头系统

9. （多选）低压断路器是一种既有手动开关作用，又能自动进行（　　）保护的开关电器。

A. 短路　　B. 长期过载

C. 欠电压及失电压　　D. 欠电流

10. （多选）从电路结构上看，三相异步电动机的连续控制比点动控制多安装了（　　）。

A. 一个接触器线圈　　B. 一个停止按钮

C. 一个热继电器　　D. 一对接触器自锁触头

11. （多选）电气图通常包括（　　）三种。

A. 生产工艺流程图　　B. 电气原理图

C. 电器元件布置图　　D. 电气安装接线图

12. （多选）能表征电器元件的实际安装位置的电气图是（　　）。

A. 电气原理图　　B. 电器元件布置图

C. 电气安装接线图　　D. 工作流程图

13. （多选）分析电气原理图时要遵循的基本原则是（　　）。

A. 先机后电、先主后辅　　B. 先分析直流电路，再分析交流电路

C. 化整为零、集零为整　　D. 统观全局、总结特点

（三）判断题

1. 接触器的触头磨损严重时，要及时更换，而且一定要用与原触头同型号的触头更

换。(　　)

2. 安装刀开关时，要保证合闸后刀开关的手柄向上，不得倒装和平装。(　　)

3. 同一个电气控制电路中，熔断器和热继电器只需要安装一种，因为两者功能相同。(　　)

4. 热继电器对所有类型、所有工作状态的电动机，都能可靠地进行长期过载保护。(　　)

5. 同一个电气控制系统的电气原理图、电器元件布置图、电气安装接线图，虽然是各自独立的，但也是相辅相成的，在实际工作中常常需要配合使用。(　　)

6. 三相异步电动机的点动控制能实现电动机的短时、间断性运转。(　　)

7. 在三相异步电动机起保停控制电路中，起动按钮和接触器的自锁环节配合能实现欠电压、失电压保护。(　　)

8. 在安装电路之前，用万用表测量到接触器线圈的电阻值是无穷大，表明线圈完好。(　　)

9. 电气控制柜内与柜外电器元件的连接，必须经过接线端子板。(　　)

项目三
三相异步电动机正反转控制

一、项目情景描述

某玩具生产车间需要多台送料小车给流水线上的不同工位来回反复送料。例如，有台送料小车的控制要求为：起初，送料小车停在初始位待命，按下起动按钮，小车前进，送料到右边工位，然后小车自动后退，送料到左边工位，之后小车又自动前进，前进到初始位就停下，一次工作任务结束。图 3-1 是其工作情况示意图。

请根据实际生产的需要，为该送料小车设计出满足工作要求的电气原理图，并尝试完成线路安装和通电调试。小车停车卸料的时间忽略不计。

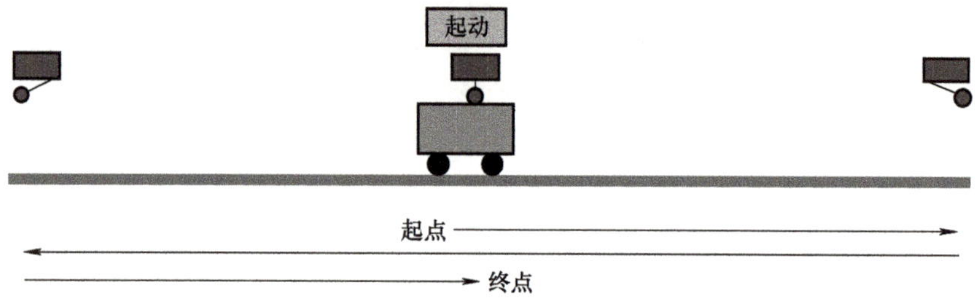

图 3-1　送料小车工作情况示意图

二、项目解读

生产流水线上的工作是枯燥的、烦琐的，送料小车来回地送料是单调的、无趣的，然而正是这些平凡的工作岗位创造了价值，产生了不平凡的业绩，提高了人们的生活质量，推动了社会的进步。认真、专注、笃行不怠是每个岗位的必然要求，爱岗、敬业、恪尽职守是每个员工的职业操守。我们要树立正确的工作态度，培养正确的职业观，用学习催动成长，用行动诠释担当，在完成此项目的过程中，继承专注、敬业、精益、创新等工匠精神，学做脚踏实地、勤勤恳恳、昂扬拼搏、踔厉奋发的新时代职业人。

三、专业知识积累

（一）三相异步电动机的正反转控制

由三相异步电动机的转动原理可知，电动机运行在电动状态时，转子的转动方向总是与旋转磁场的转向一致，而旋转磁场的转向由接入三相定子绕组的交流电源的相序决定。因此，只需将接入交流电网的定子绕组的三根电源线中的任意两根相互调换，就能改变旋转磁场的转向，也就改变了三相异步电动机的转向。

1. 转换开关控制的三相异步电动机正反转控制电路

利用转换开关来调换接入三相定子绕组的交流电源的相序，可以实现电动机的正反转。

转换开关是由多组相同结构的触头组件叠装而成的多档位、多回路的主令电器，包含操作机构、定位装置和触头系统这三个基本组成部分，如图 3-2 所示。转换开关的每层底座上均可装三对触头，由转轴带动凸轮转动，从而控制触头的通断。各层凸轮可以做成不同的形状，当手柄转至不同位置时，凸轮便可控制各层中的触头按一定的规律接通或断开，以适应不同电路的控制要求。因为转换开关的触头档位多、可换接的电路多、用途广泛，又得名“万能”转换开关。它主要用于配电装置的远距离控制，也可作为电气测量仪表的转换开关，或用作小容量电动机的起动、制动、正反转换向以及双速电动机的调速控制。转换开关的电气符号及对应的触头通断表如图 3-3 所示。

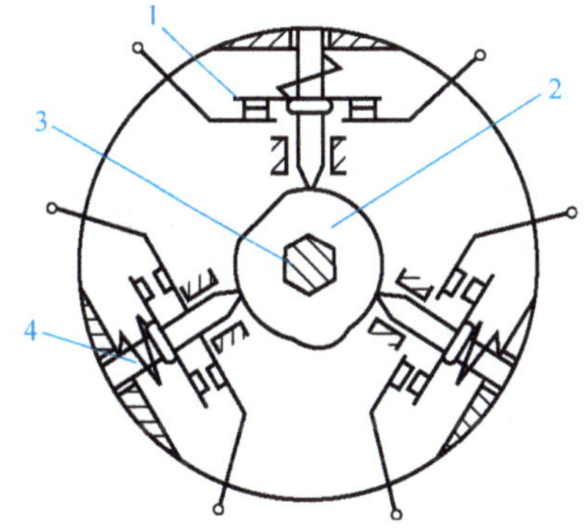

图 3-2　转换开关单层结构示意图

1—触头　2—凸轮　3—转轴　4—触头弹簧

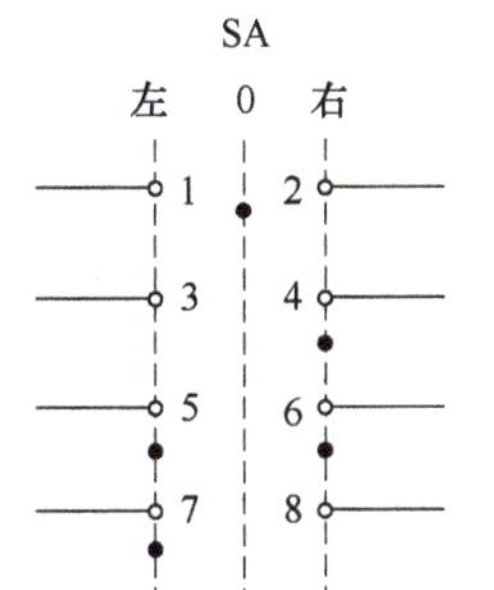

	位置		
触头	左	0	右
1—2		×	
3—4			×
5—6	×		×
7—8	×		

图 3-3　转换开关的电气符号及对应的触头通断表

“×”表示触头接通，也可用“+”或“＊”表示

保持图 2-29 三相异步电动机连续控制电路不变，在主电路中串联三相转换开关 SA，利用 SA 在不同工作位时触头通断情况不同这一特性，改变接入定子绕组的三相交流电源的相序，就可实现电动机的正反转，如图 3-4 所示。

图 3-4 中，转换开关 SA 有四对触头，三个工作位。当 SA 的操作手柄置于中间位时，四对触头都断开，电动机不能通电；当 SA 的操作手柄置于上方工作位时，中间两对触头接通，电动机接入正序电；当 SA 的操作手柄置于下方工作位时，两边两对触头接通，电动机接入反序电。

注意： SA 仅为转向预选开关，电动机的起动和停止仍要通过断路器和按钮来控制。

2. 两个单向运转电路组合成的三相异步电动机正反转控制电路

图 3-5 所示为由两个单向运转电路组合而成的三相异步电动机正反转控制电路。其中，两个接触器 KM1、KM2 分别为正转接触器和反转接触器，两个起动按钮 SB2 和 SB3 分别为正转起动按钮和反转起动按钮。主电路中，利用两个接触器 KM1、KM2 的主触头交换三相电源中的 L1、L3 两相，从而实现电动机正反转。当电动机处在停车状态时，如果需要正转，合上 QF，按下正转起动按钮 SB2，正转接触器 KM1 线圈通电吸合并自锁，使三相定子绕组通入正序电，电动机正向起动并连续运转；如果需要反转，在合上 QF 之后，按下反转起动按钮

SB3，反转接触器 KM2 线圈通电吸合并自锁，三相定子绕组通入反序电，电动机反向起动并连续运转。

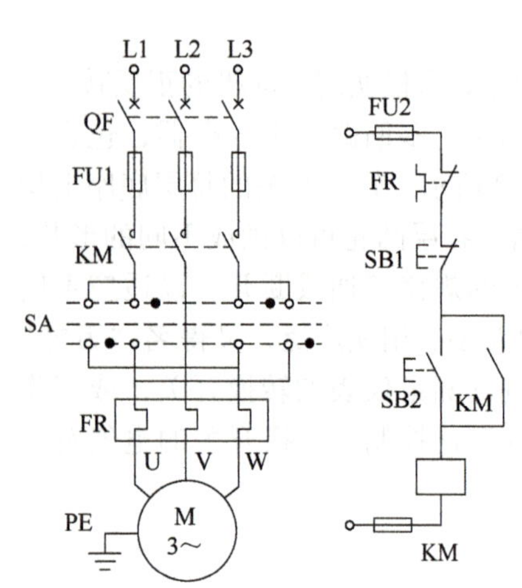

图 3-4　转换开关控制的电动机正反转

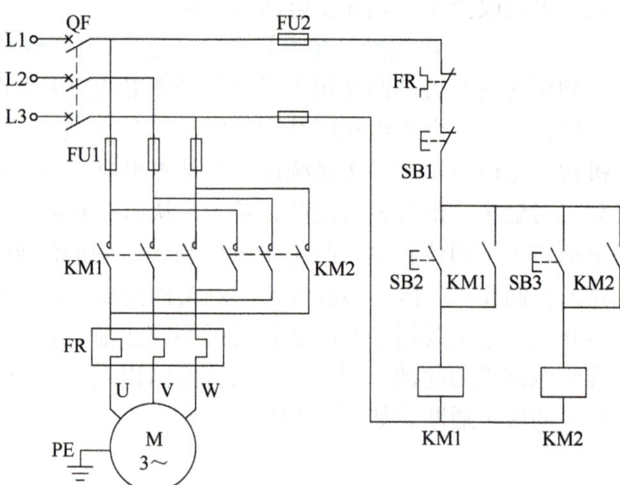

图 3-5　两个单向运转电路组合而成的正反转控制电路

该电路的缺点是：如果发生了误操作，正转起动按钮 SB2 和反转起动按钮 SB3 同时被按下，或者电动机正在某方向运转时，又按下了相反方向的起动按钮，则正转接触器 KM1 和反转接触器 KM2 的线圈均通电吸合，其主触头均闭合，就会造成 L1、L3 两相电源短路，短路电流很大，使接于 L1、L3 两相的熔断器 FU1 立即熔断，切断接入三相定子绕组的电源，电动机停转，无法继续工作。

结论：由两个单向运转电路组合而成的三相异步电动机正反转控制电路，在误操作时会发生两相电源短路，实际工作中不能采用。

3. 三相异步电动机电气互锁正反转控制电路

如果在图 3-5 所示的控制电路中，将正转接触器 KM1 和反转接触器 KM2 的常闭辅助触头互相串联在对方的线圈电路中，如图 3-6 所示，使 KM1 和 KM2 形成相互制约的关系，就能保证同一时段只允许一个接触器通电工作，即便出现误操作，也不会发生两相电源短路事故。这种相互制约的控制关系称为互锁。这对起互锁作用的接触器常闭辅助触头称为互锁触头。利用两个接触器的常闭辅助触头形成的互锁，称为电气互锁。

图 3-6 所示的三相异步电动机电气互锁正反转控制电路，若要实现由正转到反转或由反转到正转的控制，都必须先按下停止按钮，等电动机停车后再按下相反方向的起动按钮才能实现，即不能实现正、反转的直接切换。因此，电气互锁正反转电路又称为正-停-反电路。

4. 三相异步电动机双重互锁正反转控制电路

在实际工作中，经常需要实现正反转的直接切换。能够实现电动机正反转直接切换的控制电路如图 3-7 所示。它是在图 3-6 电气互锁正反转控制电路中增加一对互锁触头得到的。这对互锁触头由正转起动按钮 SB2 和反转起动按钮 SB3 的常闭触头组成，其中，正转起动按钮 SB2 的常闭触头串联在反转接触器 KM2 的线圈电路中，反转起动按钮 SB3 的常闭触头串联在正转接触器 KM1 的线圈电路中，形成相互制约的控制关系，称为机械互锁或按钮互锁。

由于该电路中既有电气互锁，又有机械互锁，所以被称为双重互锁正反转控制电路。因为机械互锁触头能够先切断正在运行的电路，随即再接通相反方向运转的电路，不需要经过停车环节，所以在需要改变转向时，无需按下停止按钮，直接按下相反方向的起动按钮，就能改变电动机的转动方向。因此，双重互锁正反转电路又称为正-反-停电路。

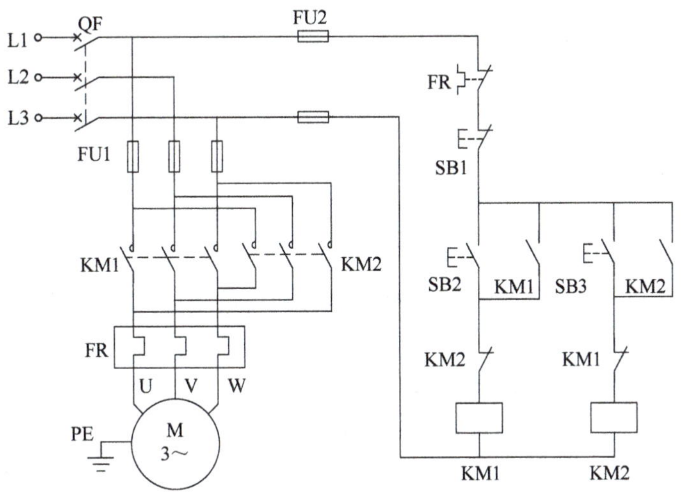

图 3-6　三相异步电动机电气互锁正反转控制电路

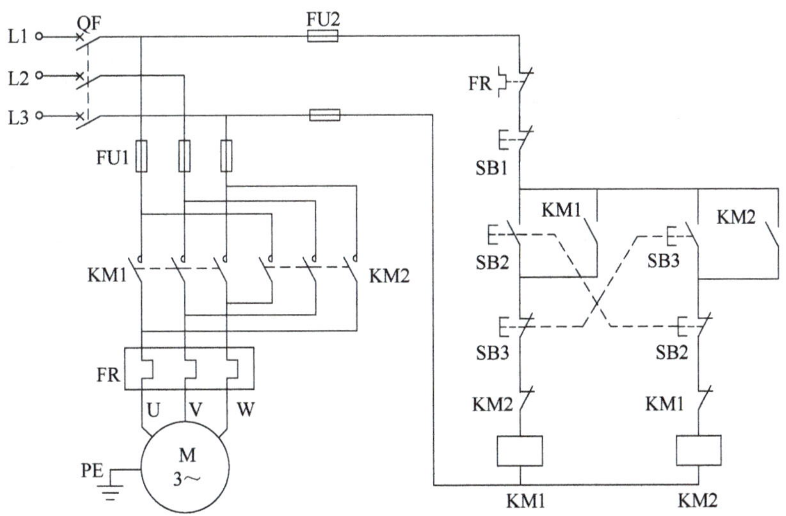

图 3-7　三相异步电动机双重互锁正反转控制电路

（二）行程开关

依据生产机械的行程发出命令，以控制其运动方向和行程长短的主令电器称为行程开关。行程开关能将机械位移转变为电信号，以完成对生产机械的运动控制。若将行程开关安装于生产机械行程的终点处，用以限制运动的行程，则称为限位开关或终端开关。

1. 行程开关的分类

（1）按结构分类　按结构不同，行程开关可分为两类：一类是机械结构的接触式有触头的行程开关；另一类是电气结构的非接触式无触头的接近开关。

机械结构的接触式行程开关依靠移动机械上的撞块碰撞其可动部件，使其触头动作来控制电路。当工作机械上的撞块离开行程开关的可动部件时，行程开关即刻复位，触头恢复到原始状态。

电气结构的非接触式接近开关利用传感器的感应头来完成操作。

（2）按运动形式分类　按运动形式不同，行程开关可分为直动式和转动式两种。

2. 接触式行程开关

根据内部结构和工作原理的不同，接触式行程开关可分为直动式、滚轮式和微动式三种。

（1）直动式行程开关　直动式行程开关的外形与结构如图 3-8 所示，其工作原理与按钮相同，其触头分合速度取决于生产机械的移动速度，当移动速度低于 0.4m/min 时，因分断速度太慢，触头容易被电弧烧蚀。

（2）滚轮式行程开关　图 3-9 是盘形弹簧瞬时动作的滚轮式行程开关的结构，其触头分合速度不受生产机械移动速度的影响，其工作原理为：当滚轮受到向左的外力作用时，上转臂向左下方转动，推杆向右转动，并压缩右边的弹簧，下面的小滚轮很快沿着擒纵件向右滚动，小滚轮滚动又压缩推杆内的弹簧，当小滚轮滚过擒纵件的中点时，盘形弹簧和推杆内的弹簧都使擒纵件迅速转动，动触头迅速地与右边静触头分开，并与左边静触头闭合，减少了电弧对触头的烧蚀，适用于低速运行的机械。

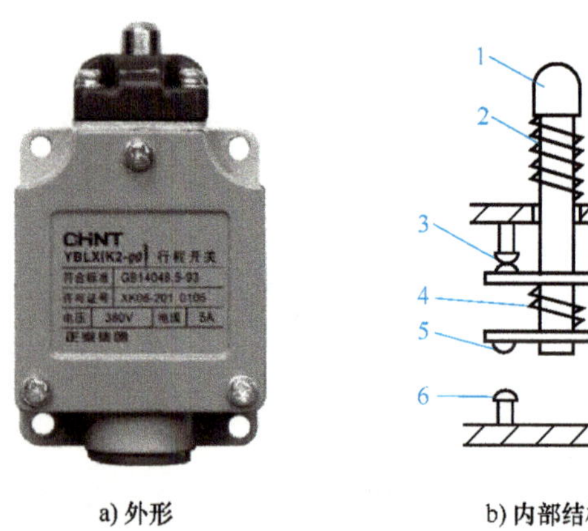

a) 外形　　b) 内部结构

图 3-8　直动式行程开关的外形与结构

1—顶杆　2—复位弹簧　3—常闭触头　4—触头弹簧　5—动触头　6—常开触头

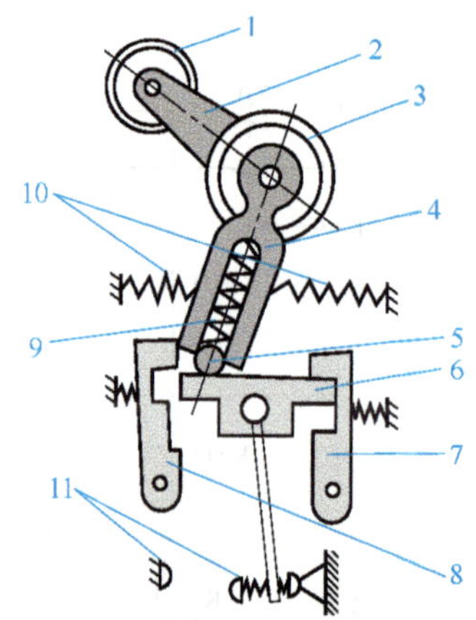

图 3-9　滚轮式行程开关结构

1—滚轮　2—上转臂　3—盘形弹簧　4—推杆　5—小滚轮　6—擒纵件　7、8—压板　9、10—弹簧　11—触头

（3）微动开关　微动开关是瞬时动作和行程微小的灵敏开关。图 3-10 为 LX31 系列微动开关结构示意图，其工作过程为：当推杆被机械力压下时，弓簧片产生形变，储存能量并产生位移，当达到临界点时，弓簧片连同桥式动触头瞬时动作（常闭静触头断开，常开静触头闭合）。当推杆失去机械力后，弓簧片迅速复位，桥式动触头瞬时恢复到原始状态（常开静触头断开，常闭静触头闭合）。由于采用了瞬动结构，微动开关的触头换接速度不受推杆被压下的速度的影响。

3. 接近开关

接近开关又称无触头行程开关，它属于传感器型开关，既有行程开关、微动开关的特点，又具有传感性能。当机械运动部件运动到接近开关的动作距离之内时，接近开关就发出动作信号，能准确反映运动部件的位置和行程，其定位精度、操作频率、使用寿命、安装调整的方便性和对恶劣环境的适用能力，是一般机械式行程开关所不能相比的。

接近开关还适用于高速计算、检测金属体的存在、测速、液压控制、检测零件尺寸以及用作无触头式按钮等。

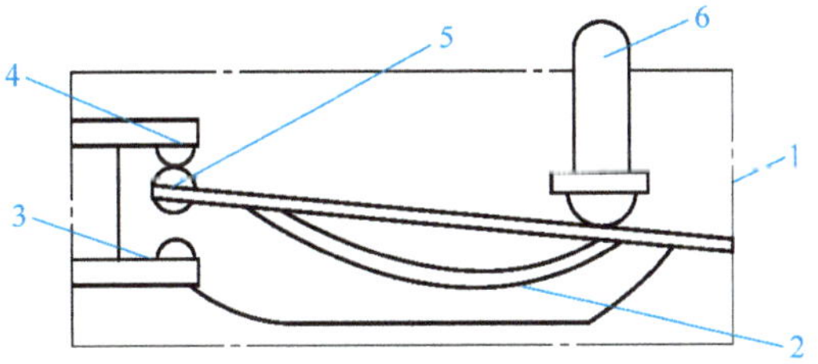

图 3-10　LX31 系列微动开关结构示意图

1—壳体　2—弓簧片　3—常开静触头　4—常闭静触头　5—动触头　6—推杆

4. 行程开关的电气符号

接触式行程开关的文字符号是 SQ（国家标准）或 ST（国际标准），其常用的电气符号如图 3-11 所示。非接触式接近开关的文字符号为 SP，电气符号如图 3-12 所示。

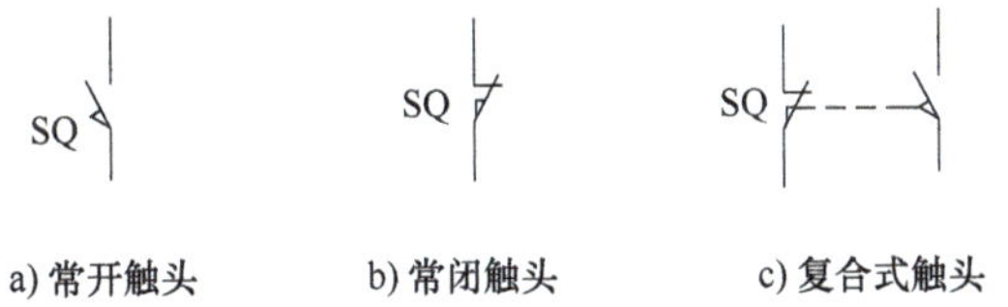

a) 常开触头　b) 常闭触头　c) 复合式触头

图 3-11　行程开关的电气符号

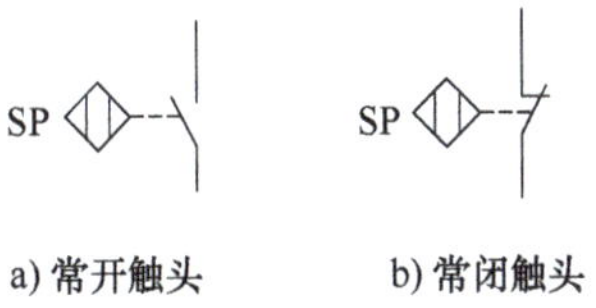

a) 常开触头　b) 常闭触头

图 3-12　接近开关电气符号

（三）三相异步电动机的自动往复循环控制

实际生产中，通常利用行程开关控制运动的行程，并由行程开关控制三相异步电动机的正反转切换，或者控制电磁阀的通电和断电，从而实现对生产机械的自动往复循环运动的控制。

机床在加工工件时，由三相异步电动机拖动的工作台需要在床身上进行自动往复循环运动。该机床工作台的控制要求为：不论是按下正转起动按钮 SB2，还是按下反转起动按钮 SB3，三相异步电动机都能按预定方向起动并连续运转，带动工作台完成自动往复循环运动，直到按下停止按钮 SB1 为止。在工作过程中，绝对不允许发生工作台的运动超过限位从床身上摔下来的安全事故。为此，要在机床床身的两端（也就是加工的起点与终点）安装 4 个行程开关。其中，SQ1、SQ2 安装在床身内侧，SQ1 为由后退切换到前进的行程开关，SQ2 为由前进切换到后退的行程开关，以控制工作台运行的行程；SQ3、SQ4 安装在床身外侧，SQ3 紧挨 SQ2，SQ4 紧挨 SQ1，SQ3 为前进限位开关，SQ4 为后退限位开关，用作限位保护。图 3-13 为机床工作台自动往复运动示意图。

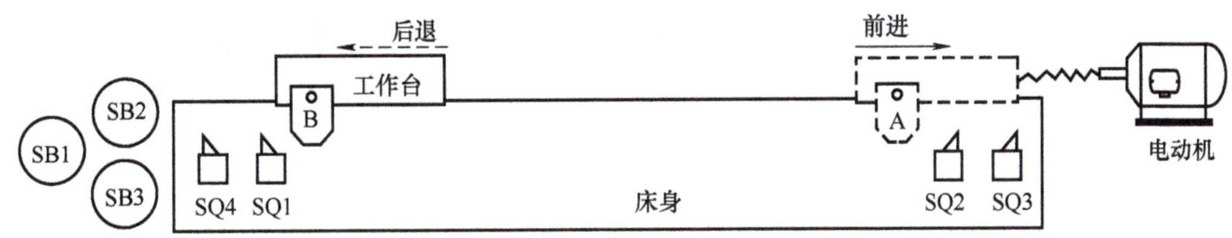

图 3-13　机床工作台自动往复运动示意图

满足该工作台控制要求的自动往复循环控制电路如图 3-14 所示。

该电路的工作原理为：合上断路器 QF，按下正转起动按钮 SB2，正转接触器 KM1 线圈通电，KM1 电气互锁触头断开，切断反转接触器 KM2 线圈电路，KM1 主触头和自锁触头都闭

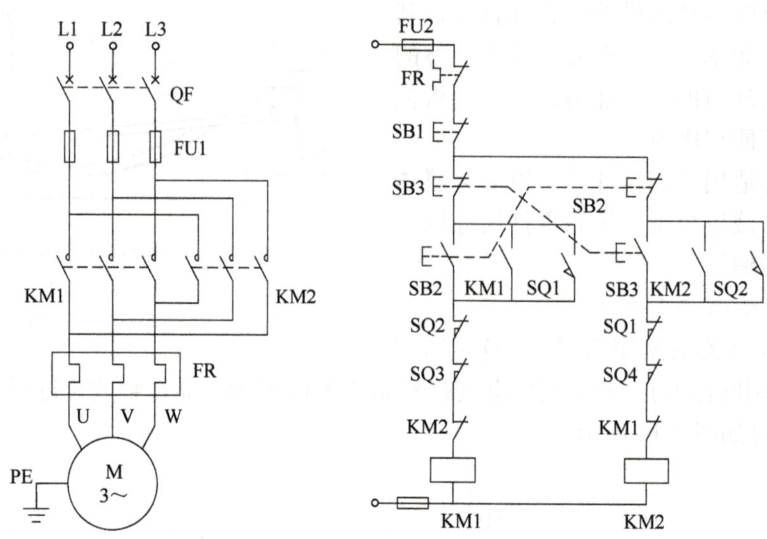

图 3-14　三相异步电动机自动往复循环控制电路

合，电动机接入正序电正转起动并连续运转，带动工作台右行前进。工作台右行到床身右边接近终点处时，工作台上的撞块 A 压下行程开关 SQ2，SQ2 常闭触头断开，切断 KM1 线圈电路。KM1 主触头和自锁触头复位断开，切断接入电动机的正序电，电动机停转，KM1 电气互锁触头复位闭合。此时，SQ2 常开触头也闭合，接通反转接触器 KM2 线圈电路，KM2 触头动作，一方面对 KM1 进行电气互锁，另一方面给电动机接入反序电，让电动机反转，带动工作台左行后退，使得行程开关 SQ2 触头复位。工作台左行到床身左边接近终点处时，工作台上的撞块 B 压下行程开关 SQ1，SQ1 触头动作，先让反转接触器 KM2 断电，随即又让正转接触器 KM1 通电，使电动机由反转切换成正转，再次带动工作台右行前进；如此自动往复循环运动，直到按下停止按钮 SB1，切断 KM1、KM2 线圈的控制电路，才会使电动机彻底断电停车，工作台才会停止运动。

若一开始按下的不是正转起动按钮 SB2，而是反转起动按钮 SB3，电动机会先反转带动工作台左行，再正转带动工作台右行，同样也能开启工作台的自动往复循环运动过程。

限位保护的实现过程为：在工作台自动往复循环运动过程中，若行程开关 SQ2 失灵，当工作台右行到床身右边接近终点处，撞块 A 压下 SQ2 时，SQ2 就不能切断电动机正转电路，电动机将保持正转带动工作台继续前进，致使撞块 A 压下限位开关 SQ3，SQ3 常闭触头断开，及时切断电动机正序电使电动机停转，让工作台停止运动而不会因行程超限从床身上跌落下来；同理，若行程开关 SQ1 失灵不能如期切断电动机反转电路时，依靠限位开关 SQ4 常闭触头切断电动机反序电，让电动机和工作台停止运动，从而实现限位保护。

四、项目任务实现

项目任务分析：生产流水线通常采用的是电力拖动系统，送料小车是由三相异步电动机带动的。小车来回送料就是时而前进、时而后退，而这两种方向相反的运动可以通过控制电动机的正转和反转来实现。

设计本项目的电气原理图，必须先解决好三个问题：电动机的正转与反转的自动切换信号由哪个设备发出？正转与反转切换信号怎样传递到电动机？怎样设计电气原理图？

前两个问题利用行程开关即可解决，下面解决第三个问题。

（一）电气控制系统设计基础

1. 电气控制系统设计的原则

1）最大限度地满足生产机械和生产工艺对电气控制系统的要求。在设计前，应深入现场调查研究，搜集资料，与生产过程有关人员、机械部分设计人员和实际操作人员多交流，明确控制要求，共同拟订电气控制方案，协同解决设计中的各种问题，在满足要求的基础上力求设计成果最优化。

2）设计方案要合理。在满足控制要求的前提下，设计方案应力求简单、经济、便于操作、维修方便、安全可靠，不要盲目追求自动化水平和各种控制参数的高指标。

3）机械设计与电气设计应相互配合。许多生产机械采用机电结合控制的方式实现控制要求，因此要从工艺要求、制造成本、结构复杂性、使用维护方便等方面，协调处理好机械和电气的关系。

4）确保控制系统能安全可靠地工作。首先要正确、合理地选用电器元件，同时要考虑技术进步，兼顾造型美观等。

5）为适应生产发展和工艺改进的需要，要保证设备能力留有适当的裕量。

2. 电气控制系统设计的基本内容

电气控制系统设计的基本任务是根据控制要求，编制出设备制造和使用维修过程中所必需的图纸、资料等。图纸包括电气原理图、电气系统的组件划分图、电器元件布置图、电气安装接线图、电气箱图、控制面板图、电器元件安装底板图和非标准件加工图等。另外还要编制外购件目录、单台材料消耗清单、设备说明书等文字资料。总体来讲，电气控制系统设计包括原理设计和工艺设计两部分。电气原理图是整个设计的中心环节，能为工艺设计和制订其他技术资料提供依据。

（1）电气控制系统原理设计的内容和步骤

1）拟订电气设计任务书，明确设计要求。

2）确定电力拖动方案，进行电动机的选配。

这里需要考虑的因素很多，包括供电电源、电动机与生产机械负载配合的稳定性、系统工作情况的具体要求（起动、制动、调速以及正反转等）、经济指标、可靠性等。

3）设计电气原理图，计算主要技术参数。

4）选择电器元件，制订明细表。

5）编写设计说明书。

（2）电气控制系统工艺设计的内容和步骤　工艺设计主要是为了便于组织电气控制系统的制造，从而实现原理设计提出的各项技术指标，并为设备的调试、使用及维护提供相关的图纸资料。

1）设计电器元件总布置图、电气总安装接线图。

总图应反映电动机、执行电器、电气柜各组件、操作台布置、电源、检测元器件的分布情况和各部分的接线关系及连接方式，以便总体装配、运行调试及日常维护使用。

2）设计组件的电器元件布置图、电气安装接线图。

3）设计电气柜、操作台及非标准元件。

4）列出明细表。

5）编写使用维护说明书。

3. 电气控制电路设计的一般要求

1）最大限度地满足生产机械加工工艺的要求。

2）尽量减少控制电路中的电流、电压种类，控制电压应选择标准电压等级。

3）控制电路力求简单、经济。

① 尽量减少电器元件的品种、数量与规格，以减少备用品。

② 尽量缩短连接导线的长度，尽量减少导线的数量。

例如：图 3-15a、b 所示电路控制功能完全相同，但图 3-15a 所示电路比图 3-15b 所示电路更合理。

因为控制按钮 SB1、SB2 通常安装在操作台上，其他电器元件安装在电气柜内，电气柜内与柜外电器元件的连接必须经过接线端，按图 3-15a 接线要从操作台接 3 根线到接线端，再接 3 根线到电气柜内的电器元件，总共需要 3×2＝6 根长导线，而按图 3-15b 接线则需要 4×2＝8 根长导线。

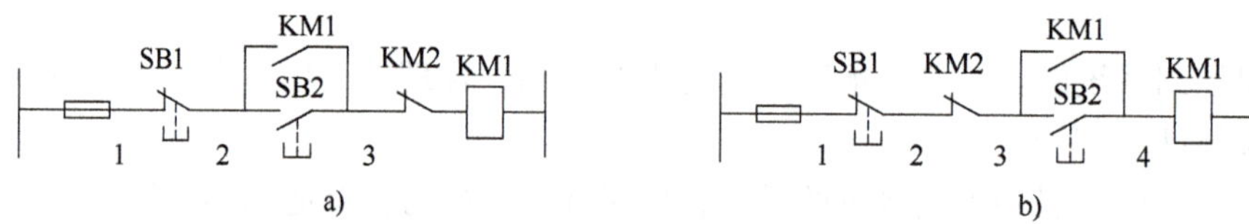

图 3-15　电气柜内外电器元件的连接

③ 尽量减少电路中电器元件的触头数目。

a. 合并同类触头。图 3-16 中，图 3-16a 和图 3-16b 的电路控制功能完全相同，将图 3-16a 的两个 K1 常开触头合二为一就得到图 3-16b。图 3-16b 比图 3-16a 节约了一个触头。

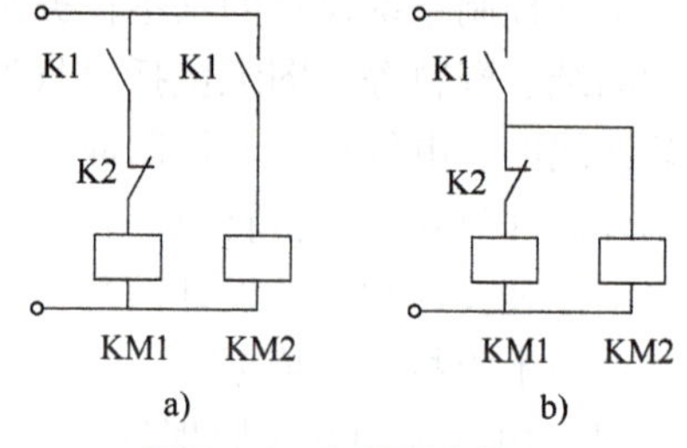

图 3-16　合并同类触头

注意：图 3-16b 中合并后的触头 K1 的容量应大于 KM1、KM2 两个线圈电流之和。

b. 利用转换触头。用具有转换触头的中间继电器将图 3-17a 中 K1 的常开触头和常闭触头合并成一对转换触头，得到图 3-17b。图 3-17b 与图 3-17a控制功能相同。

c. 利用半导体二极管的单向导电性。如图 3-18 所示，图 3-18b 利用了二极管的单向导电性，比图 3-18a 减少了一个触头。该方法仅适用于控制电路为直流电源时，而且要注意二极管的方向与电源的极性不能接反。

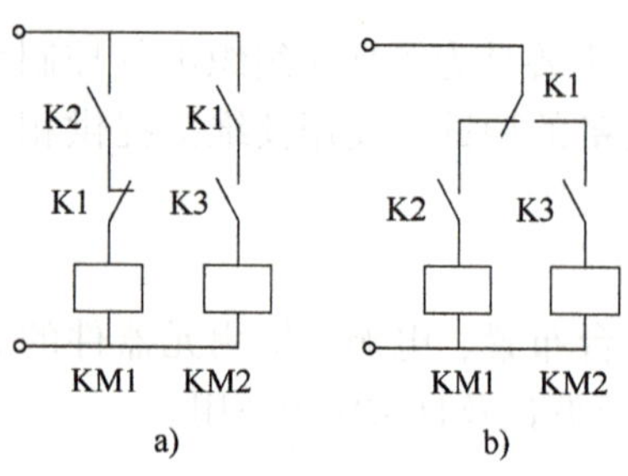

图 3-17　利用转换触头

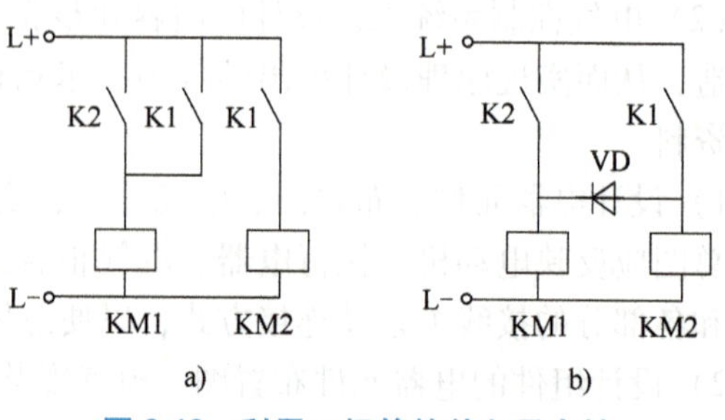

图 3-18　利用二极管的单向导电性

d. 利用逻辑电路法简化电路。

④ 尽量减少电器元件的数量，以利于节能和减少故障，不影响元器件的使用寿命。

4）确保电路工作的安全性和可靠性。

① 正确连接电器元件的线圈。

a. 同时工作的两个交流电器元件的线圈不能串联。串联线圈上分配的电压与线圈阻抗成正比，由于制造上的原因，两个电器元件总有差别而不会同时吸合。如图 3-19a 所示，若 KM1 的衔铁先吸合，则 KM1 磁路闭合，线圈电感量显著增加，使 KM1 线圈上的电压降增大，而使 KM2 线圈电压达不到动作值，但 KM2 的线圈电流增大了很多，会使线圈严重发热甚至烧毁。当两个交流电器的线圈并联时，如图 3-19b 所示，KM1 和 KM2 线圈上的电压总是相等的，不管哪个动作快哪个动作慢，二者的衔铁都能可靠吸合，不会出现线圈电流过大的现象。

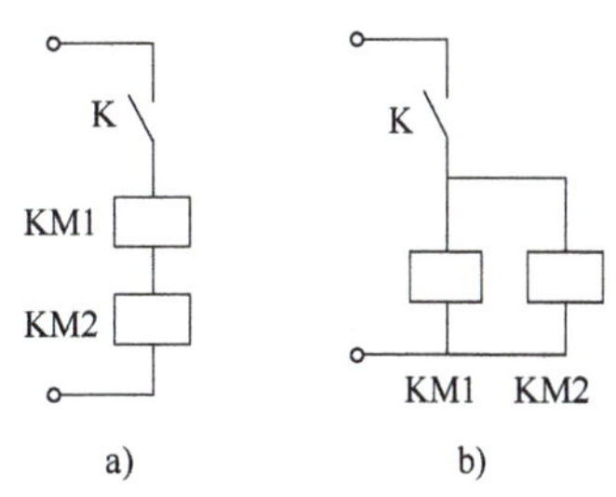

图 3-19　同时工作的两个交流电器元件线圈不能串联

因此，图 3-19a 错误，图 3-19b 正确。

b. 两电感量相差悬殊的直流电压线圈不能直接并联。图 3-20 中，YA 是电感量较大的电磁铁线圈，K 为电感量较小的电压继电器线圈。图 3-20a 中，当 KM 触头断开时，继电器 K 很快释放，但是电磁铁线圈 YA 产生很大的自感电动势，加在继电器线圈 K 上，可能使继电器线圈 K 达到动作值而重新吸合。当 YA 的自感电动势降低后，继电器 K 才能再次释放，造成了继电器 K 的误动作，所以图 3-20a 错误。图 3-20b 中，在 KM 触头断开时，电磁铁线圈 YA 产生的自感电动势对继电器线圈 K 无影响，继电器 K 不会发生误动作，所以图 3-20b 正确。

② 正确连接电器元件的触头。图 3-21a 中，限位开关 SQ 的常闭触头和常开触头接在不同电位点上，由于这两个触头在同一个限位开关 SQ 上，两者相距很近，两个触头中的任一个由接通变为断开时产生的电弧，都可能在两触头间形成飞弧而造成电源短路。此外，若限位开关 SQ 绝缘不好，也会造成电源短路。图 3-21b 中，限位开关 SQ 的两个触头接在一起，连接点等电位，即便二者之间有飞弧搭接，也不会造成电源短路。

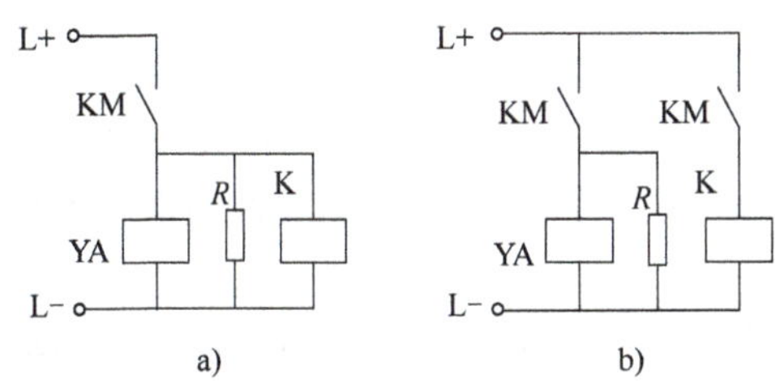

图 3-20　电感量相差悬殊的直流电压线圈不能直接并联

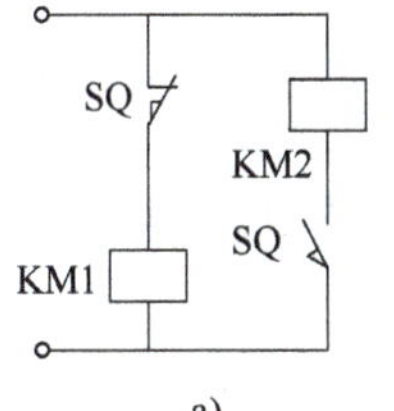

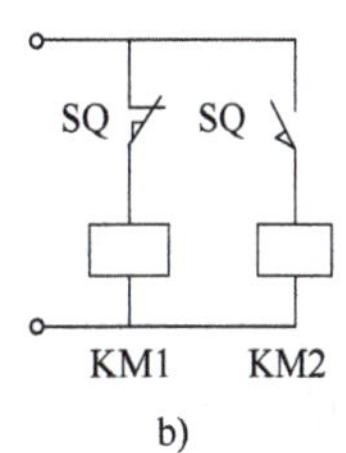

图 3-21　正确连接电器元件的触头

另外，从节省导线的角度考虑：因为限位开关安装在生产机械上，继电器安装在电气柜内，按图 3-21a 接线要从生产机械接 4 根长导线到电气柜，而按图 3-21b 接线只需接 3 根长导线到电气柜。

结论：设计电气控制电路时，应使分布在不同位置的同一电器元件的触头尽量接到等电位点或同一相上，以免因飞弧引起触头间短路。

③ 防止出现寄生电路。寄生电路是在电气控制电路的动作过程中，不是因误操作而意外接通的电路，如图 3-22 所示，图 3-22a 错误，因为它在电动机过载时会产生寄生电路。当电

动机在正转时，若发生长期过载就会使 FR 动作，从而产生图 3-22a 中的虚线所示的寄生电路。寄生电路使两交流电压线圈 KM1、KM2 串联（如同图 3-19a），KM1 不能释放，过载保护失灵，而且 KM2 线圈中有电流，但 KM2 线圈电压达不到动作值，致使 KM2 线圈电流持续增大，容易造成绕组过热而烧毁。若电动机在反转过程中发生长期过载，亦会出现同类的寄生电路。图 3-22b 所示才是正确的电路，因为不论电动机正转还是反转，在长期过载保护动作时，图 3-22b 电路都不会出现寄生电路。

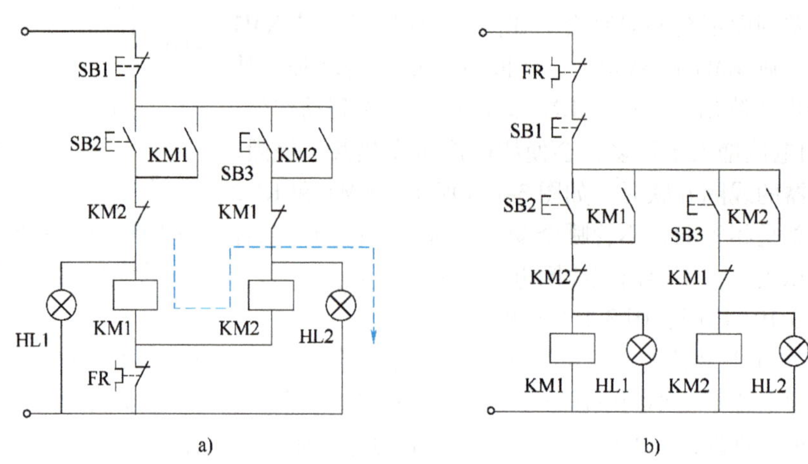

图 3-22　寄生电路与非寄生电路

④ 控制触头应合理布置，尽量避免许多电器元件依次动作才能接通另一个电器元件的现象。图 3-23a 所示的触头布置不合理，因为多个触头闭合才能接通继电器 KA2、KA3 线圈，只要有一对触头接触不良，电路就不能正常工作，而且触头 K、KA1 上流过的电流较大，可靠性低。图 3-23b 所示的触头布置合理，每个继电器的线圈只需一对触头控制，提高了可靠性。

⑤ 避免出现电路“竞争”和“冒险”现象。当控制电路的状态变换时，常伴随着电器元件的触头状态发生变换。电器元件总有一定的固有动作时间，对于时序电路，可能发生不按时序动作的情况，触头争先吸合而得到几个不同的输出状态，这种现象称为电路的“竞争”。由于电器元件的释放延时作用，对于开关电路，可能出现开关电器元件不按要求的逻辑功能输出的现象，这种现象称为电路的“冒险”。“竞争”和“冒险”都会造成控制电路不按要求动作，引起控制失灵。

消除“竞争”与“冒险”的措施有：选用动作时间小的电器元件；当电器元件的动作时间影响到控制电路的动作顺序时，可利用时间继电器或者中间继电器的配合，来达到清晰地反映动作时间和动作顺序的目的。

图 3-24a 为通电延时型时间继电器 KT 的反身关闭电路，设计者的目的是：当 KT 线圈通电后达到延时时间，KT 的常闭延时触头动作，切断 KT 线圈电路，使 KT 断电退出运行。但是，当 KT 的线圈断电后，KT 的延时触头和瞬动触头可能出现“竞争”，即：KT 的瞬动触头还未复位断开，但其延时触头已复位闭合，这会使 KT 线圈再次通电。于是，KT 的线圈就陷入了反复通电、断电的死循环。图 3-24b 引入了中间继电器 KA，使 KT 和 KA 的触头有了明确的动作顺序，能确保 KA 线圈先断电，KT 线圈后断电，成功消除了 KT 和 KA 触头的“竞争”现象。

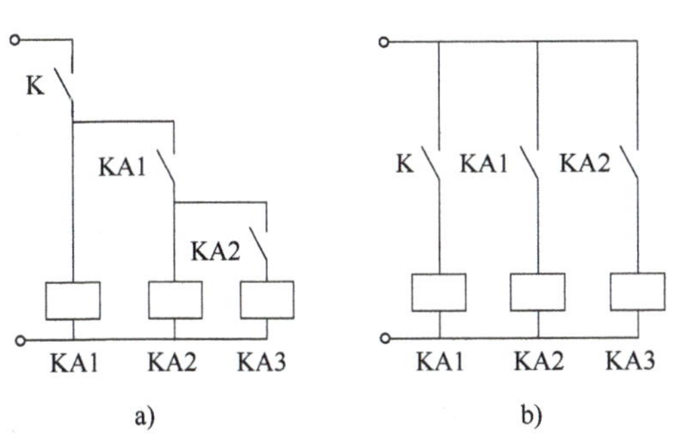

图 3-23　触头的合理布置

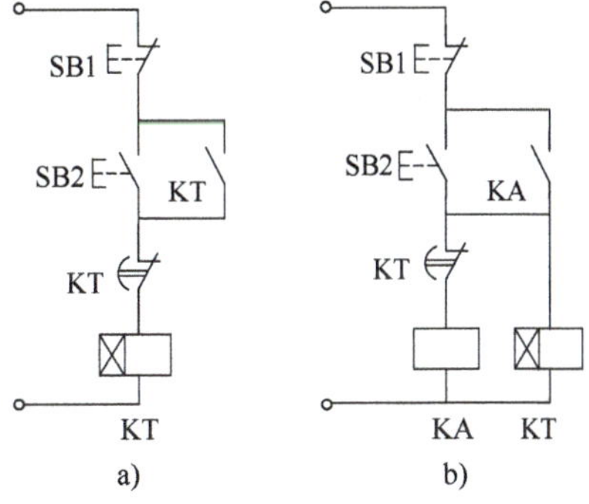

图 3-24　引入中间继电器消除"竞争"

结论：在继电器、接触器的控制电路中，不得通过自身的触头来切断自身的线圈电路。

⑥ 对于频繁操作的可逆控制电路，正、反向接触器之间要用双重互锁，以确保电路安全运行。

⑦ 应充分考虑继电器触头的接通与分断能力。若触头的容量不够，可借助中间继电器来增加触头数量。若要增加触头的接通能力，可采用多个常开触头并联；若要增加触头的分断能力，可采用多个常闭触头串联。

5）具有完善的保护环节。电气控制电路发生事故时，应能保证操作人员、电气设备和生产机械的安全，并能有效防止事故扩大。为此，电气控制电路中应设置完善的保护环节。常用的有漏电保护、短路保护、长期过载保护、过电流保护、过电压保护、欠电压与失电压保护、弱磁保护、超速保护与限位保护等。

必要时，还应设置电压正常、安全、各种事故及运行状态的指示灯，来反映电路的工作情况。

6）力求操作、维护、检修与调试方便。

① 进行电气控制电路的安装与配线时，电器元件应留有备用触头，必要时应留有备用电器元件。

② 为检修方便，应设置电气隔离，避免带电检修。

③ 为调试方便，控制方式应操作简单，可采用转换控制方式，如从自动控制转换到手动控制等。

④ 设置多地控制，便于在生产机械旁进行调试。

⑤ 当操作回路较多时，如既要求正反转又要求调速，不宜采用许多按钮，应采用主令控制器。

（二）电气控制电路的设计方法

电气控制电路有两种设计方法：经验设计法和逻辑设计法。

1. 经验设计法

经验设计法又称分析设计法，是根据工艺要求选择一些成熟的典型基本环节，再逐步完善其功能，并适当配置联锁和保护等环节，使其组合成一个整体，成为满足控制要求的完整电路。若没有合适的典型环节，可以根据工艺要求自行设计，采用边分析边画图的方法，不断增加电器元件和控制触头，以满足工作条件和控制要求。

（1）经验设计法的特点

1）设计方法简单，易于掌握，使用广泛。

2）设计人员必须熟悉和掌握大量的典型控制环节和控制电路，同时具有丰富的设计经验。

3）不同设计人员设计出的控制电路一般是不同的，甚至会差别很大，需要认真比较分析，反复修改简化，有时还需要通过模拟实验来验证其控制功能。

4）设计速度较慢，且不宜获得最佳设计方案。

（2）经验设计法的基本步骤

1）设计主电路。主要考虑电动机起动、点动、连续运转、正反转、制动及调速等控制要求。

2）设计控制电路的基本环节。根据设计出的主电路来设计控制电路的基本环节。

3）设计控制电路的特殊环节。根据各部分运动要求的配合及联锁关系来确定控制参量，必要时加入信号指示、照明等环节。

4）分析可能出现的故障，加入保护环节。通常要有短路、长期过载、过电流、欠电压、失电压、限位等多种保护。

5）综合审核。仔细检查电气控制电路的动作是否正确，关键环节可做必要的实验，以进一步完善和简化电路。

2. 逻辑设计法

逻辑设计法是指利用逻辑代数这一数学工具，从生产工艺出发，考虑控制电路中逻辑变量的关系，设计出符合要求的电气控制电路。在逻辑代数中，把具有两个对立物理状态的量称为逻辑变量，用逻辑“1”和逻辑“0”表示。在控制电路中，继电器、接触器的线圈通电与断电、触头的闭合与断开、主令电器的接通与断开都由两个相互对立的物理状态组成，可以方便地用逻辑代数表示。

在继电接触器控制电路中，把表示触头状态的逻辑变量称为输入逻辑变量，把表示继电器线圈等执行元件的逻辑变量称为输出逻辑变量。输入、输出逻辑变量之间的相互关系称为逻辑函数关系。逻辑函数关系表明了电气控制电路的结构。根据控制要求，利用逻辑变量关系写出逻辑函数表达式，运用逻辑函数基本公式和运算规律对逻辑函数表达式进行化简，根据化简过的逻辑函数表达式还原出电路结构图，最后再做进一步的检查和优化，就能得到较为完善的电气原理图。

（1）逻辑设计法的特点　逻辑设计法的设计过程比较复杂，但是设计出的电路既符合工艺要求，又是工作可靠、经济合理的优化电路，特别适宜于复杂电路的设计。

（2）对电器元件所做的逻辑规定

1）线圈的状态。以中间继电器为例，中间继电器的文字符号为 KA，KA=1 表示线圈 KA 处于通电状态；KA=0 表示线圈 KA 处于断电状态。

2）触头的状态。触头串联表示逻辑“与”，用乘法表示；触头并联表示逻辑“或”，用加法表示；常开触头用其本身的文字符号表示；常闭触头用本身的文字符号上面加一短横线表示，即逻辑“非”。

3）逻辑函数表达式。对照电气控制电路，按照对电器元件的线圈和触头所做的逻辑规定，以执行元件为输出逻辑变量，以检测信号及中间元件为输入逻辑变量，即可写出电路的逻辑函数表达式。

SB1
SB2
KM
KM

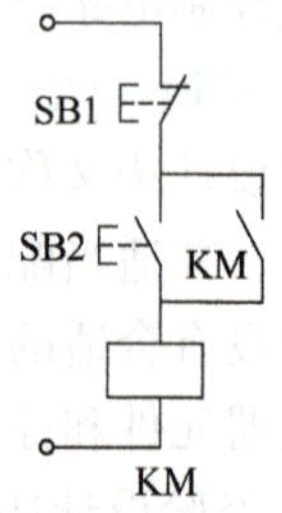

图 3-25　起保停控制电路

例：图 3-25 所示的起保停控制电路的逻辑函数表达式为

$$f(KM)=\overline{SB1}(SB2+KM)$$

（3）利用逻辑关系化简电路　利用逻辑代数的基本定律和运算法则，对电气控制电路的逻辑函数表达式进行化简，使之成为最简的与或表达式。根据最简式还原出的电路结构图，就是最简电路图。

例如图 3-26a 化简后得到图 3-26b，对应的逻辑函数表达式化简过程为

$$\begin{aligned} f(\mathrm{K}) &= \mathrm{A}\,\overline{\mathrm{B}}+\mathrm{A}\,\overline{\mathrm{B}}\mathrm{C} \\ &= \mathrm{A}\,\overline{\mathrm{B}}(1+\mathrm{C}) \\ &= \mathrm{A}\,\overline{\mathrm{B}} \end{aligned} \tag{3-1}$$

图 3-26c 化简后得到图 3-26d，对应的逻辑函数表达式化简过程为

$$\begin{aligned} f(\mathrm{KM}) &= \mathrm{KA1KA2}+\overline{\mathrm{KA1}}\mathrm{KA3}+\mathrm{KA2KA3} \\ &= \mathrm{KA1KA2}+\overline{\mathrm{KA1}}\mathrm{KA3}+\mathrm{KA2KA3}(\mathrm{KA1}+\overline{\mathrm{KA1}}) \\ &= \mathrm{KA1KA2}+\overline{\mathrm{KA1}}\mathrm{KA3}+\mathrm{KA2KA3KA1}+\mathrm{KA2KA3}\,\overline{\mathrm{KA1}} \\ &= \mathrm{KA1KA2}(1+\mathrm{KA3})+\overline{\mathrm{KA1}}\mathrm{KA3}(1+\mathrm{KA2}) \\ &= \mathrm{KA1KA2}+\overline{\mathrm{KA1}}\mathrm{KA3} \end{aligned} \tag{3-2}$$

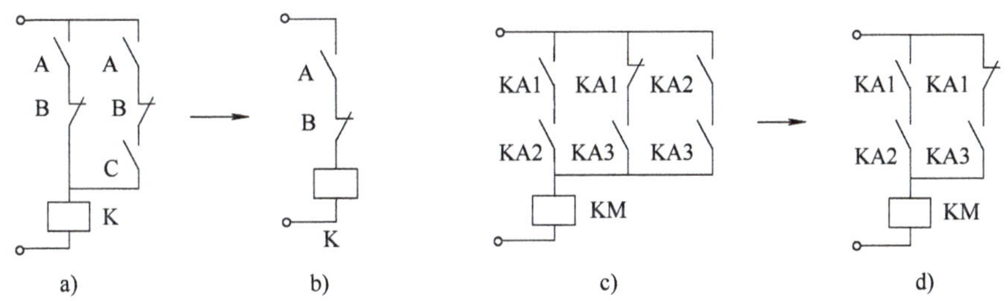

图 3-26　电气控制电路的化简

（三）送料小车的前进、后退控制电气原理图设计

1. 控制要求分析

通过对本项目的工作情景及图 3-1 的分析，可知送料小车由三相笼型异步电动机带动，电动机正转带动小车前进，反转带动小车后退。因此，只要能让电动机按控制要求实现正反转的自动控制，就实现了对送料小车的前进、后退控制。

2. 电气原理图设计

由于项目的控制要求并不复杂，拟采用经验设计法进行电气原理图设计。考虑到三相异步电动机自动往复循环控制电路与本项目的控制要求有很多相似甚至相同之处，所以就以图 3-14 所示自动往复循环控制电路为基础电路，进行修改完善。

设计思路：小车到达初始位、右边工位和左边工位时都要自动停车，所以在初始位、右边工位和左边工位分别安装限位开关 SQ1、SQ2 和 SQ3。另外，设置一个停止按钮 SB1，便于小车在送料过程中手动停车。按下起动按钮 SB2，电动机正转，带动小车前进至右边工位，压下限位开关 SQ2，将电动机正转切换到反转；电动机反转带动小车后退至左边工位，压下限位开关 SQ3，将电动机反转切换到正转；电动机正转带动小车前进回到初始位，压下限位开关 SQ1，电动机停转，小车停下。

具体修改策略：保持图 3-14 所示自动往复循环控制电路的主电路不变；在控制电路中去掉反转起动按钮与机械互锁；去掉 SQ3 与 SQ4 构成的限位保护；把 4 个限位开关换成 3 个，其中 SQ1 实现电动机完成一次工作任务后的自动停车，其常闭触头串联在 KM1 自锁环节中；SQ2 完成电动机由正转到反转的切换，其常闭触头串联在正转接触器 KM1 线圈电路中，常开触头并联在反转接触器 KM2 自锁触头上；SQ3 完成电动机由反转到正转的切换，其常闭触头串联在反转接触器 KM2 线圈电路中，常开触头并联在正转接触器 KM1 自锁环节上。经过修改、完善，得到送料小车前进、后退电气原理图如图 3-27 所示。

经过实践验证，依照图 3-27 安装的电路能满足项目对送料小车的所有控制要求。

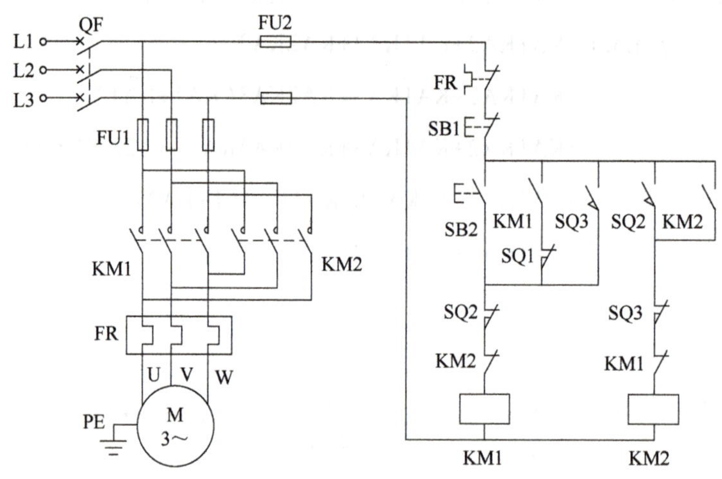

图 3-27 送料小车前进、后退电气原理图

五、拓展与提高

（一）三相异步电动机的电气互锁正反转控制实训

1. 实训目的

1）能根据电气原理图，画出电器元件布置图和电气安装接线图。

2）掌握三相异步电动机电气互锁正反转控制电路的安装接线方法。

3）训练自行检测电气控制电路的能力。

4）训练排除电动机基本控制电路故障的能力。

2. 实训器材

与项目二的三相异步电动机的连续控制实训相比，电气互锁正反转控制实训需要增加一个交流接触器和一个起动按钮，新增的这两个电器元件与连续控制实训中原有的接触器和起动按钮的型号相同。

3. 实训安全操作规程与实训注意事项

安全操作规程与注意事项与三相异步电动机的连续控制实训相同。

4. 实训步骤

步骤与三相异步电动机的点动控制实训基本相同。

主要不同有二：一是在检查选取的电器元件质量时，要对新增的交流接触器和起动按钮进行检查；二是在通电试车时，要注意观察接触器是否能互锁。

5. 实训电路对应的电气图

三相异步电动机电气互锁正反转控制的电气原理图、电器元件布置图和电气安装接线图分别如图 3-28、图 3-29 和图 3-30 所示。

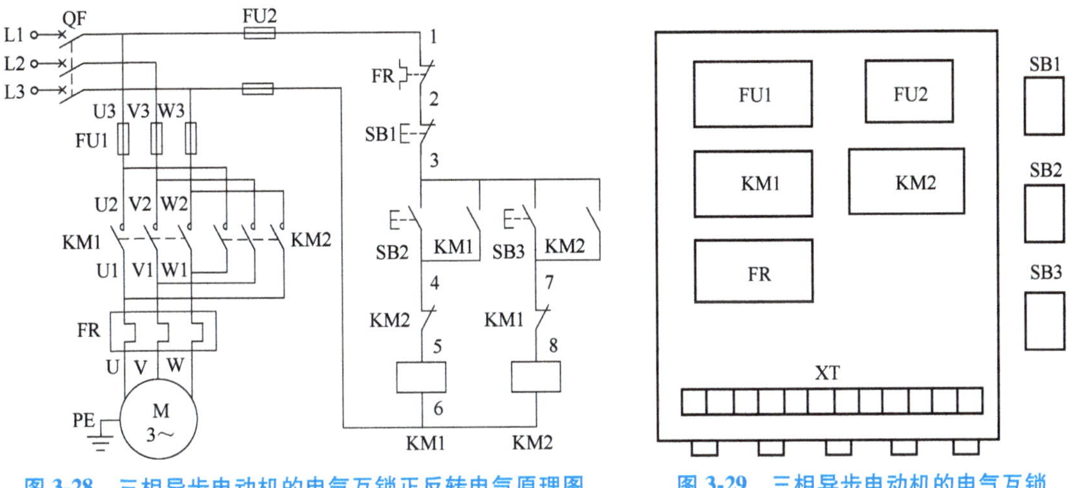

图 3-28　三相异步电动机的电气互锁正反转电气原理图

图 3-29　三相异步电动机的电气互锁正反转电器元件布置图

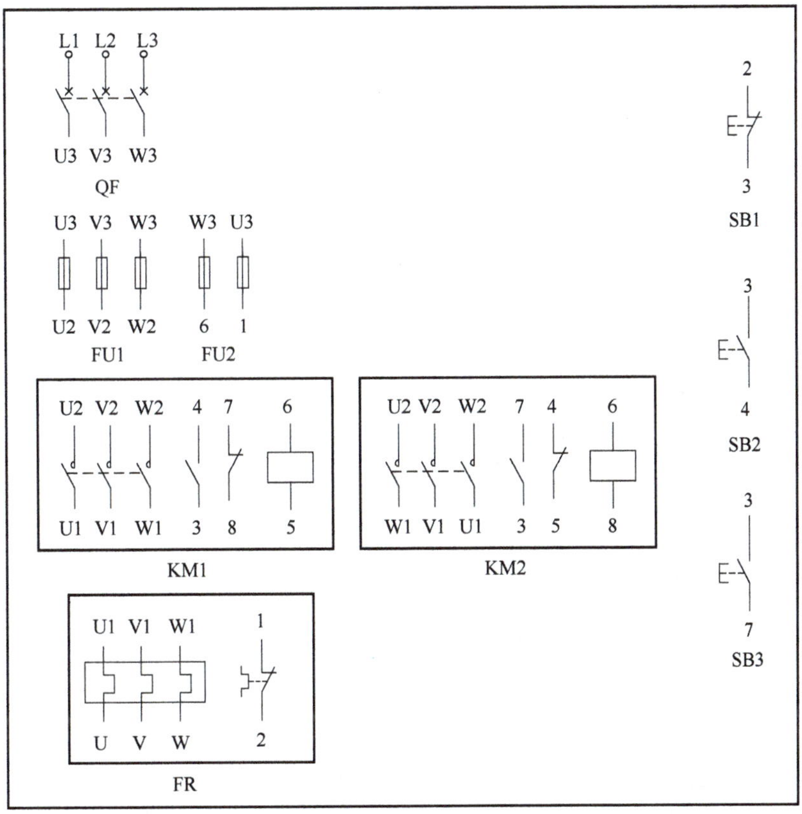

图 3-30　三相异步电动机的电气互锁正反转控制电气安装接线图

（二）三相异步电动机的双重互锁正反转控制实训

三相异步电动机双重互锁正反转控制的实训目的、实训器材、实训步骤和电器元件布置图等，都与电气互锁正反转控制的实训相同，只有电气原理图和安装接线图不同，分别如图 3-31 和图 3-32 所示。

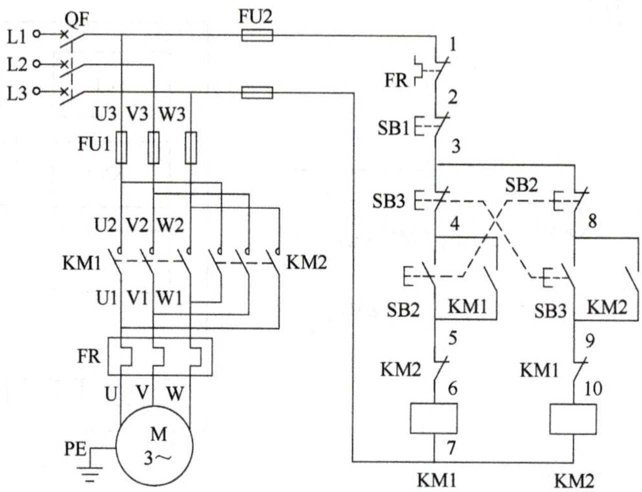

图 3-31　三相异步电动机的双重互锁正反转控制电气原理图

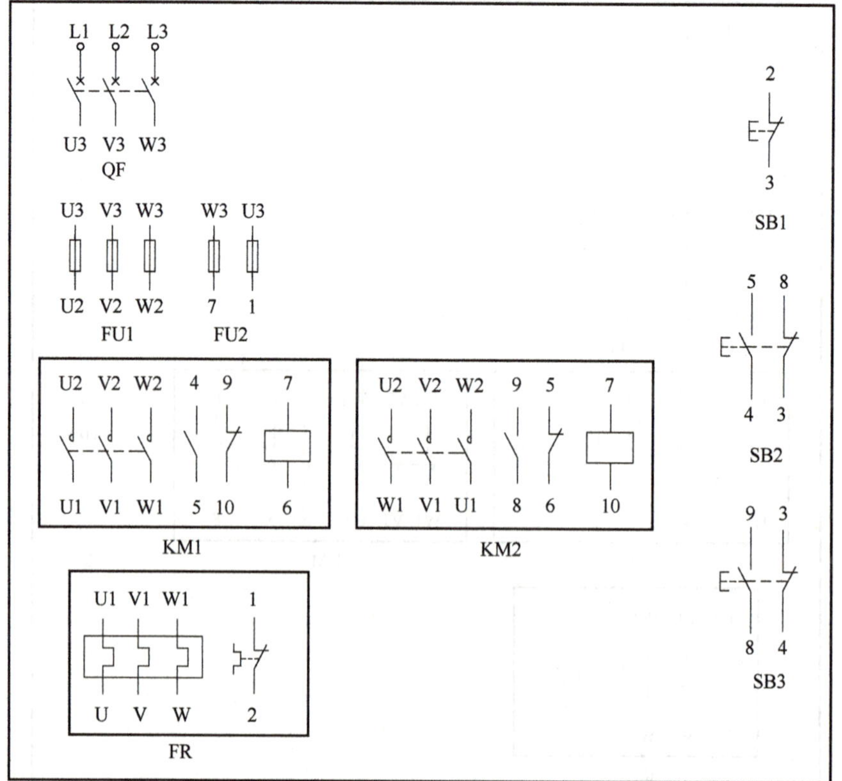

图 3-32　三相异步电动机的双重互锁正反转控制电气安装接线图

六、思考与练习

（一）填空题

1. 既能控制运动部件的行程，又能进行限位保护的低压电器是__________。

2. 三相异步电动机正反转控制电路中的__________能确保正转接触器和反转接触器不会同时得电，避免误操作时发生两相电源短路事故。

3. 三相异步电动机自动往复循环控制电路中的__________确保电路能够手动进行正、反转的直接切换。

4. 电气控制系统设计包括电气__________设计和电气__________设计两部分。

5. 电气原理图的两种常用设计方法是__________设计法和__________设计法。

（二）选择题

1. 若三相异步电动机正反转控制电路的正转接触器和反转接触器同时得电吸合，则（　　）。

A. 电动机时而正转，时而反转

B. 发生三相电源短路，烧毁整个电路

C. 发生两相电源短路，熔断器熔体烧断，切断电动机电源，完成短路保护

D. 发生两相电源短路，烧毁电动机

2. 三相异步电动机自动往复循环控制电路中，控制正反转切换的关键低压电器是（　　）。

A. 控制按钮　　B. 刀开关　　C. 接触器　　D. 行程开关

3. （多选）三相交流电源与定子绕组以“L1-U、L2-V、L3-W”连接时，电动机正转，则能让该电动机反转的连接是（　　）。

A. L1-U、L2-W、L3-V　　B. L1-V、L2-U、L3-W

C. L1-W、L2-V、L3-U　　D. L1-V、L2-W、L3-U

4. （多选）三相异步电动机电气互锁正反转控制电路通电试车时，断路器已闭合，还没按起动按钮，电动机就自行正转起来，故障原因可能是（　　）。

A. 停止按钮的触头接错，该接常闭触头的接成了常开触头

B. 正转起动按钮的触头接错，该接常开触头的接成了常闭触头

C. 正转接触器的自锁触头接错，该接常开触头的接成了常闭触头

D. 正转起动按钮的常开触头短路了

5. （多选）三相异步电动机电气互锁正反转控制电路通电试车时，正转的起、停都正常，但是按下反转起动按钮，电动机还是正转，故障原因可能是（　　）。

A. 安装接线时，没有交换接入正转接触器主触头与反转接触器主触头的任意两相的电源相序

B. 安装接线时，把接入正转接触器主触头与反转接触器主触头的任意两相电源线交换了两次

C. 反转接触器坏掉了

D. 控制电路中没有安装正反转接触器的电气互锁

6.（多选）三相异步电动机电气互锁正反转电路通电试车时，电动机正转过程中，又按下反转起动按钮，主电路中的两相熔断器熔断，电动机停转，故障原因可能是（　　）。

A. 正转接触器对反转接触器的电气互锁触头没有接入电路

B. 正转接触器对反转接触器的电气互锁触头接错，该接常闭触头的接成了常开触头

C. 正转接触器的自锁触头接错，该接常开触头的接成了常闭触头

D. 反转接触器的自锁触头没有接入电路

7.（多选）三相异步电动机自动往复循环控制电路，通常具备的保护功能有（　　）。

A. 短路保护　　　　B. 长期过载保护

C. 欠电压、失电压保护　　　　D. 限位保护

8.（多选）设计电气原理图时，力求控制电路简单、经济，应做到（　　）。

A. 尽量减少电器元件的品种、数量与规格，以减少备用品数量

B. 尽量缩短连接导线的长度，减少导线数量

C. 尽量减少电器元件的触头使用量

D. 尽量减少工作过程中通电电器元件的数量

（三）判断题

1. 三相异步电动机双重互锁正反转电路中的机械互锁由接触器的常闭触头构成。（　　）

2. 三相异步电动机双重互锁正反转电路，既有电气互锁又有机械互锁，既能确保误操作时不会发生电源短路，又能进行正转和反转的直接切换。（　　）

3. 只有机械互锁、没有电气互锁的电动机正反转电路，在接触器主触头熔焊或者触头支架机械卡阻时，仍会发生两相电源短路，所以实际工作中并不采用。（　　）

4. 电气控制电路中，要同时工作的两个交流电器元件的线圈不能串联，应当并联在电路中。（　　）

5. 在设计电气控制电路时，如果需要增加电路的接通能力，可用多个常闭触头并联来实现；如果需要增加电路的分断能力，可用多个常开触头串联来实现。（　　）

6. 在设计电气控制电路时，不得用继电器或接触器自身的触头来切断自身的线圈。（　　）

项目四
三相异步电动机顺序控制与多地控制

一、项目情景描述

实际生产中，在同一个机械运动系统中，多台电动机拖动多台设备的情况随处可见。这些设备的作用不同，必须按一定的顺序起停，配合工作，才能保证整个生产过程的合理性和可靠性。比如：万能铣床要求主轴电动机起动后，进给电动机才能起动；车床要求油泵电动机先起动，主轴电动机后起动，停车时的顺序正好相反；平面磨床要求砂轮电动机先起动，冷却泵电动机后起动。诸如此类的多台电动机的起动和停止，必须按照一定的先后顺序来控制的方式，称为电动机的顺序控制。

某面粉厂生产车间的粮食运送任务由上、中、下三段带式输送机承担。为保证运输过程中物料能连续地从上段运输到下段，而不至于在带式输送机上滞留和堆积，要求三段带式输送机的起动顺序是：先起动下段，经过时间 T1 后起动中段，再经过时间 T2 后起动上段；停车时的顺序正好相反：先停上段，然后停中段，最后停下段。请为该三段带式输送机设计满足控制要求的电气控制电路。

二、项目解读

本项目中三段带式输送机的顺序控制以及拓展环节的多地控制、多条件控制，体现的是讲安全、懂规则、团结协作。遵守安全操作规范、实行团队分工合作、凝心聚力为实现同一个控制目标而努力奋斗，是完成本项目的必备条件，在此过程中培养安全意识、规则意识、集体观念、协作精神等职业素养。这些职业素养是每个光荣的社会主义建设者应该具备的。让我们依托项目学习，练就凝心聚力、奋楫笃行的本领，向着“功成不必在我，功成必定有我”的境界进发吧！

三、专业知识积累

（一）继电器简介

1. 继电器的定义

继电器是利用各种物理量的变化，将电量或非电量信号转化为电磁力，或者使输出状态发生阶跃变化，从而通过其触头或突变量，促使其他器件或装置动作的一种控制电器。它安装在各种控制电路中，进行信号传递、放大、转换、联锁等，以实现自动控制和保护的目的。

施加于继电器的电量或非电量，称为继电器的激励量或输入量。继电器的激励量可以是交流或直流的电流、电压等电量，也可以是位置、时间、温度、速度、压力等非电量。当输入量高于它的吸合值时，继电器动作；当输入量低于它的释放值时，继电器复位。

2. 继电器的分类

继电器的种类很多。按动作原理来分，有电磁式、磁电式、感应式、电动式、光电式、压电式继电器和热继电器以及时间继电器等；按激励量不同来分，有交流、直流、电压、电流、时间、速度、温度、压力、脉冲继电器等；按用途来分，有控制继电器、保护继电器、通信继电器、中间继电器和安全继电器等。其中，电磁继电器是种类最多、应用最早、最广泛的继电器。

3. 继电器与接触器的异同

（1）相同点　继电器与接触器都用于控制电路，都能自动闭合或断开电路。

（2）不同点

1）继电器一般用于控制小电流电路，触头额定电流不大于5A，所以不用加灭弧装置；接触器一般用于控制大电流电路，主触头额定电流不小于5A，往往需要加灭弧装置。

2）接触器一般只对电压变化做出反应，而继电器可以在相应的各种电量或非电量作用下动作。

3）继电器的触头没有主触头和辅助触头之分，通常都只能用于辅助电路中；接触器的触头有主触头和辅助触头之分，主触头用于主电路，辅助触头用于辅助电路，两者不能混用。

（二）电磁式继电器基础知识

1. 电磁式继电器的基本结构

电磁式继电器的结构与电磁式接触器相似，主要由电磁机构、触头系统和调节装置三部分组成，如图4-1所示。

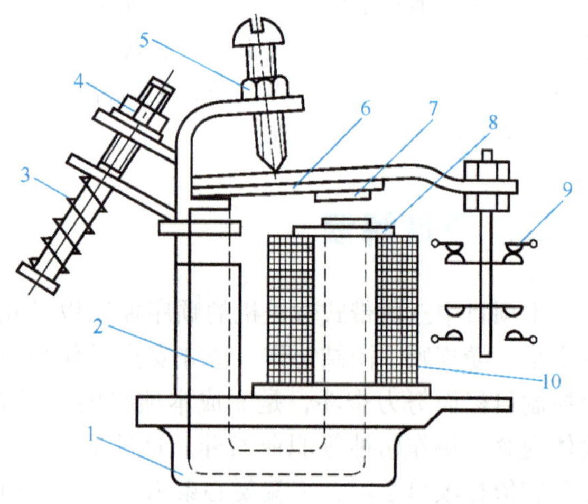

图 4-1　电磁式继电器的基本结构

1—底座　2—铁心　3—释放弹簧　4、5—调节螺母　6—衔铁　7—非磁性垫片　8—极靴　9—触头　10—线圈

直流继电器的电磁机构为U形拍合式，铁心和衔铁由电工软铁制成。交流继电器的电磁机构有U形、E形、螺管式等多种形式，铁心和衔铁均由硅钢片叠成，铁心端面上嵌有短路环。触头一般为桥式触头，有常开和常闭两种形式。调节装置是为调节继电器的动作参数而设置的，以满足不同的控制要求。调节螺母能改变释放弹簧的松紧，非磁性垫片能改变初始状态时磁路气隙的大小。

2. 电磁式继电器的基本工作原理

电磁式继电器的工作原理如图4-2所示。继电器线圈未通电时，如图4-2a所示，衔铁和铁心是分离的，常开触头5是断开的，电灯8不亮，电动机不转，常闭触头4是闭合的，电灯6亮。继电器线圈通电时，如图4-2b所示，铁心被磁化而产生足够大的电磁力，吸住衔铁并带动动触头，使常闭触头4断开，电灯6熄灭，常开触头5闭合，电灯8亮，电动机运转；线圈断电时，电磁吸力消失，衔铁释放，常开触头 5 复位断开，常闭触头 4 复位闭合，恢复图 4-2a 所示状态。

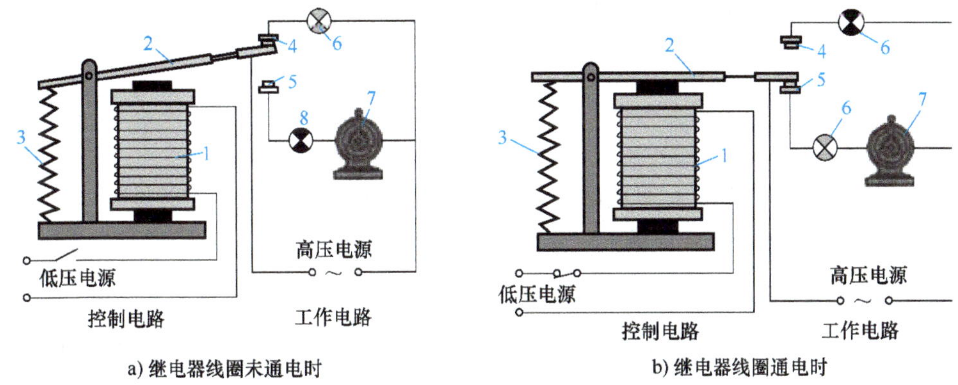

a) 继电器线圈未通电时　　b) 继电器线圈通电时

图 4-2 电磁式继电器的工作原理示意图

1—铁心和线圈 2—衔铁 3—弹簧 4—常闭触头 5—常开触头 6、8—电灯 7—电动机

3. 电磁式继电器的主要参数

1）动作参数：继电器的吸合值与释放值。对于电压继电器，有吸合电压 U_0 与释放电压 U_r；对于电流继电器，有吸合电流 I_0 与释放电流 I_r。

2）整定值：根据控制要求，对继电器的动作参数进行人为调整而得到的使其刚好能动作的参数值。

3）返回系数：继电器的释放值与吸合值的比值，用 K 表示。一般采用增加衔铁吸合后的气隙、减小衔铁打开后的气隙或适当放松释放弹簧等措施来增加返回系数。

4）灵敏度：继电器在整定值下动作时所需的最小功率或安匝数。

（三）电压继电器和电流继电器

电磁式继电器反映的是电信号。当线圈反映电压信号时，为电压继电器；当线圈反映电流信号时，为电流继电器。两者结构上的区别主要体现在线圈上，电压继电器的线圈匝数多，导线细，而电流继电器的线圈匝数少，导线粗。

电磁式继电器有交、直流之分，根据线圈上通过的是交流电还是直流电来区分。

1. 电磁式电压继电器

电磁式电压继电器的线圈并联在电源上，反映电路电压的大小，触头的动作与线圈电压大小直接相关。按吸合电压相对于其额定电压的大小，可分为过电压继电器和欠电压继电器。

（1）过电压继电器　过电压继电器的常闭触头串联于电路中，用于过电压保护。当线圈为额定电压时，衔铁不吸合，常闭触头不动作，电路畅通，设备正常工作；当线圈电压高于电路的额定电压且达到吸合电压时，衔铁吸合，带动常闭触头动作，断开电路。当线圈电压降低到释放电压时，衔铁释放，触头复位到原始状态。过电压继电器的释放值小于吸合值，其电压返回系数 $K_V<1$。

交流过电压继电器的吸合电压调节范围为 $U_0=(1.05\sim1.2)U_N$。

由于直流电一般不会出现过电压，所以没有直流过电压继电器产品。

（2）欠电压继电器　欠电压继电器既有直流型，又有交流型，其常开触头串联于电路中，用于欠电压保护。当线圈电压为额定电压时，衔铁吸合，常开触头闭合，保持电路畅通，设备正常工作。当线圈电压减小到某一整定值（通常为 40%～70% U_N）及以下时，衔铁释放，常开触头复位断开，切断电路，实现欠电压保护。

电压继电器的电气符号如图 4-3 所示，文字符号为 KV。

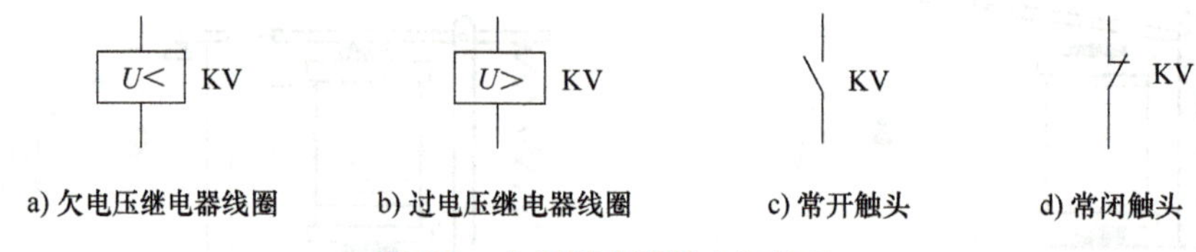

a) 欠电压继电器线圈　b) 过电压继电器线圈　c) 常开触头　d) 常闭触头

图 4-3　电压继电器的电气符号

2. 电磁式电流继电器

电磁式电流继电器线圈串联在电路中，反映电路中电流的大小，触头动作与否与线圈电流的大小直接相关。按线圈电流种类不同，有交流电流继电器与直流电流继电器之分。按照吸合电流相对于额定电流的大小，分为过电流继电器和欠电流继电器。

（1）过电流继电器　过电流继电器的常闭触头串联于电路中，用于过电流保护。电路正常工作时，线圈流过负载电流，即便是达到了额定电流，衔铁仍不吸合，常闭触头保持闭合；当线圈电流超过额定电流并达到动作值时，衔铁吸合，带动常闭触头断开，切断电源，保护电路。

通常情况下，交流过电流继电器的吸合电流$I_0=(1.1\sim3.5)I_N$，直流过电流继电器的吸合电流 $I_0=(0.75\sim3.5)I_N$。由于过电流继电器在进行过电流保护时就断电释放了，因而它没有释放电流值。

（2）欠电流继电器　欠电流继电器的常开触头串联于电路中，起欠电流保护作用。电路正常工作时，欠电流继电器线圈中流过额定电流，衔铁吸合，常开触头闭合，接通电路，设备正常工作；当线圈电流降将至继电器的释放电流时，衔铁释放，常开触头复位，断开电路。

电流继电器的电气符号如图 4-4 所示，文字符号为 KA 或 KI。

a) 欠电流继电器线圈　b) 过电流继电器线圈　c) 常开触头　d) 常闭触头

图 4-4　电流继电器的电气符号

在直流电路中，由于某种原因而引起负载电流的降低或消失，往往会导致严重的后果，例如直流电动机的励磁电流过小会使电动机超速而发生危险。这时，需要用直流欠电流继电器切断电路，完成欠电流保护，也就是通常说的弱磁保护。

直流欠电流继电器的吸合电流与释放电流调节范围为 $I_0=(0.3\sim0.65)I_N$和 $I_r=(0.1\sim0.2)I_N$。

交流电路不需要欠电流保护，所以没有交流欠电流继电器产品。

（四）中间继电器

电磁式中间继电器实质上是电磁式电压继电器。它对动作参数无要求，故没有调节装置。中间继电器的特点是触头数量较多，在电路中起增加触头数量和中间放大作用，电气符号如图 4-5 所示，文字符号为 KA。按照线圈电压种类的不同，电磁式中间继电器有直流和交流之分。

有的直流电磁式继电器，更换不同类型的电磁线圈，便可成为电压继电器、电流继电器及中间继电器。若在其铁心柱上套上阻尼套筒，又可成为电磁式时间继电器。这类继电器具有“通用”性，因而又称为通用继电器。

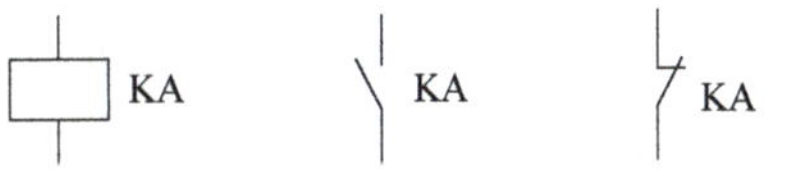

KA　KA　KA

a) 线圈　b) 常开触头　c) 常闭触头

图 4-5　中间继电器的电气符号

（五）时间继电器

时间继电器是指加入（去掉）输入信号后，其输出电路需经过规定的时间才产生跳跃式变化或触头动作的一种继电器。对于电磁式时间继电器，当线圈通电或断电后，经过一定延时，其延时触头才能动作或复位。许多时间继电器既有延时触头，又有瞬动触头。瞬动触头不会延时，延时触头才会延时。

按照延时方式不同，时间继电器分为通电延时型和断电延时型两大类。通电延时型时间继电器在接收到输入信号时，瞬动触头立即动作，延时触头要延迟一定的时间才动作；当输入信号消失时，瞬动触头和延时触头都立即复位。断电延时型时间继电器在接收到输入信号时，瞬动触头和延时触头都立即动作；当输入信号消失时，瞬动触头立即复位，延时触头要延迟一定的时间才复位。

时间继电器种类很多，常用的有直流电磁式、空气阻尼式、电子式和电动机式等。

1. 直流电磁式时间继电器

在电磁式电压继电器的铁心上套一个阻尼铜套，就构成直流电磁式时间继电器，其内部结构如图 4-6 所示。当电磁线圈通电时，铁心内产生磁通，该磁通从无到有，会在阻尼铜套内引起感应电动势和感应电流。感应电流在阻尼铜套内产生的磁通要阻碍穿过阻尼铜套的原磁通的变化，对原磁通起阻尼作用，使磁路中的原磁通增加缓慢，延长了达到吸合磁通值的时间，致使衔铁吸合时间延后，触头延时动作。由于电磁线圈通电前，衔铁处于释放状态，磁路气隙大，磁阻大，磁通小，阻尼铜套作用比较小，衔铁吸合只有 0.1~0.5s 的延时，延时作用可忽略不计。

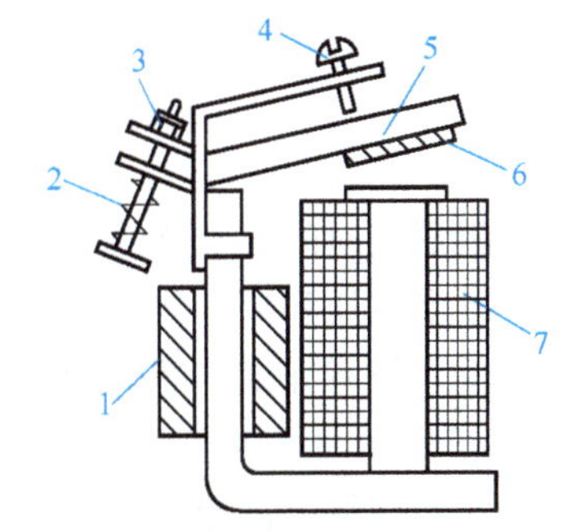

图 4-6　直流电磁式时间继电器

1—阻尼铜套　2—释放弹簧　3—调节螺母　4—调节螺钉　5—衔铁　6—非磁性垫片　7—电磁线圈

在切断电磁线圈的电源时，阻尼铜套也会有阻尼作用。因为此时衔铁已吸合，磁路气隙小，磁阻小，磁通变化大，铜套的阻尼作用比较大，使衔铁延时释放的时间可达 0.3~5s。

直流电磁式时间继电器延时时间的长短可通过改变铁心与衔铁间非磁性垫片的厚薄（粗调）或者改变释放弹簧的松紧（细调）来调节。垫片厚延时短，垫片薄延时长；释放弹簧紧延时短，释放弹簧松延时长。

直流电磁式时间继电器结构简单、使用寿命长、允许通电次数多，但是只能用作断电延时，且延时时间短，延时精度也不高。

直流电磁式时间继电器仅适用于直流电路。

2. 空气阻尼式时间继电器

空气阻尼式时间继电器由电磁机构、延时机构和触头系统三部分组成，它利用空气阻尼作用来延时，有通电延时型和断电延时型两种。当衔铁位于铁心和延时机构之间时，为通电延时型；当铁心位于衔铁和延时机构之间时，为断电延时型。所以，将空气阻尼式时间继电器的电磁机构拆卸下来，水平翻转 180°再装上，延时类型就会改变。JS7-A 系列空气阻尼式时间继电器如图 4-7 所示，图 4-7a 为通电延时型空气阻尼时间继电器的外形，图 4-7b 为断电延时型空气阻尼时间继电器的内部结构。

a) 外形（通电延时型）　　b) 内部结构（断电延时型）

图 4-7　JS7-A 系列空气阻尼式时间继电器的外形与内部结构

1—线圈　2—释放弹簧　3—衔铁　4—铁心　5—弹簧片　6—瞬时触头　7—杠杆
8—延时触头　9—调节螺母　10—推杆　11—活塞杆　12—塔形弹簧

空气阻尼式时间继电器的优点是结构简单、使用寿命长、延时范围较大（0.4~180s）、价格较低，不受电压和频率波动的影响，两种不同的延时类型可以方便地相互转换；缺点是延时精度较低，没有详细、准确的调节指示，只适用于对延时精度要求不高的场合。

3. 电子式时间继电器

电子式时间继电器分为两种：晶体管式时间继电器和数字式时间继电器。

晶体管式时间继电器利用 RC 电路中电容电压不能跃变、只能按指数规律逐渐变化的原理，即依靠电阻尼特性获得延时，分为通电延时型、断电延时型和带瞬动触头的通电延时型。晶体管式时间继电器的代表产品是 JSZ3A 系列，其通电延时型的外形和内部结构如图 4-8 所示。

在图 4-8b 中，A、B 代表两种不同的模式，标号 1~8 代表 8 个接线端子。其中，2 与 7 之间是线圈（可接交流电也可接直流电）；5 与 8 之间是延时断开的常闭触头，6 与 8 之间是延时闭合的常开触头。若选择 A 模式，1 与 3 之间是延时闭合的常开触头，1 与 4 之间是延时断开的常闭触头；若选择 B 模式，1 与 3 之间是常开瞬动触头，1 与 4 之间是常闭瞬动触头。

晶体管式时间继电器具有延时范围广（最长可达 3600s）、延时精度高（一般为 5%左右）、体积小、质量小、结构紧凑、耐冲击振动、调节方便以及寿命长等优点，常常在机床、成套设备等要求高精度、高可靠性的自动控制系统中作为延时控制元件，应用十分广泛。

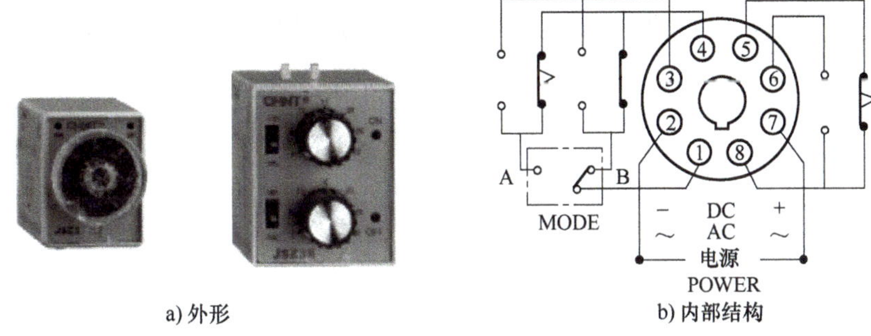

图 4-8　JSZ3A 系列电子式通电延时型时间继电器的外形和内部结构

数字式时间继电器采用数字脉冲计数电路，与晶体管式时间继电器相比，数字式时间继电器延时范围更大，精度更高，主要用于各种需要精确延时和延时时间较长的场合。这类时间继电器功能特别强，有通电延时、断电延时、定时吸合、循环延时 4 种延时形式，合计十几种延时范围供用户选择。

4. 电动机式时间继电器

电动机式时间继电器利用微型同步电动机带动减速齿轮系获得延时，优点是延时范围宽，可达 72h，延时精度高，可达 1%，延时值不受电压波动和环境温度变化的影响；缺点是结构复杂、体积大、寿命低、价格贵，精度易受电源频率的影响。

5. 时间继电器的电气符号

时间继电器的文字符号都为 KT，图形符号各不相同，如图 4-9 所示。

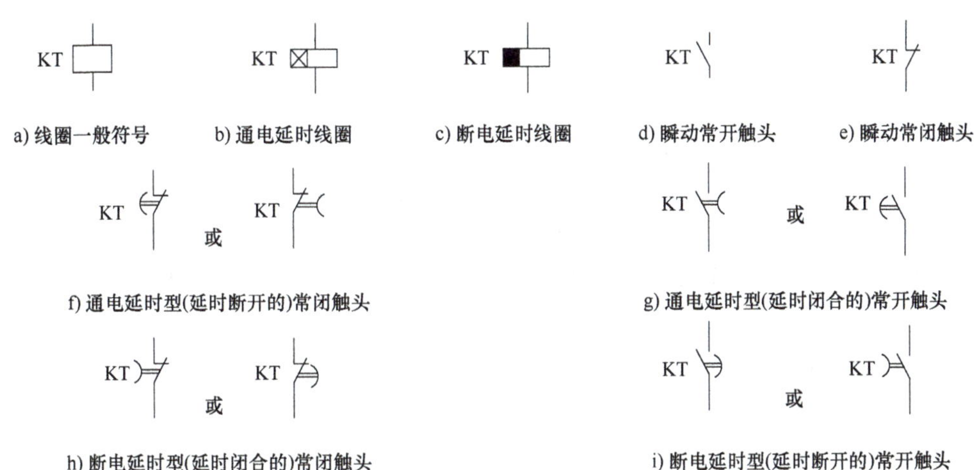

图 4-9　时间继电器的电气符号

四、项目任务实现

（一）三相异步电动机的顺序起动控制

三相异步电动机的顺序起动有多种控制方式，图 4-10 所示电路是通过主电路实现顺序起动控制的。图中的两台电动机 M1、M2 分别由接触器 KM1 和 KM2 控制，KM1 的主触头串联在 KM2 主触头的上方，保证了必须先起动电动机 M1，然后才能起动电动机 M2。因为只有当接触器 KM1 主触头闭合，也就是电动机 M1 起动后，接触器 KM2 主触头也闭合，电动机 M2 才能起动。

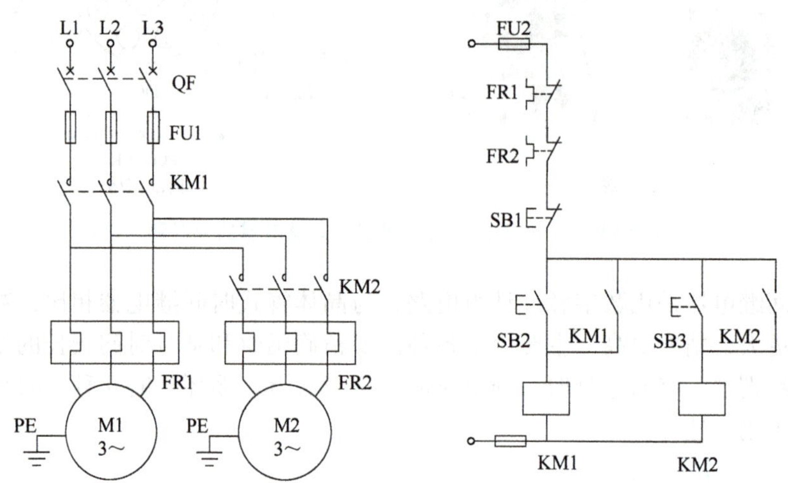

图 4-10 由主电路实现的两台电动机顺序起动电路

该顺序起动电路的控制规律为：甲乙两台电动机，把控制甲的接触器的主触头连接在控制乙的那个接触器的主触头上方，即可实现甲先起动乙后起动。

该电路 KM1 要用大容量的交流接触器，因为 KM1 主触头上流过的是电动机 M1 和 M2 的额定电流之和。大容量交流接触器不易灭弧，因此该电路只用于额定容量较小的电动机的顺序起动。

图 4-11 所示为通过控制电路实现的两台电动机顺序起动典型电路。该电路的工作过程为：合上断路器 QF，按下起动按钮 SB2，KM1 通电并自锁，电动机 M1 起动连续运转。同时，串联在 KM2 线圈电路中的 KM1 常开辅助触头闭合。此时，若再按下起动按钮 SB4，KM2 通电并自锁，电动机 M2 起动连续运转，达到了 M1、M2 顺序起动的目的。如果先按下的起动按钮不是 SB2，而是 SB4，因为 KM1 常开辅助触头是断开的，KM2 线圈不会得电，电动机 M2 不能起动。

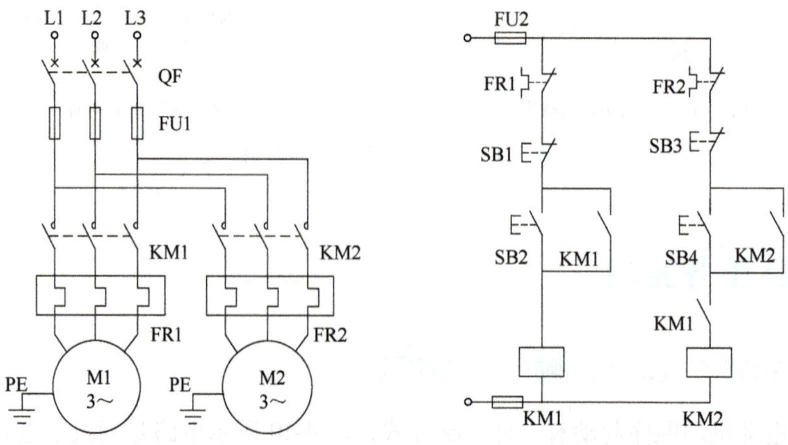

图 4-11 由控制电路实现的两台电动机顺序起动典型电路

该顺序起动电路的控制规律为：甲乙两台电动机，把控制甲的接触器的辅助常开触头串联在控制乙的那个接触器的线圈电路中，即可实现甲先起动乙后起动。

以上两个顺序起动电路都是手动控制的，起动两台电动机需要两个起动按钮依次按下，操作不便，而且两台电动机起动的时间间隔难以精确控制。自动顺序起动电路能克服这些缺点。

图 4-12 所示为通电延时型时间继电器控制的自动顺序起动电路，工作过程为：合上断路器 QF，按下起动按钮 SB2，接触器 KM1 和通电延时型时间继电器 KT 的线圈同时通电，KM1 的主触头和自锁触头都闭合，使电动机 M1 起动并连续运转；经过一定的延时，KT 的通电延时型常开触头闭合，接通 KM2 线圈，KM2 的辅助常闭触头断开，让 KT 线圈断电退出运行；同时 KM2 的主触头和辅助常开触头都闭合，使电动机 M2 起动并连续旋转。

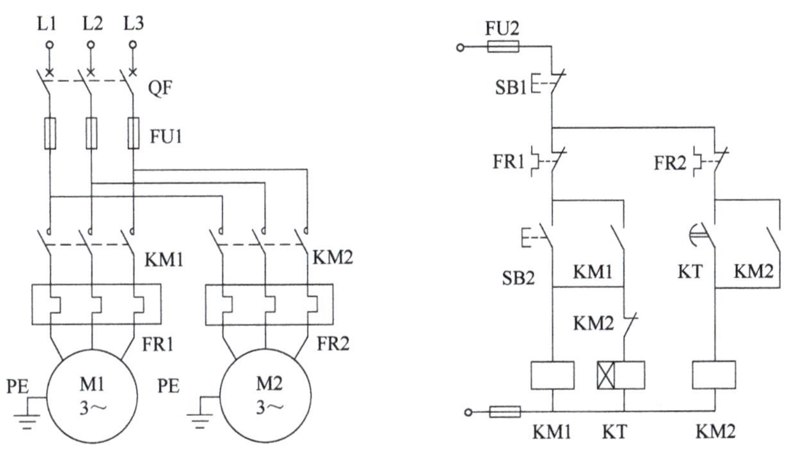

图 4-12　时间继电器控制的自动顺序起动电路

该电路中，用 KM2 的辅助常闭触头及时切断 KT 线圈电路，让 KT 在电动机 M2 起动后就退出运行，遵循了电气原理图设计的一个基本原则：让已经完成工作任务的电器元件及时退出运行，以减少通电电器元件的数量，利于节能和减少故障，也能不影响电器元件的使用寿命。

利用通电延时型时间继电器实现电动机自动顺序起动的电路控制规律为：若要求电动机甲起动后乙才能起动，可把通电延时型时间继电器 KT 的线圈与控制甲的接触器线圈并联，使两者同时得电，依靠 KT 的通电延时型常开触头延时闭合接通控制乙的接触器线圈。

（二）三相异步电动机的逆序停车控制

图 4-10、图 4-11、图 4-12 这三个顺序起动电路都能实现电动机 M1 先起动、M2 后起动，但是对停车顺序都没有要求。实际上，很多生产机械不仅在起动上有次序要求，对停车也有一定的次序要求。比如：多段配合使用的带式输送机，要求卸料侧的输送机先起动，上料侧的输送机后起动，而停车次序与起动次序正好相反，这样才不会造成物料在带式输送机上的滞留和堆积。图 4-13 所示就是两台电动机顺序起动、逆序停车的典型电气控制电路。

图 4-13 所示电路是在图 4-11 所示电路的停止按钮 SB1 的两端并联了接触器 KM2 的辅助常开触头而得到的。如此一来，M1 先起动、M2 后起动的功能不变，增加了 M2 先停车、M1 后停车的功能。因为当电动机 M1、M2 都起动运转起来之后，如果先按下停止按钮 SB1，由于

KM2 线圈仍然通电，KM2 的辅助常开触头仍然是闭合的，KM1 的线圈仍然保持通电状态，电动机 M1 不会停转。只有先按下停止按钮 SB3，使 KM2 线圈断电，KM2 的触头复位，电动机 M2 停车后，再按下停止按钮 SB1，才能切断 KM1 的线圈电路，使电动机 M1 停转。

由图 4-13 可总结出电动机逆序停车的电路控制规律：甲乙两台电动机，若要求甲停车后乙才能停车，可在控制乙的停止按钮两端并联控制甲的接触器的辅助常开触头。

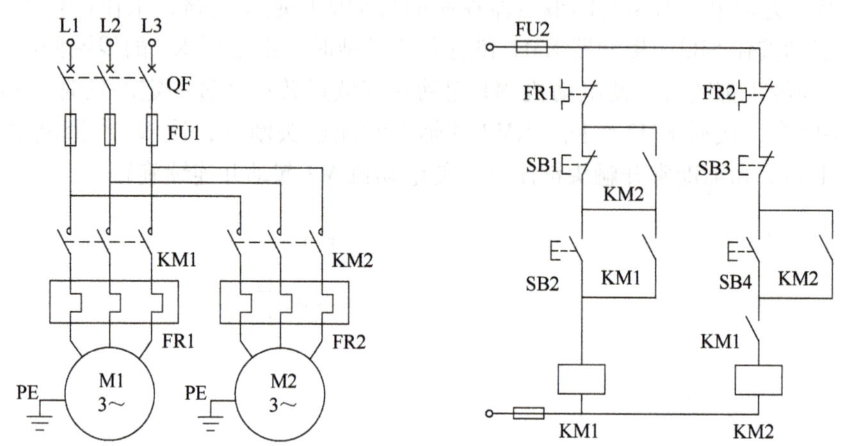

图 4-13　两台电动机顺序起动、逆序停车电气控制电路

图 4-13 所示电路实现的是两台电动机逆序停车的手动控制，能否实现逆序停车的自动控制呢？当然可以！前文讲过用通电延时型时间继电器实现的顺序起动自动控制电路，如图 4-12 所示，逆序停车的自动控制能否也用时间继电器来实现？请读者认真思考，尝试设计一个逆序停车的自动控制电路。

（三）多级带式输送机顺序控制电气原理图设计

1. 设计要求分析

企业生产通常采用的是交流电网的三相交流电，该面粉厂也不例外，可以认为下、中、上三台带式输送机分别由三台电动机 M1、M2、M3 来带动，通过传动机构将电动机的旋转运动转换成带式输送机的直线运动。带式输送机之类设备起动前，传送带上通常无重物，属于轻载，宜采用三相笼型异步电动机带动。因此，该任务实质上是三台三相笼型异步电动机 M1、M2、M3 的顺序起动和逆序停车电气原理图设计，用三相笼型异步电动机的顺序控制知识就能解决。

2. 电气原理图设计

该控制任务并不复杂，又有典型电路可以借鉴，电气原理图设计拟采用经验设计法。把两台电动机顺序起动和逆序停车的控制规律结合起来，应用和扩展到三台电动机控制电路上，就能完成电路的基本功能。考虑到控制的便利性，采用通电延时型时间继电器来实现顺序起动的自动控制。经过初步设计、修改和进一步完善，得到满足控制要求的电气原理图如图 4-14 所示。

在对图 4-14 所示电路进行模拟实验时发现：手动逆序停车时，若按下停止按钮 SB3 与 SB4 的时间间隔比 KT2 的延时时间长，会导致 KM3 再次得电，M3 重新起动；若按下停止按钮 SB2 与 SB3 的时间间隔比 KT1 的延时时间长，会导致 KM2 再次得电，M2 重新起动。只有按下 SB3 与 SB4 的时间间隔比 KT2 的延时时间短，按下 SB2 与 SB3 的时间间隔比 KT1 的延时时间短，才能满足控制要求。显然，该电路不能完全满足控制要求，实用性不强。

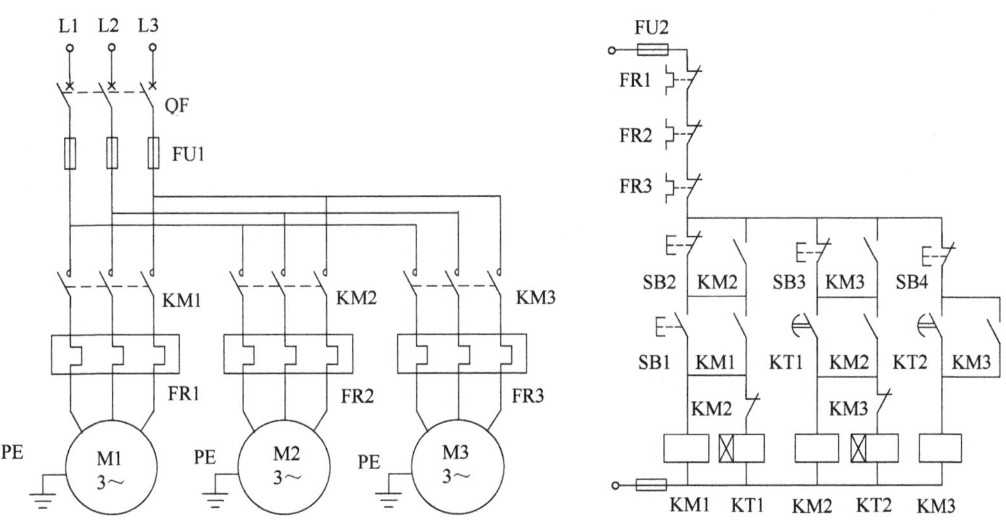

图 4-14　三台三相异步电动机顺序起动、逆序停车电气原理图

为了提高电路的实用性，也为了实现三台电动机的自动逆序停车，考虑用断电延时型时间继电器 KT3、KT4 来代替停止按钮，经过进一步分析设计，得到三台电动机的自动顺序起动和自动逆序停车的电气原理图，如图 4-15 所示，图中的 KA 为中间继电器，起信号传递和放大作用。

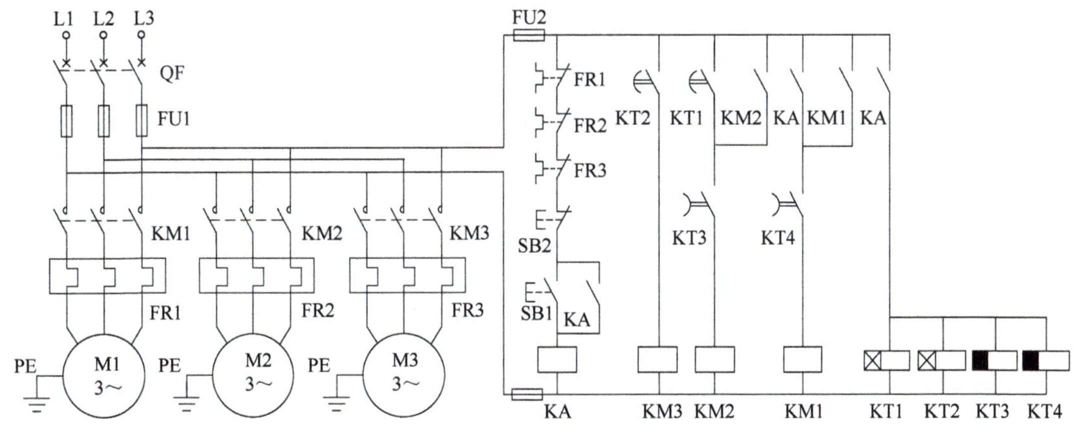

图 4-15　三台三相异步电动机自动顺序起动、自动逆序停车电气原理图

特别提示：在图 4-15 所示电路中，KT1 和 KT2 是通电延时型时间继电器，在延时时间上，KT2 要比 KT1 设置得长一些，以确保电动机 M2 比 M3 先起动；KT3 和 KT4 是断电延时型时间继电器，在延时时间上，KT4 要比 KT3 设置得长一些，以确保电动机 M2 比 M1 先停车。

模拟实验结果表明，依据图 4-15 安装的三段带式输送机电气控制电路能满足顺序起动、逆序停车的自动控制要求，且操作方便，实用性强。

（四）三相异步电动机的顺序起动控制实训

1. 实训目的

1）熟悉电气控制电路常用低压电器的接线方法及接线工艺。

2）掌握三相异步电动机顺序控制电路的具体安装方法。

3）熟练进行三相异步电动机顺序控制电路的自检。

4）掌握三相异步电动机顺序控制电路的通电调试。

2. 实训器材

与项目三的三相异步电动机的电气互锁正反转控制实训相比，需要增加一台电动机 M2、一个热继电器 FR2 和一个停止按钮 SB3（将原电路中的反转起动按钮 SB3 换成电动机 M2 的起动按钮 SB4），新增电器元件的型号与原电路中的对应电器元件相同。

3. 实训内容及要求

实训内容及要求参见表 4-1。

表 4-1　三相异步电动机的顺序起动控制实训内容及要求

实训内容	实训要求
复习电动机顺序控制的工作原理	弄懂工作原理，会分析工作过程
两台三相异步电动机顺序起动控制电路安装接线	1）按照电器元件布置图在电路板上固定电器元件 2）按照电气安装接线图连接电路 3）严格遵循板前明线布线原则 4）电气控制柜内和柜外的电器元件的连接必须经过接线端子板
两台三相异步电动机顺序起动控制电路自检与纠错	1）按照电气安装接线图进行线路自检 2）若发现问题，立即纠正
两台三相异步电动机顺序起动控制电路通电调试	1）自检无误后，在老师监护下通电试车，认真观察电路的试运行情况，并做好记录 2）发现异常，立即停电检查 3）要求故障分析思路正确，故障排除方法得当
总结实训情况，写实训报告	回答老师提出的问题

4. 实训电路的电气图

两台三相异步电动机顺序起动的电气原理图、电器元件布置图和电气安装接线图分别如图 4-16、图 4-17 和图 4-18 所示。

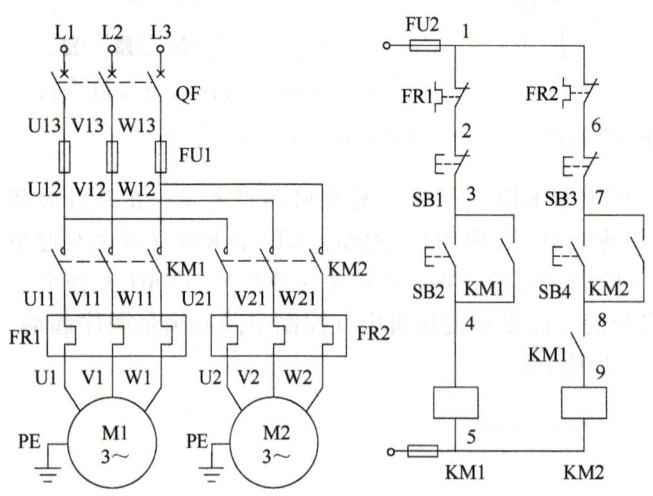

图 4-16　两台电动机顺序起动电气原理图

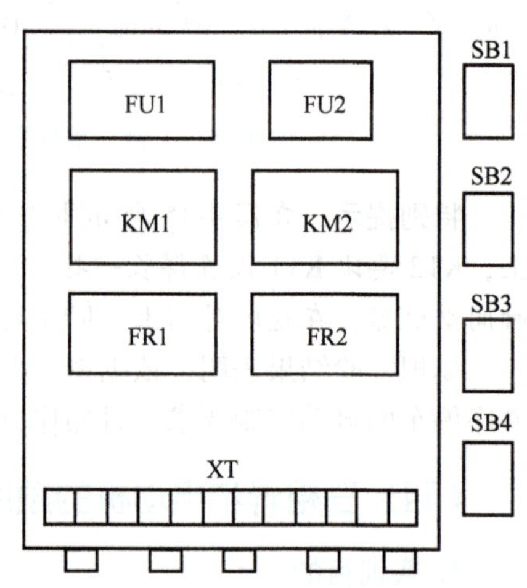

图 4-17　图 4-16 对应的电器元件布置图

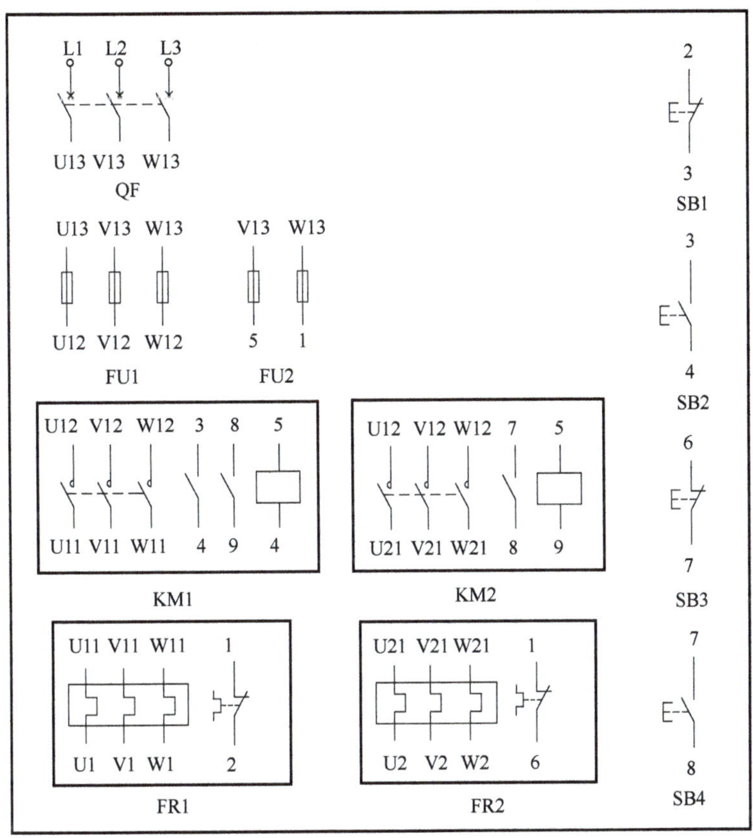

图 4-18　图 4-16 对应的电气安装接线图

5. 实训步骤

步骤与三相异步电动机的点动控制实训基本相同。

主要不同有二：一是在检查选取的电器元件质量时，要对新增的电动机、热继电器和停止按钮逐一进行检查；二是在通电试车时，要注意观察两台电动机的起动顺序是否满足控制要求。

6. 安全操作规程与实训注意事项

安全操作规程与实训注意事项和三相异步电动机的连续控制实训完全相同。

五、拓展与提高

（一）三相异步电动机的多地控制

在一些大型生产机械和设备上，通常要求操作人员在不同方位均能进行操作与控制，即实现多地控制。在两个或者两个以上地点都能控制同一台设备起、停的操作，称为多地控制。多地控制需要多个起动按钮和停止按钮，电路连接规律是：多个起动按钮的常开触头与自锁回路并联，构成逻辑或的关系；多个停止按钮的常闭触头串联，构成逻辑与的关系。

图 4-19 为电动机三地起停的电气原理图，其中 SB2、SB4 和 SB6 分别为安装在三个不同地点的起动按钮；SB1、SB3 和 SB5 分别为安装在三个不同地点的停止按钮。由于三个起动按

钮都并联在接触器 KM 自锁触头两端，合上断路器 QF 后，按下任意一处的起动按钮，接触器线圈均能通电并自锁，电动机都能连续运转；三个停止按钮都串联在接触器线圈电路中，在运行过程中按下任意一处的停止按钮，均能切断接触器线圈电路，使电动机脱离电源而停转。

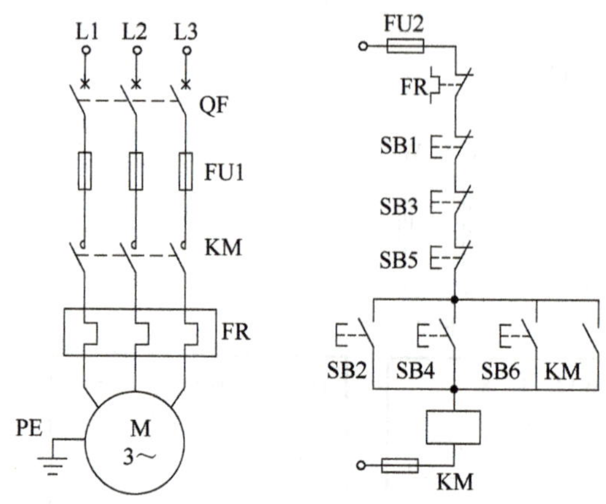

图 4-19　电动机三地起停的电气原理图

（二）三相异步电动机的多条件控制

多条件控制是为安全操作而设置的，包括多条件起动和多保护起动。

1. 多条件起动

在电力拖动系统中，为保证人员和设备的安全，经常要求几个操作者必须都发出准备好信号才允许电动机起动，这就是多条件起动。

图 4-20 所示为电动机多条件起动电气原理图。该电路将三个起动按钮（每个起动按钮对应一个起动条件）的常开触头串联后，再与自锁触头并联。合上断路器后，只有三个起动按钮都被按下（三个起动条件都满足），接触器线圈才能通电并自锁，电动机才能起动并连续运转。

2. 多保护起动

多保护起动要求外围辅助设备都满足工作要求时，电动机才能起动。一般通过在控制电路中串联各种辅助保护设备的常开触头来实现。图 4-21 中，SQ 为限位开关，用于位置保护；KP 为压力继电器，用于压力保护。只有位置要求和压力要求同时满足，限位开关 SQ 和压力继电器 KP 的常开触头都闭合时，KM 才会得电自锁，电动机才能起动。如果在运行中位置发生了变化，则限位开关 SQ 的常开触头复位断开，使 KM 断电，电动机停转，实现位置保护。如果在运行中压力降低，则压力继电器 KP 的常开触头复位断开，使 KM 断电，电动机停转，实现压力保护。多保护起动可扩展到温度、液位等多种保护，只要将相应保护设备的常开触头串联在 KM 线圈电路中即可实现。

3. 多条件起动与多保护起动的比较

共同点：都能确保多个条件全部满足要求时，才让电动机起动。不同点：在运行过程中，如果控制条件的状态发生改变，多条件起动的电动机仍能继续运转，而多保护起动的电动机立即停转。

为何会有这样的不同？因为在多条件起动电路中，代表各控制条件的常开触头先串联再与自锁触头并联，只在起动时起作用，运行中被自锁触头短路，就不起作用了；多保护起动电路中，代表各控制条件的常开触头串联在自锁环节之外，在起动和运行中都能起作用。

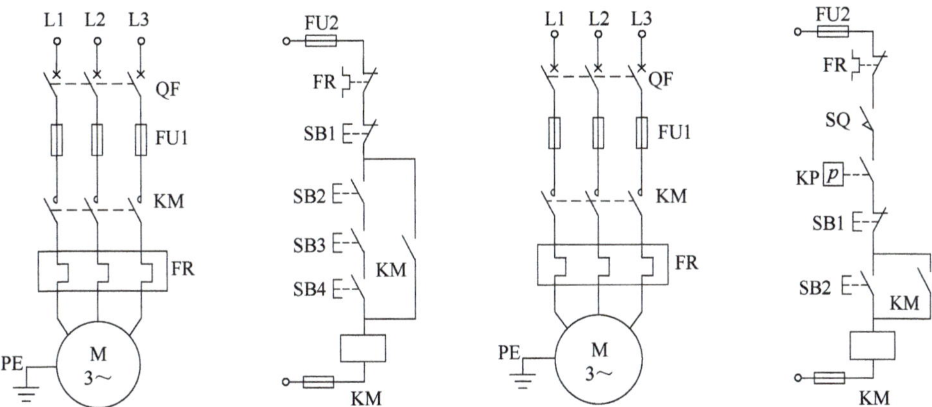

图 4-20　电动机多条件起动电气原理图　　图 4-21　电动机多保护起动电气原理图

（三）三相异步电动机的两地起停控制实训

1. 实训目的

1）熟悉常用低压电气控制电路电器元件的接线方法及接线工艺。

2）掌握三相异步电动机两地起停控制电路的安装。

3）熟练检查三相异步电动机两地起停控制电路。

4）掌握三相异步电动机两地起停控制电路的通电调试。

2. 实训内容及要求

实训内容：三相异步电动机两地起停控制电路安装、检测和通电调试。

实训要求与三相异步电动机的顺序起动控制实训要求相同，此处从略。

3. 实训器材、实训步骤、安全操作规程和注意事项

以上内容都可参照前面的实训，不再赘述。

4. 实训电路的电气图

三相异步电动机的两地起停电气原理图、电器元件布置图和电气安装接线图，分别如图 4-22、图 4-23 和图 4-24 所示。

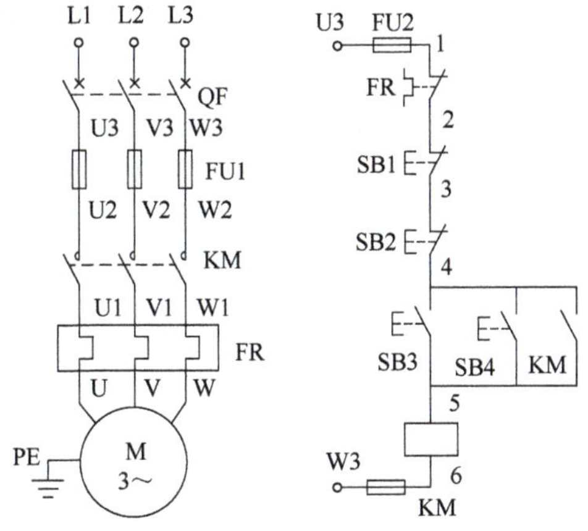

图 4-22　电动机两地起停电气原理图

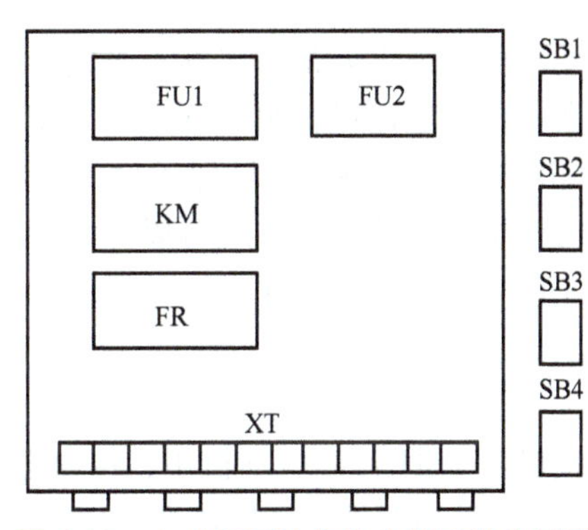

图 4-23　电动机两地起停电器元件布置图

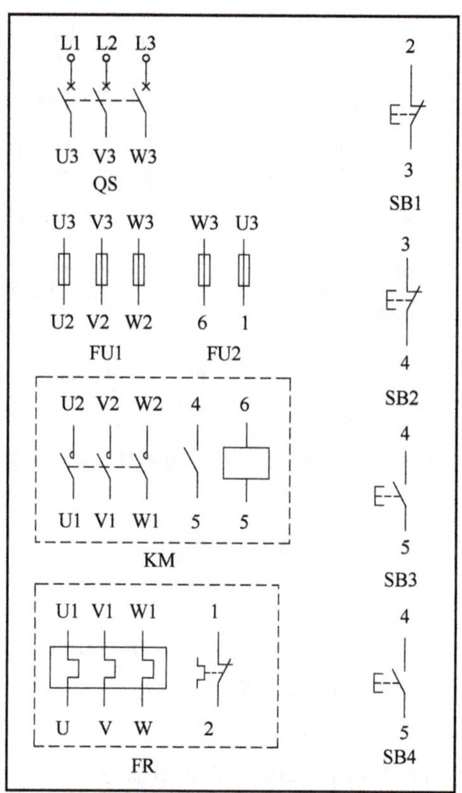

图 4-24　三相异步电动机两地起停电气安装接线图

六、思考与练习

（一）填空题

1. 在电气控制电路中，多台电动机的起动和停止必须按照一定的先后顺序来控制的方式，称为电动机的__________控制。

2. 接触器 KM1 控制电动机甲，接触器 KM2 控制电动机乙。若在 KM2 的线圈电路中串联 KM1 的常开辅助触头，则甲乙两台电动机的起动顺序是__________。

3. 要求两处或多处都发出准备好信号后，才能起动电动机的控制，称为__________起动。

4. 要求外围辅助设备都达到工作要求时，电动机才能起动，一般通过在控制电动机的接触器线圈电路中串联各种辅助保护设备的常开触头来实现，这种控制称为__________起动。

5. 时间继电器按延时方式可以分为__________延时型和__________延时型两大类。

6. 三段带式运输机顺序起动的自动控制，可利用__________型时间继电器来实现。

（二）选择题

1. 接触器 KM1 控制电动机甲，接触器 KM2 控制电动机乙。若把 KM2 的常开辅助触头并联在甲的停止按钮两端，则甲乙两台电动机的停车顺序是（　　）。

A. 甲先停乙后停　　B. 乙先停甲后停　　C. 甲乙同时停车　　D. 不能确定

2. 两台电动机自动顺序起动的起动时间间隔，由通电延时时间继电器的（　　）决定。

A. 型号批次　　B. 额定电流　　C. 额定电压　　D. 整定时间

3. 在按下一个停止按钮就能实现三台电动机按一定时间间隔逐一停车的电气控制电路中，对自动停车起关键作用的低压电器是（　　）。

A. 断电延时型时间继电器　　B. 熔断器

C. 通电延时型时间继电器　　D. 电压继电器

4. 把电磁机构拆卸下来水平翻转 180°后再装上，可改变空气阻尼式时间继电器的（　　）。

A. 延时时间　　B. 延时精度　　C. 延时类型　　D. 延时触头的数量

（三）判断题

1. 通电延时型时间继电器的延时触头在线圈通电时延时动作，在线圈断电时瞬时复位。（　　）

2. 电动机多地起、停电气控制电路中，多个起动按钮应串联，多个停止按钮应并联。（　　）

3. 在电动机通电试车的过程中，严禁用手触摸电路中的任何部件。（　　）

4. 电气控制电路安装完毕，必须先进行线路检测，检测无误后才能通电试车。（　　）

5. 在通电试车过程中，若发现异常，通常要先断电再检查，尽量避免带电检查。（　　）

（四）分析作图题

分析图 4-25 和图 4-26，判断两图中的电路分别能实现何种控制，并画出电气原理图。

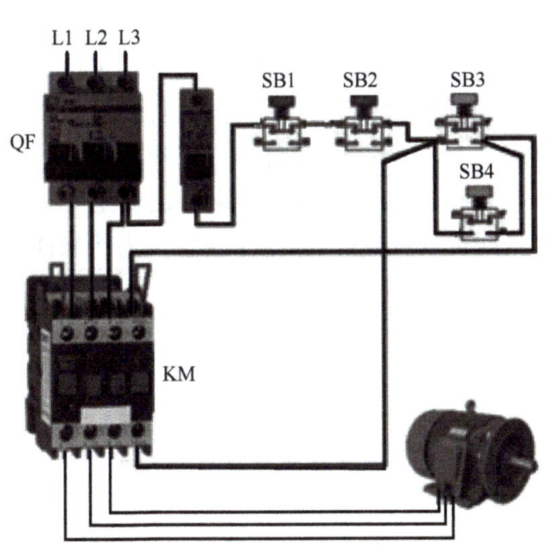

图 4-25　实物接线图 1

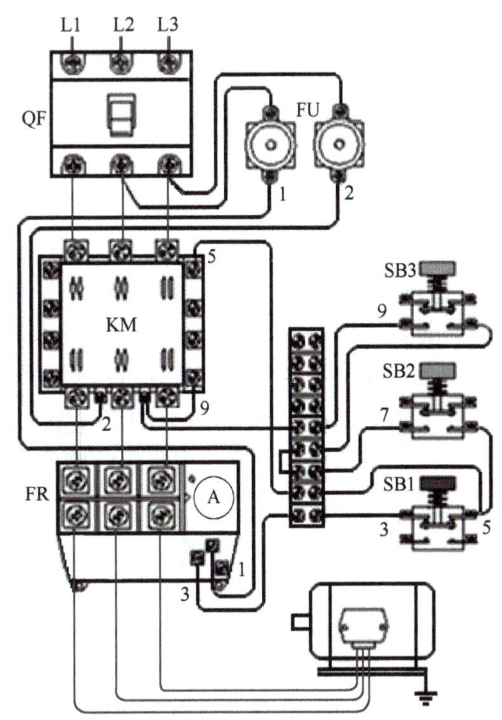

图 4-26　实物接线图 2

项目五 三相异步电动机起动控制

一、项目情景描述

在电力拖动系统中，不同的生产机械、不同的生产工艺要求所需要的电动机的类型、容量各不相同，其起动控制的要求也不同，有的是空载或者轻载起动，有的需要重载起动，因而需要根据实际情况采用不同的起动控制方案。

某车间的电镀行车由两类电动机控制：一是移行电动机，控制镀件的左右移动；二是吊钩升降电动机，控制镀件的上升和下降。

请根据电镀行业实际生产的需要，针对移行电动机和吊钩升降电动机的不同起动要求，选择合适的电动机类型，拟订合理的起动控制方案，设计出满足要求的电气原理图。

二、项目解读

本项目涉及的三相异步电动机Y-△起动安装接线是典型的电工考证实操内容，实操时必须穿戴好工作服，注意用电安全，严格遵守操作程序，规范操作。考取电工证是为了取得从事电气方面工作的资格，实训是考电工证前的练兵。通过实操训练，体会到：每行有每行的门槛，每行有每行的规范，对于一些技术复杂、涉及人民安全、国家财产、消费者利益的职业劳动者，都要经过培训，并且考取相关的国家职业资格证书，才可以上岗，也就是“先考证，后上岗”。在完成项目任务的过程中，强化安全意识、规则意识和纪律观念，为将来能够持证上岗准备条件，为成长为合格的职业人提供历练的平台和展示的舞台。

三、专业知识积累

（一）电动机起动的基础知识

给电动机的定子绕组通电，使转子从静止状态加速到稳定运行的过程，称为起动过程，简称起动。电动机的起动情况，依据其所拖动的生产机械的不同而异。有的生产机械，如电梯、起重机等，起动时的负载转矩与正常运行时相同；而机床电动机在起动过程中接近空载，待起动结束转速接近稳定时再加上负载；对于鼓风机，在起动时只有很小的静摩擦转矩，当转速升高时，负载转矩很快增大；还有的生产机械，需要电动机频繁地起动、停止等。凡此种种，对电动机的起动条件提出了不同的要求。在电力拖动系统中，一方面要求电动机具有足够大的起动转矩 T_{st}，使拖动系统尽快达到正常运行状态；另一方面要求电动机的起动电流 I_{st}不要太大，以免产生过大的电压降使电网受到冲击，以致影响同一电网中并列运行的其他用电设备的正常运行。此外，还要求起动设备尽量简单、经济，便于操作和日常维护等。

（二）三相异步电动机的直接起动

将三相交流电源的额定电压直接加在三相异步电动机的定子绕组上，让其起动的方式，称为全压起动，又称为直接起动。三相异步电动机直接起动时，起动电流 I_{st}很大，可达额定电流 I_N 的 4~7 倍，但起动转矩 T_{st}通常并不大，一般为（0.8~1.3）T_N。三相异步电动机的直接起动电路简单，操作方便，如果电源容量允许、起动转矩也能满足要求，应尽量采用。容量在 10kW 及以下的三相笼型异步电动机，一般均可直接起动。容量大于 10kW 的三相笼型异步电动机，如果起动电流 I_{st}与额定电流 I_N 之比符合式（5-1），也可以采用直接起动，即

$$\frac{I_{st}}{I_N}<\frac{3}{4}+\frac{S}{4P_N} \tag{5-1}$$

式中　I_{st}——电动机的起动电流；

I_N——电动机的额定电流；

P_N——电动机轴上输出的额定功率；

S——电动机所在的电网的容量。

电动机起动电流大的危害很多，也很大，主要有下列几种：

1）引起电网电压波动，影响在同一电网上并列运行的其他设备的正常工作。

2）造成电动机绕组发热，绝缘老化，甚至会缩短电动机的使用寿命。

3）可能造成过电流保护装置误动作而切断电源，使电动机根本无法起动。

为避免直接起动时起动电流大造成的一系列危害，大容量的三相交流电动机要采用减压起动。

（三）三相笼型异步电动机的减压起动

三相笼型异步电动机减压起动的目的是限制起动电流 I_{st}。由于电动机的电磁转矩 T 与定子绕组相电压 U_1 的二次方成正比，所以减压起动必然会降低起动转矩 T_{st}，这不利于电动机带负载起动。因此，减压起动仅适用于对电动机的起动转矩要求不高的空载或轻载起动的场合。

三相笼型异步电动机的减压起动不是要采用低电压电源，而是在保持电源电压为额定值的情况下，通过采取某种措施，降低加在电动机定子绕组上的电压，让电动机在较低的电压下起动；起动结束，要撤除这些措施，给定子绕组加上额定电压。三相笼型异步电动机常用的减压起动方法有：定子串联电阻减压起动、自耦变压器减压起动、Y-△减压起动和延边三角形减压起动等。

1. 定子串联电阻减压起动

（1）减压起动原理　起动时，在三相笼型异步电动机的定子电路中串联三相对称电阻，依靠三相对称电阻上的电压降落，使加在定子绕组上的相电压 U_1 低于电源相电压 U_N（直接起动时的定子额定相电压），从而使起动电流 I'_{st}小于直接起动时的起动电流 I_{st}。定子串联电阻减压起动原理电路及等效电路如图 5-1 所示。在起动时，将手动开关 Q 投向起动侧，三相定子绕组串联起动电阻 R_{st}，起动电阻 R_{st}上的分压限制了加在定子绕组上的电压 U_1，从而实现

减压起动；起动结束，将手动开关 Q 投向运行侧，切除起动电阻 R_{st}，定子绕组电压恢复到额定电压 U_N，电动机全压运行。

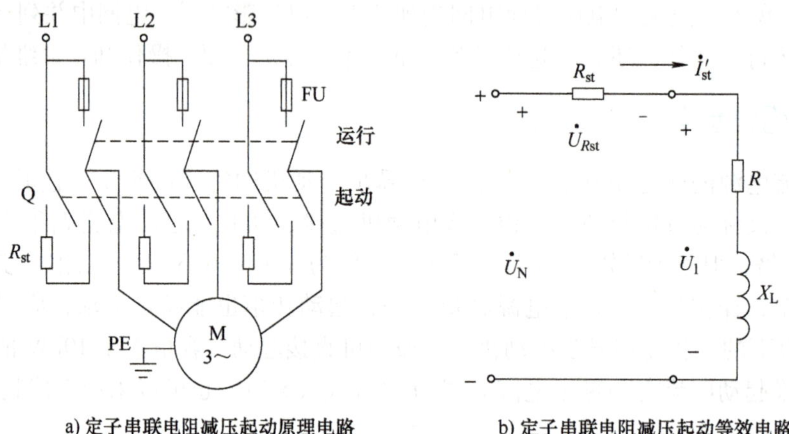

a) 定子串联电阻减压起动原理电路　　b) 定子串联电阻减压起动等效电路

图 5-1　三相笼型异步电动机定子串联电阻减压起动原理电路及等效电路

（2）定子串联电阻减压起动控制电路　图 5-2 所示为三相笼型异步电动机定子串联电阻减压起动的电气原理图，其工作过程为：合上断路器 QF，按下起动按钮 SB2，接触器 KM1 和通电延时型时间继电器 KT 的线圈同时通电，KM1 触头立即动作，一方面自锁，另一方面使电网的三相交流电通过起动电阻 R 接入三相定子绕组。此时，加在定子绕组上的相电压低于额定电压，电动机在低电压下起动。起动结束，时间继电器 KT 延时结束，其延时闭合的常开触头闭合，接通 KM2 线圈电路，KM2 主触头闭合，起动电阻 R 被短路，电网额定电压全部加在三相定子绕组上，电动机进入全压运行。

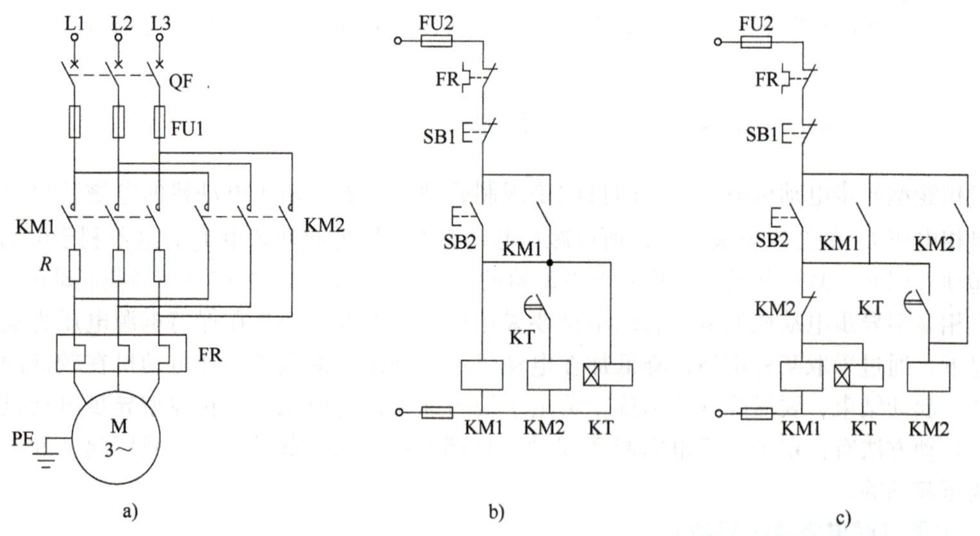

a)　　b)　　c)

图 5-2　三相笼型异步电动机定子串联电阻减压起动电气原理图

图 5-2c 是图 5-2b 的优化电路。因为在起动结束后，图 5-2b 中的三个电器元件 KM1、KM2、KT 一直在通电；图 5-2c 中，KM2 的辅助常闭触头会切断 KM1 和 KT 的线圈电路，使它们及时退出运行，减少了通电电器元件的数量，有利于节能和减少故障，确保 KM1 和 KT 的使用寿命不被白白消耗。

设直接起动电流是减压起动电流的 k 倍，则减压起动电流 I'_{st} 为

$$I'_{st}=\frac{I_{st}}{k} \tag{5-2}$$

三相定子电路串联起动电阻后，定子绕组相电压 U_1 与电源相电压 U_N 的关系为

$$U_1=\frac{U_N}{k} \tag{5-3}$$

减压起动时的起动转矩 T'_{st} 与直接起动转矩 T_{st} 的关系为

$$T'_{st}=\frac{T_{st}}{k^2} \tag{5-4}$$

结论：定子串联电阻减压起动时，起动电流和起动电压都降为直接起动时的 $1/k$，起动转矩降为直接起动时的 $1/k^2$。其中，k 是直接起动电流与减压起动电流的比值，$k>1$。

定子串联电阻减压起动具有起动平稳、运行可靠、起动设备简单的优点，但是由于起动电阻上损耗的电能较大，不适用于频繁起动的场合，所以实际应用比较少。对于容量小一些的三相笼型异步电动机，往往采用定子绕组串联三相电抗器来进行减压起动。

2. 自耦变压器减压起动

（1）三相降压自耦变压器　这里只简单介绍用于三相异步电动机减压起动的三相降压自耦变压器。如图 5-3 所示，三相降压自耦变压器一般采用星形联结，它的二次绕组是一次绕组的一部分，二者的电压比满足

$$k=\frac{U_1}{U_2}\approx\frac{E_1}{E_2}=\frac{N_1}{N_2} \tag{5-5}$$

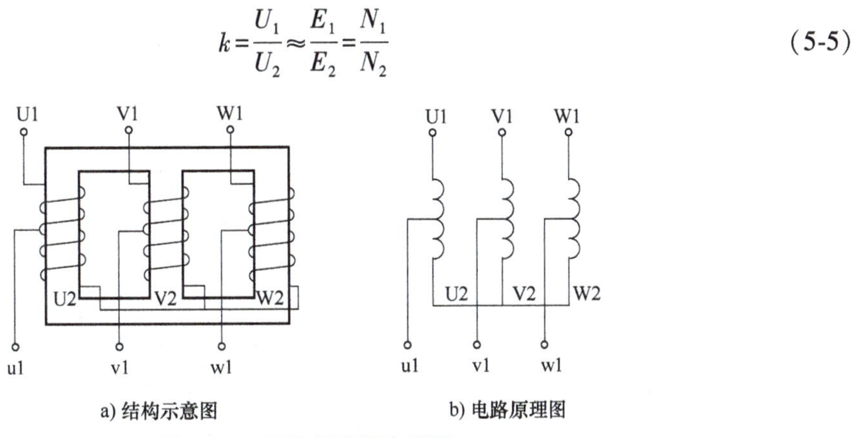

图 5-3　三相降压自耦变压器

改变降压自耦变压器二次绕组的匝数 N_2，便可调节其输出电压 u_2 的大小。

（2）三相笼型异步电动机自耦变压器减压起动原理　用于三相笼型异步电动机减压起动的自耦变压器称为起动补偿器，其原理接线见图 5-4a。需要起动电动机时，将手动开关 Q 投向起动侧，使自耦变压器的一次侧接入电网，二次侧接电动机定子绕组，使电动机在低压下起动。起动结束，将手动开关 Q 投向运行侧，切除自耦变压器，定子绕组直接接至电网，电动机进入全压正常运行状态。自耦变压器减压起动等效电路如图 5-4b 所示，若自耦变压器一次电压与二次电压比为 k，则 $k=N_1/N_2=U_1/U_2=U_N/U_2>1$，起动时加在电动机定子绕组上的相电压 $U_2=U_N/k$，电动机的起动电流（即自耦变压器的二次电流 I_{st2}）为

$$I_{st2}=U_2/Z_k=U_N/(kZ_k)=I_{st}/k$$

式中　I_{st}——电动机直接起动时的起动电流；

Z_k——电动机起动瞬间（转速 $n=0$，转差率 $s=1$ 时）的等效相阻抗，$Z_k=R_k+jX_k$。

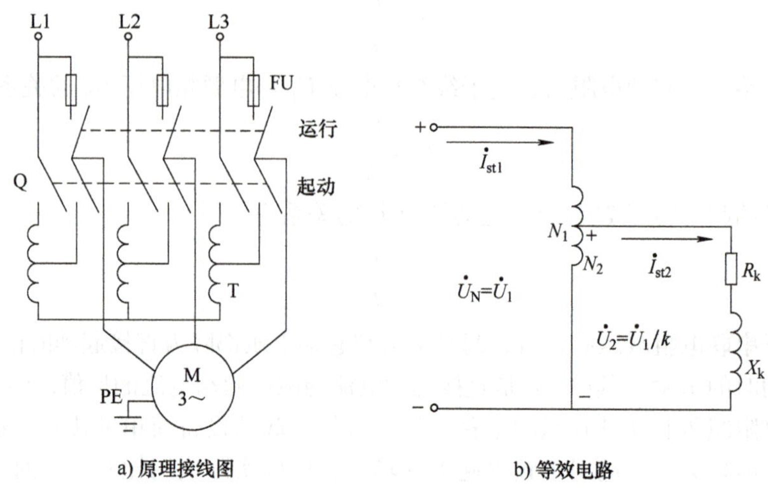

图 5-4　自耦变压器减压起动原理接线图和等效电路

由于自耦变压器的一次侧接电网，二次侧接电动机定子绕组，故电网供应给自耦变压器一次侧的起动电流 I_{st1} 为

$$I_{st1}=\frac{I_{st2}}{k}=\frac{I_{st}}{k^2} \tag{5-6}$$

因为电动机产生的电磁转矩与定子绕组电压的二次方成正比，而自耦变压器的二次电压 $U_2=U_N/k$，所以当电动机直接起动转矩为 T_{st}时，采用自耦变压器减压起动的起动转矩 T'_{st}变为

$$T'_{st}=\frac{T_{st}}{k^2} \tag{5-7}$$

结论：自耦变压器减压起动时，起动电压降为直接起动时的 $1/k$，起动电流和起动转矩都降为直接起动时的 $1/k^2$。

（3）自耦变压器减压起动控制电路　图 5-5 是三相笼型异步电动机自耦变压器减压起动电气原理图。图中的自耦变压器 T 为星形联结，KM1、KM2 为减压起动接触器，KM3 为正常运行接触器，KT 为通电延时型时间继电器，KA 为中间继电器。起动时，按下起动按钮 SB2，KM1、KM2、KT 通电，KM3 不通电，将自耦变压器 T 接入定子绕组，使电动机在低电压下起动；起动结束，KT 的延时触头接通 KA，KA 一方面使 KM1、KM2 和 KT 断电，切除自耦变压器 T，另一方面使 KM3 通电，电网额定电压接入直接定子绕组，电动机进入全压运行状态。

（4）自耦变压器减压起动的优缺点及应用　在限制起动电流相同的情况下，自耦变压器减压起动比定子串联电阻减压起动获得的起动转矩更大，这是自耦变压器减压起动的主要优点之一。另一个优点是：起动补偿器的二次绕组一般有 2~3 组抽头，接入不同的抽头，就得到不同的二次电压，便于用户根据电网允许的起动电流和机械负载所需的起动转矩来选择使用哪个抽头。当有 3 组抽头时，最常见的二次电压分别为一次电压的 80%、65%（60%）和 40%。

自耦变压器减压起动的缺点是：自耦变压器造价比较高，控制电路比较复杂，且不允许频繁操作。如果第一次起动不成功，应间隔几分钟再进行第二次起动，连续两次起动后，应最少间隔半小时后再次起动，以防止大起动电流反复作用在自耦变压器绕组上使绕组过热而造成绝缘损伤。

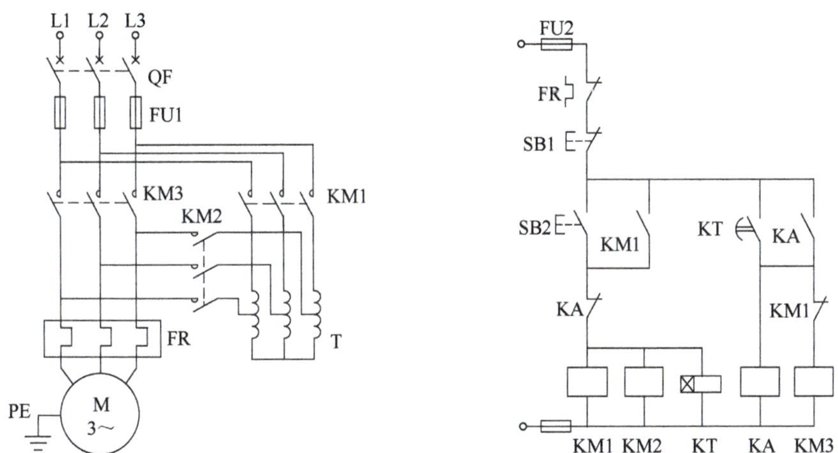

图 5-5　自耦变压器减压起动电气原理图

通常情况下，只有容量较大的三相笼型异步电动机才采用自耦变压器减压起动。

3. Y-△减压起动

（1）Y-△减压起动原理　三相笼型异步电动机Y-△减压起动原理接线如图 5-6a 所示，电动机定子绕组的六个端子都接到转换开关上，起动时，将定子绕组接成Y联结，使电动机在低压下起动，待电动机转速升高到额定转速 n_N 时，再将定子绕组改接成△联结，使电动机在额定电压下正常运行。因此，Y-△减压起动只适用于定子绕组额定接线方式为△联结的三相笼型异步电动机。

如图 5-6b 所示，定子绕组△联结直接起动时，相电压 $U_1=U_N$，每相绕组起动电流为 $I_{st}=U_N/Z_k$，线路电流 $I_{st\triangle}=\sqrt{3}U_N/Z_k$，起动转矩为 T_{st}；如图 5-6c 所示，定子绕组Y联结减压起动时，相电压 $U_1=U_N/\sqrt{3}$，相电流等于线电流 $I_{stY}=U_N/(\sqrt{3}Z_k)$，起动转矩为 T'_{st}。因此，$I_{st\triangle}$ 与 I_{stY} 的关系为

$$I_{stY}=\frac{I_{st\triangle}}{3} \text{或} I'_{st}=\frac{I_{st}}{3} \tag{5-8}$$

Y联结减压起动的起动转矩 T'_{st} 与△联结直接起动的起动转矩 T_{st} 之间的关系为

$$T'_{st}=\frac{T_{st}}{3} \tag{5-9}$$

结论：Y-△减压起动相当于电压比 $k=\sqrt{3}$ 时的自耦变压器减压起动，起动电压降为直接起动时的 $1/\sqrt{3}$，起动电流降为直接起动时的 1/3，起动转矩也降为直接起动时的 1/3。

Y-△减压起动设备简单、成本低、限流效果好、运行可靠，应用广泛。由于容量在 4kW 及以上的 Y 系列三相笼型异步电动机的额定接线方式皆为△联结，都具备采用Y-△减压起动的硬件条件。

（2）Y-△减压起动控制电路　三相笼型异步电动机Y-△减压起动电气原理图如图 5-7 所示。

图 5-7a 为Y-△减压起动主电路，图 5-7b 为Y-△减压起动手动控制的控制电路，其工作过程为：起动时，合上断路器 QF，按下起动按钮 SB1，接触器 KM1 和 KM2 得电，KM3 不得电，三相定子绕组Y联结（三个尾端 U2、V2、W2 连接在一起）接入交流电网，每相绕组承受的

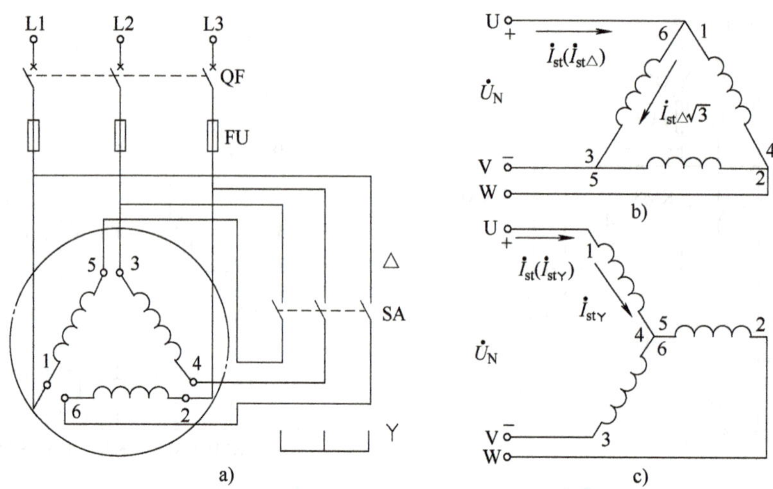

图 5-6 三相笼型异步电动机Y-△减压起动

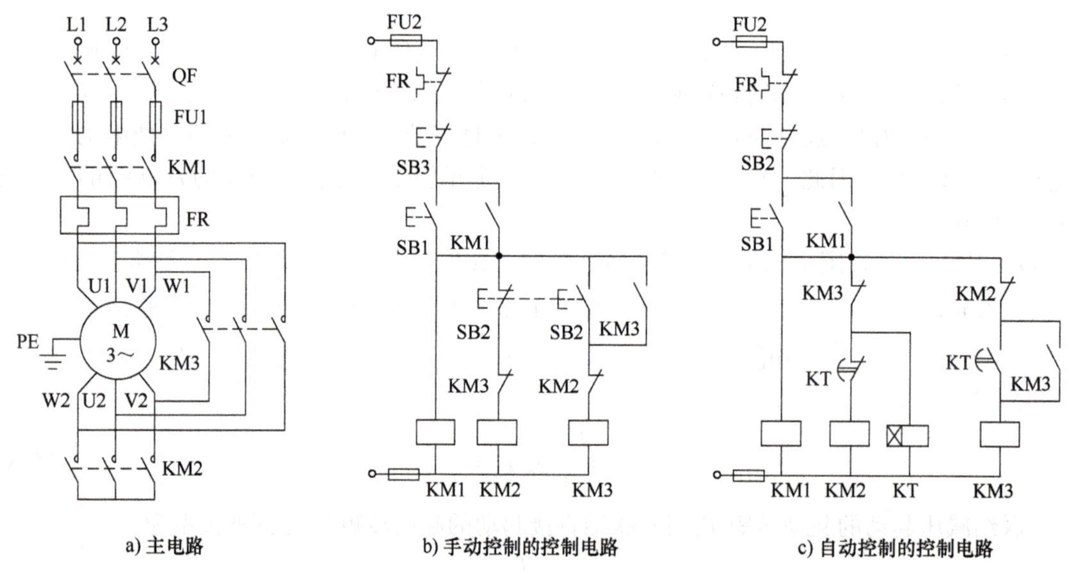

图 5-7 三相笼型异步电动机Y-△减压起动电气原理图

是电源相电压，即额定电压的 $1/\sqrt{3}$，电动机在低压下起动。待电动机的转速 n 上升到接近额定转速 n_N 时，按下按钮 SB2，先切断 KM2 线圈电路，拆除定子绕组的Y联结；随即接通 KM3 线圈电路，KM3 主触头将三相定子绕组首尾顺次连接（U1 接 W2、V1 接 U2、W1 接 V2），即△联结，每相绕组承受的是电源线电压，即额定电压 U_N，电动机全压运行。图 5-7 中，KM2、KM3 的常闭触头构成电气互锁，确保Y联结和△联结不会同时接通，避免发生三相电源短路。

为了操作方便，也为了能准确控制从Y联结到△联结的切换时间，可以用通电延时型时间继电器 KT 来代替图 5-7b 中的按钮 SB2，完成由Y联结到△联结的自动切换，如图 5-7c 所示。

4. 几种常见减压起动方法的比较

表 5-1 列出了三种减压起动方法对应的技术参数、特点及适用场合，并把它们与直接起动做了比较。其中，U_1'/U_{1N}、I_{st}'/I_{st}和 T_{st}'/T_{st} 分别表示减压起动与直接起动两种情况下，加在定

子绕组上的相电压之比、流过定子绕组的线电流之比和电动机产生的起动转矩之比。

表 5-1　三相笼型异步电动机常见起动方法比较

起动方法	U_1'/U_{1N}	I_{st}'/I_{st}	T_{st}'/T_{st}	特点及适用场合
直接起动	1	1	1	起动设备最简单，起动电流大，起动转矩小，只适用于小容量电动机的起动
定子串联电阻减压起动	$1/k$ （k>1，其数值由起动电阻的大小来决定）	$1/k$	$1/k^2$	起动设备简单，起动电流较小，起动转矩较小，适用于空载或轻载起动。起动电阻增加了电能损耗，实际应用较少
自耦变压器减压起动	$1/k$ （k>1，k 为自耦变压器的电压比）	$1/k^2$	$1/k^2$	起动设备价格较高，控制电路复杂，可通过灵活选择二次侧的抽头，得到合适的起动电流和起动转矩。起动转矩较大，通常用于容量较大的电动机的起动
Y-△减压起动	$1/\sqrt{3}$	1/3	1/3	起动设备简单，起动电流小，起动转矩小，适用于空载或轻载起动，只适用于定子绕组额定接线方式为△联结的电动机，应用广泛

（四）三相绕线转子异步电动机的起动

大、中型容量的电动机重载起动时，既需要限制起动电流，又需要有足够大的起动转矩。对三相笼型异步电动机来说，两者难以兼顾。为满足重载起动的要求，就要选用三相绕线转子异步电动机，并且在转子回路串联三相对称电阻或者串联频敏变阻器来改善其起动性能。

1. 转子串联对称电阻分级起动

（1）转子串联对称电阻分级起动的实现方法　在三相绕线转子异步电动机的转子绕组中串联多级对称电阻，起动时，接入全部起动电阻，起动过程中随着电动机转速 n 不断升高，逐级切除起动电阻，起动结束，起动电阻全部被切除，电动机进入额定运行状态。

（2）转子串联对称电阻分级起动的工作过程　图 5-8 为三相绕线转子异步电动机转子串联三级对称电阻起动的原理接线和起动特性。

在图 5-8a 中，准备起动电动机时，合上断路器 QF，三个接触器的主触头 KM1、KM2、KM3 都处于断开状态，起动电阻 R_{st1}、R_{st2}、R_{st3}全部串联进转子电路，电动机开始起动，起动点对应图 5-8b 中人为机械特性 4 上的 a 点。然后，运行点沿人为机械特性 4 逐渐上升，到达 b 点时，转速 n 升高，电磁转矩由 T_{st1} 下降到了 T_{st2}，由电力拖动系统的运动方程 $T-T_L=(GD^2/375)(\Delta n/\Delta t)$ 可知，起动加速度变小了。此时，接触器 KM1 主触头闭合，切除第一级起动电阻 R_{st1}，由于电动机的转速 n 不能突变，运行点跃变到人为机械特性 3 上的 c 点，电磁转矩又恢复到 T_{st1}，起动加速度增大，转速 n 继续升高，运行点沿人为机械特性 3 上升到 d 点时，T_{st1} 又降至 T_{st2}，加速度又变小，接触器 KM2 主触头闭合，切除第二级起动电阻 R_{st2}，运行点跃变到人为机械特性 2 上的 e 点，转矩又恢复到 T_{st1}，加速度又增大，转速 n 继续升高，运行点沿人为机械特性 2 上升到 f 点时，T_{st1} 又降至 T_{st2}，接触器 KM3 主触头闭合，切除第三级起动电阻 R_{st}，转矩又恢复到 T_{st1}，加速度再次增大，运行点沿固有机械特性 1 上升到 h 点，转速 n 升高到额定转速 n_N，电动机进入稳定运行状态。

在起动过程中，电动机运行点在机械特性曲线上以 a→b→c→d→e→f →g→h 点的轨迹移

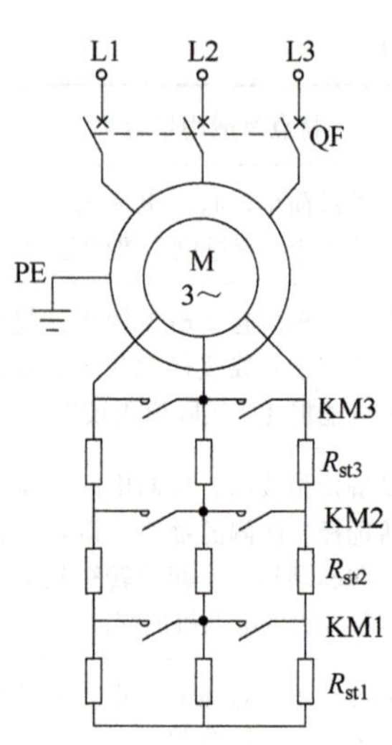

a) 转子串联三级对称电阻起动原理接线图

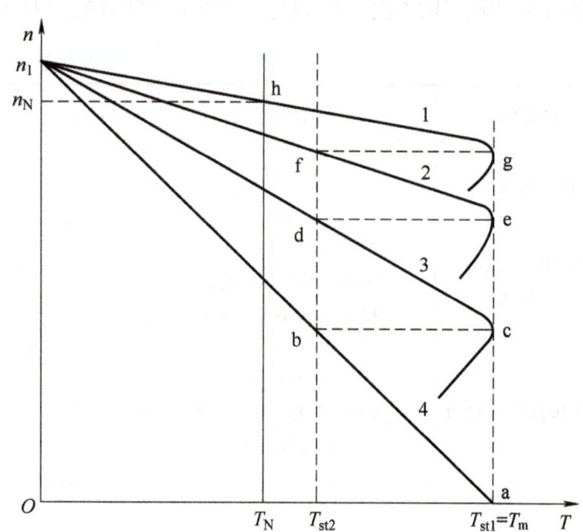

b) 转子串联三级对称电阻起动特性

图 5-8 三相绕线转子异步电动机转子串联三级对称电阻起动原理接线和起动特性

动，转矩在 T_{st1} ~ T_{st2}之间变化。起动转矩 T_{st1} 又称为最大起动转矩或上切换转矩；T_{st2} 称为切换转矩或下切换转矩。起动过程中，当转矩下降到 T_{st2}时，就切除一级起动电阻，使转矩跃变为最大起动转矩 T_{st1}，以加速起动过程。为保证起动过程平稳快速，一般要求 $T_{st1}=(1.5\sim2)T_N$，$T_{st2}=(1.1\sim1.2)T_N$。

（3）转子串联对称电阻分级起动的电气控制电路　图 5-9 为时间原则控制的转子串联三级对称电阻分级起动电气原理图。KM1 为电源接触器，KM2、KM3、KM4 为短接起动电阻接触器，KT1、KT2、KT3 为通电延时型时间继电器。起动时，KM1 先通电，电动机转子电路串联三级对称起动电阻 R_{st1}、R_{st2}、R_{st3}开始起动。起动过程中，在 KT1、KT2、KT3 控制下 KM2、KM3、KM4 相继通电，依次切除 R_{st1}、R_{st2}和 R_{st3}。起动结束，电动机正常运行时，只有 KM1、KM4 两个接触器保持通电，其他接触器和时间继电器在完成任务后都及时断电退出了运行。

三相绕线转子异步电动机采用串联对称电阻分级起动是为了保证整个起动过程都有较大的加速转矩，以缩短起动时间，并使起动过程平滑，以减小对系统的冲击。但实际上，图 5-9 所示电路的起动过程的平滑性并不理想。因为每切除一级起动电阻，起动电流与起动转矩就会突然增大一次，不可避免地会对电动机造成电气冲击和机械冲击。

2. 转子串联频敏变阻器起动

增加起动电阻的级数能获得更加平稳的起动特性，但会使控制电路复杂化，实际应用中并不可取。用频敏变阻器代替起动电阻，就不会产生机械和电气冲击，能有效改善电动机的起动性能。

（1）频敏变阻器的结构和等效电路　频敏变阻器是一种无触头电磁元件，铁心是三柱式的，每个铁心柱上绕一个线圈，三相线圈构成星形联结，各相等效电路与变压器空载运行的等效电路相同。频敏变阻器实质上是铁心损耗很大的三相电抗器，其铁心由数片 E 形铸铁片或钢板叠成，钢板间夹以垫圈，使之相互之间保持一定的距离，以利于散热，其外形如图 5-10a 所示。

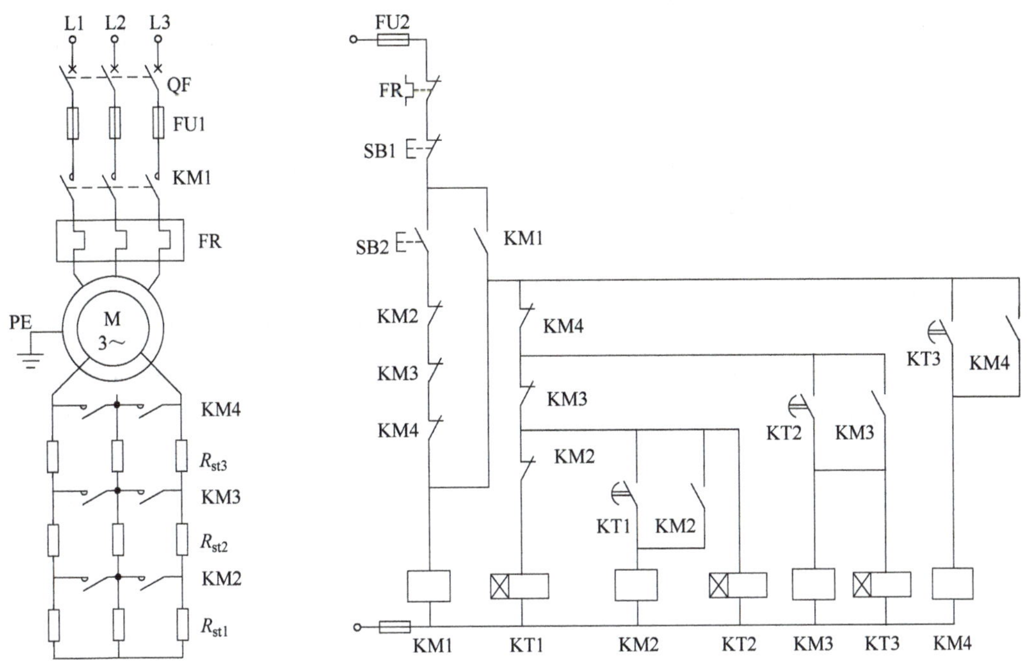

图 5-9　三相绕线转子异步电动机转子串联三级对称电阻分级起动电气原理图

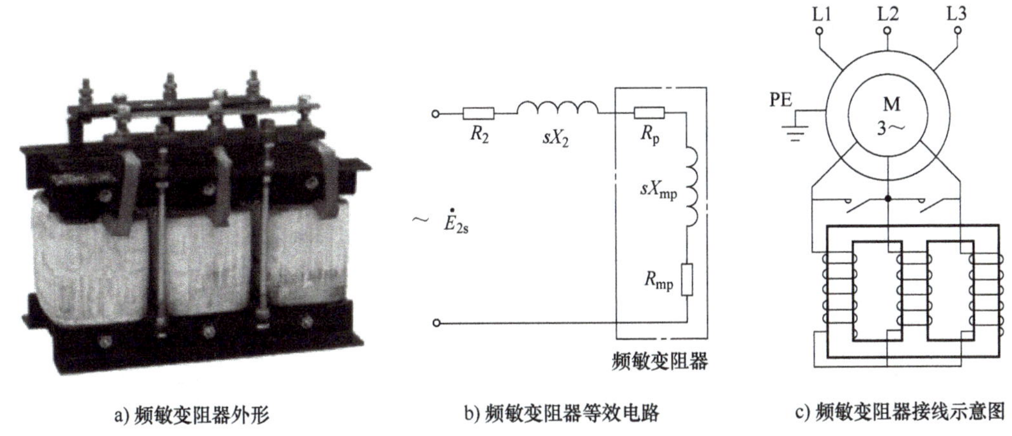

a) 频敏变阻器外形　　b) 频敏变阻器等效电路　　c) 频敏变阻器接线示意图

图 5-10　三相绕线转子异步电动机转子频敏变阻器

频敏变阻器的等效电路如图 5-10b 所示，其中 R_2 为转子绕组的电阻，sX_2 为转子绕组的电抗，R_p 为频敏变阻器每相绕组的电阻，sX_{mp} 为频敏变阻器每相的电抗，R_{mp} 为反映频敏变阻器铁心损耗的等效电阻。频敏变阻器的等效阻抗能随转子电流频率 f_2 的变化而明显变化，转子电流频率 f_2 高时，等效阻抗也高，转子电流频率 f_2 低时，等效阻抗也低，该频率特性非常适宜于控制绕线转子异步电动机的起动。频敏变阻器在转子电路中的接线情况如图 5-10c 所示。

（2）转子串联频敏变阻器起动的工作原理　频敏变阻器的铁损耗与转子电流频率 f_2 的二次方成正比，即：f_2 越大，频敏变阻器的铁损耗越大，其等效电阻 R_{mp} 就越大。由于 $f_2=sf_1$，起动瞬间，转差率 $s=1$，转子电流频率 $f_2=f_1=50\text{Hz}$，铁心损耗等效电阻 R_{mp} 很大，而起动电流使频敏变阻器的铁心饱和，各相电抗 X_{mp} 并不大，相当于在转子电路中串联一个较大的起动电

阻 R_{mp}，使起动电流减小、起动转矩增大，可以获得较好的起动性能。起动过程中，随着转子转速 n 的升高，转差率 s 减小，一方面使 sX_{mp} 减小，另一方面转子电流频率 f_2 逐渐降低，使 R_{mp} 随之减小，相当于自动且连续地减小了起动电阻，电动机能够实现无级起动。转速 n 升高到接近额定值 n_N 时，转差率 s 减小到额定值 s_N（取值范围是 0.01~0.07），f_2 变得极小，致使 sX_{mp} 和 R_{mp} 的数值都很小，相当于起动电阻被切除，电动机的运行点回归到固有机械特性上，起动过程结束。此时，要及时让频敏变阻器退出运行。

（3）转子串联频敏变阻器起动控制电路　三相绕线转子异步电动机转子串联频敏变阻器起动的电气原理图如图 5-11 所示，KA1、KA2 为中间继电器，起信号的传递和放大作用，KA3 为过电流继电器，用作过电流保护。在起动过程中，过电流继电器 KA3 的线圈被中间继电器 KA2 的常闭触头短路，起动电流不经过 KA3，避免了起动电流大造成 KA3 误动作。时间继电器 KT1 确保在起动结束后及时接通 KM2，短接频敏变阻器。KT1 设置的延时时间要略大于电动机的实际起动时间，以大于实际起动时间 2~3s 为佳。时间继电器 KT2 的作用是确保频敏变阻器被切除后，即起动结束，大起动电流完全消失后，才让中间继电器 KA2 动作，使过电流继电器 KA3 投入运行。

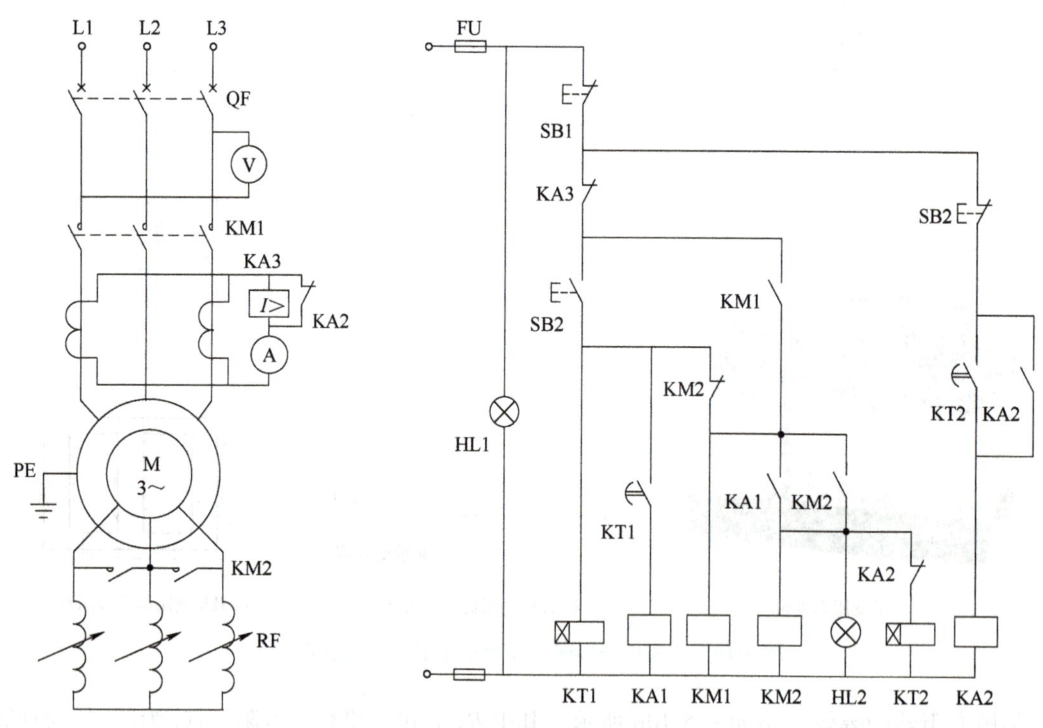

图 5-11　三相绕线转子异步电动机转子串联频敏变阻器起动的电气原理图

图 5-11 所示电路的工作过程为：合上低压断路器 QF，红色电源指示灯 HL1 亮；按下起动按钮 SB2，KM1 和 KT1 通电、KM2 不通电，在转子回路中串联频敏变阻器，达到限制起动电流和增大起动转矩的目的。在起动过程中，随着电动机转速 n 的升高，频敏变阻器的等值阻抗自动且平滑地减小，电动机平稳起动。起动结束，KT1 延时触头动作，接通 KA1，KA1 又使 KM2、KT2 和绿色正常运行指示灯 HL2 通电，频敏变阻器被短接，HL2 被点亮，电动机进入正常额定运行状态。而且 KM2 的常闭触头断开，让 KT1 和 KA1 退出运行。时间继电器 KT2 延迟一定的时间后，接通 KA2，KA2 的常闭触头断开，一方面让 KA3 投入运行作为过电

流保护，另一方面让 KT2 退出运行。

3. 三相绕线转子异步电动机两种起动方法的比较

（1）转子串联对称电阻分级起动

优点：既能减小起动电流，又能增加起动转矩；当串联的电阻值适当时，能以最大转矩起动；电动机正常运行时，还可以利用分级电阻的接入和切除进行调速。

缺点：对电阻值的选择要特别注意，因为当所串联的电阻值超过一定数值后，初始起动转矩反而会减小；电阻值的计算较麻烦；起动过程中每切除一级起动电阻，电动机的电流和电磁转矩都会突然增大而引起电气冲击和机械冲击；电气控制电路比较复杂。

应用：用于重载起动或频繁起动的场合，因为起动电阻可兼作调速电阻使用，所以若同时要求调速，则更为可取。

（2）转子串联频敏变阻器起动

优点：可减小起动电流；可增大起动转矩；起动过程平滑性好。

缺点：频敏变阻器价格较高，增加了设备的初投资；不能利用频敏变阻器对电动机进行调速。

应用：用于对起动性能要求较高的大功率重载起动的场合。

四、项目任务实现

（一）项目任务分析

1. 任务要求

某车间的电镀行车由两台电动机控制：一是移行电动机，控制镀件的左右移动；二是吊钩升降电动机，控制镀件的上升和下降。请根据电镀生产的实际需要，针对移行电动机和吊钩升降电动机的起动要求，选择出合适的电动机类型，设计出合理的起动控制方案，画出电气原理图。

2. 任务分析

（1）电镀行车简介　行车、吊车、天车都是人们对起重机的笼统叫法。起重机是现代化生产中输送物料的重要设备。电镀行车就是电镀过程中用来起吊、运送电镀物品的起重机。

（2）电镀操作主要部件和工作流程　如图 5-12 所示，电镀操作的主要部件包括行车、吊篮、吊钩、限位开关、镀前处理槽、电镀槽、镀后处理槽等。1 槽为镀前处理槽，槽中装浸蚀溶液，以去除镀件上的氧化物及锈蚀物。2 槽为电镀槽，内装电镀液。3 槽为镀后处理槽，对镀件进行钝化、热熔、封闭和除氢等操作，以增强镀件的防护性能。实际生产中电镀槽的数量和具体用途由电镀物品的种类、电镀液的特性和电镀具体工艺要求等因素共同决定。

图 5-12 中，电镀工序主要包括吊篮上升、行车前进、吊篮下降、延时停留、行车后退等。

1）在起始位的操作。在起始位，工人将需要电镀的零件装入吊篮→发出控制信号→吊篮自动上升，至上限位停止上升→行车自动前进。

2）行车到达各槽位的操作。行车前进至需要停留的槽位后，自动停止前进→吊篮自动下降，至下限位后停下→电镀物品在槽内停留一定的时间（在各槽停留的时间根据工艺要求设定），接受一定的电镀工艺操作→操作完成后，吊篮再自动上升，至上限位后停下→行车继续前行。

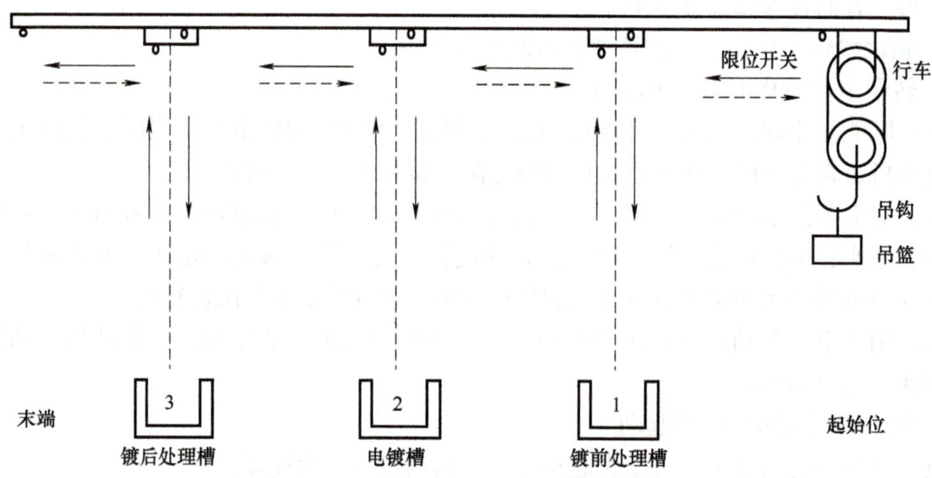

图 5-12 电镀操作主要部件和工作流程示意图

3）行车自动返回。行车前进至生产的末端，压下末端限位开关→行车自动后退至起始位→工人卸下电镀好的零件，再把需要电镀的零件装入吊篮→发出控制信号，进入下一个工作周期。

（二）电镀行车电动机的选择

电镀车间通常用的是三相交流电，所以控制电镀行车的两台电动机都是三相异步电动机。三相异步电动机根据转子结构不同，有笼型转子和绕线转子之分，应该选用哪一种呢？这要由起动要求来定。

三相笼型异步电动机的起动分为直接起动和减压起动两大类。直接起动时起动电流大，起动转矩并不大，只有小容量的电动机才能直接起动；减压起动能限制起动电流，但是起动转矩会随电压降低而大幅度下降，只能进行轻载或空载起动。三相笼型异步电动机由于结构简单、运行可靠、重量轻、价格便宜，所以，在轻载或空载起动的场合得到了广泛应用。

三相绕线转子异步电动机的起动方式有两种：转子串联对称电阻分级起动、转子串联频敏变阻器起动。这两种起动方式都具有起动电流小、起动转矩大的优点，都适用于重载起动。所以，尽管三相绕线转子异步电动机结构相对复杂、造价也比较高，但是需要重载起动的场合非它莫属。

任务要求中说明电镀行车由两台电动机控制：控制镀件的左右移动的移行电动机和控制镀件上升和下降的吊钩升降电动机。移行电动机主要是克服摩擦力做功，负载特性为反抗性恒转矩负载，属于轻载，轻载起动即可，宜采用三相笼型异步电动机；吊钩升降电动机主要是克服镀件的重力做功，负载特性为位能性恒转矩负载，属于重载，需要重载起动，宜采用三相绕线转子异步电动机。

（三）拟订电镀行车电动机的起动控制方案

1. 拟订移行电动机的起动控制方案

（1）三个起动控制备选方案

1）三相笼型异步电动机直接起动（电动机容量在 10kW 以下时）。

2）三相笼型异步电动机自耦变压器减压起动。

3）三相笼型异步电动机Y-△减压起动。

（2）三个起动控制备选方案的可行性分析

1）电动机容量在10kW以下时，直接起动是最佳起动方式，因为电路简单，操作方便。

2）如果电动机容量超过了10kW，且镀件的质量经常变化，也就是负载转矩经常变化，宜采用自耦变压器减压起动。因为自耦变压器有三个抽头，选择不同的抽头，可得到不同的起动转矩，便于适应镀件质量的变化。

3）如果电动机容量超过了10kW，且镀件的质量相对稳定，也就是说负载转矩相对稳定，宜采用Y-△减压起动。因为Y-△减压起动设备简单，工作可靠，起动转矩恒定，容量在4kW以上的Y系列电动机都可采用。

（3）起动控制方案确定　电动机拖动镀件左右运动是轻载起动，容量在10kW以下的三相笼型异步电动机就能带动，所以确定采用直接起动方案。

2. 拟订吊钩升降电动机的起动控制方案

（1）两个起动控制备选方案

1）三相绕线转子异步电动机转子串联对称电阻分级起动。

2）三相绕线转子异步电动机转子串联频敏变阻器起动。

（2）两个起动控制备选方案的可行性分析

1）转子串联对称电阻分级起动。

优点：起动电流小，起动转矩大，若起动结束正常运行过程中需要调速，则起动电阻可兼作调速电阻使用，一举两得；缺点：起动电阻会消耗电能，而且起动过程中每切除一级起动电阻，都会产生电气冲击和机械冲击。增加起动电阻的级数能够提高起动的平滑性，但是起动电阻的级数越多，对应的电气控制电路就越复杂。应用：重载起动，但对起动的平滑性要求不高的场合。

2）转子串联频敏变阻器起动。

优点：起动电流小，起动转矩大，起动过程平滑性好，电路结构简单、维护方便，使用寿命长；缺点：频敏变阻器的初投资较大，且不能用来调速。应用：对起动性能要求比较高的重载起动场合。

（3）起动控制方案确定　由于电镀吊钩升降电动机只要求重载起动，对起动的平滑性没有要求，起动结束正常运行时也不需要调速，所以，两种备选起动控制方案都可以采用。考虑到虽然频敏变阻器的初投资较大，但是它的长期经济效益好，而且电路结构简单，能实现平滑起动，运行维护方便，使用寿命长，因此确定采用三相绕线转子异步电动机转子回路串联频敏变阻器起动的方案。

（四）电镀行车电动机的起动控制电气原理图设计

鉴于这两种电动机选定的起动控制都有现成的电气原理图，所以采用经验设计法进行设计。

1. 移行电动机的起动控制电气原理图设计

移行电动机选定的是直接起动控制，由于移行电动机需要正反转，而且是运行到末端后自动反转，与三相异步电动机自动往复循环控制有很多相同或者类似之处，所以选取图3-14所示三相异步电动机自动往复循环控制电路作为设计的基础电路，然后根据移行电动机的实际工作需要，进行相应的修改与完善。

（1）保留原电路中的主电路　本项目的新增功能，在控制电路中添加相应的限位开关就能实现，主电路不需要改动就能满足控制要求，所以原电路中的主电路保持不变。

（2）从起始位开始的起动控制　在起始位时，吊篮上升至上限位后，行车自动前进，可以利用起始位的上限位开关 ST0 的常开触头接通正转接触器 KM1，起动电动机使之正转，带动行车前进。

（3）行车移行到各槽位上方的自动停止和自动再起动控制　考虑到行车移行到每个槽位都要停下来，将镀件下放到槽内接受一定的工艺处理，处理完后再提升上来，才能继续前进，所以电镀移行电动机要有到达槽位上方自动停止、镀件提升到位自动再起动运转的功能。到达槽位自动停止功能可通过在每个槽位上方分别设置移行到位限位开关 SQ1～SQ3，由限位开关 SQ1～SQ3 的常闭触头断开正转接触器 KM1，再由 KM1 主触头复位断开，切断移行电动机正序电来实现。镀件提升到位自动再起动运转功能，可通过在槽位上方设置上升到位限位开关 ST1～ST3，由限位开关 ST1～ST3 的常开触头接通正转接触器 KM1，再由 KM1 主触头闭合为移行电动机接通正序电，从而使移行电动机重新起动，带动行车继续前进实现。

（4）行车自动返回控制　行车前进至生产末端，要自动停止前进并后退返回，这显然要由末端限位开关 SQ4 来控制，其常闭触头先切断正转接触器 KM1，其常开触头随即接通反转接触器 KM2，即通过末端限位开关 SQ4 完成电动机由正转变反转的自动切换，带动行车自动后退返回起始位。

（5）行车返回起始位的停车控制　行车返回起始位后，要能自动停下，由工人卸下镀件，开始下一个工作周期。既然行车在起始位的起动是依靠起始位的上限位开关 ST0 的常开触头实现的，那么行车在起始位的停止就可以利用 ST0 的常闭触头来实现。

（6）去掉原电路中的机械互锁、限位保护和正反转循环功能　为了方便检修，保留原电路中的停止按钮 SB1、正转起动按钮 SB2、反转起动按钮 SB3，由于不再需要手动进行正反转直接切换，所以去掉机械互锁环节。因为采用了新的限位保护，所以要去掉原有的限位保护。原来的正反转可以无限循环，本项目不需要无限循环，完成一次正转、一次反转就是一个工作周期，就要停车，所以要保留由正转到反转的自动切换，去掉由反转到正转的自动切换。

（7）修改后的完整电路　综合前面 6 个具体修改步骤，可得到修改后的电镀移行电动机直接起动控制电路，如图 5-13 所示。

（8）综合审查　经过综合审查，图 5-13 所示电路能够满足电镀移行电动机的所有控制要求。

2. 拟订吊钩升降电动机的起动控制方案

吊钩升降电动机采用三相绕线转子异步电动机转子串联频敏变阻器起动，用经验设计法，选取图 5-11 所示三相绕线转子异步电动机转子串联频敏变阻器起动的电气原理图为设计基础，再结合吊钩升降电动机的实际工作需要，进行修改完善。

（1）修改主电路　在图 5-11 的主电路中，去掉不必要的电压表和电流表，将控制过电流继电器 KA3 接入和切除的中间继电器改为 KA4，KM1 作为正转接触器，加入交换了 L1、L2 两相电源相序的反转接触器 KM2，由 KM3 和 KM4 两个接触器控制频敏变阻器接入和切除，其他部分不变，修改后的主电路如图 5-14 所示。

不论是正转还是反转，在起动之初，KM3 和 KM4 的常开触头都是断开的，接入频敏变阻器起动。在起动结束后，正转和反转分别利用 KM3 和 KM4 的常开触头闭合来切除频敏变

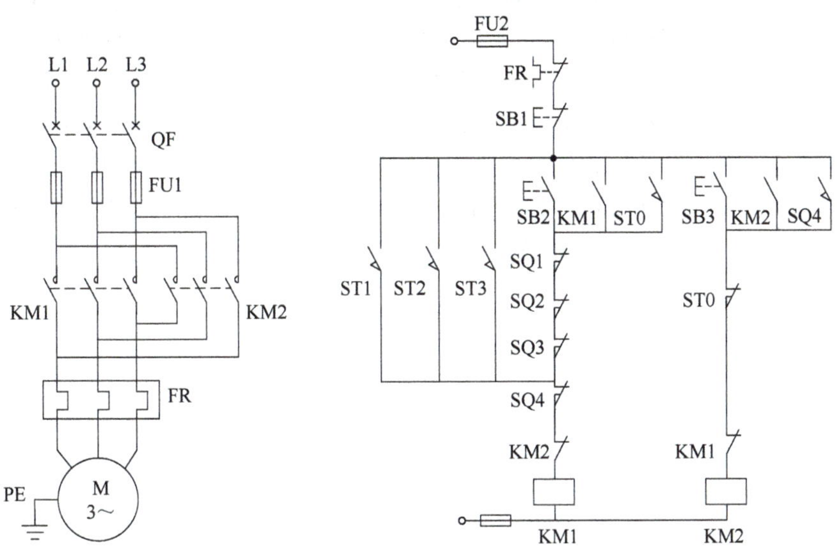

图 5-13　电镀移行电动机直接起动控制电路

阻器。

(2) 正转接触器 KM1 的控制　正转接触器 KM1 控制吊钩升降电动机的上升，KM1 能否得电由正转起动按钮 SB2 和三个通电延时型时间继电器 KT1、KT2、KT3 来控制。如图 5-15 所示，SB2 的常开触头和 KT1、KT2、KT3 延时闭合的常开触头并联，任意一个触头闭合，都能让 KM1 得电。起动按钮 SB2 供工人将镀件装入吊篮后发出起动控制信号之用。KT1、KT2、KT3 的延时时间分别对应镀件在 1 槽、2 槽、3 槽内停留的时间，以起到在各槽处理完镀件后使吊钩升降电动机起动正转、带动吊篮上升的作用。吊篮上升到上限位，压下上限位开关，上限位开关的常闭触头切断 KM1 线圈，断开吊钩升降电动机的正序电，吊钩升降电动机停转，吊篮停止上升。ST0、ST1、ST2 和 ST3 分别对应起始位、1 槽、2 槽和 3 槽的上限位开关，它们的常闭触头串联，任意一个上限位开关动作，都能让 KM1 断电，让电动机停转，也就是让吊篮停止上升。

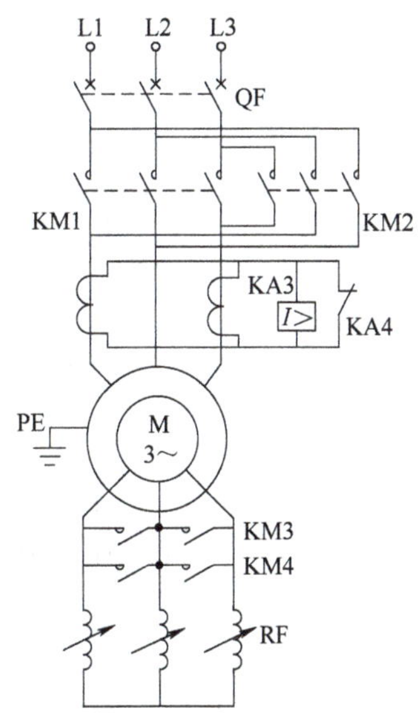

图 5-14　吊钩升降电动机起动的主电路

(3) 吊钩升降电动机的正转起动过程　吊钩升降电动机的正转提升过程由正转接触器 KM1 控制，属于转子串联频敏变阻器起动，直接借用图 5-11 的起动控制电路部分。起动瞬间，通电延时型时间继电器 KT4 和正转接触器 KM1 的线圈同时得电，KM1 立即动作接通正序电，KT4 延时；反转接触器 KM2 和控制频敏变阻器的接触器 KM3、KM4 都不得电，电动机转子串联频敏变阻器起动，既有大的起动转矩，又能将起动电流限制在允许范围内。起动结束，KT4 延时闭合的常开触头闭合，KM3 得电动作，切除频敏变阻器，吊钩升降电动机进入正转连续运行状态，带动吊篮上升。

(4) 反转接触器 KM2 的控制　反转接触器 KM2 控制吊钩升降电动机的下降，KM2 能否得电由反转起动按钮 SB3 和三个槽位限位开关 SQ1、SQ2、SQ3 来控制。如图 5-15 所示，SB3

的常开触头和SQ1、SQ2、SQ3的常开触头并联，任意一个触头闭合，都能让KM2得电。反转起动按钮SB3只在检修时会用到，在正常电镀过程中不使用。当镀件运行到1槽、2槽、3槽的槽位上方时，对应的SQ1、SQ2、SQ3的常开触头闭合，使移行电动机停转不再带动镀件前进，而使吊钩升降电动机反转带动吊篮下降。ST0′、ST1′、ST2′和ST3′分别对应起始位、1槽、2槽和3槽的下限位开关，它们的常闭触头串联，吊篮下降到下限位时，对应的下限位开关动作，KM2断电，电动机停转，吊篮停止下降。此时，如果停在起始位，就供工人装卸镀件；如果停在任意一个槽位下，则让镀件在槽内停留接受电镀处理。

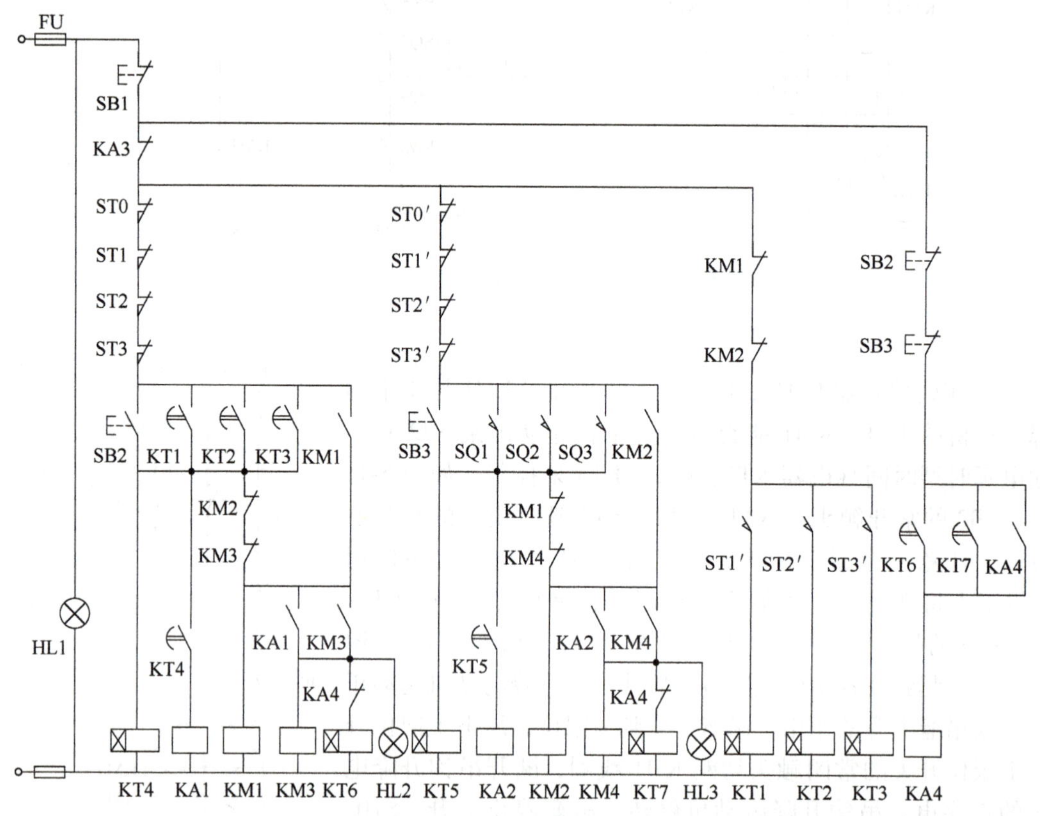

图5-15　吊钩升降电动机转子串联频敏变阻器起动控制电路

（5）吊钩升降电动机的反转起动过程　吊钩升降电动机的反转下降过程与正转提升过程虽然运动方向相反，但是起动过程很类似，同属于转子串联频敏变阻器起动，仍然是直接借用图5-11的起动控制电路。起动瞬间，通电延时型时间继电器KT5和反转接触器KM2同时得电，KM2立即动作接通反序电，KT5延时；正转接触器KM1和控制频敏变阻器的接触器KM3、KM4都不得电，转子串联频敏变阻器起动，将起动电流限制在允许范围内。起动结束，KT5延时闭合的常开触头闭合，KM4得电动作，切除频敏变阻器，吊钩升降电动机进入反转连续运行状态，带动吊篮下降。

（6）镀件在槽内停留的控制　镀件在槽内停留的时间由电镀的工艺要求决定，通常是已知的，可以预先设定。一旦吊篮下降到下限位，吊钩升降电动机停转，就起动对应槽位的通电延时型时间继电器KT1、KT2、KT3。镀件在槽内停留接受电镀处理的过程中，时间继电器一直在延时；电镀处理完成，延时正好结束，KT1 或 KT2 或 KT3 延时闭合的常开触头闭合，接通正转接触器 KM1，让吊钩升降电动机正转起动，带动吊篮上升，把吊篮重新吊起来。

（7）几个继电器的作用　修改完善后的吊钩升降电动机转子串联频敏变阻器起动控制电路如图 5-15 所示，图中用到了 3 个中间继电器 KA1、KA2、KA4，1 个过电流继电器 KA3 和 7 个通电延时型时间继电器 KT1～KT7，保留了原电路中起动过程让过电流继电器 KA3 短路、起动结束延时让 KA3 投入运行、延时切除频敏变阻器等功能，增加了槽位停留时间控制等。

中间继电器 KA1、KA2、KA4 起信号的传递和放大作用，确保延时到才动作。KA1、KA2 分别控制接触器 KM3 和 KM4 在起动结束才能得电。KA4 控制过电流继电器 KA3，在起动过程中，KA4 的常闭触头使过电流继电器 KA3 的线圈短路，起动电流不经过 KA3，避免了起动电流大而造成 KA3 误动作，起动结束正常运行时，KA4 动作，解除对 KA3 的短路控制，使 KA3 投入运行，发挥过电流保护作用。KT1、KT2、KT3 分别对应 1 槽、2 槽、3 槽的槽位停留时间，KT4、KT5 分别对应吊钩升降电动机的正转和反转的起动时间，KT6、KT7 分别对应正转和反转起动结束到过电流继电器 KA3 投入运行这段延时时间，以确保大的起动电流完全消失后，中间继电器 KA4 才动作，从而解除对过电流继电器 KA3 的短路控制。

（8）综合审查　经过综合审查，图 5-14 所示的主电路与图 5-15 所示的控制电路配合，能够满足电镀过程中吊钩升降电动机的所有控制要求，可以构成合格的电气控制原理图。

五、拓展与提高

（一）三相笼型异步电动机延边三角形减压起动

延边三角形减压起动是一种既不增加起动设备、又能使起动转矩不至于降得太多的减压起动方式，适用于定子绕组有 9 个抽头的三相笼型异步电动机减压起动。普通三相笼型异步电动机的定子绕组有 6 个抽头，分别是定子绕组的 3 个首端和 3 个尾端。如果在每相定子绕组的中间（不一定是中心点）各引出一个抽头，就构成了具有 9 个抽头的三相笼型异步电动机，可采用延边三角形减压起动。

1. 延边三角形减压起动原理

延边三角形减压起动与Y-△减压起动在起动原理上非常相似，可以看作Y-△减压起动的延伸应用。在图 5-16 中，1、2、3 为三相定子绕组的首端抽头，4、5、6 为三相定子绕组的尾端抽头，7、8、9 为三相定子绕组的中间抽头。如图 5-16a 所示，在起动时，将电动机定子绕组连接成延边三角形：三相首端抽头 1、2、3 分别接三相电源，三相尾端抽头与中间抽头顺次相连，即抽头 4 与 8、5 与 9、6 与 7 分别相连。这样就将定子绕组的一部分接成了三角形联结（4 与 8、5 与 9、6 与 7 相连而组成），另外一部分接成了星形联结（把中间的小三角形看成是星形联结的中心节点，首端 1、2、3 构成星形联结的三个分支）。从图形上看，就是将小三角形的三条边延长了，因此称为延边三角形联结。

延边三角形联结时，电动机的起动电压低于额定电压，属于减压起动。当起动结束时，先拆除延边三角形联结，再将首端抽头与尾端抽头顺次相连：1 与 6 相连、2 与 4 相连、3 与 5 相连，三个连接点分别接在三相电源上，而将中间抽头 7、8、9 悬空，构成三角形联结，如图 5-16b 所示，加在定子绕组上的电压恢复到额定值，电动机在全压下正常运行。

延边三角形减压起动的起动性能介于三角形联结直接起动和Y-△减压起动之间，即：延边三角形减压起动时，电动机定子每相绕组所承受的电压，比三角形联结时低，比星形联结时高，起动电压 U_{st}、起动电流 I_{st} 和起动转矩 T_{st} 都介于三角形联结和星形联结之间，既实现了减压起动，起动转矩又比Y-△减压起动时高。而且，还可以通过改变中间抽头的位置，也就是改变定子每相绕组中首、尾两段绕组（如 U 相中的 1-7 和 7-4 两段绕组）的匝数比，得到不同的起动电压 U_{st}、起动电流 I_{st} 和起动转矩 T_{st}。

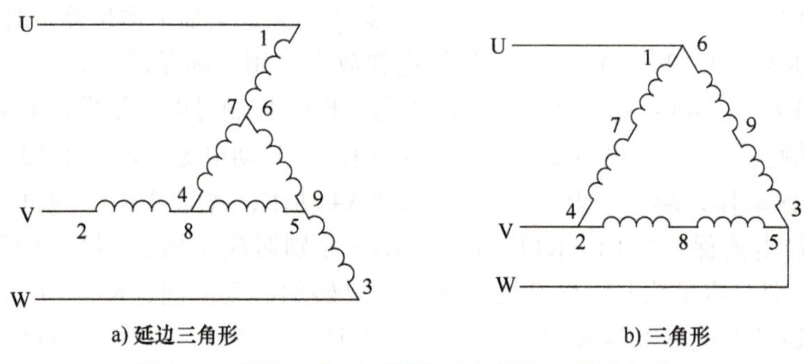

图 5-16　延边三角形减压起动定子绕组接线方式

2. 延边三角形减压起动控制电路

延边三角形减压起动电气原理图如图 5-17 所示。图中，U1、V1、W1 表示三相定子绕组的首端，U2、V2、W2 表示三相定子绕组的尾端，U3、V3、W3 表示三相定子绕组的中间端子。起动时，合上断路器 QF，按下起动按钮 SB2，KM1、KM2 和 KT 同时通电。KM1、KM2 把定子绕组接成延边三角形，电动机减压起动，KT 开始延时。KT 延时结束，其延时断开的常闭触头断开使 KM2 断电退出运行，拆除定子绕组的延边三角形联结。紧接着，KT 延时闭合的常开触头闭合使 KM3 通电，一方面让 KT 断电退出运行，另一方面把定子绕组接成三角形联结，使电动机在全压下正常运行。

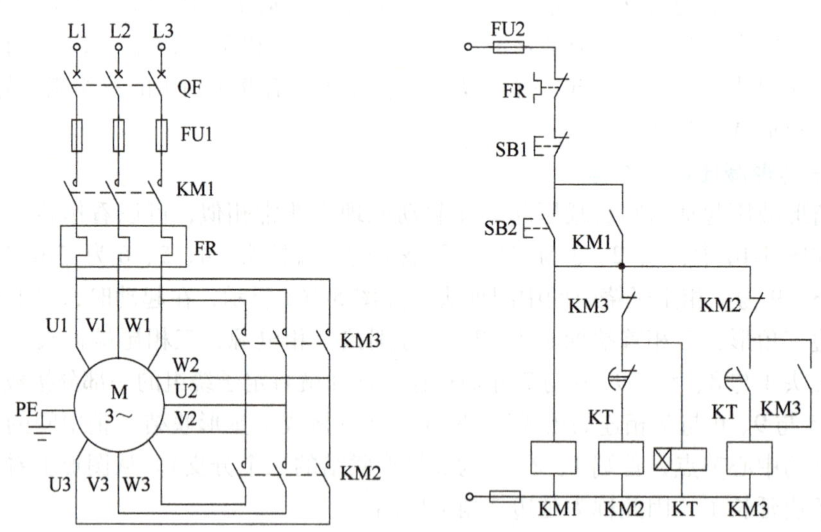

图 5-17　电动机延边三角形减压起动电气原理图

3. 延边三角形减压起动的应用

延边三角形减压起动只能用于定子绕组有 9 个出线端的三相笼型异步电动机。由于定子绕组有 9 个抽头的电动机比较少见，所以限制了延边三角形减压起动的应用。

（二）三相异步电动机的软起动

1. 软起动的概念

软起动技术是一种控制和起动电动机的新兴技术，如今已经受到广泛关注，并应用在了企业生产中。这种技术能够平滑起动电动机，很好地降低电压，还能够对电动机进行补偿与变频，从而减小电动机起动对电网以及相关设备的不良影响，有效地保护各种相关设备。

软起动是指在起动电动机时，起动电压 U_{st} 由 0 值慢慢提升到额定电压 U_N，使得起动电流 I_{st} 和起动转矩 T_{st} 的大小可以根据实际需要来调节和控制，改变了电动机直接起动时起动冲击电流的不可控性，并且起动的全过程都不存在冲击转矩，能够实现平滑起动。

2. 软起动器及其工作原理

软起动器是一种集软起动、软停车、多种保护功能于一体的电动机控制装置。它能够在整个起动过程中无冲击且平滑地起动电动机，还能够根据电动机负载的特性来调节起动过程中的参数，如限流值、起动时间等，有很好的起动性能。软起动器采用三相反并联晶闸管作为调压器，串联于电源与被控电动机的定子绕组之间，通过控制三相反并联晶闸管的导通角，使被控电动机的输入电压即起动电压 U_{st} 按照预设的函数关系从零开始逐渐上升，起动电流 I_{st} 从零开始线性上升，起动转矩 T_{st} 和转速 n 都随之逐渐增加。起动结束，晶闸管全导通，提供全电压，使电动机工作在额定电压的机械特性上，实现平滑起动。起动过程结束后，软起动器自动被旁路接触器所取代，以降低晶闸管的热损耗，延长软起动器的使用寿命，提高其工作效率，又使电网避免了谐波污染。软起动结束，电动机正常运行时，三相电源经旁路电磁接触器为其供电，提供的是来自电源的额定电压。

软起动器同时还提供软停车功能，软停车与软起动过程相反：需要停车时，先切断旁路接触器，然后控制软起动器内晶闸管的导通角由大逐渐减小，使三相供电电压逐渐降低，电动机转速 n 逐渐下降直至停转，避免了瞬间断电停机而引起的转矩冲击，减轻了对重载机械的设备损伤。

软起动其实是减压起动。起动时，控制晶闸管的导通角由小到大使起动电压 U_{st} 一点点升高，直至达到电源电压。软起动时电压从零开始沿斜坡上升至全压的时间，可以设定在 0.5~60s。软停车时，控制晶闸管的导通角由大到小使电压从电源电压一点点下降，直至零，电压斜坡下降时间可以设定为 0.6~240s。

注意： 软起动器和变频器是两种用途完全不同的设备。变频器用于需要调速的地方，其输出要同时改变电压和频率；软起动器实际上是一个调压器，用于起动电动机时，只改变输出电压并不改变频率。变频器具备软起动器的所有功能，但它的价格比软起动器贵得多，结构也复杂得多。所以在不需要调速时，就不需要使用变频器，采用软起动器控制就足够了。

3. 软起动器的起动方式

软起动器的起动方式包括斜坡升压式、斜坡恒流式、阶跃式、脉冲冲击式、电压双斜坡式、限流式等多种。其中斜坡升压软起动没有限流功能，有时会产生较大的冲击电流而使晶闸管损坏，对电网影响较大，实际很少采用；应用较多的是斜坡恒流软起动方式，尤其适用于通风机、泵类负载的起动；脉冲冲击起动在一般负载中较少应用，适用于重载并需要克服较大的静摩擦的场合。

4. 电动机软起动的电气控制电路

三相笼型异步电动机软起动电气控制总电路接线如图 5-18 所示。它由主电路、控制电路和 RS-485 通信电路组成。软起动器的端子 1L1、3L2、5L3 通过断路器接入三相交流电源，软起动器的端子 2T1、4T2、6T3 接电动机的三相定子绕组。旁路接触器 KM 与软起动器并联，通过软起动器的内置信号继电器 K2 控制 KM 的接入和切除。软起动器可通过参数设定选择是否进行相序检测。准备起动电动机时，不给旁路接触器通电，只给软起动器通电，通过控制三相反并联晶闸管的导通角，使电动机软起动。起动过程结束后，旁路接触器自动取代软起动器，将电源电压供应给电动机，使电动机在全压下运行。

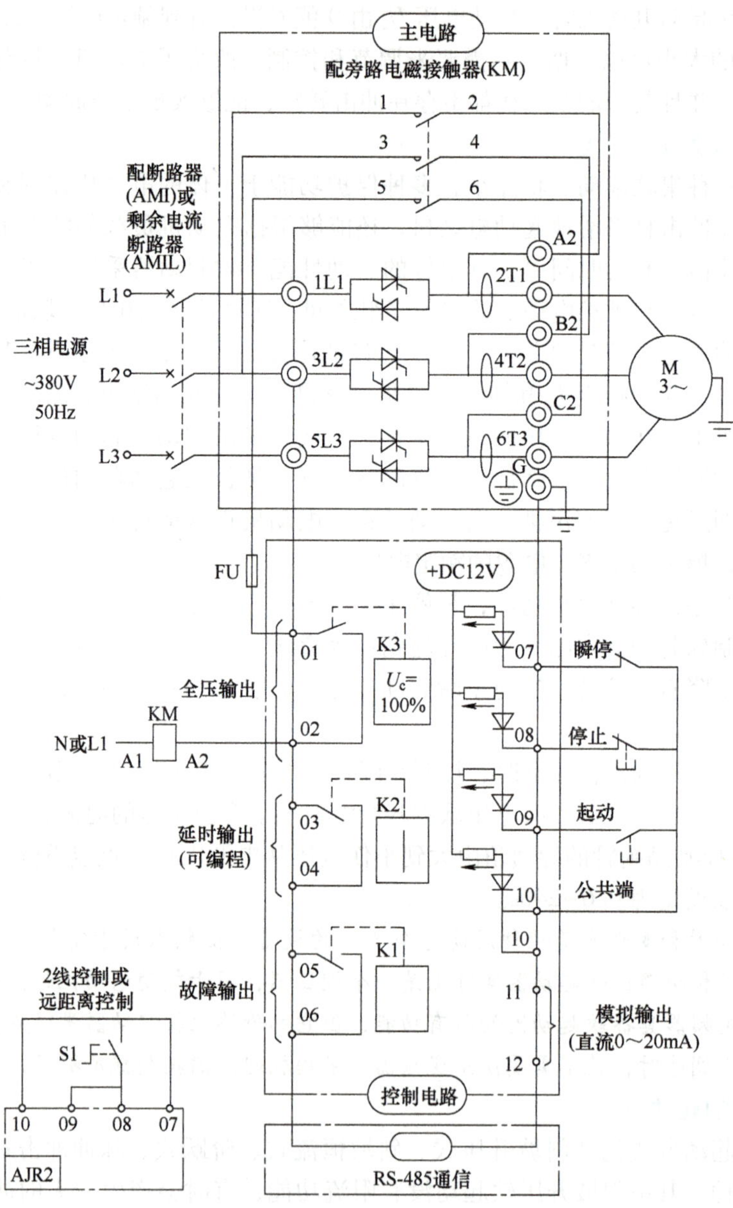

图 5-18　电动机软起动电气控制总电路接线图

5. 软起动的特点

1）能使电动机起动电压以恒定的斜率平稳上升，起动电流小，且起动曲线可根据现场实际工况（负载情况及电网的继电保护特性）进行无级调整，以获得最佳的起动电流，对电网和设备冲击小，减小了负载所受的机械冲击。

2）起动电压上升的斜率可调，保证了起动电压的平滑性。依据不同负载的需求，起动电压能够在（30%~70%）U_N 范围内连续可调。

3）可以根据不同的负载设定起动时间，起动速度平稳可靠。

4）为适应现代化生产的需要，减小对电网的冲击和对机械的磨损，减少对起动装置的维护，软起动器还具有晶闸管短路过载保护、断相保护、过热保护和其他保护功能。

① 过载保护功能。软起动器采用电流控制环随时跟踪检测电动机电流的变化状况，通过增加过载电流的设定和反时限控制模式，能在电动机过载时关断晶闸管实现过载保护，并发出报警信号。

② 断相保护功能。在电动机工作时，软起动器能够随时检测三相电流的变化情况，一旦发生断相，即可进行断相保护。

③ 过热保护功能。软起动器内部的热继电器能检测晶闸管散热器的温度，一旦散热器温度超过允许值就自动关断晶闸管，并发出报警信号。

④ 其他保护功能。通过电子电路的组合，还可在系统中实现其他连锁保护。

6. 软起动的应用

一般来说，在三相异步电动机不需要调速的各种应用场合，都可以使用软起动器进行起动。软起动适用于各种泵类负载或通风机类负载。对于变负载工况，电动机长期轻载运行，只有短时或瞬间满负荷运行时，应用软起动器（不带旁路接触器）具有轻载节能的效果。

7. 软起动与减压起动的性能比较

（1）软起动无起动冲击电流　采用软起动器起动时，通过逐渐增大晶闸管的导通角，使电动机的起动电压 U_{st} 从零上升至电源电压，起动电流 I_{st} 从零线性上升至设定值，不会出现起动冲击电流。传统的减压起动虽然限制了起动电流 I_{st}，但仍会产生一定的起动冲击电流，只是比直接起动时的起动冲击电流要小一些。

（2）软起动能保持恒流起动　软起动器可以引入电流闭环控制，使电动机在起动过程中保持恒流，确保电动机平稳起动。传统的减压起动做不到恒流起动。

（3）软起动能将起动电流无级调整至最佳值　根据负载情况及电网继电保护的特性，软起动可以自由地对起动电流 I_{st} 进行无级调整，能调整到最佳起动电流。传统的减压起动的起动电流 I_{st} 是受控于起动电压的，不能调整至最佳起动电流。

8. 软起动与直接起动的性能比较

（1）对在同一电网运行的其他设备的影响　直接起动时，起动电流 I_{st} 会达到额定电流的4~7倍。当电动机的容量相对较大时，过大的起动电流 I_{st} 会引起电网电压急剧下降，影响在同一电网运行的其他设备的正常工作。软起动时，起动电流为额定电流的2~3倍，电网电压波动率一般在10%以内，对其他设备的影响非常小。

（2）对电网的影响　直接起动对电网的影响主要表现在两个方面：①超大型电动机直接起动的大电流对电网的冲击几乎类似于三相短路对电网的冲击，常常会引发功率振荡，使电网失去稳定；②起动电流 I_{st} 中含有大量的高次谐波，会与电网电路参数引起高频谐振，造成继电保护误动作、自动控制失灵等故障。软起动时的起动电流 I_{st} 大幅度降低，以上影响可完全免除。

（3）对电动机本身的影响　直接起动对电动机本身的影响主要表现在三个方面：①起动

大电流产生的焦耳热反复作用于导线外绝缘，使导线绝缘加速老化、寿命降低；②起动大电流产生的机械力使导线相互摩擦，降低导线绝缘的寿命；③高压开关合闸时，触头的抖动会在定子绕组上产生操作过电压，操作过电压有时能达到外加电压的 5 倍以上，会对电动机的绝缘造成极大的伤害。

软起动时，最大起动电流降低一半左右，瞬间发热量仅为直接起动的 1/4 左右，不会影响电动机的绝缘寿命；软起动时电动机的端电压从零开始逐渐调高，可完全免除过电压对电动机的伤害。

（4）电动力对电动机的伤害　直接起动时，起动大电流在定子绕组和转子绕组导条上产生很大的冲击力，会造成夹紧松动、绕组变形、导条断裂等故障。软起动时，最大起动电流小，冲击力大大减轻，不会损伤电动机。

（5）对机械设备的伤害　直接起动时的起动转矩 T_{st} 约为额定转矩 T_N 的 2 倍，这么大的转矩突然加在静止的机械设备上，会加速齿轮磨损甚至打齿、加速传动带磨损甚至拉断传动带、加速风叶疲劳甚至折断风叶等。软起动的起动转矩 T_{st} 不会超过额定转矩 T_N，上述弊端可以完全免除。

（三）三相笼型异步电动机Y-△减压起动手动控制实训

1. 实训目的

1）熟悉电气控制电路常用低压电器的接线方法及接线工艺。

2）熟练进行按钮控制的三相笼型异步电动机Y-△减压起动电路的安装。

3）熟练进行按钮控制的三相笼型异步电动机Y-△减压起动电路的自检。

4）会对按钮控制的三相笼型异步电动机Y-△减压起动电路进行通电调试。

2. 实训器材

所需仪表和安装工具与项目二～四的实训相同，所需的低压电器元件有 CJX2 型交流接触器和机床双联按钮各 3 只，RL-5A 型熔断器 2 只，DZ47-60 型低压断路器、JR20-16 型热继电器、JZ7 系列中间继电器各 1 只，导线若干。

3. 实训内容

按钮控制的三相笼型异步电动机Y-△减压起动电路安装、检测和通电调试。

4. 实训要求、实训步骤、安全操作规程和注意事项

参照前文实训，不再赘述。

5. 实训电路的电气图

按钮控制的三相笼型异步电动机Y-△减压起动电气原理图、电器元件布置图和实物接线图，分别如图 5-19、图 5-20 和图 5-21 所示。

（四）三相笼型异步电动机Y-△减压起动自动控制实训

1. 实训目的

1）熟悉电气控制电路常用低压电器的接线方法及接线工艺。

2）熟练进行时间继电器控制的三相笼型异步电动机Y-△减压起动电路的安装。

3）熟练进行时间继电器控制的三相笼型异步电动机Y-△减压起动电路的自检。

4）熟练进行时间继电器控制的三相笼型异步电动机Y-△减压起动电路的通电调试。

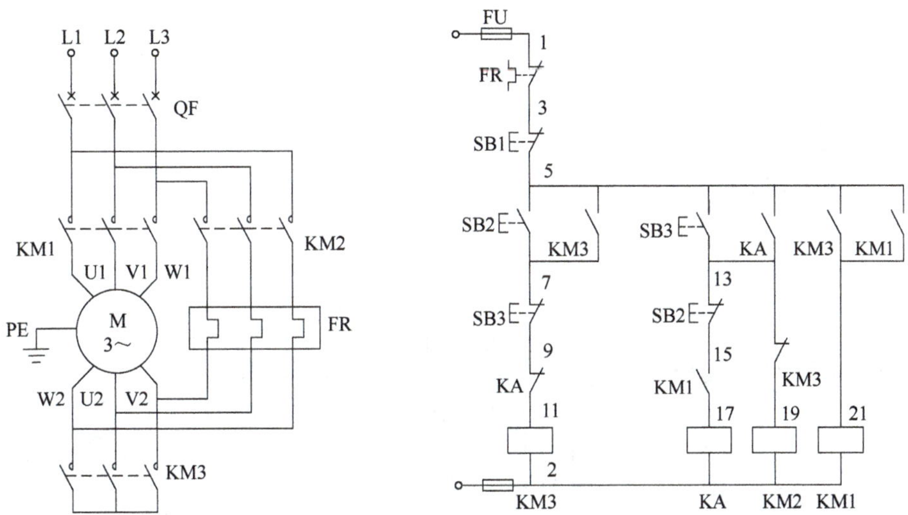

图 5-19　按钮控制的三相笼型异步电动机Y-△减压起动电气原理图

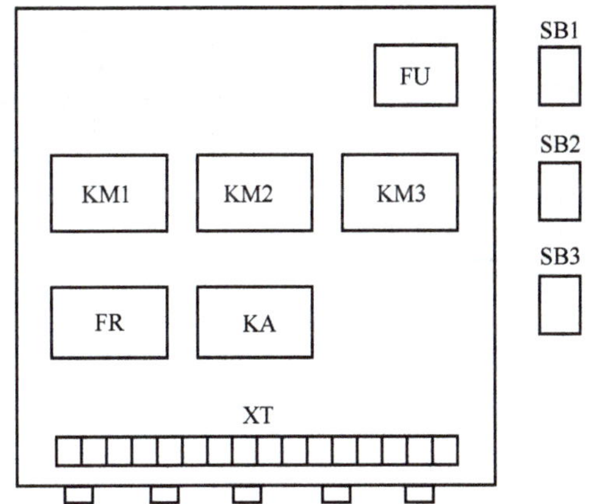

图 5-20　按钮控制的三相笼型异步电动机Y-△减压起动电器元件布置图

2. 实训器材

与三相笼型异步电动机Y-△减压起动手动控制实训的器材基本相同，不同之处有二：①将中间继电器 KA 换成 JS23 系列通电延时型时间继电器 KT；②机床双联按钮由 3 个减至 2 个。

3. 实训内容

时间继电器控制的三相笼型异步电动机Y-△减压起动电路安装、检测和试车。

4. 实训要求、实训步骤、安全操作规程和注意事项

参照前面的实训，不再赘述。

5. 实训电路的电气图

时间继电器控制的三相笼型异步电动机Y-△减压起动的电气原理图和实物接线图分别如图 5-22 和图 5-23 所示。电器元件布置图这里略去，它与图 5-20 仅有两处不同：①通电延时型时间继电器 KT 替换掉中间继电器 KA；②去掉机床双联按钮 SB3。

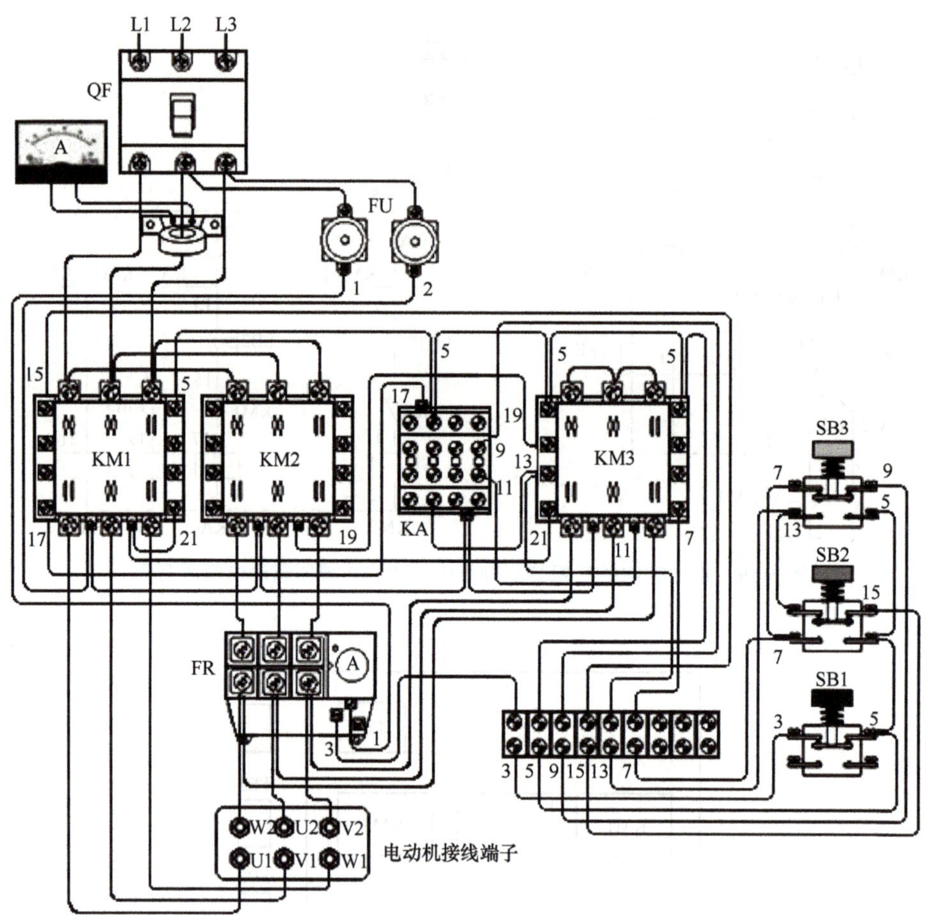

图 5-21 按钮控制的三相笼型异步电动机Y-△减压起动实物接线图

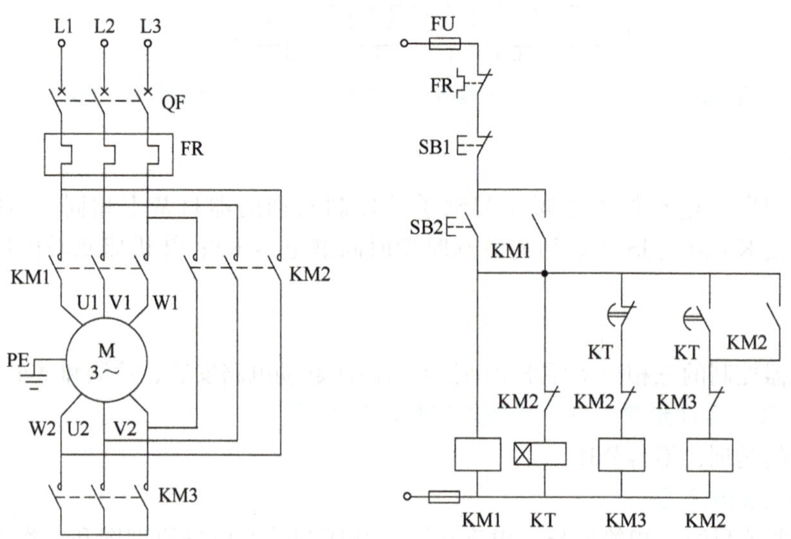

图 5-22 时间继电器控制的三相笼型异步电动机Y-△减压起动电气原理图

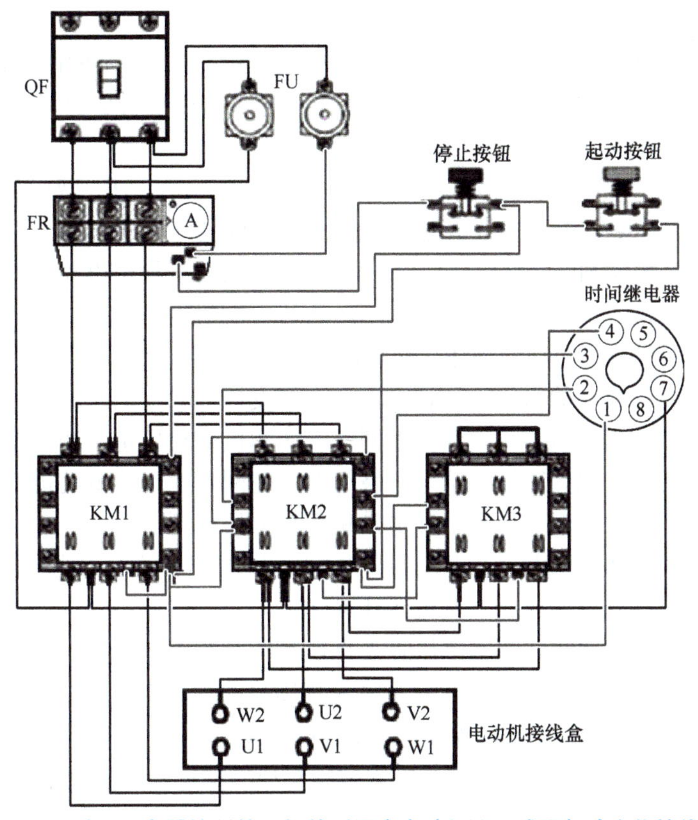

图 5-23　时间继电器控制的三相笼型异步电动机Y-△减压起动实物接线图

六、思考与练习

（一）填空题

1. 三相异步电动机减压起动的主要目的是限制________________。

2. 三相异步电动机Y-△减压起动是指起动时把定子绕组接成____________联结，让电动机在低压下起动；起动结束把定子绕组改接成____________联结，让电动机____________运行。

3. 三相异步电动机Y-△减压起动电路中，其定子绕组的Y联结和△联结不能同时接通，否则会发生________________。

4. 三相绕线转子异步电动机转子回路串联频敏变阻器起动时，随着转速 n 的上升，频敏变阻器的等效阻抗会________________，相当于平滑地切除了转子电阻，起动过程平滑性好。

5. 三相异步电动机采用延边三角形减压起动的起动性能介于定子绕组________________接线直接起动和________________减压起动之间。

6. 三相异步电动机直接起动时，起动电流 I_{st} 很大，通常可达额定电流 I_N 的______倍。

7. 一般容量在 10kW 及以下的三相笼型异步电动机，均可采用________________起动。

（二）选择题

1. 为避免定子绕组的Y联结和△联结同时接通而发生三相电源短路，三相异步电动机Y-△

减压起动电路中设置了（　　）。

A. 熔断器作为短路保护　　B. 控制Y联结和△联结的两个接触器自锁

C. Y联结和△联结的机械互锁　　D. 控制Y联结和△联结的两个接触器电气互锁

2. 三相绕线转子异步电动机通常应用在（　　）的场合。

A. 重载起动　　B. 轻载起动　　C. 空载起动　　D. 减压起动

3. 能够在转子回路串联电阻来改善起动性能的电动机是（　　）。

A. 三相笼型异步电动机　　B. 三相绕线转子异步电动机

C. 单相异步电动机　　D. 直流电动机

4. 关于自耦变压器减压起动的描述，错误的是（　　）。

A. 用于电动机减压起动的自耦变压器是降压自耦变压器

B. 减压起动时，自耦变压器一次侧接电网，二次侧接电动机定子绕组

C. 起动结束，切除自耦变压器，给定子绕组加上电网电压，让电动机全压运行

D. 起动结束，不切除自耦变压器，让电动机保持低压运行

5. （多选）设三相异步电动机减压起动的自耦变压器的电压比为 k，则描述正确的是（　　）。

A. 该自耦变压器是升压变压器，其电压比 $k<1$

B. 自耦变压器减压起动时，起动电压降为直接起动时的 $1/k$

C. 自耦变压器减压起动时，起动电流 I_{st} 降为直接起动时的 $1/k^2$

D. 自耦变压器减压起动时，起动转矩 T_{st} 降为直接起动时的 $1/k^2$

6. （多选）关于三相笼型异步电动机Y-△减压起动的描述，正确的是（　　）。

A. 起动电压降为直接起动时的 $1/\sqrt{3}$　　B. 起动电流降为直接起动时的 1/3

C. 起动转矩降为直接起动时的 1/3　　D. Y-△减压起动能用于重载起动的场合

7. （多选）三相绕线转子异步电动机的常用起动方式包括（　　）。

A. 定子串联电阻减压起动　　B. 自耦变压器减压起动

C. 转子串联对称电阻分级起动　　D. 转子串联频敏变阻器起动

（三）判断题

1. 三相异步电动机的直接起动电路简单，操作方便，如果电源容量允许、起动转矩也能满足要求，应尽量采用。（　　）

2. 定子绕组额定接线方式为Y联结的三相笼型异步电动机，不能采用Y-△减压起动。（　　）

3. 自耦变压器比同容量双绕组变压器结构尺寸更小、材料更省、损耗更少、效率更高。（　　）

4. 在自耦变压器的低压侧应设置高压保护，以防止高压侧电压被引入低压侧而损坏低压侧的电气设备。（　　）

5. 三相绕线转子异步电动机转子串联分级电阻起动时，起动过程中每切除一级起动电阻，转子电流和电磁转矩都会突然增大，从而产生电气冲击和机械冲击。（　　）

6. 延边三角形减压起动只能用于定子绕组有 9 个出线端的三相笼型异步电动机。（　　）

7. 软起动器是一种集软起动、软停车、多种保护功能于一体的电动机控制装置。（　　）

8. 软起动实际上是一种变相的升压起动。（　　）

项目六 三相异步电动机电气制动与调速控制

一、项目情景描述

金顶机床厂新购进一批 T68 型镗床，需要尽快将其投入生产，师傅要求实习生小宋根据机床生产厂家提供的产品资料，尽快熟悉这批镗床的控制方式和工作情况，并为其拟订电气控制方案。

二、项目解读

对实习生小宋来说，仅仅通过机床生产厂家提供的产品资料来熟悉 T68 型镗床的控制方式和工作情况，并且拟订电气控制方案，这个任务有些重了。不过，在学科技、用科技上加强自信、直面挑战、迎难而上，是党和国家对当代年轻人的殷切期望。该项目为小宋提供了锻炼的机会，勇敢接受挑战、努力超越自我，让自己成为有思想、有情怀、有责任、有担当的社会主义建设者和接班人，这不仅是小宋的责任，也是其他学生应有的担当。

三、专业知识积累

（一）速度继电器

1. 速度继电器的基本结构

速度继电器是依靠电动机的转速信号使其触头动作和复位的继电器，其主要组成是定子、转子和触头系统三部分。JY1 型速度继电器的外形、内部结构和电气符号如图 6-1 所示。

速度继电器的定子是一个笼型空心圆环，由硅钢片叠成，并嵌有笼型导条。转子是一个圆柱形的永久磁铁。触头系统包括两组触头，一组在正向运转时动作，另一组在反向运转时动作，每组各包含一对常闭触头和一对常开触头。

2. 速度继电器的工作原理

实际应用时，速度继电器转子的轴与电动机的轴直接相连，定子空套在转子外围。

如图 6-1 所示，当电动机起动旋转时，与之同轴的速度继电器的转子随之转动，永久磁铁产生的静止磁场就变成了旋转磁场。镶嵌在定子上的定子绕组被动切割旋转磁场，产生感应电动势。因为定子绕组是闭合回路，所以感应电动势会在定子绕组中产生感应电流。载流定

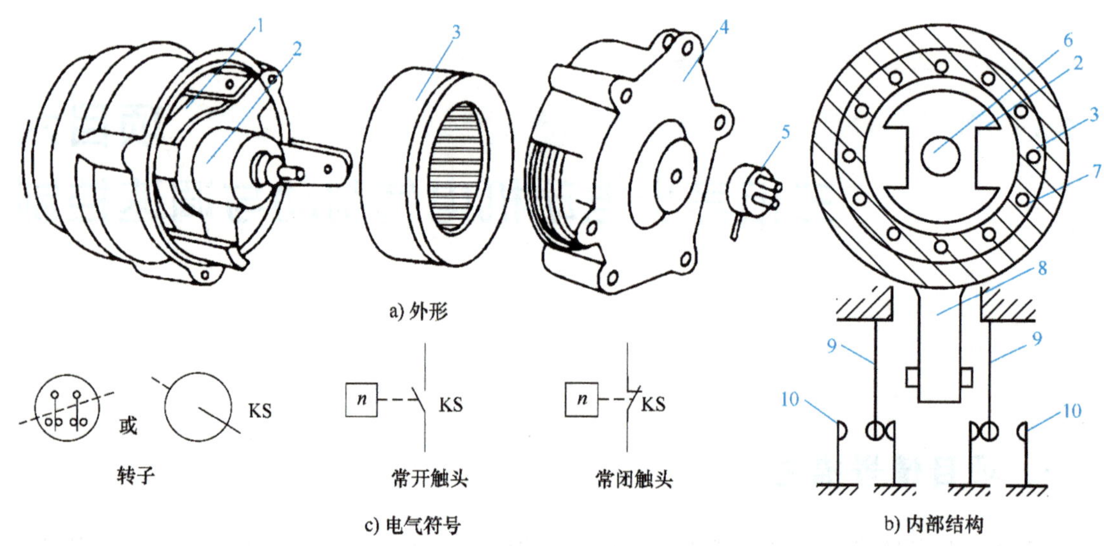

图 6-1 JY1 型速度继电器的外形、内部结构和电气符号

1—可动支架 2—转子 3—定子 4—端盖 5—连接头 6—电动机轴 7—定子绕组
8—胶木摆杆 9—簧片（动触头） 10—静触头

子绕组在旋转磁场作用下产生电磁力和电磁转矩。只要电动机的转速 n 足够高，定子绕组中产生的电磁转矩就足够大，就能带动定子跟随转子转动，两者旋转方向一致。与定子连成一体的胶木摆杆随着定子转过一定角度，推动左侧或右侧的簧片，使对应的常闭触头断开、常开触头闭合。同时，胶木摆杆会压住相应的反力弹簧，反力弹簧的反作用力会阻止定子偏转，故定子不能随转子 360°持续旋转，它偏转一定角度就会停下，在电磁转矩和反力弹簧的作用下达到平衡。

当电动机转速 n 下降时，速度继电器转子的转速也随之下降，定子绕组中的感应电动势、感应电流、电磁转矩均随之减小。转速下降到一定值时，速度继电器的定子上产生的电磁转矩小于反力弹簧的反作用力矩，定子和胶木摆杆会在重力作用下返回原位，使速度继电器的触头复位。

当电动机正转时，定子和胶木摆杆的偏转使对应正转的那对触头动作，与这对触头相连的电路的状态就会改变；当正转速度下降到接近零时，定子复位使对应正转的那对触头也复位，与这对触头相连的电路也随之复位。当电动机反转时，定子就会向反方向偏转，与正转时类似，对应反转的那对触头就会随转速高低而动作或复位。

不同型号的速度继电器的动作参数略有差异。通常情况下，当转速达到 140r/min 及以上时，速度继电器的触头动作；当转速达到 100r/min 及以下时，速度继电器的触头复位。

（二）三相异步电动机的电气制动控制

前面学习的电气控制电路在电动机需要停车时，都是直接断开定子绕组的三相交流电源，让电动机自由停车。电动机自由停车时，由于受机械惯性的影响，总是需要经过一定的时间，转子才能完全停转，这在没有具体的停车要求时是可行的。当生产机械要求迅速停车或者准确停车时，自由停车就不能满足要求了。因此，在实际生产中，经常要对电动机采取有效的制动措施。

电动机制动控制的目的有两个：①实现电动机快速减速或者准确停车；②使拖动位能性恒转矩负载的电动机保持匀速运动。

电动机的制动措施分为机械制动和电气制动两大类。机械制动利用外加的机械力强迫电动机迅速停车，常用的是电磁抱闸制动器制动。电气制动是使电动机产生一个与转子转向相反的电磁转矩，依靠电磁转矩对转速的阻碍作用来制动。这里重点学习电气制动。

三相异步电动机的电气制动方法通常包括三种：反接制动、能耗制动和回馈制动。

1. 反接制动

按照实现方式不同，反接制动分为电源反接制动和倒拉反接制动两种。

（1）电源反接制动　电源反接制动通过改变接入电动机定子绕组任意两相电源的相序，使其产生相反方向的旋转磁场和电磁转矩，从而产生制动作用，其制动原理如图 6-2 所示。

电动机电动运行时，转子与旋转磁场的转向一致，即 n 与 n_1 同向，如图 6-2a 所示，但 $n<n_1$，转子导体以 n_1-n 的速度切割磁力线，切割方向与转子的转向相反（反向切割），转子上产生的电磁转矩 T 与转子转速 n 同向，为驱动转矩。

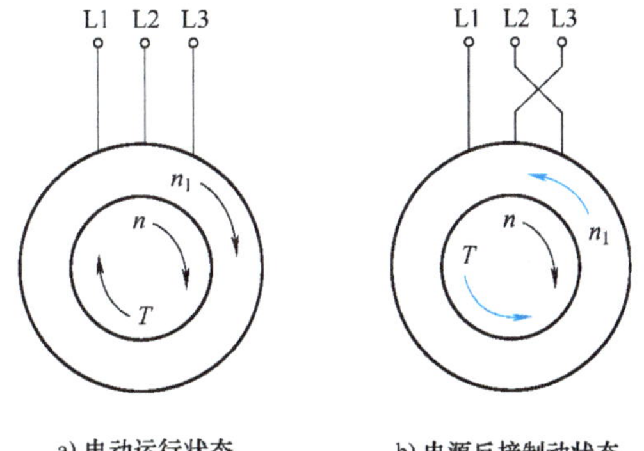

a) 电动运行状态　　b) 电源反接制动状态

图 6-2　三相异步电动机电源反接制动原理

对调定子绕组的两相电源线之后，旋转磁场的转向随之改变，但是转子因惯性继续按原方向旋转，也就是旋转磁场 n_1 转向改变、转速 n 转向不变，如图 6-2b 所示，转子导体以 n_1+n 的速度切割旋转磁场，切割方向与原切割方向相反（正向切割），产生很大的转子感应电动势、感应电流和电磁转矩，这三个参数的方向均与电动状态时相反，即电磁转矩 T 与转子转速 n 反向，为制动转矩。

电源反接制动时，转子切割定子旋转磁场的速度接近于两倍的同步转速 n_1，所以在定子绕组中感应出的反接制动电流相当于直接起动电流的两倍。反接制动电流大使绕组发热严重，也使制动转矩很大，制动效果明显、制动迅速，但是机械冲击也大，通常只用于 10kW 及以下的小容量电动机。

为了减小电源反接制动时的制动冲击电流，对于三相笼型异步电动机，要在定子电路中串联反接制动电阻；对于绕线转子异步电动机，要在转子电路中串联反接制动电阻。反接制动电阻有两种接法：三相电阻对称接法和两相电阻不对称接法。采用三相电阻对称接法，既能限制反接制动电流，又能限制反接制动转矩。采用两相电阻不对称接法，只能限制反接制动转矩，但未串联制动电阻的一相仍具有较大的反接制动电流。

当电源反接制动快要结束，电动机转速 n 接近于零时，一定要及时切断反相序电源，否则电动机就会反向起动。实际应用中，通常采用速度继电器 KS 对电源反接制动进行控制。速度继电器 KS 能在电动机的转速 n 接近于 0（电源反接制动接近尾声）时，及时切断反相序电源，确保电动机立即停转而不会反转。因此，速度继电器又得名反接制动继电器。

1）三相异步电动机单向运行反接制动控制电路。图 6-3 为三相异步电动机单向运行反接制动控制电路。图中 KM1 为电动机单向运行接触器，KM2 为反接制动接触器，R 为反接制动电阻，KS 为速度继电器，KS 的转子轴与电动机的转轴相连。

起动时，合上断路器 QF，按下起动按钮 SB2，接触器 KM1 线圈通电并自锁，主触头闭

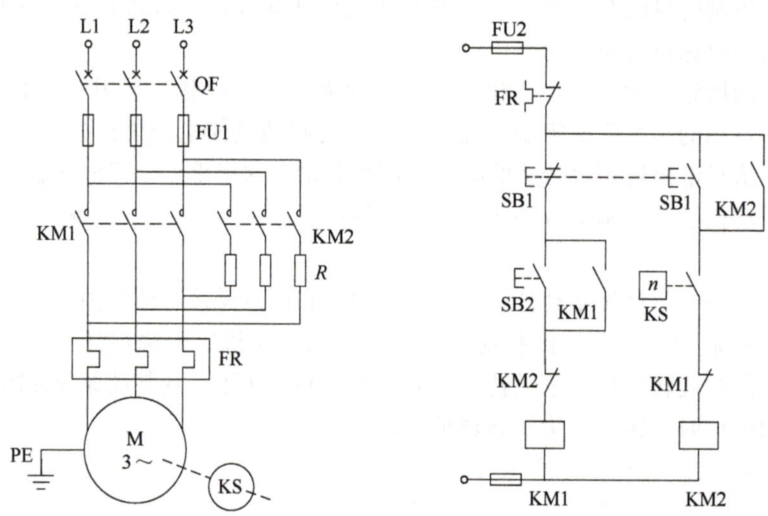

图 6-3　三相异步电动机单向运行反接制动控制电路

合，电动机定子绕组接入三相交流电，电动机直接起动，带动速度继电器 KS 的转子一起转动，当电动机的转速 n 升高到速度继电器 KS 的动作值 120r/min 或 140r/min 时，KS 动作，其常开触头闭合，为电动机的反接制动作准备。电动机起动结束正常运行过程中，KS 的常开触头保持闭合状态。

需要停车时，按下复式按钮 SB1，SB1 常闭触头断开，切断 KM1 线圈电路，KM1 断电释放，主触头和自锁触头复位断开，切断接入定子绕组的三相交流电。电动机因惯性仍然高速旋转，KS 常开触头仍然是闭合的。将停止按钮 SB1 按到底，SB1 的常开触头闭合，KM2 线圈通电，电动机定子绕组串联三相对称电阻 R，接入交换了 L1、L3 两相电源相序的交流电，电源反接制动开始，电动机转速 n 迅速下降。当转速 n 下降到 KS 的释放转速即 100r/min 时，KS 常开触头复位，切断 KM2 线圈电路，KM2 主触头和自锁触头复位断开，切除反相序三相交流电，反接制动结束，电动机很快就停转了。

2）三相异步电动机可逆运行反接制动控制电路。图 6-4 为三相异步电动机可逆运行反接制动控制电路，图中 KM1、KM2 分别是正转和反转接触器；KM3 是短接制动电阻接触器；KA1、KA2、KA3、KA4 均为中间继电器；KS 为速度继电器，其中 KS-1 为正转闭合触头，KS-2 为反转闭合触头。在电动机起动时，电阻 R 作为减压起动电阻用；在电动机反接制动时，电阻 R 作为反接制动电阻用。正转起动按钮 SB2 和反转起动按钮 SB3 的常闭触头构成机械互锁，确保正、反转能直接切换。KM1、KM2 的常闭触头构成电气互锁，KA3、KA4 的常闭触头也构成电气互锁，这两个电气互锁都是为了避免正、反转接触器 KM1、KM2 同时通电动作，确保电动机无论在正转、反转，还是在反接制动时，都不会发生 L1、L3 两相电源短路事故。

图 6-4 所示电路的正转起动：合上断路器 QF，按下正转起动按钮 SB2，控制正转的中间继电器 KA3 线圈通电并自锁，其常闭触头断开，对控制反转的中间继电器 KA4 进行电气互锁。KA3 常开触头闭合，让正转接触器 KM1 得电。KM1 的常闭触头断开，对反转接触器 KM2 进行电气互锁，KM1 常开触头闭合，一方面主触头给定子绕组接入正序三相交流电，使电动机串联电阻 R 减压正转起动；另一方面常开辅助触头为中间继电器 KA1 得电准备通路。当电动机转速上升到速度继电器的动作值时，正转常开触头 KS-1 闭合，使中间继电器 KA1 通电并

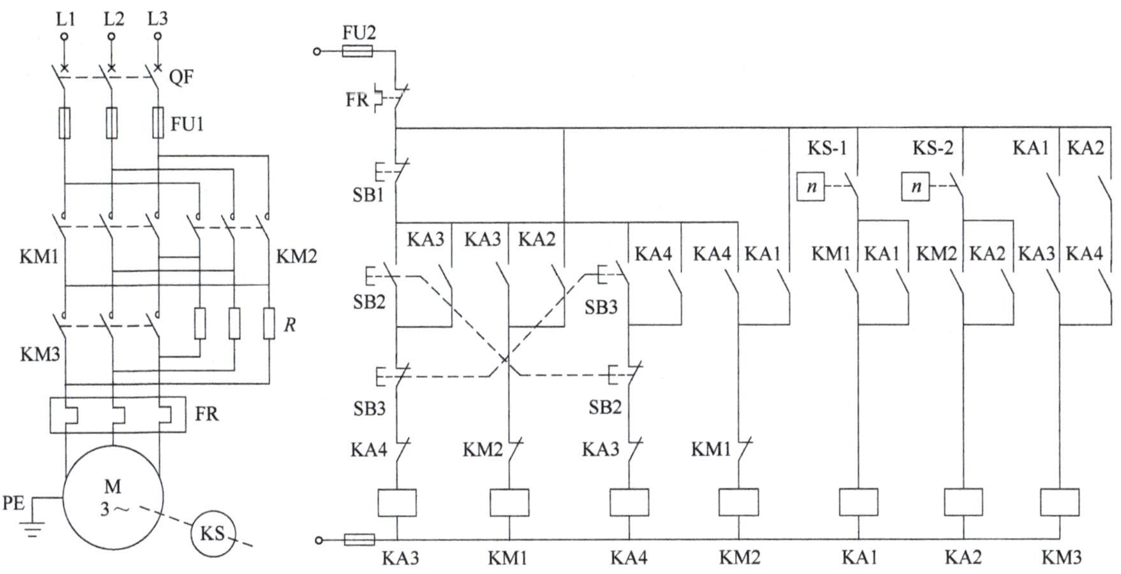

图 6-4　三相异步电动机可逆运行反接制动控制电路

自锁。这时，由于 KA1、KA3 的常开触头都闭合，接触器 KM3 线圈通电，KM3 主触头短接电阻 R，电源额定电压直接加在定子绕组上，电动机继续起动直到转速 n 上升到稳定转速连续运行。其中，电动机的转速从零上升到速度继电器 KS 动作这一时间段，电动机处于定子串联电阻减压起动的过程。

图 6-4 所示电路的正转到反接制动停车：电动机正转运行需要停车时，按下停止按钮 SB1，KA3、KM1、KM3 相继断电复位，但此时电动机转子因惯性高速旋转，使 KS-1 保持闭合状态，中间继电器 KA1 仍处于吸合状态。在正转接触器 KM1 的常闭触头复位、解除对反转接触器 KM2 的电气互锁后，KM2 通过闭合的 KA1 常开触头通电，KM2 常开主触头闭合，使定子绕组经电阻 R 接通反相序三相交流电，对电动机进行电源反接制动，电动机转速 n 迅速下降。当转速 n 下降到速度继电器 KS 的释放值时，常开触头 KS-1 复位断开，使得 KA1、KM2 相继断电复位，切断反相序三相交流电，电源反接制动结束，电动机立即停转。

图 6-4 所示电路的正、反转直接切换：正转过程中需要反转时，按下反转起动按钮 SB3，KA3、KM1、KM3 相继断电复位，而反转中间继电器 KA4 和反转接触器 KM2 得电。电动机首先要经历由正转到电源反接制动停车的过程，然后再进入反转并连续运行。在电源反接制动时，给接触器 KM2 供电的有两条通路：一是闭合的 KA1 常开触头，二是闭合的 KA4 常开触头。当制动结束时，常开触头 KS-1 复位断开，KA1 断电复位，但 KA4 常开触头仍然是闭合的，KM2 继续得电，继续给电动机通入反相序三相交流电，保证电动机能够串联电阻 R 反向减压起动，并且在反转起动结束后保持连续运转。

图 6-4 中，电动机反转起动、反转时的反接制动停车以及由反转到正转直接切换的控制，都与上述正转时对应的过程相似，所不同的是，控制反转的是反转起动按钮 SB3、中间继电器 KA4 和反转接触器 KM2；控制反转时电源反接制动停车的是停止按钮 SB1、速度继电器反转闭合触头 KS-2、中间继电器 KA2 和正转接触器 KM1；控制由反转到正转直接切换的是正转起动按钮 SB2、中间继电器 KA3 和正转接触器 KM1，这里不再赘述。

（2）倒拉反接制动　倒拉反接制动用于三相绕线转子异步电动机拖动位能性负载下放时，

如桥式起重机主钩电动机重载低速下放重物时。三相绕线转子异步电动机倒拉反接制动的原理如图 6-5a 所示，电动机定子绕组像提升重物时那样接入正序三相交流电，在转子电路串联大阻值的电阻 R_{2b}，此时，实际上是在下放重物，转子的转速 n 与定子旋转磁场的转速 n_1 反向，也与电磁转矩 T 反向，电磁转矩 T 是制动转矩，负载转矩 T_L（重物的重力矩）是驱动转矩。重物呈现的是位能性恒转矩负载，负载转矩 T_L 恒定不变。

倒拉反接制动的实现过程为：电动机起先在提升重物，转子电路串联大阻值电阻 R_{2b}后，电动机开始减速直到停车，然后立即反向起动下放重物，并加速，最后稳定在一个相对低的转速下放重物，以避免重物下放时速度过高而发生安全事故。在图 6-5b 中，电动机提升重物时的运行点在机械特性曲线 1 上；转子串联大电阻 R_{2b}之后，运行点跃变到机械特性曲线 2 上。在转子电路串联大电阻 R_{2b}的瞬间，由于机械惯性的作用，电动机的转速 n 不能突变，运行点由 a 点跃变到 b 点（a、b 两点转速相等）。此时，转子电流变小，电磁转矩 T 值随之变小，T 仍为驱动转矩，但是 $T<T_L$。由电力拖动系统的运动方程：$T-T_L=(GD^2/375)(\Delta n/\Delta t)$ 可知，系统的加速度小于 0，电动机开始减速。转速 n 下降使得转子导体切割磁力线的速度加快，转子感应电动势与转子电流都增大，使得 T 也增大，但 T 仍小于 T_L，转速 n 继续下降直至到 0，如图 6-5b 上的 c 点，但此时 T 仍小于 T_L，负载转矩 T_L 变为动力矩，带动电动机反向起动，由提升重物变成下放重物，运行点进入位于第Ⅳ象限的机械特性曲线上。T 与转速 n 方向相反，变成制动转矩。随着反向转速 n 的升高，电磁转矩 T 不断增大。当 $T=T_L$ 时，电动机稳定在图 6-5b 上的 d 点，以低速稳定下放重物。

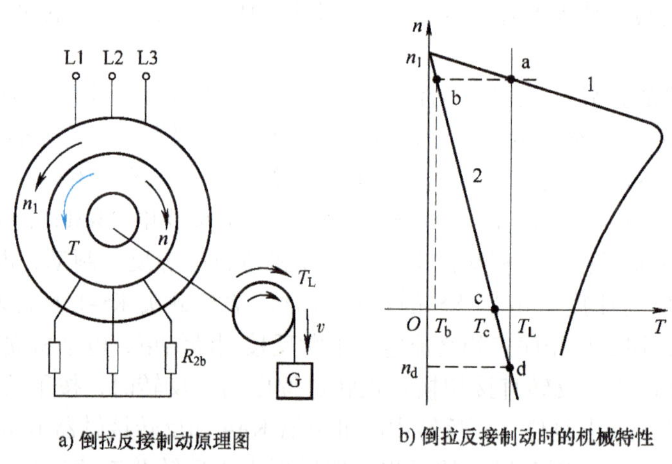

a) 倒拉反接制动原理图　b) 倒拉反接制动时的机械特性

图 6-5　三相异步电动机倒拉反接制动原理和机械特性

2. 能耗制动

实现方法：在切断电动机定子绕组的三相交流电源后，迅速给定子绕组通入直流电。

制动原理：切断接入定子绕组的三相交流电再通入直流电后，三相交流电产生的圆形旋转磁场被直流电产生的静止恒定磁场所取代，而转子因惯性仍以原有转速 n 继续旋转，转子导体切割静止磁场的磁力线，切割方向与电动状态时相反，致使转子导体中产生的感应电动势、感应电流和电磁转矩 T 都与电动状态时相反，即电磁转矩 T 与转子转速 n 方向相反，起制动作用，电磁转矩 T 与负载转矩 T_L 一起迫使电动机的转速 n 迅速下降。当转速 n 下降到 0 时，转子导体与恒定磁场都是静止的，不再切割磁力线，转子感应电动势、感应电流和电磁转矩都变为 0，制动结束，电动机准确停车。在转速 n 下降的过程中，转子的动能转换为电能消耗在转子电阻上，动能耗尽转子就停转，因此得名能耗制动。

（1）电动机单向运行能耗制动控制　图 6-6 所示为按时间原则控制的三相异步电动机单向运行能耗制动电气原理图，其工作过程为：当电动机正常电动运行时，接触器 KM1 通电并自锁。若要使电动机停转，按下复式按钮 SB1，使 KM1 线圈断电，KM1 主触头和自锁触头断开，切断接入定子绕组的三相交流电源；紧接着，KM1 电气互锁触头复位闭合，接触器 KM2、通电延时型时间继电器 KT 线圈通电，KM2 主触头将定子绕组接入直流电进行能耗制动，电动机转速 n 迅速下降；KT 开始延时，但 KT 的常开瞬动触头立即闭合，与 KM2 辅助常开触头（已闭合）串联构成自锁。当转速 n 降到接近零时，KT 延时时间到，KT 延时断开的常闭触头断开，使 KM2、KT 线圈相继断电，切断直流电，能耗制动结束，电动机很快就停转。

图 6-6 中能耗制动的自锁环节由 KT 的常开瞬动触头与 KM2 常开辅助触头串联构成。若能耗制动的自锁环节只有 KM2 常开触头，没有串联 KT 的常开瞬动触头，则在 KT 发生线圈断线或触头支架机械卡阻的故障时，按下按钮 SB1 使电动机进入能耗制动后，电动机的转速下降到接近 0 时，KT 延时断开的常闭触头就会无法断开，会使 KM2 线圈一直通电吸合，致使能耗制动结束电动机已经停转后，三相定子绕组中仍有直流电流入，这显然很不安全。在采用 KT 的常开瞬动触头与 KM2 常开辅助触头串联构成 KM2 的自锁环节之后，如果 KT 发生上述故障，按下按钮 SB1 后，KT 线圈得电但其常开瞬动触头不会闭合，就无法自锁，能耗制动只能点动完成，确保松开按钮 SB1 后电动机不带电，提高了电路的安全性。

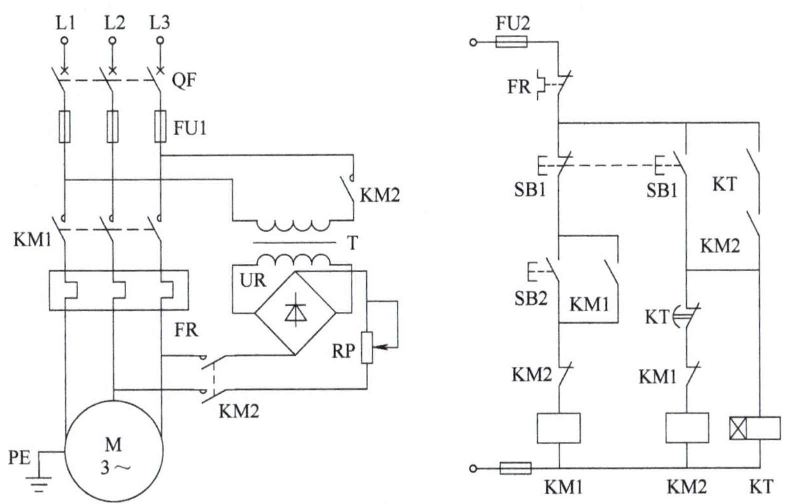

图 6-6　按时间原则控制的三相异步电动机单向运行能耗制动控制电路

图 6-6 中用于能耗制动的直流电取自交流电网，通过变压器 T 变压和二极管全桥整流器 UR 整流得到。调节可变电阻 RP 的阻值，就能改变通入定子绕组的直流电流的大小，也就改变了直流恒定磁场的强度，从而控制能耗制动的强度。

（2）电动机可逆运行能耗制动控制　图 6-7 所示为按速度原则控制的三相异步电动机可逆运行能耗制动电气原理图，其中 KM1、KM2 分别为正转和反转接触器，KM3 为能耗制动接触器，KS 为速度继电器。该电路的工作过程为：

1）当需要正转时，合上断路器 QF，按下正转起动按钮 SB2，正转接触器 KM1 得电动作。一方面 KM1 电气互锁触头断开，切断 KM2 线圈电路；另一方面 KM1 主触头和自锁触头闭合，给定子绕组接入正序电，电动机正转起动连续运转。当电动机的转速上升到 140r/min 时，速

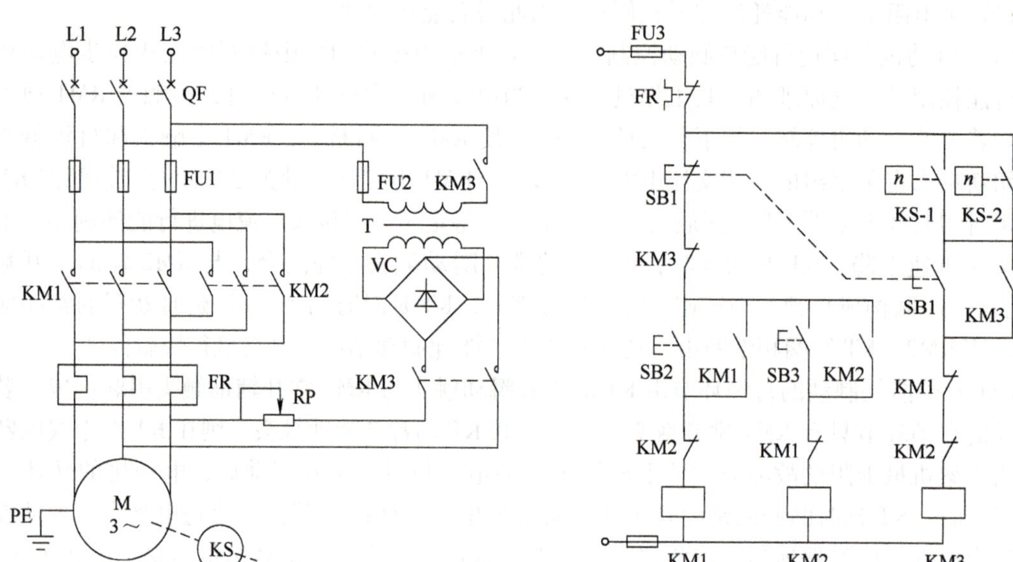

图 6-7 速度原则控制的三相异步电动机可逆运行能耗制动电路

度继电器正向触头 KS-1 闭合，为停车时接通 KM3 进行能耗制动做准备。

2）正转需要停车时，按下停止按钮 SB1，一方面 KM1 断电复位，切除接入定子绕组的三相交流电，拆除正转自锁，电气互锁复位闭合；另一方面，KM3 线圈通电并自锁，定子绕组接入直流电，开始能耗制动，电动机转速 n 迅速降低。转速 n 当降至 100r/min 时，速度继电器正向触头 KS-1 复位断开，使 KM3 断电释放，切除直流电，能耗制动结束，电动机停转。

3）当需要反转时，合上 QF 后，按下反转起动按钮 SB3，反转接触器 KM2 得电动作，接入反序电使电动机反转起动。当转速上升到 140r/min 时，速度继电器反向触头 KS-2 闭合，为停车时接通 KM3 进行能耗制动做准备。

4）反转需要停车时，按下停止按钮 SB1，KM2 断电复位，切除接入定子绕组的三相交流电；KM3 线圈通电并自锁，给定子绕组接入直流电，电动机能耗制动，转速 n 迅速降低，当降至 100r/min 时，反向触头 KS-2 复位断开，使 KM3 断电释放，切除直流电，能耗制动结束，电动机停转。

能耗制动结束后直流电源的切除可以用通电延时型时间继电器 KT 来控制，也可以用速度继电器 KS 来控制，要根据电动机的实际工作情况来选择。当电动机的拖动负载转矩较为稳定时，能耗制动所需要的时间比较固定，时间继电器的延时时间整定一次就可以长期使用，宜采用时间原则控制的能耗制动；在能够通过传动机构反映电动机转速的条件下，采用速度继电器控制的能耗制动更为合适。

（3）无变压器单管能耗制动控制　对于 10kW 以下的电动机，在制动要求不高时，可在需要停车时采用无变压器单管能耗制动，图 6-8 所示电路就是这种能耗制动的电气原理图，图中 KM1 为电动机正常工作接触器，KM2 为电动机能耗制动接触器，KT 为在能耗制动结束时切除直流电的通电延时型时间继电器。当电动机需要能耗制动时，使 KM1 断电切除接入定子绕组的三相交流电，使 KM2 通电，其主触头闭合，将定子绕组 U、V 两相同时接至 L3，定子绕组 W 相经整流二极管 VD 接至电源中性线 N 上，即：由相线 L3 和中性线 N 构成闭合电路将 220V 交流电整流成直流电，用以能耗制动。

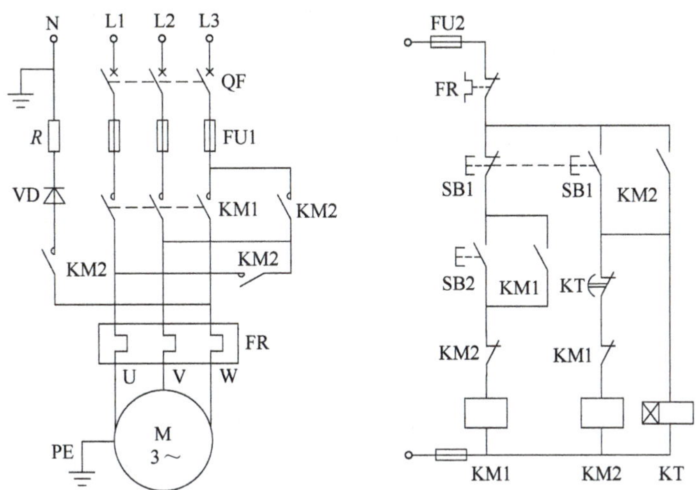

图 6-8　三相异步电动机无变压器单管能耗制动

图 6-8 与图 6-6 所示电路的工作过程相似，只不过该电路在能耗制动时电动机定子绕组的 U、V 两相被 KM2 主触头短接，只有单方向的制动转矩，制动效果变差了。

3. 回馈制动

回馈制动能将拖动系统的机械能转换成电能回馈给电网，因而又称为再生制动。

回馈制动的实现方法：在电动运行的三相异步电动机的转轴上，外加一个拖动性转矩，使电动机的转速 n 上升到大于同步转速 n_1，电动机便进入回馈制动状态。回馈制动的工作原理：当 $n>n_1$ 时，转子导体切割定子旋转磁场的方向与电动运行时相反，转子感应电动势、感应电流、电磁转矩的方向都与电动运行时相反，电磁转矩 T 与转速 n 反向成为制动转矩。由于 $n>n_1$ 是外加转矩作用的结果，这种情况电动机不但不从电网吸收电功率，反而向电网输出功率。

回馈制动分为正向回馈制动和反向回馈制动两大类。

（1）正向回馈制动　正向回馈制动发生在电动机电气调速时，由高速档转换为低速档的降速过程中。以变极调速为例加以说明。三相异步电动机 2/4 极变极调速时的机械特性如图 6-9 所示，磁极数为 2 时同步转速 n_1 为 3000r/min，磁极数为 4 时同步转速 n_1' 为 1500r/min。2/4 极变极调速的过程为：电动机原本在固有机械特性曲线 1 上的 a 点以转速 n_a 稳定运行。在磁极数由 2 换接成 4 的瞬间，由于机械惯性，电动机的转速 n 不能突变，运行点由 a 点跃变到人为机械特性曲线 2 上的 b 点，进入第Ⅱ象限。b 点的转速 $n_b=n_a>n_1'=1500$r/min，转速 n 的大小和方向都没变，电磁转矩 T 变为负值，负载转矩 T_L 仍为正值，二者均为制动转矩，迫使转速 n 迅速下降，将高速旋转的动能转变成电能回馈给电网。当 n 下降到 1500r/min，即运行点到达 n_1' 点时，回馈制动结束。此时，虽然电磁转矩 $T=0$，但负载转矩 T_L 不为 0，在 T_L 作用下，转速 n 继续下降，运行点沿机械特性曲线 2 越过 n_1' 点回到第Ⅰ象限，电磁转矩 T 从 0 开始增加，当增加到 $T=T_L$ 时，电动机在 c 点稳定运行。c 点的转速 $n_c<n_1'$，电动机低速

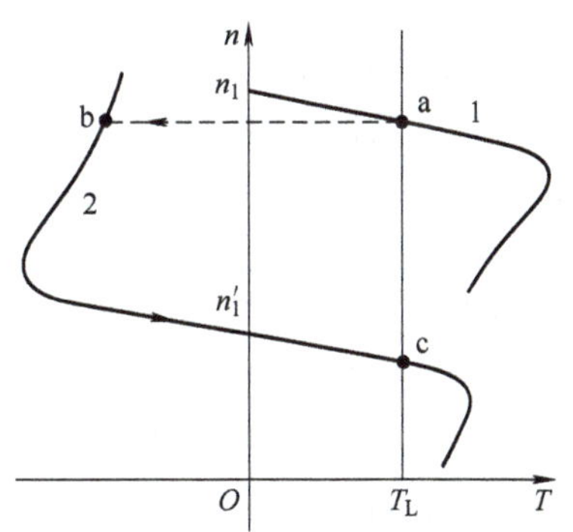

图 6-9　2/4 极调速中的正向回馈制动

电动运行，调速过程结束。运行点处于第Ⅱ象限的时段，属于回馈制动状态，因为电动机在该时段的转向没有改变，因而称为正向回馈制动。

（2）反向回馈制动　反向回馈制动发生在起重机提升机构电动机高速稳定下放重物时。实现方法：对正在提升重物的、电动运行的三相绕线转子异步电动机，将接入其定子绕组的三相交流电源的任意两根电源线对调，并在其转子电路串联制动电阻 R_{bx}，就能使电动机由正转变反转，并进入反向回馈制动状态。

由正转电动状态变换到反向回馈制动状态的过程如图 6-10a 所示。电动机正转电动运行时，运行点在固有机械特性曲线 1 上的 a′点，旋转磁场 n_1 和电磁转矩 T 方向相同，都为逆时针方向。对调接入定子绕组的两根电源线之后，旋转磁场 n_1 反向，变成了顺时针方向。由于存在机械惯性，电动机的转速 n 不能突变，转子仍按逆时针方向保持原转速旋转。转子导体切割磁力线的方向改变了，转子感应电动势、感应电流 I_2 和电磁转矩 T 都跟着反向，T 变为制动转矩。由于改变了电源相序，又在转子回路串联了制动电阻 R_{bx}，电动机的运行点从固有机械特性曲线 1 上的 a′点跃变到人为机械特性曲线 2 上的 b′点，b′点在第Ⅱ象限，电动机处于电源反接制动状态，电磁转矩 T 与负载转矩 T_L 一起迫使电动机快速减速，运行点沿着人为机械特性曲线 2 快速下移。当运行点移到 c 点时，转速 n 下降至 0，但是 T 和 T_L 都不为 0，两者作用方向相同，共同带动电动机反向起动并不断加速，由提升重物变为下放重物。运行点进入第Ⅲ象限，沿着人为机械特性曲线 2 继续下移，由于电磁转矩 T 与转速 n 都为负值，两者方向相同，电动机处于反向电动状态，且在不断加速。当反向转速升高到“$-n_1$”时，电磁转矩 T 变为 0，负载转矩 T_L 仍然保持恒定，继续带动电动机加速，使运行点进入第Ⅳ象限，电磁转矩 T 变为正值，转速 n 仍为负值，两者方向相反，所以 T 又变为制动转矩。此时的转动方向与提升重物时相反，且高于同步转速“$-n_1$”，电动机处于反向回馈制动状态，如图 6-10b 所示。此时，在负载转矩 T_L 拖动下，电动机继续加速，电磁转矩 T 不断增大，运行点沿着人为机械特性曲线 2 继续下移。当移到 a 点时，$T=T_L$，电动机稳定在 a 点高速下放重物。

由上述分析可知，三相绕线转子异步电动机由正转电动运行变化到反向回馈制动运行的过程，经历了电源反接制动状态（运行点在第Ⅱ象限）、反向电动状态（运行点在第Ⅲ象限），最后才达到反向回馈制动状态（运行点在第Ⅳ象限）。

反向回馈制动时，转子回路串联的电阻值的大小决定了最后稳定下放重物的速度高低。串联的电阻值越大，稳定下放重物的速度就越高。在图 6-10a 中，由于人为机械特性曲线 3 所串联的电阻值比人为机械特性曲线 2 所串联的电阻值大，人为机械特性曲线 3 对应的稳定下放运行点 b 点的速度，就比人为机械特性曲线 2 对应的稳定下放运行点 a 点高。由于下放重物的速度过高容易引发安全事故，所以反向回馈制动时，转子回路所串联的电阻值不宜过大。如果转子回路所串联的电阻值过大，在运行点进入第Ⅳ象限开始回馈制动后，应及时短接一部分转子电阻，以限制重物下放速度不要太高。

（三）三相异步电动机的电气调速控制

在电力拖动系统中，为满足工艺要求，常常要求被拖动的生产机械改变运行速度。改变生产机械转速的措施分两大类：一是机械调速，电动机以额定转速 n_N 运转，通过改变机械传动机构的传动比来改变作用在生产机械上的转速；二是电气调速，通过改变电动机的电气参数，在负载不变的情况下，使电动机在不同的转速下运行。这里重点学习电气调速。

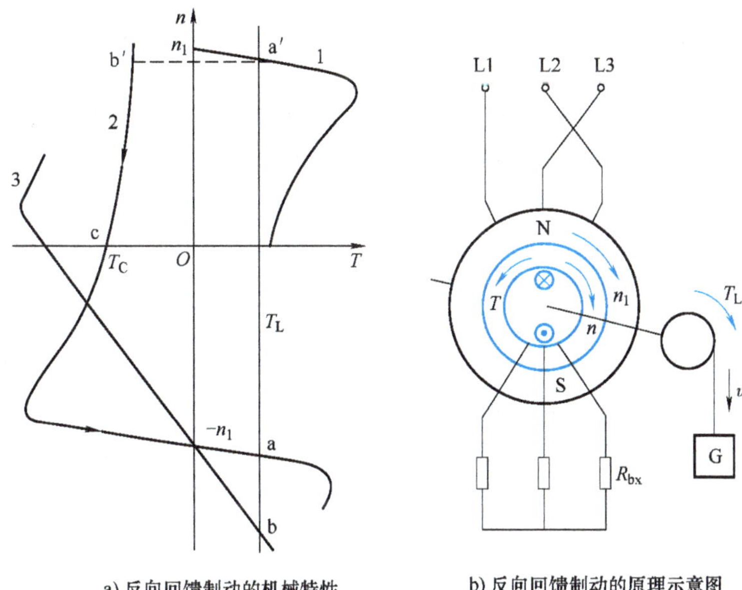

a) 反向回馈制动的机械特性　　b) 反向回馈制动的原理示意图

图 6-10　三相绕线转子异步电动机反向回馈制动

在电气调速时，无论电动机的转速 n 是高还是低，只要定子电流在调速前后保持不变，电动机的转子上所获得的电磁转矩 T 就不变，即为恒转矩调速。通俗地讲：恒转矩调速是指电动机高速时输出功率大，低速时输出功率小，但电动机输出的转矩始终是恒定的。

在电气调速时，无论电动机的转速 n 是高还是低，只要定子电流在调速前后保持不变，电动机的转轴上输出的功率 P 就不变，即为恒功率调速。通俗地讲：恒功率调速是指电动机低速时输出转矩大，高速时输出转矩小，但电动机输出的功率始终是恒定的。

一般地，电动机在恒磁通下调速时，最大容许输出转矩 T 不变，属于恒转矩调速；在弱磁调速时，最大容许输出转矩 T 与转速 n 成反比，属于恒功率调速。

由转速公式 $n=(1-s)n_1=60f_1(1-s)/p$ 可知，磁极对数 p、电源频率 f_1 和转差率 s 三个参数任意改变一个，电动机的转速 n 就会改变，所以，三相异步电动机的基本电气调速方法有三种：变极调速、变频调速和变转差率调速。

1. 三相异步电动机的变极调速

通过改变三相异步电动机的磁极对数 p 来改变其同步转速 n_1，使电动机稳定运行的转速 n 发生变化，从而达到调速目的，就是变极调速。因为电动机只有在定子极数和转子极数相等时才能产生平均电磁转矩，所以在改变定子极数时，也必须同时改变转子极数。三相笼型异步电动机的转子极数由定子磁场的极数决定，能自动与定子极数相匹配，在变极调速时无需再改接转子，而三相绕线转子异步电动机的转子极数是固定的，不会随定子磁场极数的改变而改变，在变极调速时，必须同时对转子进行改接。因此，为了避免对转子进行改接，在实际工作中，变极调速常常只用于三相笼型异步电动机。

（1）改变电动机定子磁极对数的方法

1）安装两套极数不同的定子绕组。

2）只安装一套定子绕组，通过改变定子绕组的连接方式来改变定子磁场的磁极数，包含Y/YY变极调速和△/YY变极调速。

采用变极调速的电动机称为多速电动机，常见的是双速电动机。双速电动机的定子只安装了一套绕组，利用定子绕组的不同接线方式来改变其磁极对数 p，而三速、四速电动机的定子上则安装着两套极数不同的独立绕组。

（2）改变定子绕组连接方式的变极原理　以 U 相为例，设相电流的参考方向为从绕组的首端 U1 流进，尾端 U2 流出。如图 6-11 所示，将 U 相看成两个“半相绕组”，1U1 和 1U2 分别是前“半相绕组”的首端和尾端；2U1 和 2U2 分别是后“半相绕组”的首端和尾端。图 6-11a 中，前“半相绕组”的尾端 1U2 和后“半相绕组”的首端 2U1 相串联（顺串），根据右手螺旋定则，可判断出定子绕组产生 4 极磁场。图 6-11b 中，前“半相绕组”的尾端 1U2 和后“半相绕组”的尾端 2U2 相串联（反串），定子绕组产生 2 极磁场。图 6-11c 中，两个“半相绕组”的首端都和对方的尾端相并联（反并），即：1U1 与 2U2 接在一起，1U2 与 2U1 接在一起，定子绕组也产生 2 极磁场。仔细观察图 6-11，容易发现图 6-11a～c 中前“半相绕组”中电流的流向相同，都是顺时针，但是图 6-11a 中后“半相绕组”中的电流是顺时针流向，而图 6-11b 和图 6-11c 中后“半相绕组”中的电流方向发生了改变，变成了逆时针流向，这正是定子磁极数发生改变的直接原因。

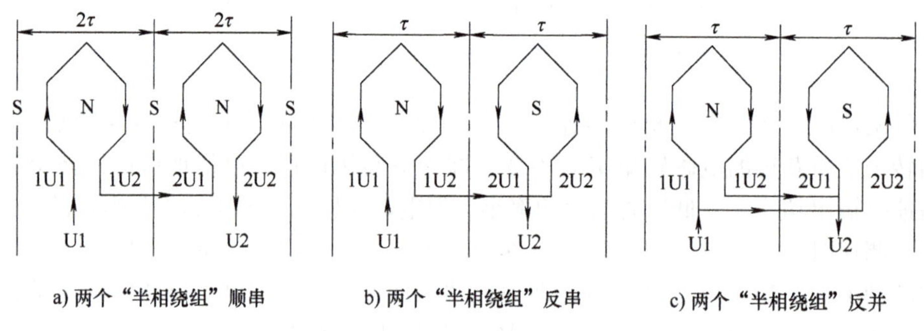

a) 两个“半相绕组”顺串　　b) 两个“半相绕组”反串　　c) 两个“半相绕组”反并

图 6-11　三相笼型异步电动机的变极原理

当 V 相和 W 相也按照 U 相这样接线时，不难发现：每相定子绕组的两个“半相绕组”分别接成反串和反并时，与顺串时相比，也会出现后“半相绕组”中的电流反向，并且定子绕组极数减半（4 极变 2 极）的现象。

结论：将每相定子绕组都看成两个完全对称的“半相绕组”，只要使任一个“半相绕组”中的电流反向，就能让电动机定子绕组产生的磁场的极数增加一倍（顺串），或者减少一半（反串或反并）。这就是三相笼型异步电动机通过改变定子绕组的连接方式变极调速的原理。

（3）变极调速时电动机的转向　因为在电动机定子所构成的圆周上，电角度是机械角度的 p 倍，极数改变必然引起定子三相绕组空间排列顺序的改变。比如：以 U 相为基准，当 $p=1$ 时，三相定子绕组 U、V、W 轴线的空间位置依次是 0°、120°、240°电角度；而当 $p=2$ 时，U 相的空间位置仍为 0°，V 相的空间位置变为 120°×2＝240°，W 相的空间位置变为 240°×2＝480°，即为 120°。显然，变极的同时改变了三相绕组的空间位置。如果在变极调速时，不改变定子绕组三相电源的相序，则在变极之后，不仅电动机的转速高低会改变，旋转方向也会改变。所以，为了保证变极前后电动机的转向不变，不管定子绕组是由Y联结变YY联结，还是由△联结变YY联结，都必须同时改变接入定子绕组任意两相的电源相序。

（4）双速电动机定子绕组的变极接线　双速电动机的三相定子绕组有 9 个引出端子，其中 U1、V1、W1 表示三个首端，U2、V2、W2 表示三个尾端，U3、V3、W3 表示三个中间端子。

图 6-12 是双速电动机Y/YY联结变极调速接线示意图。图 6-12a 中，三相定子绕组的三个中间端子 U3、V3、W3 悬空不接线，三个尾端 U2、V2、W2 短接到同一点，三个首端 U1、V1、W1 接三相电源，构成Y联结，每相定子绕组的两个“半相绕组”都是顺向串联，定子绕组产生的磁极数为 4；图 6-12b 中，三相定子绕组的首端和尾端都短接到同一点，三个中间端子接三相电源，构成YY联结，每相定子绕组的两个“半相绕组”都是反向并联，定子绕组产生的磁极数为 2。

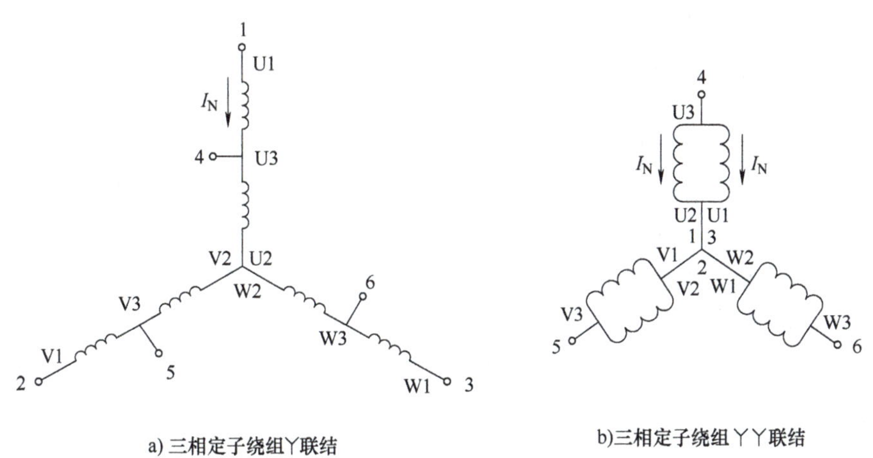

a) 三相定子绕组Y联结　　b)三相定子绕组 YY 联结

图 6-12　双速电动机Y/YY联结变极调速定子绕组接线示意图

图 6-13 是双速电动机△/YY联结变极调速接线示意图。图 6-13a 中，三相定子绕组的三个中间端子悬空不接线，三相绕组的首端和尾端顺次相连之后再接三相电源，构成△联结，定子每相绕组的两个“半相绕组”都是顺向串联，定子绕组产生的磁极数为 4；图 6-13b 中，三相定子绕组的首端和尾端都连接到同一个中心点，三个中间端子引出线接三相电源，构成YY联结，每相定子绕组的两个“半相绕组”都是反向并联，定子绕组产生的磁极数为 2。

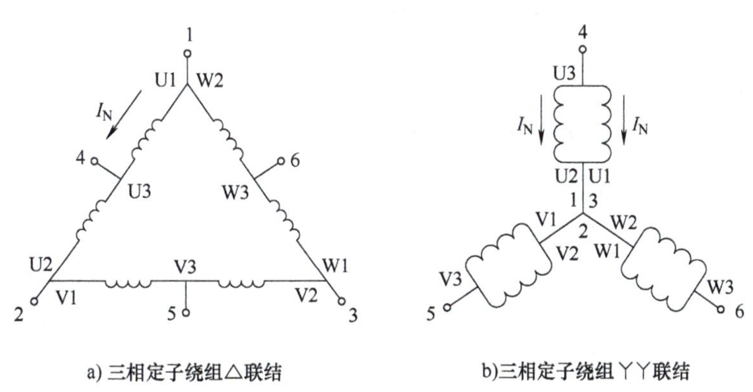

a) 三相定子绕组△联结　　b)三相定子绕组 YY 联结

图 6-13　双速电动机△/YY联结变极调速定子绕组接线示意图

结论：变极调速之前，定子每相绕组的两个“半相绕组”都顺向串联接线，三相绕组为Y联结或△联结，定子磁极数都是 4；变极之后，每相绕组的两个“半相绕组”都改接成反向并联，变成YY联结，定子磁极数是 2。定子绕组YY联结时的磁极数比Y联结和△联结时减少了一半。

（5）双速电动机的变极调速性质

1）Y/YY联结变极调速。Y联结的磁极数是YY联结的两倍，由于同步转速 $n_1 = 60f_1/p$，所以

YY联结的同步转速 n_1 为Y联结的两倍，YY联结的实际转速 n 近似为Y联结的两倍，即 $n_{YY}\approx 2n_{Y}$。

设电动机变极前后电源线电压 U_N 保持不变，通过每个“半相绕组”的电流 I_N 保持不变，电动机的效率 η 和功率因数 $\cos\varphi$ 都不变，则变极前后电动机的输出功率分别为 $P_Y=\sqrt{3}U_NI_N\eta\cos\varphi$ 和$P_{YY}=\sqrt{3}U_N\times 2I_N\eta\cos\varphi$，即 $2P_Y=P_{YY}$。因为YY联结时的线电流是两个“半相绕组”的电流之和，所以 P_{YY}公式中的线电流值是 $2I_N$。

由于输出转矩 $T_Y=9550P_Y/n_Y=9550\times 2P_Y/(2n_Y)=9550P_{YY}/n_{YY}=T_{YY}$，所以采用Y联结和采用YY联结时，电动机的输出转矩基本不变。

结论：电动机定子绕组由Y联结变为YY联结后，磁极数减半，转速 n 增加一倍，输出功率 P 增大一倍，输出转矩 T 基本不变，属于恒转矩调速性质，适用于拖动起重机、电梯、带式输送机等恒转矩负载的电动机调速控制。

2）△/YY联结变极调速。△联结时的磁极数是YY联结时的两倍，后者的同步转速为前者的两倍，后者的转速近似为前者的两倍，即 $n_{YY}\approx 2n_{\triangle}$。

同样地，设电动机变极前后电源线电压 U_N 不变，通过每个“半相绕组”的电流 I_N 不变，电动机的效率 η 和功率因数 $\cos\varphi$ 也不变，则变极前后电动机的输出功率分别为 $P_{\triangle}=3U_NI_N\eta\cos\varphi$ 和$P_{YY}=\sqrt{3}U_N\times 2I_N\eta\cos\varphi$，则输出功率之比为 $P_{YY}/P_{\triangle}=2\sqrt{3}/3=2/\sqrt{3}\approx 1.15$；变极前后输出转矩之比为 $T_{YY}/T_{\triangle}=(9550P_{YY}/n_{YY})/(9550P_{\triangle}/n_{\triangle})=(P_{YY}/P_{\triangle})(n_{\triangle}/n_{YY})\approx(2/\sqrt{3})\times(1/2)=1/\sqrt{3}\approx 0.577$。

结论：电动机定子绕组接线由 △联结变YY联结后，极数减半，转速 n 增加一倍，输出转矩 T 近似减小一半，输出功率 P 近似不变，接近于恒功率调速性质，适用于电动机拖动恒功率负载时的调速。比如，车床在进行切削加工时，粗车进刀量大，采用低转速；精车进刀量小，采用高转速，但粗车和精车时的负载功率近似不变。

（6）电动机变极调速的机械特性　YY联结时，两个“半相绕组”反向并联，而Y联结时，两个“半相绕组”顺向串联，所以YY联结时定子、转子每相绕组的阻抗为Y联结时的1/4，磁极数比Y联结时减少一半，两者的相电压 U_1 保持不变。因此，YY联结时的最大转矩 T_m 和起动转矩 T_{st}都为Y联结时的两倍，过载能力 λ_m 和起动能力 K_{st}都增大一倍，临界转差率 s_m 不变，机械特性如图 6-14a 所示。

因为YY联结时，两个“半相绕组”反向并联，而△联结时，两个“半相绕组”顺向串联，所以YY联结时定子、转子每相绕组的阻抗，为 △联结时的1/4，磁极数比 △联结时减少一半，相电压 $U_{YY}=U_{\triangle}/\sqrt{3}$。因此，YY联结时的最大转矩 T_m 和起动转矩 T_{st}都为 △联结时的2/3，过载能力 λ_m 和起动能力 K_{st}都有所下降，临界转差率 s_m 不变，机械特性如图 6-14b 所示。

由于△联结比YY联结时的起动转矩 T_{st}大，所以在需要定子绕组YY联结高速运转时，要先把定子绕组接成△联结，利用 △联结时起动转矩大的优势，缩短起动时间，等起动完成后再切换成YY联结，实现由低速到高速的转换。

（7）双速电动机变极调速的控制电路　按钮控制的双速异步电动机变极调速控制电路如图 6-15 所示。图中，KM1 为把定子绕组连接成△联结的接触器，KM2、KM3 为把定子绕组连接成YY的接触器。为保证变极前后电动机的转向不变，变极接线时调换了 L1 和 L2 两相电源的相序。在控制电路中，低速起动按钮 SB2 和高速起动按钮 SB3 构成机械互锁，KM1 与 KM2、KM3 的辅助常闭触头构成电气互锁。该电路的工作过程为：合上断路器 QF，按下低速起动按钮 SB2，SB2 常闭触头先切断 KM2、KM3 线圈电路，保证 KM2、KM3 主触头断开；

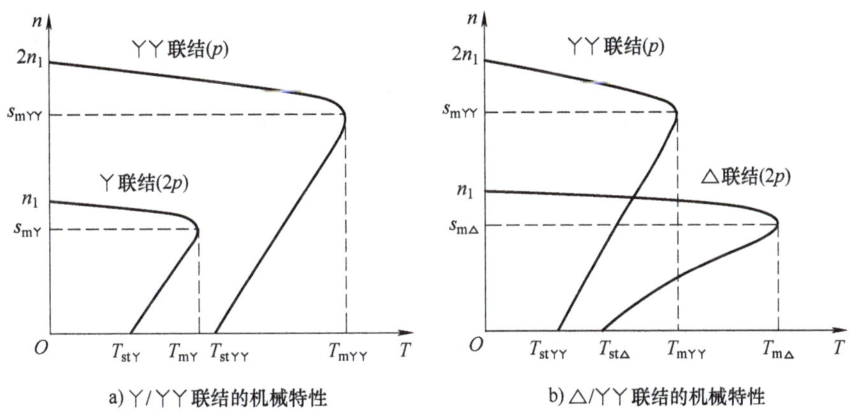

图 6-14　双速电动机变极调速时的机械特性

SB2 常开触头随即闭合，使 KM1 线圈得电，KM1 电气互锁触头断开，确保 KM2、KM3 线圈不通电，KM1 主触头和自锁触头闭合，将定子绕组接成△联结，电动机低速起动低速运转。当电动机需要高速运转时，按下高速起动按钮 SB3，SB3 常闭触头断开，先切断 KM1 线圈电路，KM1 主触头复位断开，拆除定子绕组的△联结，KM1 自锁复位断开，KM1 电气互锁复位闭合，为 KM2、KM3 线圈通电做准备；紧接着，SB3 的常开触头闭合，KM2、KM3 线圈通电，KM2、KM3 电气互锁触头断开，确保 KM1 线圈不通电，KM2、KM3 主触头和自锁触头都闭合，将定子绕组换接成YY联结，电动机进入高速运转。

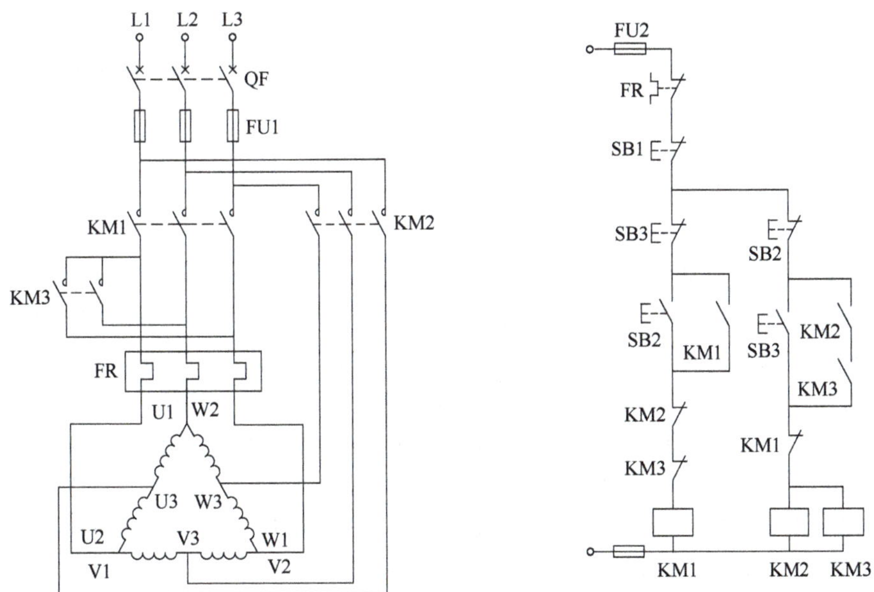

图 6-15　按钮控制的双速异步电动机变极调速控制电路

双速电动机变极调速也可以由时间继电器来控制，其电路如图 6-16 所示。图中，1、2、3 既对应定子绕组首端，又对应定子绕组尾端；4、5、6 对应定子绕组中间端子；KM1 为定子绕组△联结的接触器；KM2、KM3 为定子绕组YY联结的接触器；KT 为控制电动机由低速向高速切换的时间继电器；SA 为高、低速选择开关，它有三个档位，左边为“低速档”，右边为

“高速档”，中间为“停止档”。把 SA 扳到“低速档”起动时，KM1 得电，KM2、KM3 不得电，定子绕组接成△联结，电动机低速起动低速运转。把 SA 扳到“高速档”起动时，在通电延时型时间继电器 KT 瞬动触头的作用下，起初仍是 KM1 得电，KM2、KM3 不得电，定子绕组△联结低速起动，起动结束，KT 延时结束，延时触头动作，使 KM1 断电，KM2、KM3 通电，拆除定子绕组的 △联结，换接成YY联结，使电动机进入高速运转状态。

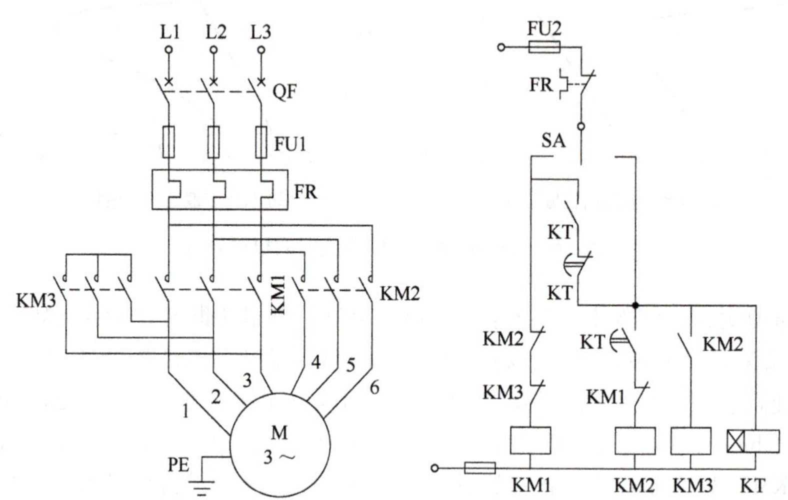

图 6-16　时间原则控制的双速异步电动机变极调速控制电路

特别提示：为保证变极调速前后电动机的转向保持不变，在图 6-15 和图 6-16 主电路中的变极接线都调换了 L1、L3 两相的电源相序。

（8）变极调速的特点及应用　变极调速的优点是成本低、效率高、机械特性硬、操作简单，对恒转矩负载和恒功率负载都适用；缺点是属于有级调速，一般只有两级、三级、四级等有限的几档速度。变极调速适用于对调速性能要求不高，而且不需要平滑调速的三相笼型异步电动机。

2. 三相异步电动机的变频调速

交流电动机变频调速是近 20 年来发展起来的新技术，随着电力电子技术和微电子技术的迅速发展，交流调速系统已进入实用化、系列化，变频调速技术在多个领域得到了广泛应用。

由三相异步电动机的转速公式 $n=(1-s)60f_1/p_1$ 可知，只要三相交流电源的频率 f_1 能够连续改变，就可实现电动机连续调速。三相交流电源的额定频率 $f_{1N}=50\text{Hz}$，以 50Hz 为基准，变频调速分为基频以下调速和基频以上调速两种，对应的机械特性曲线如图 6-17a、b 所示。

（1）基频以下调速　因为定子绕组的相电压 $U_1 \approx E_1 = 4.44 f_1 N_1 K_1 \Phi_m$，当频率 f_1 下降时，若保持定子相电压 U_1 恒定不变，会使电动机每极磁通 Φ_m 增加，由于电动机在设计上总是使 Φ_m 值处于磁路磁化曲线的膝部，Φ_m 增加磁路就会饱和，运行点进入磁化曲线的饱和段，导致空载励磁电流剧增，铁损耗也剧增，铁心严重发热而使波形变坏，电动机的负载能力变小，情况严重时就无法正常工作了，甚至还可能会烧毁。为保证变频调速之后，电动机还能得到充分利用并保持负载能力不变，在变频过程中应该保持气隙主磁通 Φ_m 不变，这就要求定子绕组产生的感应电动势 E_1 与频率 f_1 之比要等于常数，能满足这个条件的变频调速称为恒磁通变频调速。由于感应电动势 E_1 难以直接检测和控制，而定子绕组相电压 $U_1 \approx E_1$，所以只要采用恒压频比控制方式，即保持 $U_1/f_1=$定值，就能够使电动机的磁通基本保持恒定，避免产生磁

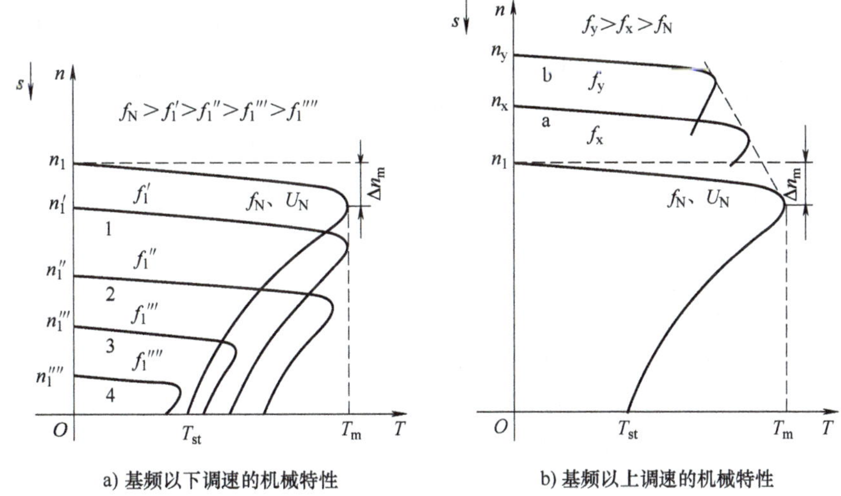

a) 基频以下调速的机械特性　　　　b) 基频以上调速的机械特性

图 6-17　三相异步电动机变频调速的机械特性

饱和现象，这属于近似恒磁通控制。由于调速过程中保持了每极磁通 Φ_m 不变，所以电磁转矩 $T=C_T\Phi_m I_{2s}\cos\varphi_2$ 也不变，因此基频以下调速属于恒转矩调速。

结论：在额定频率以下调速时，一定要使变频电源的输出电压 U_1 与频率 f_1 成正比。

观察图 6-17a 所示的机械特性，可总结出基频以下调速（U_1/f_1=定值）有如下特点：

1）同步转速 n_1 正比于频率 f_1，n_1 随 f_1 降低而减小，转速 n 也随之减小。

2）当频率下调的幅度不大时（如图中 f_1' 对应的机械特性曲线 1），随着频率下降，起动转矩 T_{st} 有所增加，最大转矩 T_m 和临界转速降 Δn_m 基本保持不变。

3）当频率下调的幅度过大时（如图中 f''''_1 对应的机械特性曲线 4），由于加在定子绕组上的相电压 U_1 过低，定子电阻的压降不能被忽略，会使主磁通 Φ_m 严重下降，反而使电动机的起动转矩 T_{st} 和最大转矩 T_m 都减小，已不再具备使用价值。

4）变频前后，机械特性的线性段基本平行，表明调速的稳定性好。

（2）基频以上调速　当电源频率 f_1 在额定频率 f_N 以上调节时，若仍保持定子相电压 U_1 与频率 f_1 成正比，则 $U_1>U_N$，而定子相电压不允许超过额定电压，否则就会危及绕组的绝缘。因此，基频以上调速时，必须保持 $U_1=U_N$，只升高频率，这样主磁通 Φ_m 就会减小，铁心不能被充分利用，励磁电流下降，出现弱磁。在同样的转子电流下，弱磁会使得电磁转矩 T 变小，电动机负载能力下降，严重时甚至会堵转。

观察图 6-17b 所示的机械特性，可总结出基频以上调速（$U_1=U_N$）有如下特点：

1）随着频率 f_1 增大，电动机允许的输出转矩下降，起动转矩 T_{st} 和最大转矩 T_m 都变小，严重时可能会使电动机堵转。

2）频率 f_1 增大时，转速 n 会随之升高，电动机的容许输出功率 $P=Tn/9.55$=定值，所以基频以上调速属于恒功率调速。

3）频率 f_1 增大得越多，转速 n 就升得越高，转速 n 过高容易引发安全事故。所以在基频以上调速时，一定要把频率 f_1 升高的幅度限制在一定范围内。

4）变频调速前后，对应的机械特性的线性段基本平行，表明调速的稳定性好。

（3）变频调速电动机的起动　由于电动机在一定低频下起动时，起动电流 I_{st} 小且起动转

矩 T_{st} 较大，有利于缩短起动时间。所以，实际应用中，总是让电动机在低频下起动，起动结束再升高频率。变频调速时，频率升高的幅度要与电动机的实际运行情况相适应，如果频率一次性升高的幅度太大，不仅达不到升频增速的目的，还会造成电动机停转。

图 6-18 中，电动机带恒转矩负载 T_L 以较低频率 f_{11} 起动，起动结束后，在运行点 1 低速运行，需要通过升高频率来提高转速。如果将频率由 f_{11} 一下子升高到 f_{13}，由于机械惯性，转速 n 不能突变，运行点会从特性曲线 f_{11} 上的 1 点跃变到特性曲线 f_{13} 上的 2 点。2 点的电磁转矩 T_2 小于负载转矩 T_L。由电力拖动系统的运动方程：$T-T_L=(GD^2/375)(\Delta n/\Delta t)$ 可知，加速度 $(\Delta n/\Delta t)<0$，转速 n 会下降，直至停转。

正确的做法是采用小幅多次升频，逐步升高转速。例如，在图 6-18 中，先把频率由 f_{11} 升高到 f_{12}，待电动机转速稳定后，再把频率升高到 f_{13}。升频调速的全过程是：将频率由 f_{11} 升高到 f_{12} 时，工作点由 f_{11} 上的 1 点跃变到 f_{12} 上的 3 点，3 点对应的电磁转矩 T_3 大于负载转矩 T_L，由电力拖动系统的运动方程可知，加速度（$\Delta n/\Delta t$）>0，所以转速 n 升高。当 n 升至 f_{12} 上的 4 点，4 点的电磁转矩 T_4 和负载转矩 T_L 相等，加速度变为 0，电动机在 4 点稳定运行。然后，再升高频率到 f_{13}，工作点由 f_{12} 上的 4 点跃变到 f_{13} 上的 5 点，5 点对应的电磁转矩 T_5 大于负载转矩 T_L，转速 n 继续升高至工作点 6，电磁转矩 T_6 和负载转矩 T_L 又一次达到平衡，电动机在 6 点以高速稳定运行。

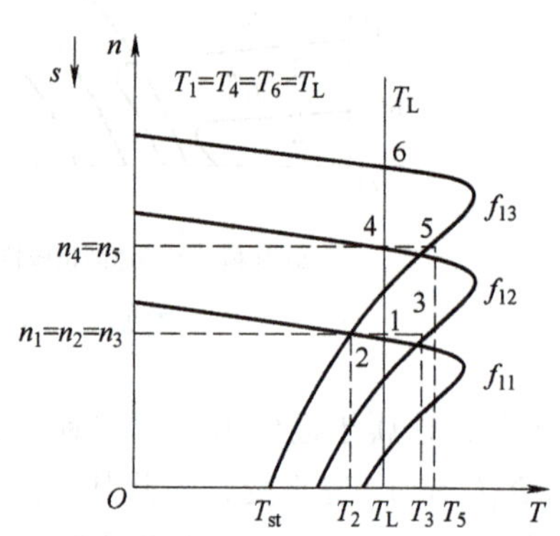

图 6-18 电动机变频调速时的机械特性

（4）变频电源 三相异步电动机变频调速时，必须有能够同时改变电压和频率的供电电源。实际应用中，是由变频器向三相异步电动机供电并构成调速系统的。变频器是把固定电压、固定频率的交流电变换成可调电压、可调频率的交流电的一种电力变换器，分为交-直-交变频器和交-交变频器两种。交-直-交变频器是间接变频装置，它先把三相工频交流电经整流器整流成直流电，再用逆变器把直流电变为可调频、调压的三相交流电。交-交变频器是直接变频装置，它能够将普通恒压、恒频的三相交流电通过电力变流器直接转换为可调频、可调压的三相交流电，中间不经过直流环节，又称为直接交流变频器。

（5）变频调速的特点

1）由于频率可以连续调节，所以调速的平滑性好，能实现无级调速。

2）调速前后，电动机机械特性的线性段基本平行，机械特性的硬度几乎不变，稳定性好。

3）可升频调速，也可降频调速，转速 n 随频率升而升、随频率降而降，调速范围大。

4）基频以下调速为恒转矩调速，也可进行恒功率调速；基频以上调速为近似恒功率调速。

5）变频器的初投资较高，但长期经济效益好。

6）变频器输出电流和电压的波形非正弦波，由此产生的高次谐波会污染电网。

（6）变频调速的应用 生产实际中，变频调速大多用于带恒转矩负载的电动机。随着电子技术的迅猛发展，变频器的性能越来越优越，变频调速将成为调速发展的主方向。

3. 三相异步电动机的变转差率调速

变转差率调速能保持电动机的同步转速 n_1 不变，这是变极调速和变频调速无法做到的。

常用的变转差率调速方法有三种：定子调压调速；转子串联附加电动势调速，也叫串级调速；转子串联电阻调速。定子调压调速对三相笼型异步电动机和三相绕线转子异步电动机都适用。转子串联附加电动势调速和转子串联电阻调速，只适用于三相绕线转子异步电动机。

（1）定子调压调速　定子调压调速通过降低加在定子绕组上的电压来实现。由于只能从额定电压 U_N 往下调，而降压会使转速 n 降低，所以定子调压调速只能得到比额定转速 n_N 低的转速。

1）定子调压调速的原理：定子调压调速的主要装置是一个能提供电压变化的电源，常见的调压方式有串联饱和电抗器调压、自耦变压器调压以及晶闸管调压等，其中晶闸管调压方式为最佳。串联饱和电抗器调压通过改变直流励磁电流来控制电抗器铁心的饱和程度，从而改变电抗器的交流电抗值，继而改变电动机的电压来实现降压调速。铁心饱和时，电抗器的交流电抗小，电动机定子电压就高；反之，铁心不饱和时，电抗器的交流电抗大，电动机定子电压就低。自耦变压器调压通过改变自耦变压器的电压比来改变加在电动机定子绕组上的电压，从而进行调速。晶闸管调压通过控制晶闸管的导通角来调节电动机的定子绕组端电压，从而进行调速。

2）定子调压调速的机械特性分析：电动机定子调压调速的机械特性如图 6-19 所示，从图中不难看出，定子调压调速能保持电动机调速前后的同步转速 n_1 不变，临界转差率 s_m 也不变。图 6-19a 中的曲线 1 和 2 分别表示通风机型负载和恒转矩负载，从图中容易看出，电动机若带的是通风机型负载，定子调压调速的调速范围很宽；若带的是恒转矩负载，定子调压调速的调速范围很窄，通常难以满足工作需要。所以，定子调压调速适用于通风机型负载，不适用于恒转矩负载。为了扩大对恒转矩负载的调速范围，就需要采用转子电阻大、机械特性较软的高转差率电动机，如图 6-19b 所示。在这种情况下，调速范围得到了保证，但是电动机的转差率 s 和运行的稳定性往往又难以满足生产工艺要求，所以，改变定子电压调速的实用性并不强。

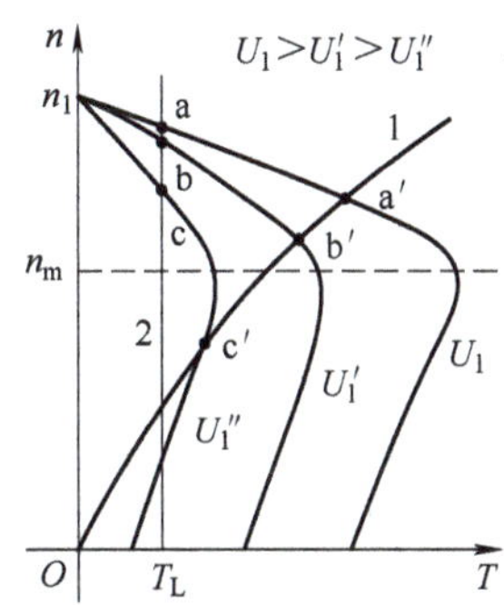

a) 普通电动机的定子调压调速

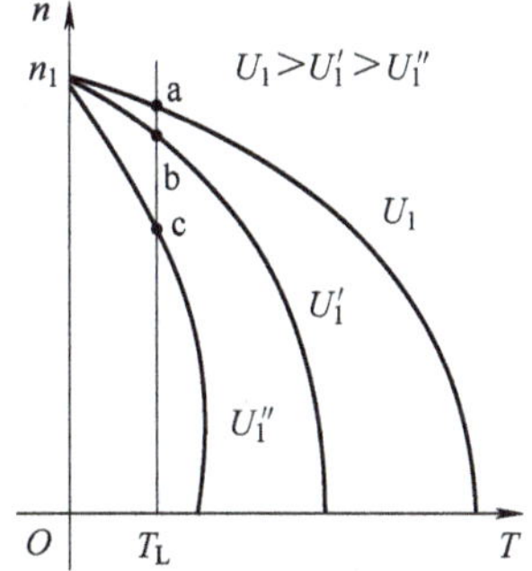

b) 高转差率电动机的定子调压调速

图 6-19　电动机定子调压调速的机械特性

现代调压调速电路在原有定子调压调速电路中加入了速度反馈的闭环控制，提高电动机低速运行时的机械特性的硬度，就可获得较宽的调速范围，并保证电动机有一定的过载能力。

3）定子调压调速的特点：

① 定子调压调速电路简单，易于实现自动控制。

② 由于电压能够连续调节，因而能够实现无级调速。

③ 由于 $T\propto U_1^2$，所以随着定子相电压 U_1 的下降，电磁转矩 T 大幅度下降，使得调速范围不大。

④ 定子调压调速过程中，转差功率以发热形式消耗在转子电阻中，因而电动机的效率较低。

4）定子调压调速的应用：

① 定子调压调速既非恒转矩调速，也非恒功率调速。它最适用于通风机型负载，也可用于恒转矩负载，最不适用于恒功率负载。日常生活中的风扇，大多采用定子调压调速。

② 当电动机的转速 n 较低时，转子电阻损耗较大，绕组容易发热，不宜在低速下长期运行。

③ 定子调压调速一般适用于电动机拖动容量在 100kW 以下的生产机械时。

（2）三相绕线转子异步电动机转子回路串联附加电动势调速　转子串联附加电动势调速又叫串级调速，在三相绕线转子异步电动机的转子回路串联三相附加电动势 E_f（E_f 的频率与转子电动势的频率相同），通过调节 E_f 的大小和相位来调速。

1）转子串联附加电动势调速的原理：三相绕线转子异步电动机转子串联附加电动势调速原理图如图 6-20 所示。在电动机的转子侧，通过二极管或晶闸管构成的整流桥将转子电动势 E_{2s} 整流成直流电压 U_d，再经过晶闸管逆变器逆变成工频交流电压，由变压器 T 回馈到交流电网中。逆变器的电压可视为加在转子回路中的附加电动势 E_f。控制逆变器的逆变角，就能改变逆变器的电压，也就改变了附加电动势 E_f 的大小，从而达到调速目的。附加电动势 E_f 与转子电动势相位相同时，调速之后，电动机的转速 n 上升；附加电动势 E_f 与转子电动势相位相反时，调速之后，电动机的转速 n 下降。

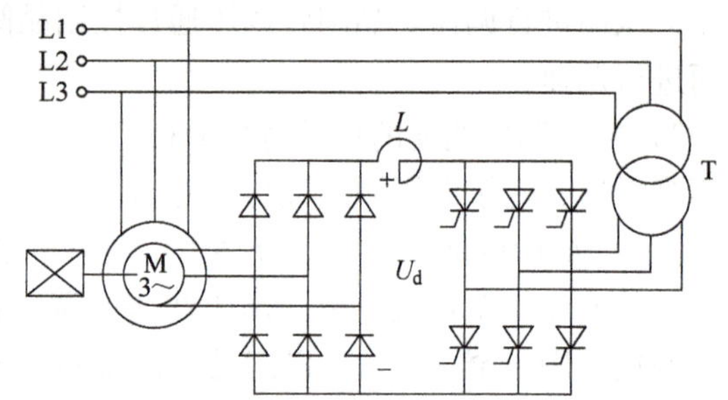

图 6-20　电动机转子串联附加电动势调速原理

2）转子串联附加电动势调速的特点：

① 调速过程中的转差损耗能回馈到电网或生产机械上，损耗小，效率高。

② 在技术和经济指标上都有优越性，属节能型调速方式，具有恒转矩调速的性质。

③ 调速装置的容量与调速范围成正比，适用于调速范围为额定转速 70%~90%的生产机械。

④ 调速装置故障时可以切换至全速运行，以避免停产。

⑤ 晶闸管串联附加电动势调速功率因数偏低，谐波影响较大。

3）转子串联附加电动势调速的应用：适用于通风机、水泵、轧钢机、矿井提升机、挤压机等生产机械的调速。但是，由于附加电动势的获取比较困难，故该调速方法并未得到推广。

（3）三相绕线转子异步电动机转子回路串联电阻调速　在三相绕线转子异步电动机的转子回路中串联三相对称电阻，能降低电动机稳定运行的转速。

1）转子串联电阻调速的原理。以三相绕线转子异步电动机拖动恒转矩负载为例来分析。转子串联电阻调速时的机械特性如图 6-21 所示。当转子回路不串联附加电阻时，电动机以转速 n_A 稳定运行在固有机械特性曲线 1 上的 A 点，电磁转矩 T 等于负载转矩 T_L。转子串联对称电阻 R_{p1} 后，运行点跃变到人为机械特性曲线 2 上，由于存在机械惯性，转速 n_A 不能突变，故运行点从 A 跃变到 A′点，转子电流 I_2 和电磁转矩 T 都减小。于是，就有 $T<T_L$，由电力拖动系统的运动方程 $T-T_L=(GD^2/375)(\Delta n/\Delta t)$ 可知，电动机的加速度 $(\Delta n/\Delta t)<0$，电动机减速，运行点由 A′点沿着人为机械特性曲线 2 下降到 B 点，在 B 点由于 $T=T_L$，所以电动机匀速

运行，对应的转速变为 n_B，显然 $n_B<n_A$，转速降低了。在电动机减速过程中，转差率 s、转子电动势 E_{2s}、转子电流 I_2 和电磁转矩 T 均在不断增大。

当串联转子回路的对称电阻分别为 R_{p2} 和 R_{p3} 时（$R_{p3}>R_{p2}>R_{p1}$），电动机也会减速，减速过程与串联 R_{p1} 时相似，最后分别稳定在人为机械特性曲线 3 上的 C 点和人为机械特性曲线 4 上的 D 点，分别以转速 n_C 与 n_D 匀速运行。显然，$n_D<n_C<n_B<n_A$，转速进一步降低了。

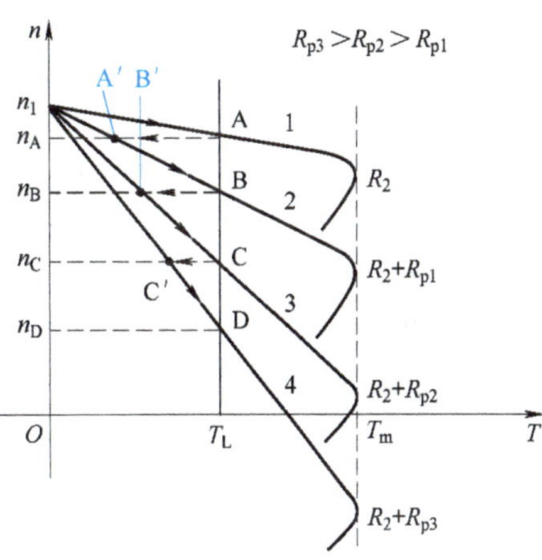

图 6-21　转子串联电阻调速时的机械特性

转子串联电阻调速的特性总结如下：

① 转子回路串联对称电阻后，电动机的同步转速 n_1 和最大转矩 T_m 都不变，但临界转差率 s_m 增大，机械特性线性段的斜率增大。

② 转子串联电阻调速为恒转矩调速性质，适用于带恒转矩负载的电动机。

③ 对恒转矩负载，转子所串联的附加电阻值越大，电动机的转速 n 就降得越低，机械特性就越软，稳定性就越差。

④ 对恒转矩负载，调速前后稳定运行时的转子电流 I_2、定子电流 I_1、输入电功率 P_1 和电磁转矩 T 都不变，但转子轴上的总机械功率 P_2 随转速 n 的下降而减小。

2）主令控制器简介。转子串联电阻调速要同时控制多条回路，需要用主令控制器来控制。主令控制器 SA 是一种用于频繁切换复杂的多路控制电路的主令电器。它在控制系统中发出命令，通过控制接触器间接控制电动机的起动、调速、制动和反转等，主要用作起重机、轧钢机等设备的主令控制。从结构上讲，主令控制器分为两类：一类是凸轮可调式；另一类是凸轮固定式。图 6-22 为主令控制器的外形、结构与电气符号，它的操作手柄在不同位置时的触头分合状态的表示方法类似于前面讲过的万能转换开关。在方形转轴上装有不同形状的凸轮块，转动方轴，凸轮块便随之转动。当凸轮块的凸起部分转到与小轮 A 接触时，推动支架向外张开，使动触头与静触头断开。当凸轮块的凹陷部分与小轮 A 接触时，支架在复位弹簧作用下复位，使动、静触头闭合。在方形转轴上安装一串不同形状的凸轮块，使触头按一定顺序闭合与断开，就能控制电路按一定的顺序动作。

3）转子串联电阻调速的电气原理图分析。图 6-23 为主令控制器控制的转子串联电阻调速的电气原理图，为提高工作的可靠性，给控制电路接入直流电源。图中的 KI1、KI2、KI3、KI4 均为过电流继电器，起过电流保护作用；KT1、KT2、KT3 为断电延时型时间继电器；SA 为主令控制器，SA0～SA3 为 SA 上的 4 对常开触头。起动前，先将主令控制器 SA 手柄置于“0”位，再合上主电路与控制电路的断路器 QF1、QF2，则零位继电器 KV 线圈通电并自锁；断电延时型时间继电器 KT2、KT3 线圈得电，其延时闭合的常闭触头瞬时断开，确保接触器 KM2、KM3 线圈断电，转子回路串联全部电阻 R_1 和 R_2。起动时，将 SA 手柄推到“3”位，SA1、SA2、SA3 全接通，KM1 线圈得电，KM1 辅助常闭触头断开，KT2 线圈失电开始延时；KM1 主触头闭合，电动机接入交流电，转子串联两级电阻起动；KM1 辅助常开触头闭合，KT1 线圈得电，其延时断开的常开触头瞬时闭合，为 KM4 得电做准备。KT2 延时结束，其常闭触头复位，KM2 线圈得电，KM2 辅助常闭触头断开，KT3 线圈失电开始延时；KM2 主触头闭合，切除一级电阻 R_1，电动机转子串联一级电阻 R_2 继续起动。KT3 延时结束，其常闭触头

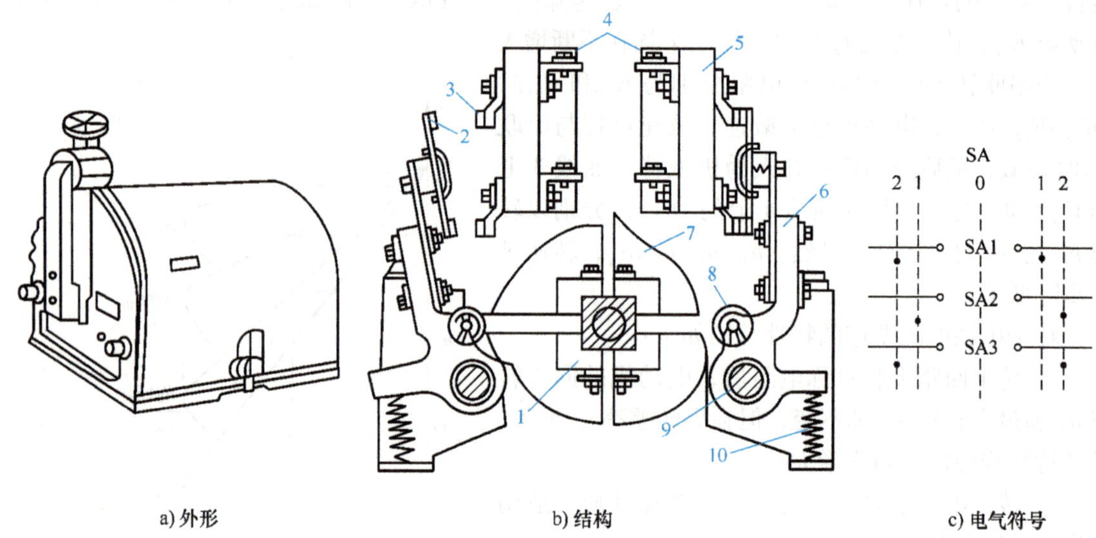

a) 外形　　b) 结构　　c) 电气符号

图 6-22　主令控制器的外形、结构与电气符号

1—方形转轴　2—动触头　3—静触头　4—接线端子　5—绝缘板　6—支架
7—凸轮块　8—小轮 A　9—转动轴　10—复位弹簧

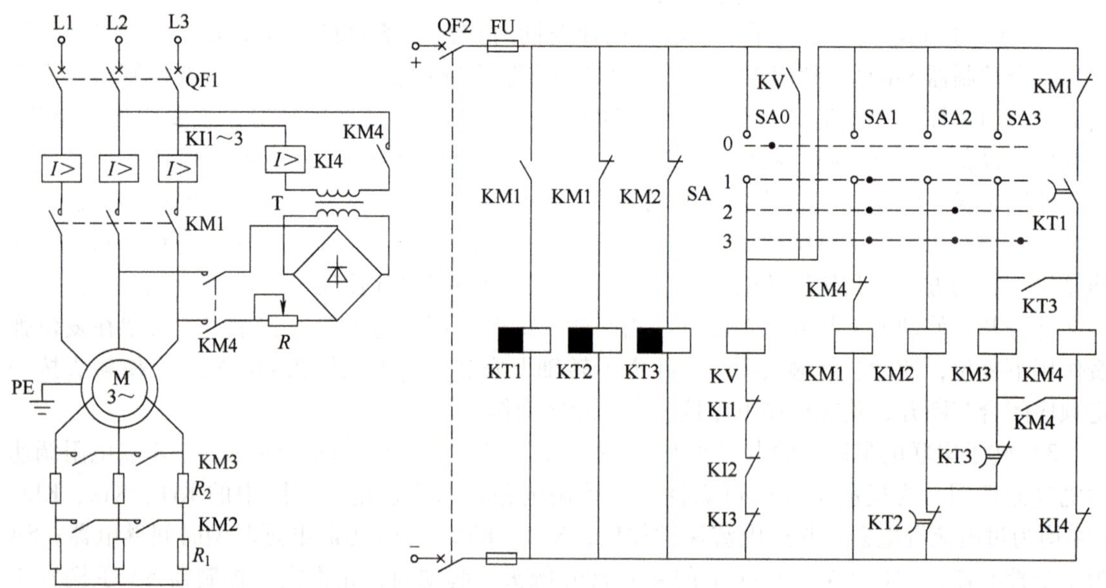

图 6-23　主令控制器控制的转子串联电阻调速的电气原理图

复位，KM3 线圈得电，其主触头闭合，切除另一级电阻 R_2，起动结束，电动机进入额定运行状态。需要低速运行时，将 SA 手柄推向“1”或“2”位，则转子电路串联两级电阻（R_1+R_2）或一级电阻 R_2，电动机在低速下运行。需要停车时，将 SA 手柄推回“0”位，SA0 接通，KM1、KM2、KM3 线圈都断电，切除电动机交流电源，KT1 线圈失电，开始延时，KT2、KT3 线圈得电，触头立即动作。KM1 辅助常闭触头闭合，且 KT1 延时断开的常开触头还未断开，KM4 线圈得电，电动机接入直流电开始能耗制动，同时，KT3 瞬动常开触头闭合，又有 KM4

辅助常开触头闭合，KM3 线圈得电，短接全部电阻 R_1 和 R_2。当 KT1 延时结束时，其延时断开触头断开，KM3、KM4 线圈失电，能耗制动结束，电动机停车。

四、项目任务实现

小宋同学通过阅读机床生产厂家提供的设备资料，再加上向师傅和同事请教，很快熟悉了 T68 型镗床的控制方式和工作情况，拟订了 T68 型镗床的电气控制方案。然后，小宋同学认真阅读了厂家提供的电气原理图，分析了电气控制电路的两种常见故障，算是超额完成了任务。

（一）T68 型镗床的电气控制方案设计思路

首先熟悉 T68 型镗床的电气控制要求，然后根据控制要求考虑所需电动机的台数及类型，再根据各台电动机的实际工作需要，为各台电动机设置合适的电气控制方案，最后再依据电气控制方案，画出各台电动机的电气原理图。

1）T68 型镗床所用电源是何种类型？

2）T68 型镗床的电气控制要求怎样？

3）为满足控制要求，T68 型镗床上所需电动机的台数及类型如何？

4）根据实际工作需要，各台电动机应该有怎样的起动、正反转、调速以及制动要求？

弄清 T68 型镗床的工作条件和控制要求之后，用经验设计法，借助三相异步电动机的点动与连续工作、起动、正反转、调速、制动等基本控制规律，尝试完成 T68 型镗床上各台电动机的电气控制原理图设计。

（二）T68 型镗床简介

镗床是一种精密加工机床，主要用于加工精确的孔和整个空间相互位置要求比较高的零件。按用途不同，镗床可分为卧式镗床、立式镗床、坐标镗床、精镗床和专门化镗床，以卧式镗床使用最多。T68 型镗床属于卧式镗床，主要任务是镗孔，也可用于钻孔、铰孔及加工端面；加上车螺纹附件后，还可车削螺纹；装上平旋盘刀架后，还可加工大的孔径、端面和外圆。

1. T68 型镗床的主要结构

T68 型镗床的结构如图 6-24 所示，主要由床身、前立柱、镗头架、后立柱、尾架、下溜板、上溜板和工作台等部分组成。床身是一个整体的铸件，在它的一端固定有前立柱，在前立柱的垂直导轨上装有镗头架，镗头架可沿着导轨垂直移动。镗头架上装有主轴、主轴箱、进给箱与操纵机构等部件。切削刀具固定在镗轴前端的锥形孔里，或装在平旋盘的刀具溜板上。在进行镗削操作时，镗轴一面旋转，一面沿着轴向做进给运动。平旋盘只能旋转，装在其上的刀具溜板做径向进给运动。镗轴和平旋盘轴经由各自的传动链传动，因此两者可以独自旋转，也可以以不同转速同时旋转。床身的另一端装有后立柱，后立柱可沿着床身导轨在镗轴轴线方向调整位置。在后立柱导轨上安装有尾架，用来支撑镗轴的末端，尾架与镗头架同时升降，保证两者的轴心在同一水平线上。安装工件的工作台安放在床身中部的导轨上，它由下溜板、上溜板与可转动的工作台组成。下溜板可沿导轨做纵向运动，上溜板可沿下溜板做横向运动，工作台相对于上溜板可做回转运动。

2. T68 型镗床的运动形式

T68 型镗床的运动形式有三种，分别是主运动、进给运动和辅助运动。

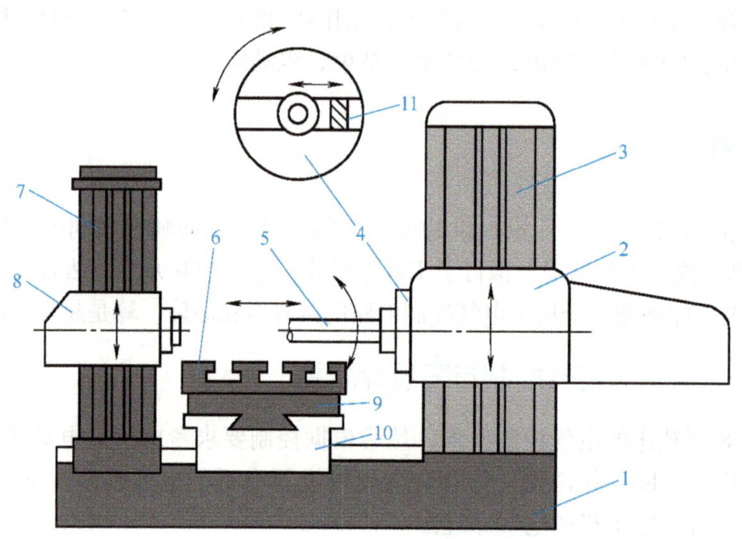

图 6-24　T68 型镗床的结构示意图

1—床身　2—镗头架　3—前立柱　4—平旋盘　5—镗轴　6—工作台
7—后立柱　8—尾架　9—上溜板　10—下溜板　11—刀具溜板

主运动为镗轴和平旋盘的旋转运动。进给运动为镗轴的轴向进给、平旋盘刀具溜板的径向进给、镗头架的垂直进给、工作台的纵向进给和横向进给。辅助运动为工作台的回转、后立柱的轴向移动、尾架的垂直移动及各部分的快速移动等。

3. T68 型镗床的电力拖动方式和控制要求

镗床的进给运动决定了切削量，切削量又与主轴的转速、刀具、工件材料、加工精度等有关。因此，一般卧式镗床的主运动与进给运动由同一台主轴电动机拖动，由各自的传动链传动。为缩短辅助时间，镗头架上、下，工作台前、后、左、右及镗轴的进、出运动，除工作进给外，还应有快速移动，由快速移动电动机拖动。

T68 型镗床的主要控制要求如下：

1）主轴的旋转与进给都有较宽的调速范围，而主运动与进给运动由同一台电动机拖动，所以为了简化传动机构，可采用双速笼型异步电动机来拖动。

2）由于各种进给运动都有正反不同方向的运转，故主电动机要求实现正反转。

3）为满足机床调整的工作需要，主电动机应能实现正、反转的点动控制。

4）为保证主轴停车迅速、准确，主电动机应设有制动停车环节。

5）主轴变速与进给变速可在主电动机停车或运转时进行。为了方便变速时齿轮的啮合，应设有变速低速冲动过程。

6）为缩短辅助时间，要求各进给方向均能快速移动，这需要配备快速移动电动机来拖动，并能实现快速移动电动机的正、反向控制。

7）主电动机为双速电动机，有高、低两种速度供选择。

8）镗床运动部件多，应设置必要的连锁与保护环节。

（三）拟订 T68 型镗床电动机的电气控制方案

1）T68 型镗床需要两台电动机拖动；一台为主轴电动机；另一台为快速移动电动机。

2）主轴电动机既能点动又能连续工作，能实现正、反转，采用△/YY联结变极调速，由速度继电器控制实现反接制动。

3）主轴电动机由断路器、按钮和接触器控制。由熔断器实现短路保护，热继电器实现长期过载保护，带自锁的接触器实现欠电压、失电压保护。

4）主轴电动机的正、反转之间要互锁，可只采用电气互锁，也可采用双重互锁；△/YY联结变极调速的接触器之间要有电气互锁。

5）快速移动电动机需要点动工作，能实现正反转。

6）快速移动电动机也由断路器、按钮和接触器控制，由熔断器实现短路保护，不需要设置长期过载保护和欠电压、失电压保护。

7）快速移动电动机的正、反转，只需设置电气互锁即可。

鉴于T68型镗床的运动部件太多，电气控制电路太复杂，设计电气原理图时容易顾此失彼、漏洞百出，所以拟订出它的电气控制方案之后，不要求画具体的电气原理图，而要求能够正确分析生产厂家提供的电气原理图即可。

（四）T68型镗床的电气原理图赏析

图6-25为生产厂家提供的T68型镗床电气原理图，由于图幅过大，把主电路和辅助电路分开绘制。下面通过对该电气原理图的分析，进一步熟悉T68型镗床的电气控制情况，学习厂家提供的电气原理图的设计特点，对照自己拟订的电气控制方案，检验自己在设计中的疏漏与不足。

1. 认识镗床电气控制中的9个行程开关

图6-25中用到了9个行程开关。行程开关ST是高、低速转换开关，由主轴孔盘变速机构机械控制，高速运行时受压动作，低速运行时不受压，不动作。ST1、ST2是主轴变速行程开关，主轴需要变速时拉出主轴变速手柄，ST1、ST2不受压，不动作；转动变速盘，选好速度后，主轴变速完成，再将主轴变速手柄推回原位，ST1、ST2受压而动作。ST3、ST4是进给变速行程开关，需要进给变速时拉出变速手柄，ST3、ST4不受压，不动作；进给变速完成，变速手柄被推回原位，ST3、ST4受压而动作。ST5、ST6是主轴箱或工作台与主轴机动进给的联动行程开关，在主轴箱或工作台机动进给时，防止出现主轴或平旋盘刀具也扳到机动进给的误操作。主轴箱或工作台机动进给时压下ST5，主轴或平旋盘刀具机动进给时压下ST6，这两种操作同时进行时，ST5、ST6双双被压下，就切断了控制电路的电源，确保这两种操作不会同时进行。ST7、ST8是与快速手柄操纵联动的行程开关。当手柄在中间位置时，ST7、ST8均不受压，M2停转；当手柄扳到正向位置时，ST7受压动作，M2正转；当手柄扳到反向位置时，ST8受压动作，M2反转。

2. 主电路分析

如图6-25的主电路所示，电源经低压断路器QF引入，M1为主电动机，由接触器KM1、KM2控制其正反转；接触器KM6控制M1低速运转（定子绕组三角形联结，极数$2p$为4），接触器KM7、KM8控制M1高速运转（定子绕组双星型联结，极数$2p$为2）；接触器KM3控制M1反接制动限流电阻R的接入与切除。M2为快速移动电动机，由接触器KM4、KM5控制其正反转。热继电器FR作为M1的长期过载保护，M2为短时运行不需要过载保护。

3. 控制电路分析

控制变压器TC将从电网来的工频380V额定电压的交流电变换成110V、36V、6.3V的低电压，110V供应给控制电路，36V供应给局部照明电路，6.3V供应给电源指示电路。

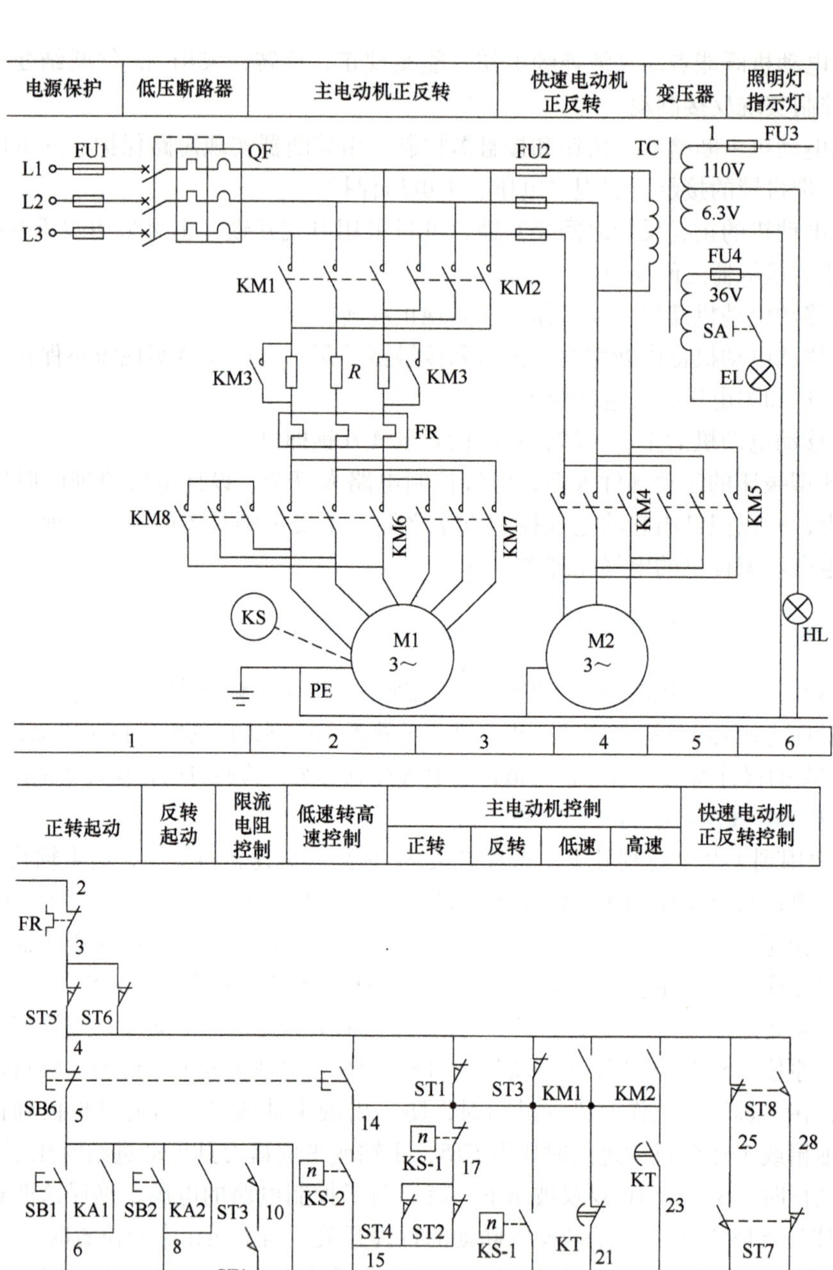

图 6-25　T68 型镗床电气原理图

（1）主电动机 M1 的点动控制　由正反转接触器 KM1、KM2 和正反转点动按钮 SB3、SB4 组成主电动机 M1 的正反转点动控制电路。电动机 M1 三相定子绕组接成△联结，串联电阻 R 减压起动，低速点动。

（2）主电动机 M1 的正反转控制　主电动机 M1 正反转由正反转起动按钮 SB1、SB2 操作，由中间继电器 KA1、KA2 及正反转接触器 KM1、KM2，配合接触器 KM3、KM6、KM7、KM8 来完成主电动机 M1 的可逆运行控制。

（3）主电动机 M1 的高、低速转换控制　行程开关 ST 是高、低速的转换开关，即：ST 的状态决定主电动机 M1 是在△联结下低速运行，还是在YY联结下高速运行。ST 的状态由主轴孔盘变速机构机械控制，高速时 ST 受压而动作，低速时 ST 不受压而不动作。

（4）主轴电动机 M1 的停车制动控制　T68 型镗床主电动机 M1 的正、反向停车都采用电源反接制动，其控制电路由停止按钮 SB6、速度继电器 KS、接触器 KM1 和 KM2 构成。下面以主电动机 M1 正向运行、反接制动为例，加以说明。

1）若 M1 处于正向低速运行，即由起动按钮 SB1 控制，KA1、KM3、KM1 和 KM6 得电使 M1 定子绕组△联结，低速连续运转。欲停车时，按下停止按钮 SB6，KA1、KM3、KM1 和 KM6 相继断电释放，切断 M1 的正序电，拆除定子绕组的△联结。由于 M1 正转时速度继电器的触头 KS-1（14-19）是闭合的，所以按下停止按钮 SB6 后，KM2 线圈通电并自锁，使 KM6 线圈再次通电吸合，M1 定子绕组仍接成△联结，接入反序电、串联限流电阻 R 反接制动。M1 的转速迅速下降，当降至 KS 的复位转速时，KS-1（14-19）断开，使 KM2 和 KM6 断电释放，切断反序电、拆除定子绕组的△联结，反接制动结束，电动机停转。

2）若 M1 处于正向高速运行，即由起动按钮 SB1 控制，KA1、KM3、KM1、KT、KM7 和 KM8 得电使 M1 定子绕组YY联结，高速连续运转。欲停车时，按下停止按钮 SB6，使 KA1、KM3、KM1、KT、KM7 和 KM8 相继断电释放，切断正序电，拆除定子绕组的YY联结；KM2 和 KM6 通电吸合，M1 定子绕组△联结，接入反序电、串联限流电阻 R 进行反接制动。

3）主电动机 M1 的反向低速或高速运行时的反接制动与正向运转反接制动时类似，都由停止按钮 SB6 和速度继电器 KS 控制，将 M1 的定子绕组接成△联结，串联限流电阻 R 而进行。不同的是：M1 反向运行时是 KM2 得电接入反序电，进行对应的反接制动时，是 KM1 得电接入正序电。这与 M1 正向运行时的反接制动情况刚好相反。

（5）主电动机 M1 的主轴变速与进给变速控制　T68 型镗床的主轴变速与进给变速可在停车时进行，也可在运行中进行。需要变速时将变速手柄拉出，转动变速盘，选好速度后，再将变速手柄推回。拉出变速手柄时，相应的变速行程开关不受压；推回变速手柄时，相应的变速行程开关被压下。ST1、ST2 为主轴变速行程开关，ST3、ST4 为进给变速行程开关。

1）停车变速控制。由 ST1 ~ ST4、KT、KM1、KM2 和 KM6 组成主轴和进给变速时的低速脉动控制，以便齿轮顺利啮合。下面以主轴变速为例加以说明。

因为进给运动未进行变速，进给变速手柄处于推回状态，进给变速行程开关 ST3、ST4 均为受压状态，触头 ST3（4-14）和 ST4（17-15）都是断开的。主轴变速时，拉出主轴变速手柄，主轴变速行程开关 ST1、ST2 不受压，触头 ST1（4-14）和 ST2（17-15）由断开状态变为接通状态，使 KM1 通电并自锁，同时也使 KM6 通电吸合，则主电动机 M1 串联电阻 R 正向低速起动，M1 的转速 n 开始上升。当转速 n 上升到 140r/min 左右时，速度继电器 KS 动作，常闭触头 KS-1（14-17）断开，常开触头 KS-1（14-19）闭合，使 KM1 断电释放，而 KM2 通电吸合，且 KM6 仍然是通电吸合的。于是，M1 反接制动，当转速 n 下降到 100r/min 时，速度继电器 KS 释放，常开触头 KS-1（14-19）由接通变断开，常闭触头 KS-1（14-17）由断开变接通，使 KM2 断电释放，KM1 通电吸合，KM6 仍然是通电吸合的，M1 再次正向低速起动。

由上述分析可知：当主轴变速手柄拉出时，M1 正向低速起动，而后又制动为缓慢脉动转动，以利于齿轮的啮合。当主轴变速完成，主轴变速手柄被推回原位时，主轴变速行程开关 ST1、ST2 受压，触头 ST1（4-14）和 ST2（17-15）断开，触头 ST1（10-11）闭合，则低速脉动转动停止。

进给变速时的低速脉动与主轴变速时相类似，只不过在此过程中起作用的是进给变速行程开关 ST3 和 ST4。

2）运行中的变速控制。下面以主电动机 M1 正向高速运行中的主轴变速为例加以说明。主电动机 M1 在 KA1、KM3、KM1、KT、KM7 和 KM8 控制下，定子绕组YY联结，正在高速运行，此时需要进行主轴变速，则拉出主轴变速手柄，主轴变速行程开关 ST1、ST2 不受压，触头 ST1（10-11）触头由接通变为断开，ST1（4-14）和 ST2（17-15）由断开变为接通，则 KM3、KT 断电释放，KM1 也跟着断电释放，KM2 通电吸合，KM7、KM8 断电释放，KM6 通电吸合，使 M1 定子绕组改接成△联结，串联限流电阻 R 进行反接制动，是对应于正向低速的反接制动。M1 的转速迅速下降，当降至 KS 的释放转速时，又由 KS 控制 M1 正向低速脉动，以利于齿轮的啮合。当主轴变速手柄被推回原位时，主轴变速行程开关 ST1、ST2 被压下，触头 ST1（4-14）和 ST2（17-15）断开，触头 ST1（10-11）闭合，使 KM3、KT、KM1、KM6 通电吸合，M1 先正向低速（定子绕组△联结）起动，然后在 KT 控制下定子绕组自动切换成YY联结，实现高速运行。

由上述分析可知，运行中的变速是指机床拖动系统在运行中，可拉出变速手柄进行变速，而机床电气控制系统可使电动机接入电气制动，制动后又控制电动机低速脉动旋转，以利于齿轮的啮合。待变速完成后，推回变速手柄，M1 又能自动起动运转。

（6）快速移动控制　为缩短辅助时间，加快调整进度，机床各移动部件都可快速移动。快速移动受快速移动操作手柄控制，由快速移动电动机 M2 拖动。运动部件及其运动方向的选择由装设在工作台前方的手柄操纵，快速移动操作手柄有“正向”“反向”“停止”3 个位置，在“正向”或“反向”位置时，压下对应的行程开关 ST7 或 ST8，其常开触头 ST7（25-26）或 ST8（4-28）闭合，使快速移动接触器 KM4 或 KM5 线圈得电吸合，快速移动电动机 M2 正转或反转全压起动，通过相应的传动机构，使预选的运行部件按选定的方向快速移动。快速移动到位后，将快速移动操作手柄扳回“停止”位置，行程开关 ST7 和 ST8 不受压，其触头 ST7（25-26）或 ST8（4-28）断开，KM4 或 KM5 线圈断电释放，M2 断电，快速移动结束。

（7）联锁保护环节　为防止机床或刀具损坏，电路应保证主轴进给与工作台进给不能同时进行，为此设置了两个联锁行程开关 ST5 与 ST6。其中 ST5 是与主轴及平旋盘进给操作手柄联动的行程开关，当操作手柄处于“进给”位置时，压下 ST5，常闭触头 ST5（3-4）断开。ST6 是与工作台及主轴箱进给手柄联动的行程开关，当操作手柄处于“进给”位置时，压下 ST6，常闭触头 ST6（3-4）断开。将这两个行程开关常闭触头并联后串联在控制电路中。当这两个进给操作手柄中的任何一个在“进给”位置时，M1 和 M2 都可以起动，但若两个进给操作手柄同时在“进给”位置，则联锁行程开关 ST5、ST6 的常闭触头都断开，切断控制电路的电源，使所有的接触器和继电器都断电释放，M1、M2 脱离电源无法起动，避免误操作时主轴进给与工作台进给同时进行而造成事故。

其他联锁环节：主电动机 M1 正、反转控制电路，低速与高速控制电路，快速移动电动机 M2 正、反转控制电路均设有互锁控制环节，以防止误操作时造成事故。

保护环节：熔断器 FU1 对主电路进行短路保护，FU2 对 M2 及控制变压器进行短路保护，FU3 对控制电路进行短路保护，FU4 对局部照明电路进行短路保护；热继电器 FR 对主电动机 Ml 进行长期过载保护；控制电路采用按钮与接触器自锁的配合来控制，具有欠电压、失电压保护功能。

4. 辅助电路分析

如图 6-25 中的辅助电路所示，机床设有 36V 安全电压，局部照明灯 EL 由开关 SA 手动控制，同时还设置了供指示灯 HL 使用的 6. 3V 低电压。

5. 总结 T68 型镗床电气控制的特点

1）为实现机床的主轴旋转和工作进给，主电动机 M1 采用双速笼型异步电动机。低速时由接触器 KM6 控制，将电动机三相定子绕组△联结；高速时由接触器 KM7、KM8 控制，将电动机三相定子绕组YY联结。高、低速的选择由主轴孔盘变速机构内的行程开关 ST 控制。选择低速时，电动机为直接起动。选择高速时，电动机采用先低速起动、再自动转换为高速起动运行的两级起动控制，以减小起动电流的冲击。

2）主电动机 M1 能正反向点动控制、正反向连续运行，并具有停车反接制动控制。在点动、反接制动以及变速中的脉冲低速旋转时，定子绕组△联结，主电路串联限流电阻 R，以限制起动电流和反接制动电流。

3）主轴变速与进给变速可在停车时或在运行中进行。变速时，主电动机 M1 定子绕组△联结，利用速度继电器 KS 在 100～140r/min 的转速范围内连续反复低速运行，以利于齿轮的啮合，使变速过程顺利进行。

4）主轴箱、工作台与主轴、平旋盘刀具溜板由快速移动电动机 M2 拖动，它们之间的机动进给设有机械和电气的连锁保护。

（五）T68 型镗床电气控制电路的常见故障分析

T68 型镗床主电动机 M1 为双速笼型异步电动机，机械、电气联锁较多，两种故障最常见。

1）主轴旋转实际转速比主轴变速盘上指示的转速成倍提高或下降。主电动机 M1 的变速采用的是电气和机械联合变速。主电动机 M1 的高、低速是由高低速行程开关 ST 来控制的。低速时 ST 不受压，高速时 ST 被压下。在安装时，应使 ST 的动作与变速指示盘上的转速相对应。若 ST 的动作恰恰相反，就会出现主轴实际转速比变速盘指示转速成倍提高或下降的情况。

2）主电动机只有低速档而无高速档。此故障多为时间继电器 KT 不动作所致，可检查 KT 控制电路，看 KT 线圈是否通电吸合，若已吸合再检查 KT 延时触头的动作是否正确以及接线是否正确。

五、拓展与提高

（一）三相异步电动机的机械制动

电动机的机械制动就是利用机械装置的机械力，强迫电动机在脱离电源后迅速停转。常用的机械制动装置有电磁抱闸和电磁离合器。这里仅介绍电磁抱闸制动控制。

1. 电磁抱闸制动的控制原理

电磁抱闸的基本结构与制动原理如图 6-26 所示。电磁抱闸大体分为两部分：制动电磁铁和闸瓦制动器。制动电磁铁又分为线圈、衔铁、铁心三部分。闸瓦制动器又分为闸轮、闸瓦、弹簧三部分。闸轮安装在电动机的转轴上。当电动机通电时，电磁抱闸线圈也得电，电磁吸力克服弹簧力使衔铁与铁心吸合，弹簧被拉伸，杠杆被提起，使闸瓦和闸轮分开，让闸轮随着电动机轴自由旋转，不影响电动机的正常运行。电动机断电时，电磁抱闸线圈也失电，电磁吸力消失，衔铁在弹簧的弹性回复作用下与铁心分开，杠杆随之下落，使闸瓦紧紧抱住闸轮，电动机的转轴被制动，在机械阻力下迅速减速直至停转。

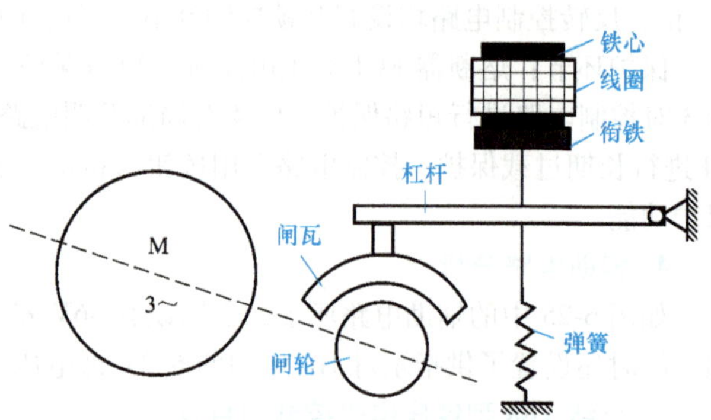

图 6-26　电磁抱闸的基本结构与制动原理图

2. 电磁抱闸断电制动控制电路

电磁抱闸断电制动控制电路如图 6-27 所示，图中的 YB 为制动电磁铁线圈。控制电路中，KM1 的辅助常开触头串联在 KM2 的线圈电路中，两者是顺序控制关系：KM1 先得电，KM2 后得电。KM1、KM2 的顺序控制能保证先让闸瓦松开闸轮，再让电动机起动。如果 KM1 故障，不能接通制动电磁铁线圈，闸瓦就不能松开闸轮，此时，KM2 就不能得电，确保电动机不通电而无法起动，这样就能够避免电动机轴被闸瓦制动器刹住时的强行起动，从而避免了转轴严重磨损。

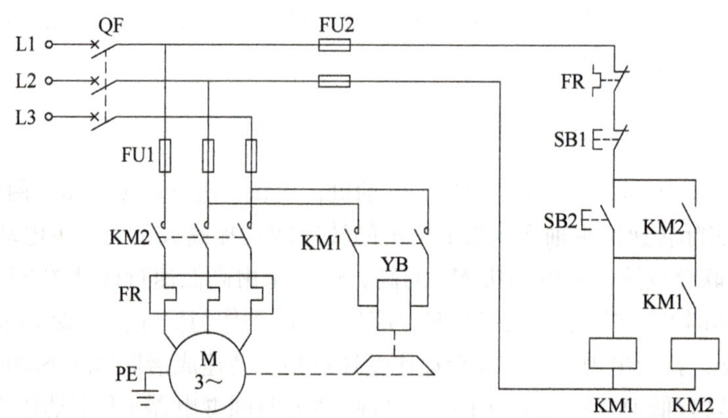

图 6-27　电磁抱闸断电制动控制电路

该电路的工作过程为：合上断路器 QF，按下起动按钮 SB2，接触器 KM1 线圈得电、触头动作，给制动电磁铁线圈 YB 通电，制动闸瓦松开制动闸轮。紧接着，接触器 KM2 线圈得电、触头动作，一边自锁、一边给电动机定子绕组通电，让电动机起动并连续运转。需要停车时，按下停止按钮 SB1，KM1、KM2 线圈同时断电触头复位，一方面使 YB 断电，另一方面让电动机脱离电源。YB 断电后，在弹簧作用下，制动闸瓦紧紧抱住制动闸轮，使电动机迅速停转。

3. 电磁抱闸制动的特点及应用

优点：制动能力强，定位准确，安全可靠，可防止突然断电时重物自行坠落而造成安全事故。

缺点：电磁抱闸体积较大，快速制动时会产生振动，使制动器磨损严重，而且一旦切断电源，电动机轴就被闸瓦制动器刹住而不能转动，如果电动机没有停到位，很难再做调整。

应用：广泛应用在电梯、起重机、卷扬机之类起重及升降机械上。

（二）C650 型车床电气原理图分析

C650 型车床属于中型卧式车床，可加工最大工件直径为 1020mm，最大工件长度为 3000mm，其基本结构如图 6-28 所示。

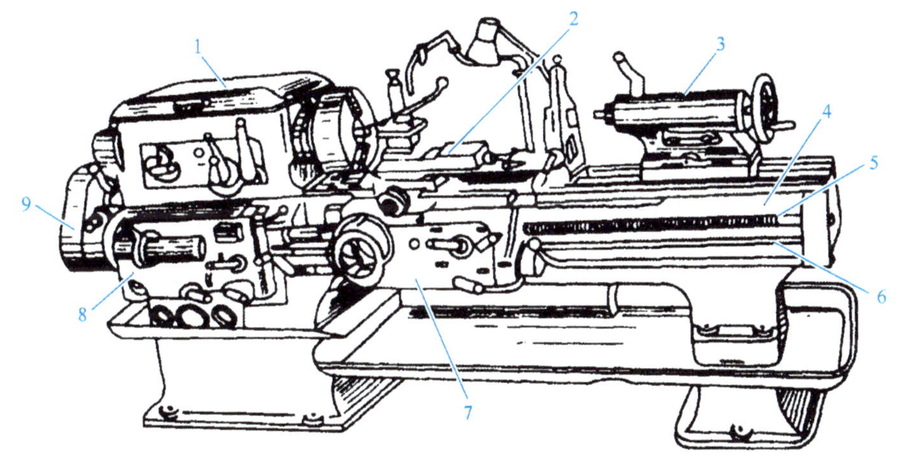

图 6-28　C650 型车床的基本结构

1—主轴箱　2—溜板与刀架　3—尾架　4—床身　5—丝杠　6—光杠　7—溜板箱　8—进给箱　9—挂轮箱

C650 型车床的主轴电动机功率为 30kW，主轴电动机驱动主轴箱的动力轴转动，通过变速齿轮带动夹有工件的主轴转动。由于工件较大，加工时转动惯量较大，自由停车时不易立即停转，为使其能快速停转，必须设置停车制动功能。该机床采用了电气制动中的电源反接制动，为减小制动电流，定子回路串联了限流电阻 R。装在溜板箱上的刀架与溜板箱由主轴箱中的传动轴来驱动，使其沿着主轴线方向移动，实现刀架的进给。为减轻工人劳动强度和节省辅助工作时间，专门设置一台 2. 2kW 的快速移动电动机，以拖动溜板箱完成快速移动。另外，在切削过程中还需要时时对工件和刀具进行冷却，因而专门设置了一台冷却泵电动机。

C650 型车床的电气原理图如图 6-29 所示，图中的电器元件名称及用途见表 6-1。

图 6-29 中有三台电动机，M1 为主电动机，要求能正反转、能制动、停车快，为了加工调整方便，应能点动操作；M2 为冷却泵电动机，能长期运行，在加工时供给冷却液；M3 为快速移动电动机，应能随时手动控制起动和停止。

1. 主电路分析

主电路主要包括电源开关、电路保护和三台电动机 M1、M2 和 M3。低压断路器 QF 为电源总开关。主电动机 M1 由三个接触器 KM1、KM2 和 KM3 控制，其中 KM1 为正转接触器，KM2 为反转接触器，KM3 控制限流电阻 R 的接入与切除。M1 有熔断器组 FU1 作为短路保护、FR1 作为长期过载保护，电流表 PA 监视电流，速度继电器 KS 用于反接制动。在 M1 起动和反接制动时，通过通电延时型时间继电器 KT 的常闭触头将 PA 短接，避免 PA 受起动电流和反接制动电流的冲击。为彻底避开冲击电流的影响，KT 的延时时间应设置得稍长于起动时间。冷却泵电动机 M2 由 KM4 控制，FR2 作为长期过载保护。快速移动电动机 M3 由 KM5 控制，由于 M3 是点动控制，所以不设长期过载保护。M2、M3 都采用直接起动，单向运转。熔断器组 FU2 兼做 M2、M3 和控制变压器 TC 的短路保护。串联在主电路中的三相对称电阻 *R* 为限流电阻，既能在主轴点动时限制 M1 的起动电流，又能在主轴连续运行需要停转时，限制 M1 的反接制动电流。

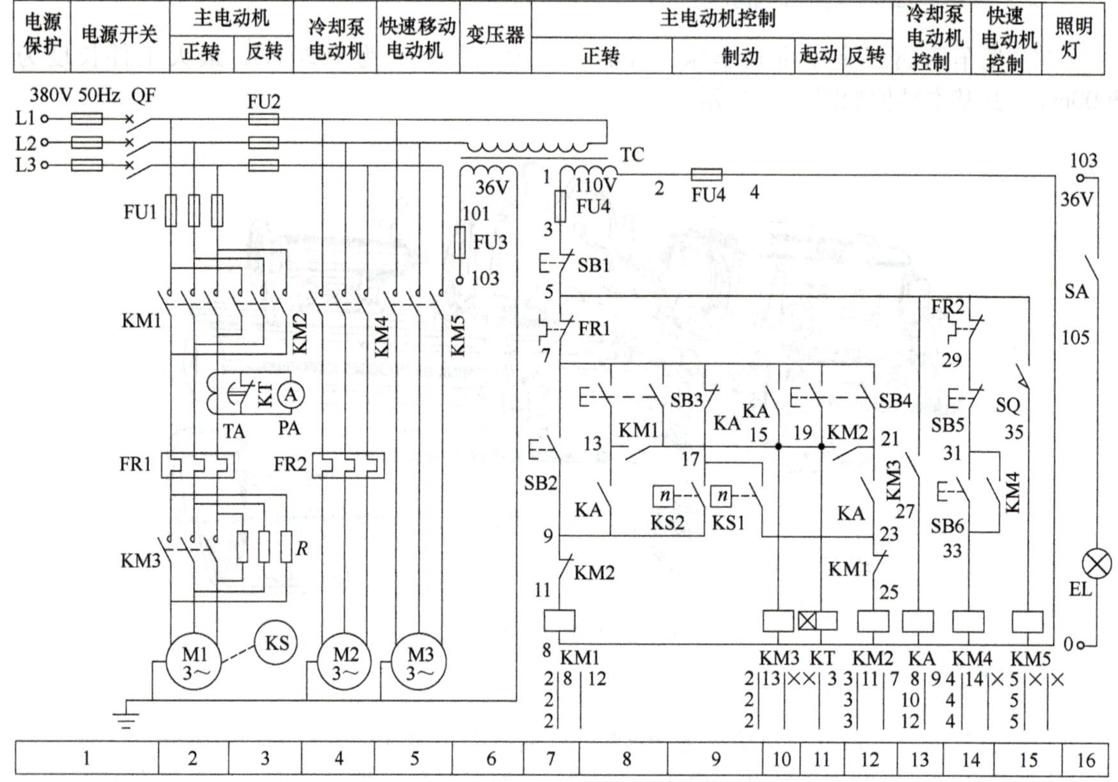

图 6-29　C650 型车床的电气原理图

表 6-1　C650 型车床电器元件明细

符号	名称及用途	符号	名称及用途
M1	主电动机	SB1	总停止按钮
M2	冷却泵电动机	SB2	主电动机正向点动按钮
M3	快速移动电动机	SB3	主电动机正转起动按钮
KM1	主电动机正转接触器	SB4	主电动机反转起动按钮
KM2	主电动机反转接触器	SB5	冷却泵电动机停止按钮
KM3	制动限流控制接触器	SB6	冷却泵电动机起动按钮
KM4	冷却泵电动机起动接触器	TC	控制变压器
KM5	快移电动机起动接触器	FU1～FU6	熔断器
KA	中间继电器	FR1	主电动机过载保护热继电器
KT	通电延时型时间继电器	FR2	冷却泵电动机过载保护热继电器
SQ	快移电动机点动行程开关	*R*	限流电阻
SA	开关	EL	照明灯
KS	速度继电器	TA	电流互感器
PA	电流表	QF	断路器

2. 控制电路分析

（1）主电动机 M1 的点动控制　在图 6-29 中，主电动机 M1 的点动由点动按钮 SB2 控制。按下 SB2，接触器 KM1 得电吸合，其常闭触头 KM1（23-25）断开，对 KM2 互锁；其主触头闭合，电动机定子绕组串联电阻 R 接入三相正序交流电，电动机在低电压下正转起动低速运转。当电动机的转速由 0 上升到 140rad/min 时，速度继电器正转常开触头 KS1（17-23）闭合。松开点动按钮 SB2，KM1 断电，常闭触头 KM1（23-25）复位闭合，使 KM2 得电吸合，电动机接入反序电反接制动，很快就停转。在点动过程中，由于接触器 KM3 和中间继电器 KA 都不得电，所以接触器 KM1、KM2 都不能自锁。

（2）主电动机 M1 的正反转控制　虽然 C650 型车床主电动机 M1 的额定功率为 30kW，但只是切削时消耗功率较大，起动时负载很小，起动电流并不是很大，所以在非频繁点动的一般工作时，可采用直接起动。

主电动机 M1 的正转由正转起动按钮 SB3 控制。按下 SB3 时，时间继电器 KT 和接触器 KM3 最先得电。KT 开始延时，主电路中延时断开的 KT 常闭触头仍然闭合，电流表 PA 被短接；KM3 立即动作，其主触头闭合将限流电阻 R 短接，其辅助常开触头也同时闭合，使中间继电器 KA 得电吸合。KA 的辅助常开触头（13-9）闭合使接触器 KM1 得电，一方面其常闭触头 KM1（23-25）断开，对 KM2 互锁，另一方面其主触头闭合，电动机定子绕组接入正序交流电，电动机在全电压下起动。由于 KM1 的常开触头（13-15）、KA 的常开触头（7-15）都闭合，将 KM1、KM3 自锁，所以松开 SB3 后，电动机能够连续运转。起动结束，M1 连续运转时，KT 延时结束，主电路中延时断开的 KT 常闭触头断开，将电流表 PA 投入运行。

主电动机 M1 的反转起动过程与正向时类似，按下反转起动按钮 SB4 即可。按下 SB4 时，仍然是时间继电器 KT 和接触器 KM3 首先得电动作，一个短接电流表 PA，一个短接限流电阻 R，然后 KA 得电，其辅助常开触头（21-23）闭合，使 KM2 得电吸合，既对 KM1 互锁，又为定子绕组接入三相反序电，使 M1 在全电压下反转起动。由于 KM2 的常开触头（15-21）和 KA 常开触头（7-15）都是闭合的，能对 KM2 和 KM3 自锁，所以松开 SB4 后，电动机能够连续运转。起动结束 M1 连续运转时，KT 延时结束，主电路中延时断开的 KT 常闭触头断开，将电流表 PA 投入运行。

（3）主电动机 M1 的反接制动控制　速度继电器 KS 与被控主电动机 M1 是同轴连接的，当主电动机 M1 正转时，速度继电器的正转常开触头 KS1（17-23）闭合；当主电动机 M1 反转时，速度继电器的反转常开触头 KS2（17-9）闭合。主电动机 M1 正转时，KM1、KM3 和 KA 处于得电状态。需要停车时，按下停止按钮 SB1，KM3 断电，其主触头断开，电阻 R 串联进入主电路；KT、KM1、KA 相继断电，它们的所有触头都复位：KT 延时断开的常闭触头闭合，短接电流表 PA；KM1 主触头断开，切断电动机正序电；KA 的常闭触头（7-17）闭合。当松开 SB1 时，SB1 复位，由于电动机的惯性旋转，KS1（17-23）仍然是闭合的，这就使反转接触器 KM2 通过 3-5-7-17-23-25 这条线路得电，给主电动机 M1 接入反序交流电，使其进入反接制动状态，立即减速。当电动机的转速下降到 100rad/min 时，速度继电器复位，其正转常开触头 KS1（17-23）断开，切断了 KM2 的通电回路，断开接入电动机的电源，电动机很快就停转。

主电动机 M1 反转时的制动与正转制动相似。不同的是，反转时速度继电器的反转常开触头 KS2（17-9）是闭合的。按下停止按钮 SB1 再松开，正转接触器 KM1 通过 3-5-7-17-9-11 这条线路得电，电源反接后串联电阻 R 接入定子绕组，使电动机反接制动而停转。

（4）冷却泵电动机 M2 和快速移动电动机 M3 的控制　溜板箱的快速移动由电动机 M3 控

制，刀架手柄压动限位开关 SQ，使接触器 KM5 吸合，给电动机 M3 接入三相交流电，M3 直接起动点动运转，经溜板箱带动刀架快速移动。当刀架手柄复位时，SQ 复位断开，M3 随即停转。

冷却泵电动机 M2 的起动和停止通过按钮 SB6 和 SB5 来控制。按下 SB6，KM4 得电并自锁，M2 起动运行，再按下 SB5，则冷却泵电动机 M2 停转。

（5）其他控制电路　监视主回路负载的电流表 PA 是通过电流互感器 TA 接入的。为防止电动机起动、点动和制动电流对电流表 PA 的冲击，线路中采用了一个时间继电器 KT。当电动机起动时，KT 线圈得电，而 KT 的延时断开的常闭触头尚未动作，电流互感器二次电流经过 KT 触头将电流表 PA 短接，起动冲击电流不流经电流表 PA，防止了起动电流对电流表 PA 的冲击；起动后正常运行时，KT 延时断开的常闭触头断开，正常工作电流才会流经电流表 PA。机床工作时，可以通过调整切削用量，使电流表 PA 的电流接近 M1 额定电流的对应值，以提高工作效率和充分利用电动机的潜能。

（6）辅助电路分析　控制变压器 TC 二次侧提供了两路不同电压等级的电源。一路为 110V，给控制电路用；另一路为 36V，给照明电路用。由手动开关 SA 控制照明灯 EL 的亮灭。

3. C650 型车床电气控制电路的特点

1）主轴的正反转是通过电气方式实现的，不需要通过机械方式实现，简化了机械结构。

2）主轴电动机 M1 采用了电源反接制动，用速度继电器控制反接制动电源的接入与切除。

3）由于控制电路电器元件很多，故通过控制变压器 TC 与三相交流电网进行电气隔离，提高了操作和维修时的安全性。

4）在起动和制动过程中，采用通电延时型时间继电器 KT 的延时断开触头对电流表 PA 短路，保护电流表 PA 免受起动电流和反接制动电流的冲击。

5）中间继电器 KA 起信号的中间转换作用，相当于扩展了接触器 KM 的触头数量。

（三）C650 型车床电气控制电路故障诊断

当机床发生故障时，首要任务是通过观察故障现象，然后结合电气原理图，分析能引发故障的所有可能原因，再逐一排除或者验证，准确判断出故障点，最后有针对性地排除故障。

1. 主轴不能正转

（1）故障现象　主轴能够反转但不能正转；反转停车时不能进行反接制动；是自由停车；点动也不能起动。

（2）故障的可能原因分析　经过对电气原理图的分析，找出主轴不能正转的可能原因如下：在主电路中，三相电源、断路器 QF、熔断器 FU1、接触器 KM1 主触头、热继电器 FR1 发热元件、KM3 主触头等断线或电器元件损坏。在控制电路中，控制变压器 TC、熔断器 FU4、停止按钮 SB1、起动按钮 SB3、接触器 KM3 线圈和辅助触头、中间继电器 KA 线圈和触头、接触器 KM2 常闭触头、接触器 KM1 线圈、热继电器 FR1 常闭触头等断线或电器元件损坏。

观察故障现象并做好记录，结合电气原理图进行分析，可给出主轴故障分析表，见表 6-2。

（3）故障诊断流程　车床主轴电动机的故障诊断可按如下流程进行：主轴电动机不能正转→看 KM1、KM3 是否吸合→若吸合，检查 KM1、KM3 主触头、FR1 发热元件、电动机定子绕组及相关连接导线；若不吸合，检查 KM1、KM3 是否损坏→若损坏，更换 KM1、KM3；若未损坏，检查 FU4 是否熔断、SB1 和 FR1 的常闭触头是否为通路以及连接导线是否脱落。

表 6-2　主轴故障分析表

序号	观察现象			故障点
	照明灯	主轴电动机	电气控制箱	
1	亮	不能正转	KM1 吸合	故障点在主电路中，比如熔断器 FU1 断路、热继电器 FR1 发热元件、KM1 主触头等损坏或断线
2			KM1 不吸合	故障点在控制电路中，比如 FU4 熔断、KM1 线圈损坏、KM1 线圈接线脱落等

（4）实际故障诊断与排除情况　根据上述流程进行故障诊断，通常就能顺利找到故障点，而且不会有遗漏。在实际故障诊断时，不能拘泥于故障诊断流程，要根据观察到的故障现象灵活处理。本例中，既然主轴能够反转，就说明电源没问题，电动机没问题，QF、FU1、FR1、SB1、KM2 和 KM3 都没问题，问题只可能在 KM1、点动按钮 SB2、正转起动按钮 SB3 这三个电器元件及其连接线上。考虑到点动按钮 SB2 和正转起动按钮 SB3 同时损坏的概率不大，故障最大可能是出在 KM1 上，所以对 KM1 及其连接线做了重点检查，发现 KM1 线圈的一个接线端子损坏了，存在断路。

找一个质量完好的同型号交流接触器替换掉线路中的 KM1，重新试车，点动和正转都恢复正常，反转停车时也能进行反接制动了，故障彻底被排除。

2. 快速移动电动机不能起动

（1）观察故障现象　主电动机 M1 和冷却泵电动机 M2 都能正常工作，快速移动电动机 M3 不能起动。

（2）故障的可能原因分析　经过对电气原理图的分析，找出快速移动电动机故障的可能原因如下：

1）主电路中，可能存在三相电源、断路器 QF、熔断器 FU2、接触器 KM5 主触头、电动机 M3 等电器元件损坏或断线。

2）控制电路中，可能存在控制变压器 TC、熔断器 FU4、停止按钮 SB1、限位开关 SQ、接触器 KM5 线圈等电器元件损坏或断线。

观察故障现象并做好记录，结合电气原理图进行分析，可给出故障分析表，见表 6-3。

表 6-3　快速移动电动机故障分析表

序号	观察现象		故障点
	快速移动电动机	电气控制箱	
1	不能起动	KM5 吸合	故障点在主电路中，比如 KM5 主触头损坏、熔断器 FU2 烧断、连接导线脱落等
2		KM5 不吸合	故障点在控制电路中，比如限位开关 SQ 损坏、FU4 烧断、KM5 线圈损坏或脱落等

（3）故障诊断流程　快速移动电动机的故障诊断可按如下流程进行：快速移动电动机不能起动→看 KM5 是否吸合→若吸合，检查 KM5 主触头、电动机 M3 及相关连接导线等；若不吸合，检查 SQ 是否损坏→若损坏，更换 SQ；若未损坏，检查连接线、熔断器 FU4、KM5 线圈。

（4）实际故障诊断与排除情况　既然主电动机 M1 和冷却泵电动机 M2 都能正常工作，就说明电源没问题，QF、FU2、FU4 和 SB1 都没问题，问题只可能出在 KM5、限位开关 SQ 这两个电器元件及其连接线上。由于 KM5 没有吸合，所以直接检查限位开关 SQ。用万用表的欧姆档测量，发现压下限位开关 SQ 时，其常开触头的电阻为无穷大，可断定是限位开关 SQ 损坏。

更换质量完好的同型号限位开关后，重新试车，快速移动电动机 M3 的起动和停车都正常了，说明故障已排除。

六、思考与练习

（一）填空题

1. 三相异步电动机的制动措施分为＿＿＿＿＿＿制动和＿＿＿＿＿＿制动两大类。

2. T68 型镗床主电动机采用的电气调速方法是＿＿＿＿＿＿调速，采用的电气制动方法是＿＿＿＿＿＿制动。

3. 切除正在电动运行的三相异步电动机的三相交流电后，迅速接入交换了两相电源相序的交流电，电动机会进入＿＿＿＿＿＿制动状态。

4. 三相异步电动机电源反接制动时，在电动机的转速下降到接近 0 时，如果不及时切断反相序三相交流电源，电动机就会＿＿＿＿＿＿。

5. 切除通入定子绕组的三相交流电，迅速接入直流电，三相异步电动机会进入＿＿＿＿＿＿制动状态。

6. 常见的双速笼型异步电动机采用的电气调速方法是＿＿＿＿＿＿调速。

7. 三相异步电动机变极调速时，定子绕组Y联结和△联结对应＿＿＿速，YY联结对应＿＿＿速。

8. 三相异步电动机电源反接制动时，为限制＿＿＿＿＿＿和＿＿＿＿＿＿，通常要在定子电路中串联三相对称制动电阻。

9. 三相异步电动机采用变频调速时，对于基频以下调速，应保持变频器输出电压 U_1 与＿＿＿＿＿＿成正比；对于基频以上调速，必须保持变频器输出电压 U_1 ＿＿＿＿＿＿额定电压 U_N。

10. 三相异步电动机的电气调速包括三种：＿＿＿＿＿调速、＿＿＿＿＿调速和＿＿＿＿＿调速。

11. 三相异步电动机的电气制动方法包括三种：＿＿＿＿＿制动、＿＿＿＿＿制动和＿＿＿＿＿制动。

（二）选择题

1. 三相异步电动机能耗制动过程中，作用在电动机转子上的电磁转矩（　　）。

A. 是驱动转矩　　B. 是制动转矩

C. 可能是动力矩，也可能是阻力矩　　D. 等于零

2. 广泛应用在起重设备上的一种安全可靠、能实现准确停车的机械制动方法是（　　）。

A. 反接制动　　B. 电磁抱闸制动　　C. 能耗制动　　D. 回馈制动

3. 关于三相异步电动机变极调速的应用，下列说法错误的是（　　）。

A. 变极调速应用于对调速要求不高且无需平滑调速的场合

B. Y/YY联结变极调速常用于起重电动葫芦、电梯、带式输送机等恒转矩负载的调速

C. 变极调速用于各种机床的粗加工和精加工时，属于近似恒功率调速

D. 变极调速在三相绕线转子异步电动机上应用较多

4. 以下三相异步电动机的调速方法中，能实现无级调速的是（　　）。

A. 变极调速　　B. 变频调速

C. 转子串联电阻调速　　D. 定子串联电阻调速

5. 以下三相异步电动机的调速方式，不属于变转差率调速的是（　　）。

A. 定子调压调速　　B. 转子串联电阻调速

C. 转子串联附加电动势调速　　D. 弱磁调速

6. （多选）三相笼型异步电动机变极调速时，常用的两种定子绕组换接方式是（　　）。

A. △/Y联结　B. Y/YY联结　C. Y/△联结　D. △/YY联结

7. （多选）关于三相绕线转子异步电动机转子回路串联电阻调速，正确的说法是（　　）。

A. 属于有级调速，调速的平滑性差

B. 只能把电动机的转速从额定转速往下调

C. 调速后，电动机的机械特性变软，稳定性变差，转速下限受到限制，调速范围不大

D. 常用于运输、起重机械等对调速性能要求不高的重载场合

（三）判断题

1. 三相异步电动机的能耗制动，是转子动能转换为电能消耗在转子电阻上而使转速下降的过程，动能耗尽则电动机停转，因而得名能耗制动。（　　）

2. 三相异步电动机能耗制动结束时不会反向起动，加在定子绕组上的直流电不必切除。（　　）

3. 三相异步电动机的回馈制动能把机械能转换为电能输送给电网，又称再生制动。（　　）

4. 实际生产中，变极调速通常只对三相笼型异步电动机采用。（　　）

5. 三相异步电动机在变极调速时，要同时交换接入定子绕组的任意两相的电源相序，以确保变极之后只改变转子转速的高低，而不改变转子的转向。（　　）

6. 电源反接制动制动迅速，但制动过程有较强的机械冲击，不如能耗制动平稳。（　　）

7. 三相异步电动机基频以下调速属于恒转矩调速，基频以上调速属于恒功率调速。（　　）

8. 串级调速具有恒转矩调速的性质，损耗小，效率高，属节能型调速方式。（　　）

（四）简答题

1. 在哪种三相异步电动机上会出现倒拉反接制动？三相异步电动机的倒拉反接制动通常应用在什么场合？它是怎样实现的？

2. 三相异步电动机的正向回馈制动和反向回馈制动，分别发生在哪种情况下？

3. 一台△/YY联结变极调速的三相异步电动机，为什么在需要高速运转时，不直接将定子绕组连接成YY联结高速起动，而是先连接成△联结低速起动，起动结束再切换成YY联结高速运转？

4. 为什么变极调速通常只用于三相笼型异步电动机，而不用于三相绕线转子异步电动机？

项目七 直流电动机的电气控制

一、项目情景描述

小宋跟师傅一起去某科技有限公司出差，参观了该公司新购进的几台轧钢机。师傅要求小宋根据该轧钢机的产品说明书，了解其生产工艺要求和工作性能，为其选择合适的拖动电动机，并设计出该轧钢机的主轧辊电动机电气控制的电气原理图。

二、项目解读

该项目用到的是直流电动机，直流电动机和交流电动机各有优缺点，选用得当就能物尽其用，表现出更好的性能，产生出更大的生产效益。人也是如此，各有所短也各有所长，只要在适合自己的岗位上努力奋斗，人尽其才，才尽其用，人事相宜，就能形成推动社会发展的合力。师傅布置的任务，小宋虽然觉得难度很大，但是他没有妄自菲薄，更没有望而却步，而是想尽千方百计去学习、去实践、去自我提升，争取早日由学徒变成技术能手。

三、专业知识积累

（一）轧钢机简介

轧钢机是一种将热的金属（主要是钢坯）重复通过轧辊辗轧成形的机器。轧钢机由工作机座及其传动装置和主电动机等组成。工作机座主要包括轧辊、轴承、工作机座、压下装置及机架等；传动装置主要包括联接轴平衡装置、联接轴、齿轮座、减速机、主联轴器、电动机联轴器等。

按轧辊的数目不同，轧钢机分为两辊式、三辊式、四辊式和多辊式多种，两辊式轧钢机的基本结构如图 7-1 所示。

由于轧钢机对钢材的热轧和冷轧工作都要求调速范围大、调速性能好、精密度高、控制性能优越，所以通常需要用直流电动机来带动。

（二）认识直流电机

1. 直流电机的基本结构

直流电机结构示意如图 7-2 所示，与三相交流电机一样，它的两个主要组成部分也是定子

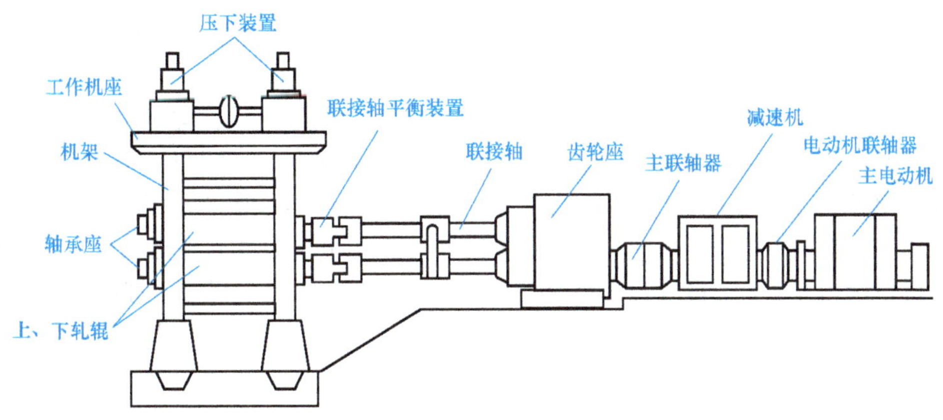

图 7-1　两辊式轧钢机的基本结构

和转子，定子与转子之间有气隙。

（1）定子　定子是直流电机的静止部分，主要由主磁极、换向磁极、机座、端盖等组成。主磁极由螺栓固定在机座上，可以有一对、两对或多对。主磁极由磁极铁心和励磁绕组组成，磁极铁心由 1~1.5mm 厚的低碳钢板冲片叠压铆接而成。给励磁绕组通入直流电，便会产生主磁场。换向磁极是位于两个主磁极之间的小磁极，由铁心和绕组组成，其作用是产生附加磁场，以改善电机的换向条件，减小电刷与换向片之间的火花。换向磁极绕组总是与电枢绕组串联，其匝数少，导线粗。换向磁极铁心通常用厚钢板叠制而成，在小功率的直流电机中也有不装换向磁极的。机座由铸钢或厚钢板制成，它是电机的支架，用来安装主磁极和换向磁极等部件。它既是固定电机的部分，又是电机磁路的一部分。在机座的两边各有一个端盖，端盖的中心处装有轴承，用以支持转子的转轴。端盖上还固定有电刷架，利用弹簧把电刷压在转子的换向器上。

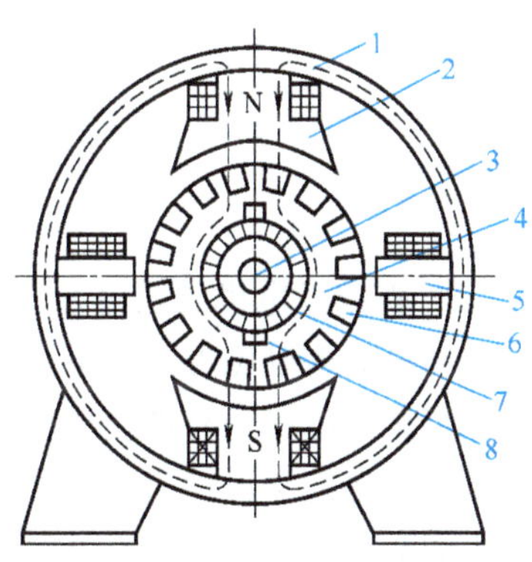

图 7-2　直流电机结构示意图
1—机座　2—主磁极　3—转轴
4—电枢铁心　5—换向磁极
6—电枢绕组　7—换向器　8—电刷

（2）转子　直流电机的转子又称为电枢，主要由电枢铁心、电枢绕组、换向器、转轴和风扇等组成。电枢铁心也是直流电机磁路的一部分，通常用 0.5mm 厚、表面涂有绝缘漆的硅钢片叠压而成，其外表面上均匀地开槽，用来嵌放电枢绕组。电枢绕组由许多相同的线圈组成，按一定规律嵌放在电枢铁心的槽内，并与换向器连接，作用是产生感应电动势和电磁转矩。换向器是直流电机的特有装置。它由许多楔形铜片组成，片与片之间用云母或者其他垫片绝缘。外表呈空心的圆柱形，装在转轴上。换向铜片按一定规律与电枢绕组的线圈连接。在换向器的表面压着电刷，电刷使旋转的电枢绕组与静止的外电路相通，将输入直流电动机的直流电流转换成电枢绕组内的交变电流，进而产生方向恒定的电磁转矩，或者将直流发电机电枢绕组中的交变电动势转换成直流电压输出。

（3）气隙　气隙指的是静止的磁极和旋转的电枢之间的间隙，它是电机磁路的重要组成部分。气隙的大小决定磁通的大小。气隙大漏磁就多，电机的效率就会降低；气隙太小转动时容易扫膛。一般地，小容量直流电机的气隙为 0.5~3mm，大容量直流电机的气隙为 5~10mm。

2. 直流电机的励磁方式

给直流电机的励磁绕组提供电流的方式称为励磁方式。根据励磁绕组与电枢绕组连接关系的不同，直流电机的励磁方式分为他励、并励、串励、复励四种。

（1）直流电动机的励磁方式　直流电动机的四种励磁方式如图 7-3 所示。图 7-3a 为他励直流电动机，其励磁绕组和电枢绕组分别由两个独立的直流电源供电。图 7-3b 为并励直流电动机，其励磁绕组和电枢绕组并联，由同一直流电源供电。图 7-3c 为串励直流电动机，其励磁绕组和电枢绕组串联，由同一直流电源供电。图 7-3d 为复励直流电动机，其励磁绕组一部分与电枢绕组并联，一部分与电枢绕组串联，由同一直流电源供电。并励绕组通过的电流一般较小，导线细，匝数较多；串励绕组通过的电流一般较大，导线粗，匝数较少，因而不难辨认。

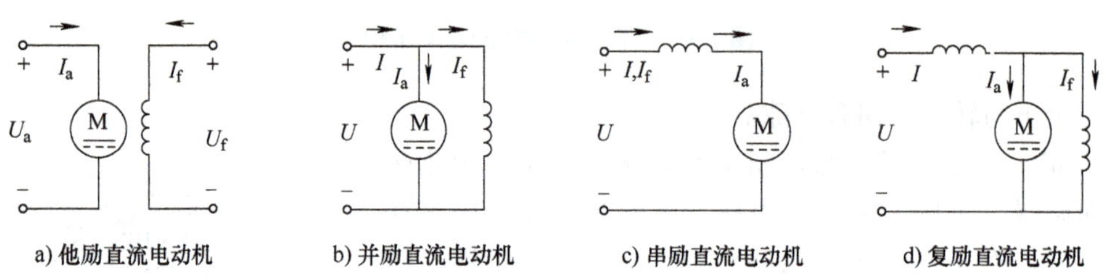

图 7-3　直流电动机的励磁方式

（2）直流发电机的励磁方式　直流发电机的四种励磁方式如图 7-4 所示，其电路结构与直流电动机对应励磁方式的电路结构相似，最大的不同是直流电动机一定得有外加直流电源供电，直流发电机只有他励型需要外加直流电源，其他三种类型不需要外加直流电源，发电机本身发的电能够自给自足，又称为自励式。还要注意：直流电动机的文字符号为 M，直流发电机的文字符号为 G，不可混淆。

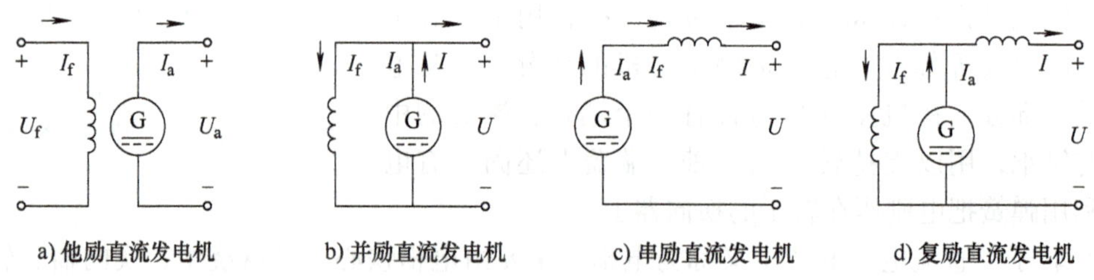

图 7-4　直流发电机的励磁方式

3. 直流电机的工作原理

从原理上讲，任何电机都体现了电和磁的相互作用。“导体切割磁力线会产生感应电动势”“载流导体在磁场中会受到电磁力的作用”这两条物理原理，对交流电机和直流电机都适用。

（1）直流发电机的工作原理　两极直流发电机工作原理如图 7-5 所示。图中 N、S 是一对在空间固定不动的磁极，磁极可以由永久磁铁制成，也可以在由磁铁制成的铁心上绕上励磁绕组，在励磁绕组中通入直流电流，使之产生 N、S 磁极，后者更常用。在 N、S 磁极之间装上由铁磁性物质做成的圆柱体，这个圆柱体称为转子或电枢。在电枢外表面上开槽，槽中嵌放线圈，线圈用 abcd 表示。电枢线圈 abcd 的两端分别与两个半圆铜环 1、2 相连接，这两个半圆铜环固定在转轴上，并且相互绝缘，称为换向片，也是最简单的换向器。换向器通过固定不动的电刷 A 和 B 将电枢线圈与外电路相连。

电枢由原动机拖动，以恒定转速按逆时针方向旋转，线圈有效边 ab 和 cd 分别切割 N 极和 S 极下的磁力线，感应产生电动势，感应电动势的方向由右手定则判断。如图 7-5a 所示的瞬间，导体 ab 中的电动势方向由 b 指向 a，导体 cd 中的电动势则由 d 指向 c，在整个线圈电路中，这两个电动势构成串联回路，相互叠加，形成电刷 A 上的电源正极、电刷 B 上的电源负极。如果在电刷之间接上负载，就会有感应电流自换向片 1 流向电刷 A，流经负载，再流至电刷 B 和换向片 2，又流进线圈 dcba，如此循环往复。此时，电流流出处的电刷 A 为正电位，用“+”表示；而电流流入线圈处的电刷 B 则为负电位，用“-”表示。

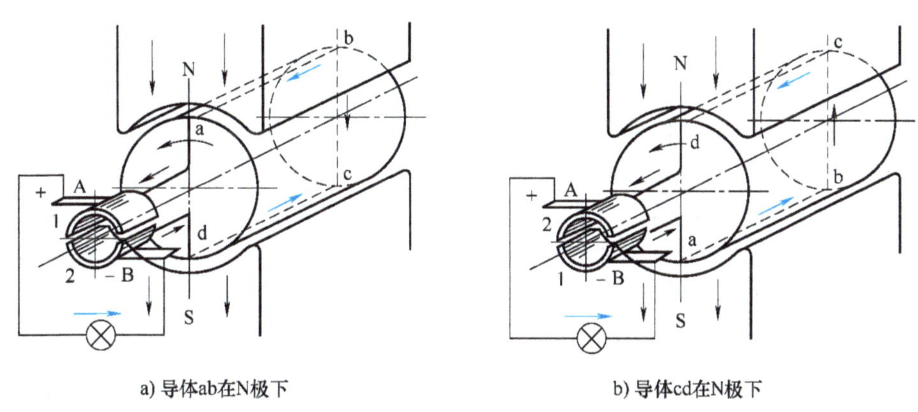

图 7-5　直流发电机工作原理示意图

如图 7-5b 所示，电枢旋转 180°后，导体 ab 和 cd 以及换向片 1 和 2 的位置同时互换，电刷 A 通过换向片 2 与导体 cd 相连接，此时由于导体 cd 取代了原来 ab 所在的位置，即转到 N 极下，改变原来电流方向，即由 c 指向 d，所以电刷 A 的极性仍然为正；同时电刷 B 通过换向片 1 与导体 ab 相连接，而导体 ab 此时已转到 S 极下，也改变了原来的电流方向，由 a 指向 b，因此，电刷 B 的极性仍然为负。

通过换向器和电刷的整流作用，及时地改变线圈与外电路的连接，使线圈产生的交变电动势变为电刷 A、B 两端极性不变的直流电动势。在电刷 A、B 之间接上负载，发电机就能向负载供给直流电能。这就是直流发电机的基本工作原理。

（2）直流电动机的工作原理　直流电动机的基本结构与直流发电机相同，只是它的电枢没有原动机拖动，而要将直流电源接至电刷两端。如图 7-6a 所示，当电刷 A 接至电源的正极，电刷 B 接至负极，电流将从电源正极流出，经过电刷 A、换向片 1、线圈 abcd 到换向片 2 和电刷 B，最后回到负极。根据电磁力定律，载流导体在定子磁场中受电磁力的作用，其方向由左手定则判断。导体 ab 所受电磁力方向向左，而导体 cd 所受电磁力的方向向右，这样就在电枢上产生了一个逆时针方向的转矩。在此转矩作用下，电枢便按逆时针方向旋转起来。当电枢旋转 180°，导体 cd 转到 N 极下，ab 转到 S 极下，如图 7-6b 所示，由于电流仍从电刷 A 流入，使 cd 中的电流变为由 d 流向 c，而 ab 中的电流由 b 流向 a，从电刷 B 流出，用左手定则判断可知，导体 cd 所受电磁力方向向左，而导体 ab 所受电磁力的方向向右，这样在电枢上产生电磁转矩仍是逆时针方向，电枢仍然能够逆时针旋转。

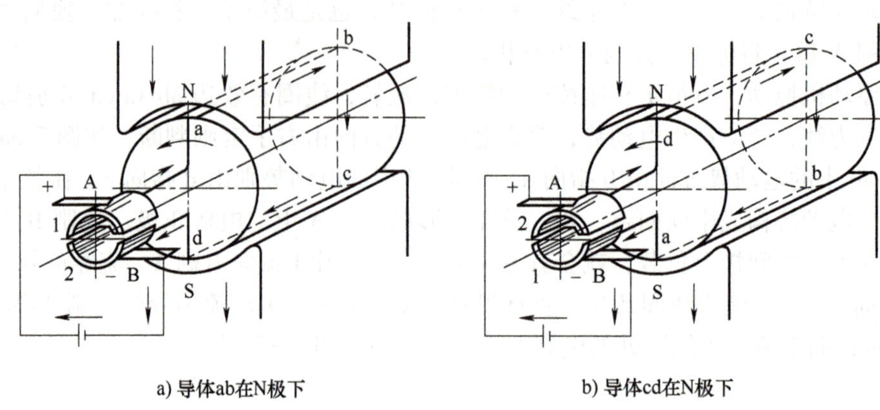

图 7-6　直流电动机工作原理示意图

由此可见，加给直流电动机的直流电源，借助于换向器和电刷的作用，可使直流电动机电枢绕组中流过的电流方向是交变的，从而使电枢产生的电磁转矩的方向恒定不变，确保直流电动机朝固定的方向连续旋转。这就是直流电动机的基本工作原理。

图 7-7 所示为直流电动机工作过程分解示意图，图 7-7a 和图 7-7c 分别对应图 7-6a 和图 7-6b，图 7-7b 和图 7-7d 分别对应图 7-6a 中的电枢转过 90°和 270°的情况。

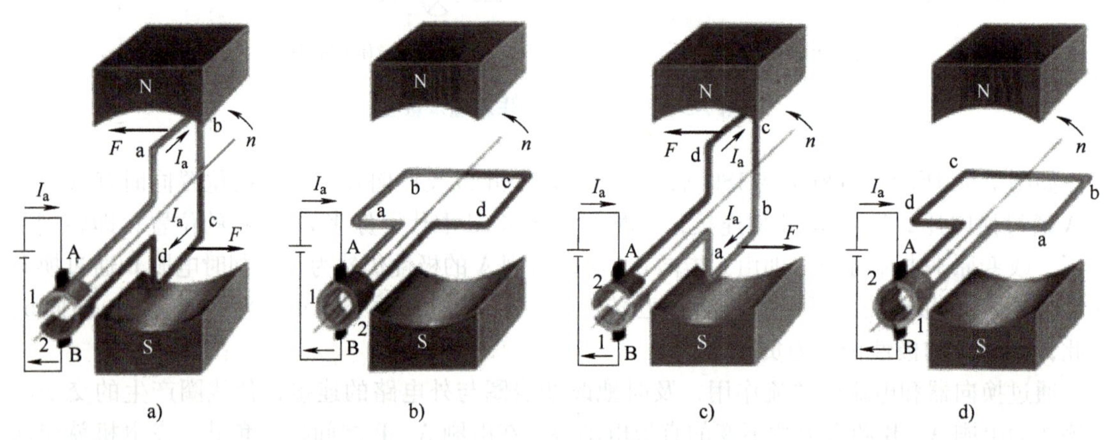

图 7-7　直流电动机工作过程分解示意图

图 7-7b 中，电枢绕组线圈 abcd 所在的平面与磁力线垂直，换向片 1、2 与电刷 A、B 都接触，线圈被短路，其中无电流，线圈磁感应强度为零，导体 ab 和 cd 都不受电磁力的作用，使电枢旋转的电磁转矩消失。在机械惯性作用下，已经转动起来的电枢仍能转过一个角度，使电刷 A 与换向片 2 接触，电刷 B 与换向片 1 接触，线圈中又有电流流过，如图 7-7c 所示。图 7-7d 与图 7-7b 类似，线圈 abcd 所在的平面再次与磁力线垂直，电磁转矩再次消失，电枢仍然在机械惯性作用下转过一个角度，然后回到图 7-7a 的状态，一个周期的转动完成，接着进入下一个周期。

从以上分析可以看出：一台直流电机原则上既可以作为发电机运行，也可以作为电动机运行，关键取决于外界给它提供的工作条件。作为发电机运行时，要用原动机拖动直流电机的电枢旋转，输入机械能，将机械能转换为电能，从电刷上引出直流电动势；作为电动机运行时，要将直流电源加于直流电机的电刷上，输入电能，将电能转换为机械能，由转轴输出，拖动生产机械旋转。

同一台直流电机，既能作为发电机运行，又能作为电动机运行，这就是直流电机的可逆原理。

注意：图 7-5～图 7-7 中的电机模型只画出了一个转子线圈、一对换向片和一对 N、S 主磁极。实际上，直流电机的电枢圆周上均匀嵌放着许多线圈，换向片的个数是线圈的 2 倍，它们组成一个换向器；N、S 主磁极数可以是一对，也可以是多对，根据实际工作需要而定。

（三）直流电动机的电磁转矩和电枢电动势

直流电动机的电枢能够转动，依靠的是电磁转矩，在转动过程中，电枢导体不断切割磁力线，产生电枢电动势。

1. 直流电动机的电磁转矩

由电磁力公式可知，每根载流导体在磁场中所受电磁力的平均值为 $F=BlI$。对于给定的电动机，在线性磁路中，磁感应强度 B 与每个磁极的磁通 Φ 成正比，电磁力 F 与电枢电流 I 成正比，而导线在磁极磁场中的有效长度 l 及转子半径等都是固定的，仅取决于电动机的结构，因此直流电动机的电磁转矩 T 的大小可表示为

$$T=C_T\Phi I_a \tag{7-1}$$

式中　C_T——与电动机结构有关的常数，称为转矩系数，没有单位；

Φ——每极磁通（Wb）；

I_a——电枢电流（A）；

T——电磁转矩（N · m）。

由式（7-1）可知，直流电动机的电磁转矩 T 与每极磁通 Φ 和电枢电流 I_a 的乘积成正比，其方向可通过左手定则加以判断。

直流电动机的转矩 T 与转速 n 及轴上输出功率 P 的关系式为

$$T=9550\frac{P}{n} \tag{7-2}$$

式中　P——电动机轴上的输出功率（kW）；

n——电动机的转速（r/min）；

T——电动机的电磁转矩（N · m）。

2. 电枢电动势

当电枢转动时，电枢绕组中的导体不断切割磁力线，每根载流导体中都会产生感应电动势，其大小平均值为 $E=Blv$，其方向由右手定则确定。该电动势的方向与电枢电流 I_a 的方向相反，因而称为反电动势，如图 7-8 所示。

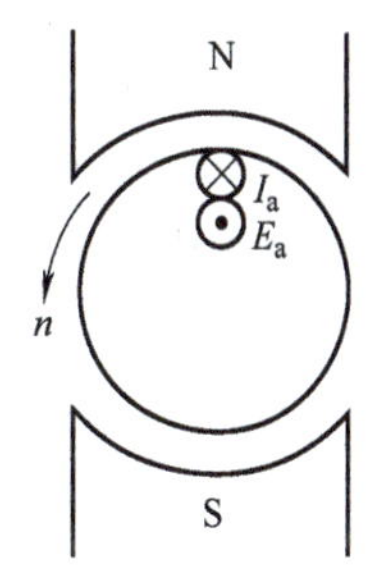

图 7-8　电枢电动势与电枢电流

对于给定的直流电动机，磁感应强度 B 与每极磁通 Φ 成正比，导体的运动速度 v 与电枢的转速 n 成正比，而导体的有效长度和绕组匝数都是常数，因此直流电动机两个电刷之间的总电枢电动势大小为

$$E_a= C_e\Phi n \tag{7-3}$$

式中　C_e——与电动机结构有关的常数，称为电动势系数，没有单位；

Φ——每极磁通（Wb）；

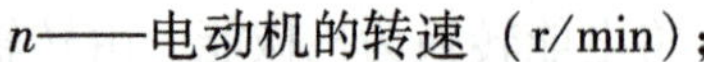

n——电动机的转速（r/min）；

E_a——电枢电动势（V）。

由此可知，直流电动机在旋转时，电枢电动势 E_a 的大小与每极磁通 Φ 和电动机转速 n 的乘积成正比，其方向与电枢电流方向相反，在电路中起着限制电枢电流的作用。

（四）他励直流电动机的方程式和机械特性

1. 他励直流电动机的基本方程式

直流电动机的基本方程式是指直流电动机稳定运行时电路系统的电动势平衡方程式、机械系统的转矩平衡方程式和能量转换过程中的功率平衡方程式。这些方程式反映了直流电动机内部的电磁过程，也表达了电动机内外的机电能量转换关系，说明了直流电动机的运行原理。

（1）电动势平衡方程式　图 7-9a 为他励直流电动机结构示意，电枢电动势 E_a 与电枢电流 I_a 方向相反，为反电动势；电磁转矩 T 与电动机转动方向一致，为拖动转矩；负载转矩 T_L 为制动转矩；空载转矩 T_0 方向与转速 n 的方向相反，也为制动转矩。

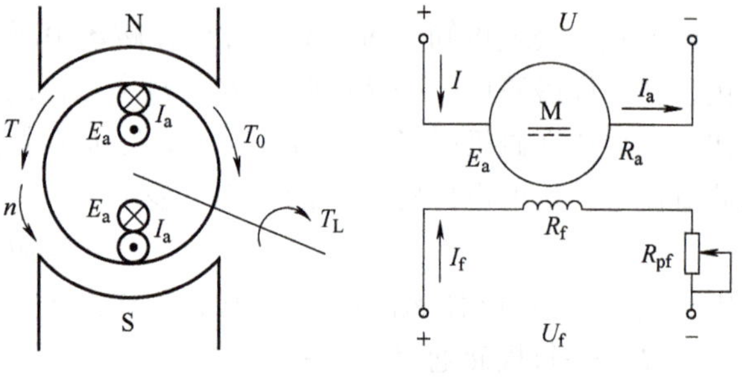

a) 结构示意图　　b) 等效电路图

图 7-9　他励直流电动机的结构示意图和电路图

在图 7-9b 的等效电路中，运用基尔霍夫电压定律，可写出电枢回路的电压方程式为

$$U=E_a+I_aR_a \tag{7-4}$$

式中　U——电枢电压（V）；

I_a——电枢电流（A）；

R_a——电枢回路的内电阻（Ω）。

同时，也可写出励磁回路的电压方程式为

$$U_f=I_f(R_f+R_{pf}) \tag{7-5}$$

式中　U_f——励磁电压（V）；

I_f——励磁电流（A）；

R_f——励磁回路的内电阻（Ω）；

R_{pf}——励磁回路的外加电阻（Ω）。

（2）功率平衡方程式　他励直流电动机的电刷上接入直流电源，电枢绕组流过电流 I_a，电源向电动机输入的电功率为

$$P_1=UI=UI_a=(E_a+I_aR_a)I_a=E_aI_a+I_a^2R_a=P_{em}+P_{Cu} \tag{7-6}$$

式中　P_{em}——电磁功率（W）；

P_{Cu}——电枢绕组损耗的功率，即电枢铜损耗（W）。

式（7-6）说明：电源输入电动机的电功率一部分被电枢绕组消耗掉了（电枢铜损耗 P_{Cu}），一部分作为电磁功率 P_{em} 对负载做功。

直流电动机输入的电功率不可能全部转换成机械功率，电动机旋转起来后，还要克服各类摩擦引起的机械损耗 P_m、电枢铁心损耗 P_{Fe} 以及附加损耗 P_s，剩下的才从电动机轴上输出。

机械损耗 P_m 包含轴与轴承之间的摩擦损耗、电刷与换向器之间的摩擦损耗以及转动部分与空气之间的摩擦损耗等。电动机必须克服机械损耗才能旋转。

铁心损耗 P_{Fe}是磁滞损耗和涡流损耗的合称。在电动机旋转时，电枢铁心中的磁场反复变化就会产生磁滞损耗和涡流损耗。

空载损耗 P_0 是机械损耗 P_m 和铁心损耗 P_{Fe}之和。电动机空载运行时，这两种损耗就存在，因而得名。显然，P_0 为

$$P_0=P_m+P_{Fe} \tag{7-7}$$

由于机械损耗 P_m 与铁心损耗 P_{Fe}都会产生与旋转方向相反的制动转矩，该制动转矩将抵消一部分拖动转矩，因此被称为空载转矩 T_0。

附加损耗 P_s 又称杂散损耗，其值很难计算和测定，一般取（0.5%~1%）P_N。

从上述分析可知，直流电动机的总损耗$\sum P$ 为

$$\sum P=P_{Cu}+P_m+P_{Fe}+P_s \tag{7-8}$$

综上所述，电动机输出的机械功率 P_2 为

$$P_2=P_{em}-P_0-P_s=P_1-P_{Cu}-P_m-P_{Fe}-P_s=P_1-\sum P \tag{7-9}$$

式（7-9）就是他励直流电动机的功率平衡方程式，其功率平衡关系可用图 7-10 所示功率流程图来表示。

他励直流电动机的效率 η 为

$$\eta=\frac{P_2}{P_1}\times100\%=\frac{P_2}{(P_2+\sum P)}\times100\% \tag{7-10}$$

一般中小型直流电动机的效率为 75%~85%，大型直流电动机的效率为 85%~94%。

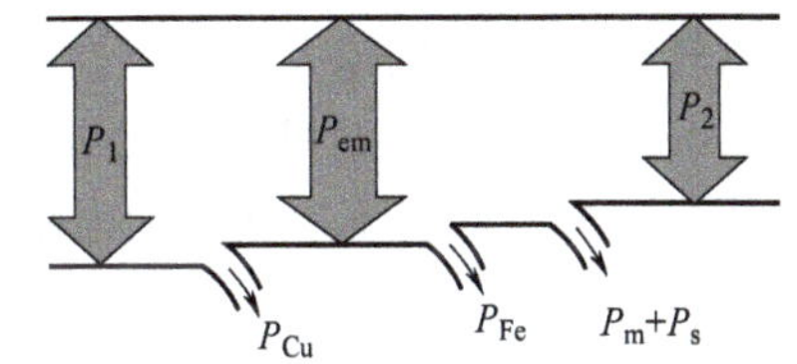

图 7-10　他励直流电动机的功率流程图

（3）转矩平衡方程式　他励直流电动机的转矩平衡方程式为

$$T_2=T-T_0 \text{或} T=T_2+T_0 \tag{7-11}$$

式中　T——电动机电磁转矩（N·m）；

T_2——电动机轴上输出的机械转矩（负载转矩）（N·m）；

T_0——空载转矩（N·m）。

由于空载转矩 T_0 仅为电动机额定转矩的 2%~5%，所以在额定负载或重载下 T_0 可以忽略不计，通常认为负载转矩 T_2 近似与电磁转矩 T 相等。

2. 他励直流电动机的机械特性

直流电动机的机械特性是在稳定运行情况下，电动机的转速 n 与机械负载转矩 T_L 之间的关系，即 $n=f(T_L)$。机械特性表明电动机转速因外部负载变化而变化的情况，由于电动机稳定运行时的电磁转矩 T 近似等于负载转矩 T_L，故 $n=f(T_L)$ 常被写作 $n=f(T)$。

（1）他励直流电动机的机械特性方程　当他励直流电动机电枢回路串联外加电阻 R_{pa}时，回路的电动势平衡方程式为

$$U=E_a+I_a(R_a+R_{pa})=E_a+I_aR \tag{7-12}$$

式中　R_{pa}——电枢回路串联电阻（Ω）；

R——电枢回路总电阻（Ω）。

将式（7-12）与电枢电动势公式 $E_a=C_e\Phi n$ 和电磁转矩公式 $T=C_T\Phi I_a$ 结合，得机械特性方程为

$$n=\frac{U}{C_e\Phi}-\frac{RT}{C_eC_T\Phi^2} \tag{7-13}$$

由机械特性方程（7-13）可知，当电枢电压 U、电枢回路总电阻 R、气隙磁通 Φ 等参数值不变时，他励直流电动机的转速 n 与电磁转矩 T 为线性关系，对应的机械特性曲线如图 7-11 所示。

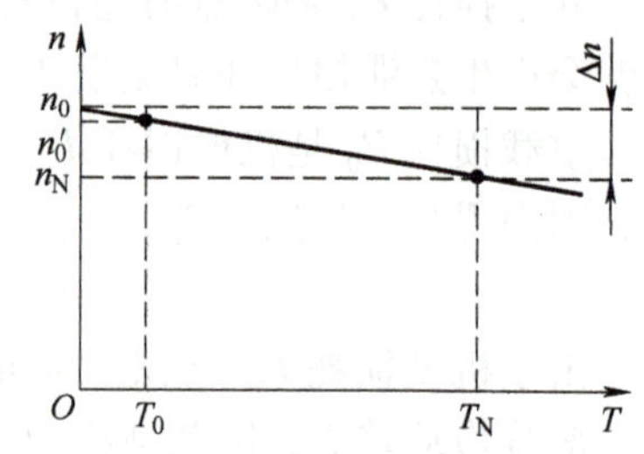

图 7-11　他励直流电动机的机械特性

由图 7-11 可知，式（7-13）还可以写成

$$n=n_0-\beta T=n_0-\Delta n \tag{7-14}$$

式中　n_0——电磁转矩 $T=0$ 时的转速，$n_0=U/(C_e\Phi)$，称为理想空载转速（r/min）；

β——机械特性曲线的斜率，$\beta=R/(C_eC_T\Phi^2)$，没有单位；

Δn——$\Delta n=(RT)/(C_eC_T\Phi^2)$，即转速降（r/min）。

由于电动机空载运行时，电磁转矩 $T=T_0\neq 0$，所以实际空载转速 n_0'略小于理想空载转速 n_0。

在理想空载转速 n_0 下，β 值越小，机械特性曲线越平缓，转速 n 随电磁转矩 T 的变化越小，稳定性越好，此时的机械特性称为硬特性；反之，β 值越大，机械特性曲线越陡，转速 n 随电磁转矩 T 的变化越大，稳定性越差，此时的机械特性称为软特性。

（2）他励直流电动机的固有机械特性　他励直流电动机的电枢电压 U 和气隙磁通 Φ 都为额定值，且电枢回路不串联附加电阻 R_{pa}时的机械特性称为固有机械特性，其特性方程为

$$n=\frac{U_N}{C_e\Phi_N}-\frac{R_aT}{C_eC_T\Phi_N^2} \tag{7-15}$$

由于电枢绕组的电阻 R_a 阻值很小，因此式（7-15）中的 β 值很小，固有机械特性为硬特性。

（3）他励直流电动机的人为机械特性　人为地改变电枢电压 U、串联在电枢回路的外电阻 R_{pa}和气隙磁通 Φ 等参数值而获得的机械特性称为人为机械特性。

1）改变电枢电压的人为机械特性。当 $\Phi=\Phi_N$，电枢回路不串联电阻，即 $R_{pa}=0$ 时，只改变电枢电压的人为机械特性方程为

$$n=\frac{U}{C_e\Phi_N}-\frac{R_aT}{C_eC_T\Phi_N^2} \tag{7-16}$$

由于受到绝缘强度的限制，电枢电压只能从电动机额定电压 U_N 向下调节。

图 7-12 为改变电枢电压 U 的一组人为机械特性曲线，它们是一组平行直线。

与固有机械特性相比，改变电枢电压 U 的人为机械特性的特点为：

① 理想空载转速 n_0 正比于电枢电压 U，n_0 会随着电枢电压 U 的下降成正比地减小。

② 带同样的负载，电枢电压 U 下降得越多，电动机的转速 n 就降得越低。

③ 机械特性斜率 β 与电枢电压 U 无关，降低电枢电压 U 时 β 不变，机械特性曲线的硬度不变，电动机运行的稳定性不变。

2）电枢回路串联电阻的人为机械特性。电枢回路串联电阻 R_{pa}的人为机械特性方程为

$$n=\frac{U_N}{C_e\Phi_N}-\frac{(R_a+R_{pa})T}{C_eC_T\Phi_N^2} \tag{7-17}$$

图 7-13 为串联电阻 R_{pa} 取不同值时的一组人为机械特性曲线。

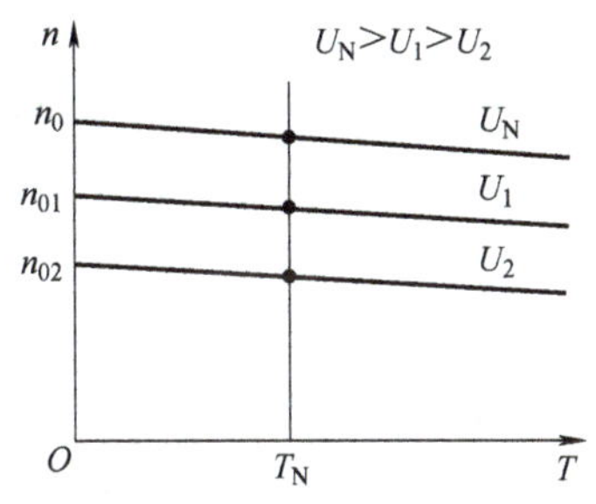

图 7-12　改变电枢电压的人为机械特性曲线

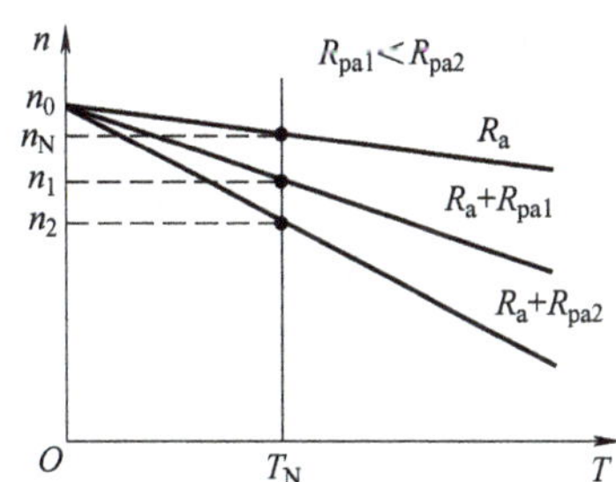

图 7-13　电枢回路串联电阻的人为机械特性曲线

与固有机械特性相比，电枢回路串联电阻 R_{pa} 的人为机械特性的特点为：

① 理想空载转速 n_0 保持不变。

② 带同样的负载，串联的电阻 R_{pa} 的阻值越大，电动机的转速 n 就降得越低。

③ 机械特性的斜率 β 随串联的电阻 R_{pa} 增大而增大，机械特性曲线变软，运行的稳定性变差。

3）减弱磁通的人为机械特性。保持电枢电压 $U=U_N$，电枢回路不串联电阻（$R_{pa}=0$），只改变磁通的人为机械特性方程式为

$$n=\frac{U_N}{C_e\Phi}-\frac{R_aT}{C_eC_T\Phi^2} \tag{7-18}$$

由于在设计电动机时，已经使 Φ_N 处于磁化曲线的膝部，接近饱和段了。因此，磁通只能从 Φ_N 往下调节。通常采用调节励磁回路串联的可变电阻 R_{pf} 的方法，使励磁电流 I_f 和磁通 Φ 减小。

图 7-14 所示为一组减弱磁通的人为机械特性曲线。

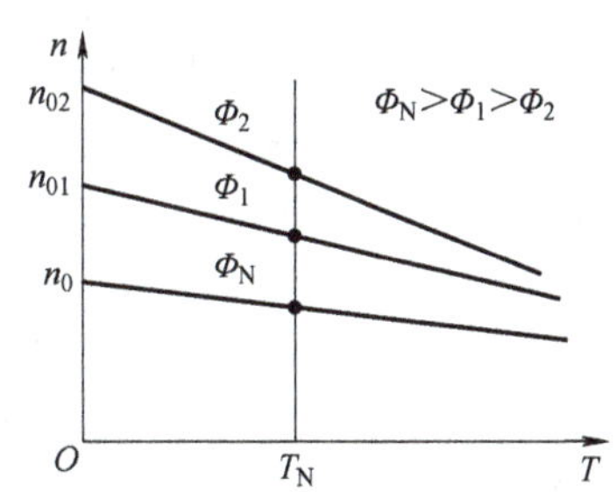

图 7-14　减弱磁通的人为机械特性曲线

与固有机械特性相比，减弱磁通的人为机械特性的特点是：

① 理想空载转速 n_0 与磁通 Φ 成反比，减弱磁通 Φ，理想空载转速 n_0 升高。

② 带同样的负载，磁通 Φ 越小，电动机的转速 n 就越高。

③ 斜率 β 与磁通 Φ 的二次方成反比，减弱磁通 Φ，会使机械特性曲线的斜率 β 增大，机械特性曲线变软，电动机运行的稳定性变差。

（五）他励直流电动机的起动与反转

1. 他励直流电动机的起动

电力拖动系统对直流电动机的起动要求是：起动转矩 T_{st} 要足够大；起动电流 I_{st} 不可太大；起动设备操作方便，起动时间短，运行可靠，成本低。

（1）直接起动　直接起动是指直流电动机在定子磁场为额定磁通 Φ_N 的情况下，直接在电枢上加额定电压 U_N 使其起动。

在起动瞬间，电动机的转速 $n=0$，电枢绕组的感应电动势 $E_a=C_e\Phi_Nn=0$。根据电枢回路

的电压方程式 $U=E_a+I_aR_a$ 可知，起动电流 $I_{st}=U_N/R_a$。由于直流电动机的电枢电阻 R_a 阻值很小，所以直接起动会引起很大的起动电流 I_{st} 可达额定电流 I_N 的 10~20 倍。

起动电流 I_{st} 过大的危害：①引起电网电压严重下降，影响在同一电网并联运行的其他用电设备正常工作；②会产生剧烈的换向火花，容易损坏换向器；③会使过电流保护装置误动作而切断电源，导致电动机无法起动；④由于起动转矩 $T_{st}=C_T\Phi_NI_{st}$，所以 I_{st} 过大会产生过大的起动转矩 T_{st}，使电动机的转轴受到强烈的机械冲击而损伤。

结论：直接起动只能用于容量很小的直流电动机。

（2）降低电枢电压起动　降低电枢电压起动是指在起动直流电动机之时，将施加在电动机电枢两端的电源电压降低，以减小起动电流 I_{st}。由于降压时不仅减小了起动电流 I_{st}，而且也减小了起动转矩 T_{st}，这不利于电动机带负载起动。为获得足够大的起动转矩 T_{st}，起动电流 I_{st} 应限制在（1.5~2）I_N 范围内，则对应的起动电压 $U_{st}=I_{st}R_a=(1.5\sim2)I_NR_a$。降低电枢电压起动过程中，随着转速 n 上升，电动势 E_a 逐渐增大，起动电流和起动转矩 T_{st} 则相应减小，这会使电动机的加速度减小，转速 n 上升缓慢而延长起动时间。要想在起动过程中保持加速度不变，就必须保持起动电流 I_{st} 和起动转矩 T_{st} 不变，这就要求在起动过程中逐渐升高电压 U，直到升至额定电压 U_N，使电动机进入稳定运行状态，起动过程才算结束。

降低电枢电压起动的优点是：起动平稳，起动过程能量损耗小，便于实现自动控制；缺点是：需要一套可调节的直流电源，设备投资较大。

目前，他励直流电动机降低电枢电压起动时，通常要采用晶闸管整流装置，通过调节晶闸管的导通角，对加在电动机电枢两端的起动电压进行自动控制。

（3）电枢回路串联电阻起动　电枢回路串联电阻起动是指在直流电动机的电源电压为额定值 U_N 且恒定不变时，在电枢回路中串联起动电阻 R_{st} 来达到限制起动电流 I_{st} 的目的。

1）电枢回路串联电阻起动的物理过程分析。与降低电枢电压起动类似，在电枢回路串联电阻起动的过程中，随着转速 n 上升，电枢电动势 E_a 上升，起动电流 I_{st} 和起动转矩 T_{st} 都下降，加速度减小而使转速 n 上升缓慢，起动过程延长。为加快起动过程，需要随着转速 n 的上升，平滑地减小起动电阻 R_{st}。为此，往往把起动电阻 R_{st} 分成若干段，随起动进程逐级切除。图 7-15 所示为他励直流电动机电枢回路串联 4 级电阻起动的电路，图中，R_{st4}、R_{st3}、R_{st2}、R_{st1} 为串联的各级起动电阻，KM 为电枢电路接触器，KM1~4 为短接各级起动电阻的接触器。图 7-15 对应的起动过程机械特性如图 7-16 所示。

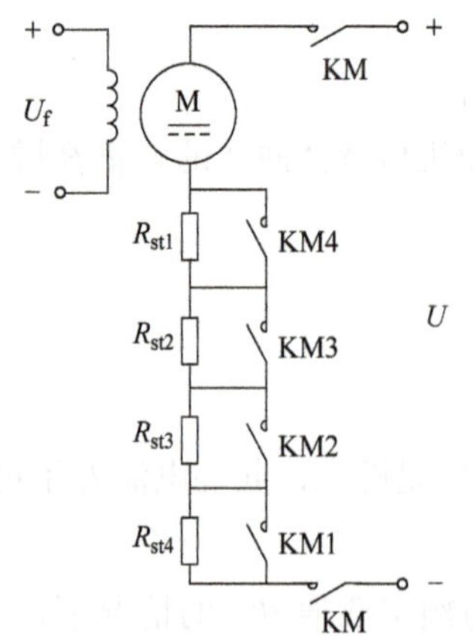

图 7-15　电枢回路串联 4 级电阻起动电路

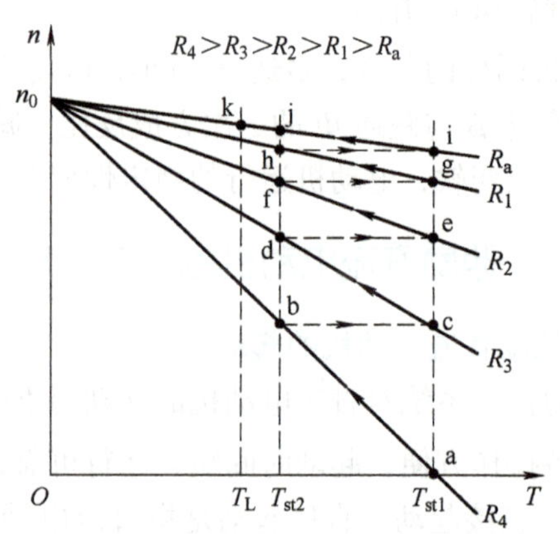

图 7-16　电枢串联 4 级电阻起动的机械特性

准备起动电动机时，先给励磁绕组通电，然后再接通电枢电路接触器 KM，KM 常开主触头闭合，给电枢电路接上额定电压 U_N，电枢回路串联全部起动电阻 $R_4=R_a+R_{st1}+R_{st2}+R_{st3}+R_{st4}$，起动电流 $I_{st1}=U_N/R_4$，起动转矩为 T_{st1}，设负载转矩 $T_L=T_N$。电动机从图 7-16 中的 a 点开始起动，运行点沿 R_4 对应的机械特性曲线上升至 b 点，随着转速 n 的上升，反电动势 $E_a=C_e\Phi_N n$ 上升，电枢电流减小，起动转矩也减小，当减小至 T_{st2}时，接触器 KM1 通电吸合，其主触头闭合，短接第一级起动电阻 R_{st4}，运行点由 R_4 对应的机械特性曲线切换到 R_3（$R_3=R_a+R_{st1}+R_{st2}+R_{st3}$）对应的机械特性曲线上。切除起动电阻 R_{st4}的瞬间，由于机械惯性，转速 n 不能突变，电动势保持不变，电枢电流突然增大，转矩也随之增大。只要起动电阻 R_{st4}的阻值选择得适当，就能使切换后的转矩增至 T_{st1}，电动机运行点从 b 点跃变至 c 点。当运行点从 c 点沿 R_3 对应的机械特性曲线加速到 d 点时，接触器 KM2 主触头闭合，短接第二级起动电阻 R_{st3}，运行点从 d 点跃变至 e 点，然后继续加速，依次使接触器 KM3、KM4 主触头闭合，运行点由 e 点经 f、g、h 点到达 i 点时，所有起动电阻均被短接，电动机的运行点跃变到固有机械特性曲线上，并继续加速至 k 点。在 k 点 $T=T_L$，电动机稳定运行，起动结束。

在整个起动过程中，他励直流电动机电枢回路的 4 级起动电阻依次被切除，运行点历经四条人为机械特性，最后回到了固有机械特性上，运行轨迹为：a→b→c→d→e→f→g→h→i→j→k。

为使电动机在起动过程中获得均匀加速，以减少机械冲击，应合理选择各级起动电阻，确保每一级的切换转矩 T_{st1}、T_{st2}的数值都满足 $T_{st1}=(1.5\sim2.0)T_N$，$T_{st2}=(1.1\sim1.3)T_N$。

由上述分析可知，电枢回路串联分级电阻起动的过程与三相绕线转子异步电动机转子串联分级电阻起动的过程很相似，两者可以对照着学习。

2）电枢回路串联电阻起动的电气控制电路分析。图 7-17 所示为他励直流电动机电枢回路串联 2 级电阻起动的电气原理图，图中，KM1 为给电枢电路供电的接触器，KM2、KM3 为短接起动电阻的接触器，R_1、R_2 为起动电阻，R_3 为放电电阻，KT1、KT2 为断电延时型时间继电器，KA1 为过电流继电器，KA2 为欠电流继电器，VD 为二极管。由于他励直流电动机和并励直流电动机在弱磁或失磁时，转速会迅速升高，甚至出现“飞车”事故，因此在起动时，应先合上断路器 QF2 接入励磁电压，再合上断路器 QF1 接入电枢电压，或者两者同时接入，而且要在励磁回路中设置弱磁保护。

图 7-17 所示电路的工作过程为：合上断路器 QF2 和 QF1，励磁回路通电，KA2 得电，其常开触头闭合，为起动做准备；同时 KT1 通电动作，其常闭触头断开，使 KM2、KM3 不得电，确保起动电阻 R_1、R_2 都串联入电枢回路。按下起动按钮 SB2，KM1 得电，其常闭触头断开，让 KT1 断电开始延时，为使 KM2、KM3 通电短接起动电阻做准备；同时，KM1 主触头和自锁触头都闭合，接通电枢回路的电源，电枢回路串联入 2 级起动电阻开始起动。此时，并接在 R_1 两端的 KT2 通电动作，其常闭触头断开，使 KM3 不得电，确保 R_2 串联入电枢回路起动。经过一段时间的起动，转速 n 已上升到一定高度，KT1 延时结束，其常闭触头复位闭合，使 KM2 得电，KM2 主触头闭合，短接起动电阻 R_1，电枢回路串联起动电阻 R_2 继续起动。在短接 R_1 的同时，KT2 断电开始延时。待转速 n 上升到另一高度，KT2 延时结束，其常闭触头复位闭合，使 KM3 得电，KM3 主触头闭合，短接起动电阻 R_2，电动机在额定电压下继续起动，很快就到达稳定运行状态，起动结束。

图 7-17 所示电路中的保护环节：电枢电路中的过电流继电器 KA1，用于长期过载和短路保护；励磁回路中的起动按钮 SB2 和接触器 KM1 配合，用于欠电压、失电压保护；励磁回路

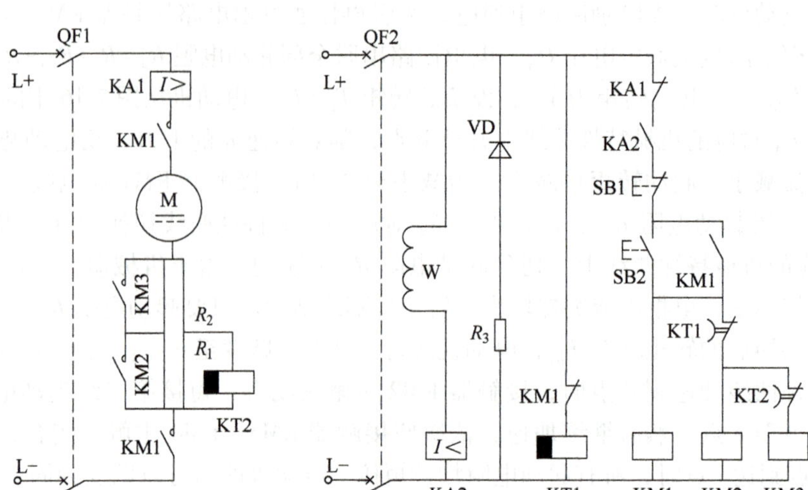

图 7-17　他励直流电动机电枢回路串联 2 级电阻起动电气原理图

中的欠电流继电器 KA2，用于弱磁保护（KA2 的吸合值通常整定为额定励磁电流的 80%）；励磁回路中的电阻 R_3 和二极管 VD 串联构成放电回路，吸收励磁绕组断电时产生的自感电动势，用于过电压保护。

2. 他励直流电动机的反转

改变电磁转矩的方向就能使他励直流电动机反转。由 $T=C_T\Phi I_a$ 可知，只要将磁通 Φ 和电枢电流 I_a 这两个参数中的任意一个改变方向，电磁转矩 T 就反向，电动机就反转。磁通 Φ 的方向取决于励磁电流 I_f 的方向，电枢电流 I_a 的方向取决于电枢电压的极性，所以，能让直流电动机反转的方法有两种：一是改变励磁电流的方向，二是改变电枢电压的极性。

（1）改变励磁电流 I_f 的方向　保持电枢两端电压的极性不变，将励磁绕组反向后再接到直流电源上，则励磁电流 I_f 反向，励磁磁通 Φ 也随之反向，他励直流电动机就反转了。

由于他励直流电动机的励磁绕组匝数多、电感大，励磁电流从正向额定值变到负向额定值所需的时间长，反向过程缓慢，而且励磁绕组反接要先断开其电源然后再反向接入电源，在断开电源的一瞬间，励磁绕组中将产生很大的自感电动势，可能造成绝缘击穿，必须加装吸收装置。所以，在实际应用中，改变励磁电流 I_f 的方向让电动机反转的方法较少采用。只有在电动机的容量很大而且对反转过程的快速性要求不高时，才会采用。

（2）改变电枢电压的极性　保持励磁绕组电压的极性不变，将电枢绕组反向接到电枢电源上，就改变了电枢电流 I_a 的方向，他励直流电动机就反转。实际应用中，改变电枢电压的极性让直流电动机反转的方法应用广泛。但是，这种方法对容量很大的直流电动机不能采用，因为在改变电枢电压极性时，会产生很强的电弧，需要灭弧能力强的大容量直流接触器，这对控制电器要求较高。所以，对大容量他励直流动机，要采用改变励磁电流 I_f 的方向来实现反转。

图 7-18 是改变他励直流电动机电枢电压极性实现正反转的控制电路，图中 KM1、KM2 为正、反转接触器，KM3、KM4 为短接起动电阻接触器，KT1、KT2 为断电延时型时间继电器，R_1、R_2 为起动电阻，R_3 为放电电阻，VD 为二极管，KA1 为过电流继电器，KA2 为欠电流继电器，SQ1 为反转变正转行程开关，SQ2 为正转变反转行程开关。

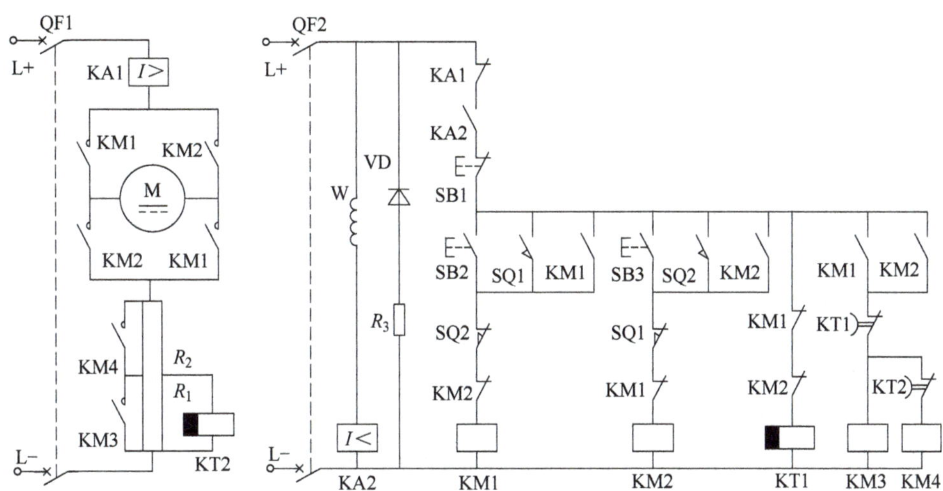

图 7-18 他励直流电动机改变电枢电压极性正反转控制电路

图 7-18 所示电路起动时的工作情况与图 7-17 所示电路的基本相同，所不同的是：若一开始按下正转起动按钮 SB2，则 KM1 得电，电枢绕组左端接电源“+”极，电枢绕组右端接电源“-”极，电动机正转；若一开始按下反转起动按钮 SB3，则 KM2 得电，电枢绕组左端接电源“-”极，电枢绕组右端接电源“+”极，电动机反转；而且，由于设置了正反转自动切换行程开关，电动机起动之后，会按照行程原则实现电动机自动往复循环控制。

（六）他励直流电动机的电气制动

与三相异步电动机一样，他励直流电动机的制动也包含机械制动和电气制动两大类。机械制动利用外加的机械力强迫电动机迅速停车，比如电磁抱闸制动器制动。电气制动是使电动机产生与其转速 n 方向相反的电磁转矩 T，依靠电磁转矩 T 阻碍电动机转动，以达到快速减速或者停车目的。

他励直流电动机常用的电气制动方法有能耗制动、反接制动和发电回馈制动。电气制动时，电动机的电磁转矩 T 与转速 n 方向相反，对应的机械特性在第Ⅱ或第Ⅳ象限内。

1. 能耗制动

（1）能耗制动的实现方法　对正在电动运行的他励直流电动机，保持其励磁回路为额定状态，将其电枢从直流电网上切除，然后迅速接到一个外加制动电阻 R_{bk} 上，构成闭合回路，即可让电动机进入能耗制动。

（2）能耗制动的物理过程分析　他励直流电动机能耗制动前后的电路关系如图 7-19 所示。图 7-19a 为电动运行时的电路，KM 是得电动作的状态，其常开触头闭合，给电枢绕组接入直流电，其常闭触头断开，制动电阻 R_{bk} 被切除，电磁转矩 T 与转速 n 同方向。图 7-19b 为能耗制动时的电路，KM 失电释放，其常开触头复位断开，切除直流电源，其常闭触头闭合，串联制动电阻 R_{bk} 组成电枢回路。

在能耗制动开始的瞬间，由于存在机械惯性的作用，转速 n 仍保持电动状态时的方向和大小，电枢电动势 E_a 亦保持电动状态时的大小和方向，但由于此时电枢电压 U 变成了 0，所以根据电枢回路的电动势平衡方程，可得电枢电流 I_a 为

$$I_a=\frac{(U-E_a)}{(R_a+R_{bk})}=-\frac{E_a}{(R_a+R_{bk})} \quad (7\text{-}19)$$

电枢电流 I_a 为负值，说明其方向与电动状态时的电枢电流 I_a 方向相反，被称为制动电流 I_{bk}。由此产生的电磁转矩 T 也与转速 n 方向相反，成为制动转矩，在电磁转矩 T 和负载转矩 T_L 共同作用下，转速 n 迅速降低。由于电枢电动势 $E_a=C_e\Phi_N n$，所以随着转速 n 的降低，电枢电动势 E_a 不断减小，电枢电流 I_a 随之减小。又由于 $T=C_T\Phi_N I_a$，所以制动电磁转矩 T 也随之减小。

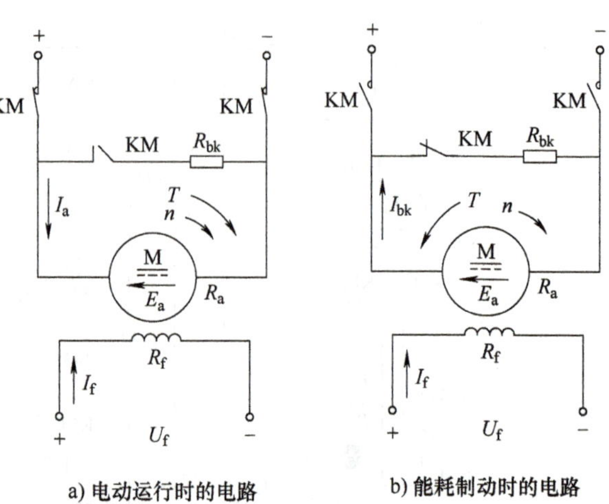

图 7-19　他励直流电动机能耗制动电路图

若电动机拖动的是反抗性恒转矩负载，当转速 n 下降到 0 时，制动电磁转矩 T 和负载转矩 T_L 都下降到 0，能耗制动结束，电动机停转。

在上述制动过程中，电动机把拖动系统的动能转变为电能并消耗在电枢回路的电阻上，因而称为能耗制动。电动机能耗制动时的运行点，位于第Ⅱ象限的机械特性曲线上。

若电动机拖动的是位能性恒转矩负载，比如下放重物时采用能耗制动，则电动机转速由原电动状态到能耗制动状态转速下降至 0 的过程，与前述能耗制动过程相同。但是当转速 n 和制动电磁转矩 T 都下降到 0 时，负载转矩 T_L 不为 0，电动机不会停车，会在位能性恒转矩负载 T_L 作用下反向起动，使得电动机的转速 n 反向，E_a 跟着反向，I_a 反向，T 反向且仍为制动转矩。此时，电动机能耗制动时的运行点，来到位于第Ⅳ象限的机械特性曲线上。随着转速 n 的反向增大，电磁转矩 T 也反向增大，直到 $T=T_L$ 时，电动机稳定运行，匀速下放重物，此状态称为稳定能耗制动运行。

（3）能耗制动的电气控制电路分析　图 7-20 所示为他励直流电动机电枢回路串联 2 级电阻起动、能耗制动电气原理图。图中的 KM1、KM2、KM3、KA1、KA2、KT1、KT2、R_1、R_2、R_3、VD 等都与图 7-17 所示电路作用相同，电动机起动时的工作情况也与图 7-15 中的相同，不再赘述。图中 KM4 为制动接触器，KV 为电压继电器，R_4 为制动电阻，它们专为控制能耗制动之用。

图 7-20 中能耗制动的工作过程为：需要停车时，按下停止按钮 SB1，KM1 线圈断电释放，其主触头复位，断开电枢回路的电源，电动机因惯性继续旋转；KM1 常闭触头复位闭合。由于此时电动机的转速 n 较高，电枢两端仍然有足够大的感应电动势 E_a，使并联在电枢两端的电压继电器 KV 经自锁触头仍保持通电吸合状态，KV 常开触头仍闭合，KM4 线圈得电，其主触头将制动电阻 R_4 并联在电枢两端，电动机开始能耗制动，转速 n 迅速下降，电枢感应电动势 E_a 也随之下降。当转速 n 下降到某一低值时，电枢感应电动势 E_a 也降到一定低值，使得电压继电器 KV 释放，KV 常开触头复位断开，KM4 线圈断电，其主触头切断电枢电路，能耗制动结束，电动机随后自然停车。

图 7-20 所示电气控制电路适用于电动机容量较大，但起停不太频繁的场合。

他励直流电动机能耗制动的特点：电路简单，制动时间一般；与不设电气制动的控制电路相比，需要加装制动接触器、制动电阻和电压继电器。

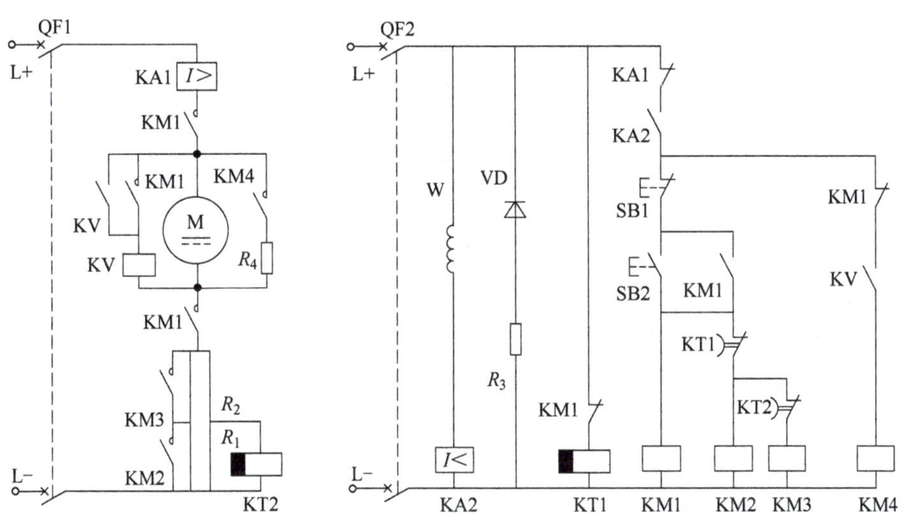

图 7-20　他励直流电动机电枢回路串联 2 级电阻起动、能耗制动电气原理图

2. 反接制动

反接制动包含电枢反接制动和倒拉反接制动两种方式。

(1) 电枢反接制动　实现方法：将他励直流电动机的电枢绕组反接（与电动状态时的正负极反向）在直流电源上，同时电枢回路要串联制动电阻 R_{bk}，就能让电动机进入电枢反接制动。

电枢反接制动的物理过程分析：如图 7-21 所示，当接触器 KM1 线圈通电吸合、KM2 线圈断电释放时，KM1 常开触头闭合，KM2 常开触头断开，电动机稳定运行在电动状态；而当 KM1 线圈断电释放、KM2 线圈通电吸合时，由于 KM1 常开触头断开，KM2 常开触头闭合，电枢绕组被反接在直流电源上，串联限制反接制动电流的制动电阻 R_{bk}。在电枢电源反接的瞬间，转速 n 因惯性不能突变，电枢电动势 E_a 亦不变，但电枢电压 U 反向，使得电枢电流 I_a 反向，由原先的逆时针流向变为顺时针流向。电枢电流 I_a 反向，电磁转矩 T 也跟着反向，T 与转速 n 方向相反，起制动作用，电动机处于制动状态。在电磁转矩 T 与负载转矩 T_L 共同作用下，电动机的转速 n 迅速下降。

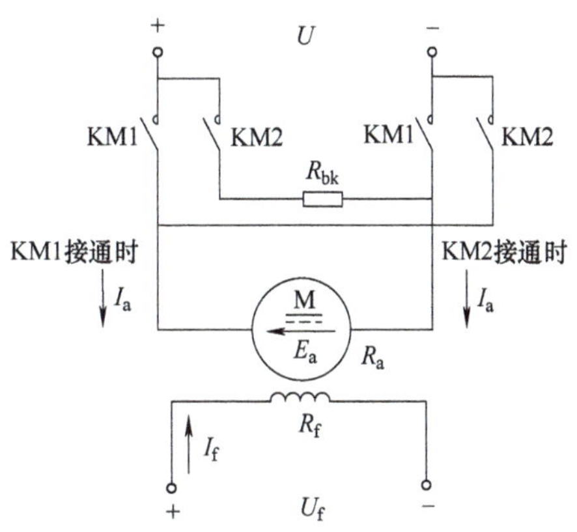

图 7-21　他励直流电动机电枢反接制动控制电路图

当转速 n 下降到 0 时，若要求电动机准确停车，应立即切断电源，否则电动机将反向起动。

在上述电枢反接制动过程中，电动机的运行点位于第Ⅱ象限的机械特性曲线上。

若要求电动机反向运行，且负载为反抗性恒转矩负载，当 $n=0$ 时，如果电磁转矩 $|T|$ 小于负载转矩 $|T_L|$，电动机就堵转；如果 $|T|>|T_L|$，电动机将反向起动并逐渐加速，直至 $T=T_L$ 时，电动机在反向电动状态稳定运行，电动机的运行点位于第Ⅲ象限的机械特性曲线

上。这种情况下如果需要电动机长期反向电动运行，应及时切除制动电阻 R_{bk}，否则电动机的转速会偏低，而且制动电阻 R_{bk} 的电能消耗会比较大。

若电动机拖动的是位能性恒转矩负载，电动机一定会反向起动并很快加速，因为此时的电磁转矩 T 和负载转矩 T_L 都是动力矩，会让电动机的转速 n 上升得超过反向的理想空载转速，电动机的运行点位于第Ⅳ象限的机械特性曲线上，在反向发电回馈制动状态稳定运行。

他励直流电动机电枢反接制动的特点：制动速度快；与不设电气制动的控制电路相比，需要加装反转接触器、限流电阻和速度继电器。

（2）倒拉反接制动　倒拉反接制动一般发生在提升重物的情况下，控制电路和机械特性如图 7-22 所示。图 7-22a 中，电动机提升重物时，接触器 KM 得电，其常开触头闭合，短接电阻 R_{bk}，电动机在 a 点以转速 n_a 以电动状态稳定运行，如图 7-22b 所示。下放重物时，接触器 KM 断电，其常开触头断开，电枢电路串联较大阻值的电阻 R_{bk}，电动机因惯性转速 n 不能突变，运行点跃变到人为机械特性上的 b 点，由于此时电磁转矩 T 远小于负载转矩 T_L，转速 n 很快下降至 0。在位能性负载转矩 T_L 作用下，电动机反向起动下放重物，转速 n 变成负值，电枢电动势 $E_a=C_e\Phi_N n$ 跟着反向也成为负值，而电枢电流 $I_a=(U_N-E_a)/(R_a+R_{bk})$ 为正值，电磁转矩 $T=C_T\Phi_N I_a$ 也为正值，仍保持提升重物时的方向，与转速 n 方向相反，电动机处于制动状态。电动机反向后有个加速过程，此过程中电磁转矩 T 会有所提升，直至 $T=T_L$，此时运行点到达 c 点，以稳定转速 n_c 下放重物。下放重物的速度由串联入电枢电路的制动电阻 R_{bk} 的大小决定，R_{bk} 越大，稳定下放速度越高。该运行状态由位能性负载转矩 T_L 拖动电动机反转而产生，故称为倒拉反接制动。

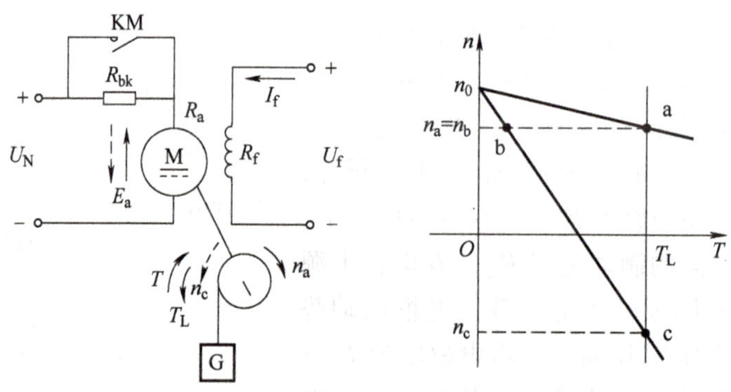

a) 倒拉反接制动的控制电路　　b) 倒拉反接制动时的机械特性

图 7-22　他励直流电动机倒拉反接制动

3. 发电回馈制动

当电动机的转速高于理想空载转速，即 $n>n_0$ 时，电枢电动势 E_a 就会大于电枢电压 U，电枢电流 $I_a=(U-E_a)/R<0$，其方向与电动状态时相反，电动机向电源回馈电能，电磁转矩 T 的方向也与电动状态时相反，而转速 n 的方向并未改变，电磁转矩 T 变成制动转矩，电动机进入发电回馈制动状态。发电回馈制动通常出现在位能性恒转矩负载拖动电动机高速运转以及电动机由高速到低速的调速过程中，例如降低电枢电压调速、弱磁状态增强磁通调速时都可能出现发电回馈制动。

（1）位能性恒转矩负载拖动电动机高速运转时的发电回馈制动　以直流电动机拖动电车

为例，图 7-23a 所示为电车平路行驶，电动机电动运行，图 7-23b 所示为电车下坡，电动机处于发电回馈制动状态。

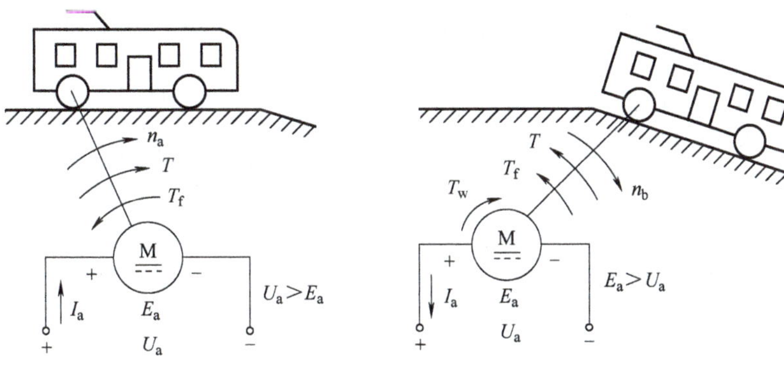

a) 电车在平路上行驶时的电动状态　　b) 电车下坡时的发电回馈制动状态

图 7-23　位能性恒转矩负载拖动电动机高速运转时的发电回馈制动

电车在平路行驶时，电磁转矩 T 与负载转矩 T_L（包括摩擦转矩 T_f）相平衡，电动机稳定运行在电动状态，以转速 n_a 匀速旋转，如图 7-23a 所示。电车下坡时，阻碍电车运动的摩擦转矩 T_f 仍然存在，但是由电车自身及载客质量产生的位能性转矩 T_w 变成了电车下坡的动力矩，此时的总负载转矩 $T_L=T_f-T_w$。当 $T_w>T_f$ 时，负载转矩 T_L 加速电车下坡，使转速 n 不断上升。当转速 $n>n_0$ 时，反电动势 $E_a=C_e\Phi_N n$ 大于加在电枢上的电压 U_a，使得电枢电流 I_a 反向，电磁转矩 $T=C_T\Phi_N I_a$ 随之反向而成为制动转矩，电动机进入发电回馈制动状态，见图 7-23b。这时，由总负载转矩 T_L 拖动电动机，将电动机轴上输入的机械功率变为电磁功率，大部分回馈给电网，小部分消耗在电枢绕组的铜损耗上。电磁转矩 T 的制动作用抑制了电车下坡的速度。当 $T=T_L$时，电车以转速 n_b 匀速下坡。

（2）降低电枢电压调速时的发电回馈制动

如图 7-24 所示，电动机原来运行在电动状态，以转速 n_a 匀速旋转，运行点 a 在位于第 Ⅰ 象限的固有机械特性曲线上。当电枢电压由 U_N 降为 U_1 时，电动机的理想空载转速 n_0 降为 n_{01}，由于机械惯性，电动机的转速 n_a 不能突变，运行点跃变到人为机械特性上的 b 点，b 点位于第 Ⅱ 象限。电枢电动势 $E_a=C_e\Phi_N n$，$n_b=n_a>n_{01}$，致使 $E_a>U_1$。于是，电枢电流 I_a 和电磁转矩 T 都反向。电磁转矩 T 与转速 n_b 方向相反，起制动作用，迫使转速 n 迅速下降。在运行点处于第 Ⅱ 象限时的 b 至 n_{01}这一段，电动机处于发电回馈制动状态，把高速旋转的动能变成电能回馈给电网。当转速 n 降到 n_{01}时，电磁转矩 $T=0$，电动机在负载转矩 T_L 作用下继续减速，运行点回到第 Ⅰ 象限，最后在 c 点以转速 n_c 稳定运行，$n_c<n_a$，达到了降速的目的。

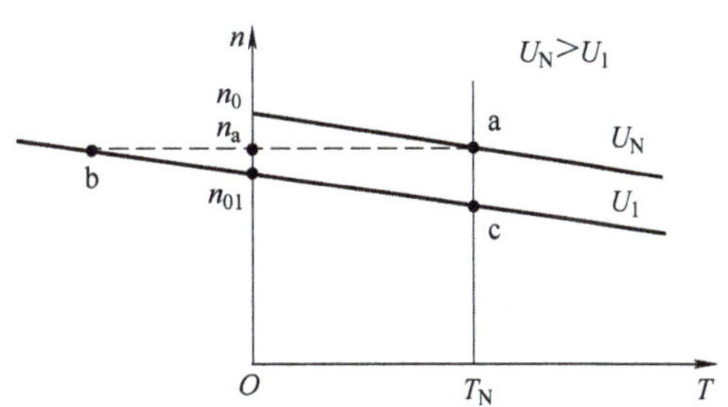

图 7-24　降低电枢电压调速过程的发电回馈制动机械特性图

4. 几种常用电气制动方式比较

直流电动机的几种常用电气制动方式的性能比较见表 7-1。

表 7-1　直流电动机的几种常用电气制动方式性能比较

制动方式	优点	缺点
能耗制动	制动电路简单、平稳可靠，制动过程中不吸收电能，经济、安全，能准确停车	制动效果随转速下降而成正比地减小
反接制动	1）电枢反接制动转矩随转速变化较小，制动转矩较恒定，制动强烈而迅速 2）倒拉反接制动的转速可以很低，安全性好	1）电枢反接制动有自动反转的可能。在转速接近零时，应及时切断电源，防止电动机反转。反接制动电阻上的电能损耗较大 2）倒拉反接制动从电网吸收大量电能，能量损耗严重
发电回馈制动	制动简单可靠，无需改变电动机的接线，能向电网反馈电能，比较经济	在转速 $\|n\|>\|n_0\|$ 时才能产生制动，应用范围较窄，不能实现停车

（七）他励直流电动机的电气调速

已知他励直流电动机的机械特性方程式为 $n=\dfrac{U}{C_e\Phi}-\dfrac{RT}{C_eC_T\Phi^2}$，从该方程式可以看出：他励直流电动机的电气调速方法有三种：降低电枢电压调速、电枢回路串联电阻调速和减弱磁通调速。

1. 降低电枢电压调速

降低电枢电压调速是在其他参数不变的情况下，降低接入电枢回路的电压来实现调速。根据式（7-15），降压后的人为机械特性曲线如图 7-25 所示。电动机原本稳定运行在固有特性曲线 1 上的 a 点，若突然将电枢电压从 $U_1=U_N$ 降至 U_2，因机械存在惯性，转速 n 不能突变，电动机运行点由 a 点过渡到特性曲线 2 上的 b 点，此时 $T<T_L$，电动机立即减速，随着 n 的下降，电动势 E_a 下降，电枢电流 I_a 回升，电磁转矩 T 上升，运行点沿着机械特性曲线 2 降至 c 点时，$T=T_L$，电动机以较低的转速 n_c 稳定运行。如果降压幅度较大，如从 U_1 突然降到 U_3，运行点由 a 点过渡到特性曲线 3 上位于第Ⅱ象限的 d 点，由于 $n_d>n_{03}$，电动机进入发电回馈制动状态。当减速至 n_{03}点时，$E_a=U_3$，制动状态结束，运行点越过纵坐标轴回到第Ⅰ象限，电动机回归电动状态，继续减速直至 e 点时，在 e 点 $T=T_L$，电动机以更低的转速 n_e 稳定运行。

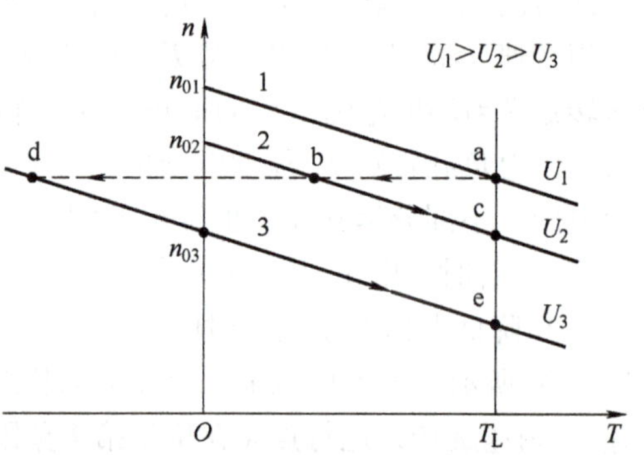

图 7-25　他励直流电动机降低电枢电压调速的机械特性

他励直流电动机降低电枢电压调速的特点：

1）机械特性的硬度不变，调速性能稳定，调速范围广。

2）电源电压便于平滑调节，调速的平滑性好，可实现无级调速。

3）通过减小输入功率来降低转速，低速时带恒转矩负载的损耗会减小，调速的经济性好。

4）可调压的电源设备较为复杂。

他励直流电动机降低电枢电压调速在自动控制系统中应用广泛。

2. 电枢回路串联电阻调速

电枢回路串联电阻调速是在其他参数不变的情况下，在电枢回路串联外加电阻来实现调速。根据式（7-16），不同 R_{pa} 值的人为机械特性如图 7-26 所示。当电枢回路未串联电阻时，电动机带负载转矩 T_L 稳定运行在固有特性曲线 1 的 a 点。在电枢回路串联电阻 R_{pa1} 的瞬间，因机械惯性电动机的转速 n 不能突变，工作点从 a 点跃变到人为机械特性 2 上的 b 点。此时，因为串联了 R_{pa1}，电枢电流 I_a 和电磁转矩 T 都减小，$T<T_L$，电动机电动减速。随着转速 n 的降低，电枢电动势 E_a 减小，电枢电流 I_a 和电磁转矩 T 不断回升，直到 $T=T_L$，电动机在特性 2 上的 c 点匀速运行，显然 $n_c<n_a$。当串联阻值比 R_{pa1} 大的电阻 R_{pa2} 时，电动机的运行情况与串联 R_{pa1} 时类似，只不过运行点不是跃变到人为机械特性 2 上，而是过渡到人为机械特性 3 上，运行轨迹是 a→d→e，最后在 e 点以更低的转速 n_e 匀速运行。

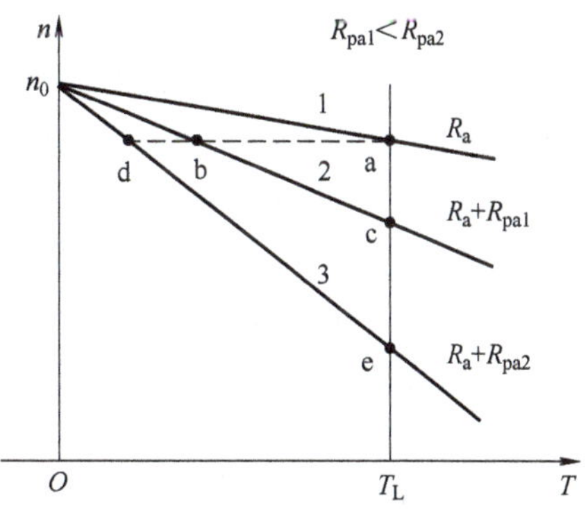

图 7-26　他励直流电动机电枢回路串联电阻调速的机械特性

他励直流电动机电枢回路串联电阻调速的特点：

1）电枢回路串联电阻实际上是增大了电枢电阻 R_a，转速 n 只能从额定转速向下调。

2）电枢回路串联的电阻值 R_{pa} 越大，机械特性就越软，负载波动引起的转速变化就越大，这在低速运行时影响尤为明显。因此，低速运行的下限受到限制，调速范围不可能太大。

3）附加电阻通常是分段串联、分段切除的，因此属于有级调速，调速的平滑性差。

4）附加电阻串联在电枢回路中，因电枢电流大，附加电阻消耗的能量也大，不够经济。

5）该调速方法简单，设备投资少。

电枢回路串联电阻调速适用于小容量他励直流电动机的调速。

3. 减弱磁通调速

减弱磁通调速又称弱磁调速，它是在电动机的其他参数不变的情况下，通过在励磁电路中串联可调电阻 R_{pf}，使得励磁电流 I_f 减小，励磁磁通 Φ 也跟着减小，从而达到调速的目的。

根据式（7-17），画出图 7-27 所示的机械特性。当磁通为 Φ_1 时，电动机在 Φ_1 对应的机械特性上的 a 点稳定运行，$T=T_L$。当磁场从较强的磁通 Φ_1 突然降至弱磁通 Φ_2 时，由于存在机械惯性，转速 n 来不及突变，运行点跃变到 Φ_2 对应的机械特性上的 b 点，电磁转矩 T 增大，而负载转矩 T_L 不变，所以 $T>T_L$，电动机立即加速，运行点沿着 Φ_2 对应的机械特性上移。随着转速 n 的升高，电枢电动势 E_a 增大，使电枢电流 I_a 和电磁转矩 T 下降，运行点上升到 c 点时，$T=T_L$，电动机以较高的转速在 c 点稳定运行，达到了减弱磁通增速的目的。反过来，如果磁场由弱磁通 Φ_2 突然升至强磁通 Φ_1，则电动机的运行轨迹由 c 点跃变到 d 点，然后沿 Φ_1 对应的机械特性下降，经 n_{01} 点降至 a 点，最后在 a

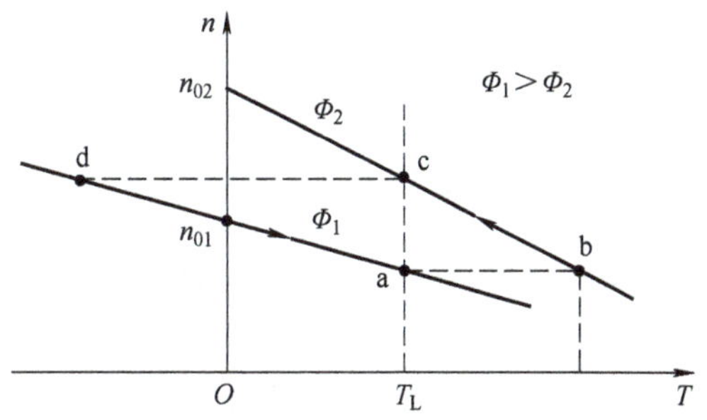

图 7-27　他励直流电动机减弱磁通调速的机械特性

点稳定运行，a 点比 c 点转速低，达到了增强磁通减速的目的。此调速过程中，电动机会先经历发电回馈制动状态（图 7-27 中位于第Ⅱ象限的 d 点到 n_{01}点这一段），然后再进入电动减速状态（图 7-27 中位于第Ⅳ象限的 n_{01}点到 a 点这一段）。

他励直流电动机减弱磁通调速的特点：

1）减弱磁通 Φ 时，对应的转速 n 反而增大，由于受电动机换向和机械强度的限制，调速上限受到限制，故调速范围不大。

2）减弱磁通调速时的机械特性较软，运行的稳定性变差。

3）因为可调电阻 R_{pf}的阻值能够平滑地调节，所以调速的平滑性好，可实现无级调速。

4）减弱磁通调速是在励磁回路中进行的，由于励磁电流 I_f 较小，故可调电阻 R_{pf}上的能量损耗不大，经济性较好。

5）调速电路控制方便，控制设备投资少。

4. 他励直流电动机的电气调速方式比较

他励直流电动机的电气调速方式比较见表 7-2，使用时要根据实际情况选择合适的调速方法。

表 7-2　他励直流电动机的电气调速方式比较

调速方法	调速范围 D ($D=n_{max}/n_{min}$)	相对稳定性	平滑性	经济性	应用
降低电枢电压调速	D 值一般为 8 左右，100kW 以上电动机达 10 左右，1kW 以下的电动机为 3 左右	好	好	调速设备投资大，电能损耗小	对调速要求高的场合，适用于与恒转矩负载配合
电枢回路串联电阻调速	在额定负载下 $D=2$，轻载时 D 更小	差	差	调速设备投资少，电能损耗大	对调速要求不高的场合，适用于与恒转矩负载配合
减弱磁通调速	一般直流电动机的 D 值为 1~2，变磁通电动机最大可达到 4	较好	好	调速设备投资少，电能损耗小	一般与降压调速配合，适用于与恒功率负载配合

四、项目任务实现

（一）轧钢机主轧辊电动机的电气控制方案设计

轧钢机属于连续不间断作业的低速重载设备，需要正、反转，还要求上、下轧辊的表面线速度必须一致，而且需要经常调速，要用调速性能好、起动转矩大的电动机来带动。显然，三相交流电动机难以满足这些要求，轧钢机电动机应首选直流电动机。通过阅读某科技公司新购进的轧钢机的产品说明书，了解到轧钢机的主轧辊的功率并不大，用中等容量的电动机就可以拖动，所以考虑选用他励直流电动机，中等容量即可。

鉴于直流电动机直接起动的起动电流太大，只适用于容量很小的直流电动机，所以直接摒弃直接起动，重点考虑电枢串联分级电阻起动和降低电枢电压起动。根据生产经验，中小型直流电动机宜采用电枢串联分级电阻起动，大型直流电动机宜采用降低电枢电压起动，因为选用的是中型他励直流电动机，所以采用电枢串联分级电阻起动。为方便控制，调速方面应考虑与起动措施相配合。既然采用电枢串联分级电阻起动，配以电枢回路串联电阻调速最为方便。

（二）轧钢机主轧辊电动机的电气原理图设计

通过对轧钢机主轧辊电动机的控制要求进行分析，发现它并不复杂，而且前面学过类似的电气控制电路，拟采用经验设计法。经过分析与比较，决定选取图 7-18 所示电路作为基础电路，在此电路上进行修改完善，以获得满足轧钢机控制要求的电气原理图。修改完善的步骤如下：

1）图 7-18 所示电路中的起动和正反转控制部分保持不变。

2）在励磁回路中增加主令控制器 SA。去掉原电路中的正、反转转行程开关 SQ1 和 SQ2。利用主令控制器 SA 手柄在不同位置时能接通不同电路的特点，来换接电枢回路的正、反向电源和对串联入电枢回路的电阻进行调速控制。要注意区分正、反转接触器 KM1、KM2 的控制及两个短接起动电阻的接触器 KM3、KM4 的控制。

3）检查新增控制环节能否完成调速控制。

4）保留电路中的电阻 R_3 和二极管 VD 串联构成的过电压保护。

5）保留原电路的过电流继电器 KA1 和欠电流继电器 KA2，分别作为过电流和弱磁保护。

6）用主令控制器 SA 控制时，就要去掉控制按钮与接触器的自锁环节，这样电路就没有了欠电压、失电压保护功能，需要设置新的欠电压、失电压保护措施，因此很自然地想到了电压继电器 KV。利用主令控制器 SA 在起动初始位就接通欠电压继电器 KV，当主令控制器换到其他操作档位时，靠欠电压继电器的自锁环节为 KM1、KM2、KM3、KM4 提供电源通路，顺利解决了欠电压、失电压保护问题。

7）对整个电路进行综合审查。

经过修改完善的轧钢机主轧辊直流电动机电气原理图如图 7-28 所示。

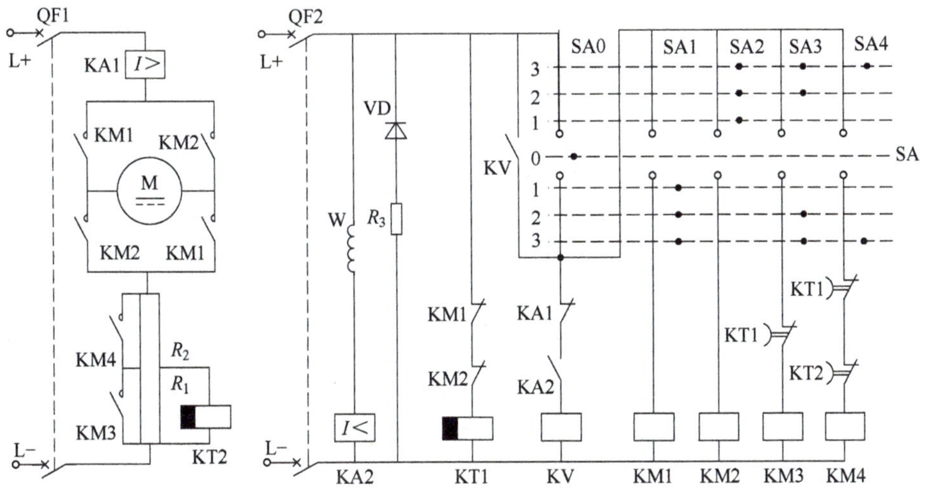

图 7-28　轧钢机主轧辊直流电动机电气原理图

该电路的工作过程为：起动之前，先把主令控制器 SA 的操作手柄扳到 0 位，触头 SA0 闭合，然后合上断路器 QF2、QF1，则欠电流继电器 KA2 得电动作，使得电压继电器 KV 得电并自锁，同时，断电延时型时间继电器 KT1 得电动作，让 KM3、KM4 不得电，保证在起动之初两级起动电阻 R_1、R_2 全部串联入电枢回路。

需要电动机正转时，将主令控制器 SA 的操作手柄扳到下方工位，使 KM1 得电，电枢绕组左端接电源正极，右端接电源负极。把 SA 扳到下方 3 位，触头 SA1、SA3、SA4 都闭合，KM1 立即得电动作，接通电枢电路电源，KM3、KM4 在 KT1、KT2 的依次动作下相继得电动作，电动机串联两级电阻分级起动，起动结束后两级电阻都被短接，电动机高速正转。需要调速时，把 SA 扳到下方 2 位，触头 SA1、SA3 闭合，KM1、KM3 得电，电枢回路串联入一级电阻 R_2，电动机稳定运行的转速比 SA 在下方 3 位时低；把 SA 扳到下方 1 位，只有触头 SA1 闭合，KM1 得电，电枢回路串联两级电阻 R_1 和 R_2，电动机以最低速稳定运行。

需要电动机反转时，先把主令控制器 SA 的操作手柄扳到 0 位，合上断路器 QF2、QF1，使电压继电器 KV 得电自锁，保证两级起动电阻 R_1、R_2 全部串联入电枢回路之后，再将 SA 的操作手柄扳到上方工位，使 KM2 得电，电枢绕组左端接电源负极，右端接电源正极。SA 被扳到上方 3、2、1 工位的工作情况与扳到下方对应工位时相比，只有转向不同，其他情况都类似，不再赘述。

在电动机正常运行过程中，如果出现过电流，则过电流继电器 KA1 动作，其常闭触头切断电压继电器 KV 的线圈电路，KV 的自锁触头复位断开，让 KM1、KM2、KM3、KM4 断电，实现过电流保护；如果出现了失磁或者弱磁，则欠电流继电器 KA2 释放，其常开触头复位断开 KV 线圈电路，实现弱磁保护；如果出现了低电压或者断电，KV 衔铁直接释放，实现欠电压、失电压保护。

经过检测，图 7-28 所示电路能满足轧钢机主轧辊直流电动机的电气控制要求，是合格的电气控制电路。

五、拓展与提高

（一）电气设备的日常维修和保养

电气设备在运行过程中会出现各种各样的故障，致使设备不正常工作或者停止运行，从而影响生产，严重的还会造成设备或人身事故。引起电气设备故障的原因，除了电器元件的自然老化外，有相当大一部分是因为忽视了对电气设备的日常维护和保养，致使小毛病发展成了大问题，还有些故障则是由于维修人员在处理电气故障时操作方法不当，或因缺少部分配件，凑合行事，或因误判断、误测量而扩大了事故范围所造成的。所以，为了保证设备正常运转，减少因修理而造成的停机事件，提高劳动生产率，必须重视对电气设备的维护和保养。另外，还应根据各厂设备的具体情况，储备部分必要的电器元件和易损配件等。

电力拖动系统的日常维护对象有电动机、控制/保护电器及电气线路本身，维护内容如下：

1. 检查电动机

定期检查电动机各相绕组之间、绕组对地之间的绝缘电阻；电动机自身转动是否灵活；空载电流与负载电流是否正常；运行中的温升和噪声是否在允许范围之内；传动装置是否配合恰当；轴承是否磨损、缺油或油质不良；电动机外壳是否清洁等。

2. 检查控制和保护电器

检查触头系统吸合是否良好，触头接触面有无烧蚀、毛刺和穴坑；各种弹簧是否疲劳、卡阻；电磁线圈是否过热；灭弧装置是否损坏；电器的有关整定值是否正确。

3. 检查电气线路

检查电气线路接头与端子板、电器的接线柱等接触是否牢靠，有无断落、松动、腐蚀、严重氧化；线路绝缘是否良好；线路上是否有油污或脏物。

4. 检查限位开关

检查限位开关是否能起限位保护作用，重点是检查滚轮传动机构和触头是否正常工作。

（二）电气控制系统常用的保护环节

电气控制系统必须在安全可靠的前提下满足生产工艺要求，为此，在电气控制系统的设计与运用中，必须考虑系统发生各种故障和不正常工作情况的可能性，并在控制系统中设置相应的保护环节。常用的保护环节有短路保护、过电流保护、过载保护、断相保护、电压保护、弱磁保护等。

1. 短路保护

当电气设备或线路绝缘遭到损坏、接线错误导致负载短路时，电路就会产生短路现象。短路时产生的短路电流往往可达额定电流的十几倍到几十倍，使电气设备或线路因电流过大而绝缘损坏（由绝缘损坏引起的短路则会进一步加剧绝缘损坏），短路电流产生的强大电动力还会使各种电气设备产生机械性损坏，甚至因电弧而引发火灾。因此，当电路出现短路电流时，必须迅速、可靠地断开电源。这就要求在短路发生的很短时间内切断电源，即短路保护应具有瞬动特性。常用的短路保护有熔断器保护和低压断路器保护。

2. 过电流保护

过电流保护是区别于短路保护的一种电流型保护。所谓过电流是指电动机或电器元件超过其额定电流的运行状态。过电流一般比短路电流小，不超过 6 倍额定电流。在过电流情况下，电器元件不会马上损坏，只要在达到最大允许温升之前电流值能恢复正常，电器元件仍能正常工作。但是，过电流造成的冲击电流会损坏电动机，所产生的瞬时大电磁转矩会损坏机械传动部件，因此，发生过电流时也需要及时切断电源。电气线路中发生过电流的可能性比发生短路的可能性要大得多，特别是在电动机频繁起动和频繁正反转时。如果将过电流继电器的动作电流整定为 1.2 倍电动机起动电流，则过电流继电器也可用于电动机的短路保护。

过电流保护常用过电流继电器来实现，通常要与接触器配合使用，即将过电流继电器的线圈串联在被保护电路中，其常闭触头串联在接触器线圈中，当电路出现过电流并达到其整定值时，过电流继电器的常闭触头断开，使接触器线圈断电释放，接触器主触头复位断开而切断电动机电源。这种过电流保护环节常用于三相绕线转子异步电动机和直流电动机的控制电路中。

3. 过载保护

过载是指电动机的运行电流大于其额定电流，但在 1.5 倍额定电流以内。引起电动机过载的原因很多，如负载突然增加、电源电压降低或电动机断相运行等。若电动机长期过载运行，其绕组的温升将超过允许值而使绝缘老化。过载保护装置要求具有反时限特性，且不会受电动机短时过载冲击电流的影响而瞬时动作，所以通常用热继电器作为过载保护元件。当有 6 倍以上额定电流通过时，热继电器需经过 5s 后才会动作，这可能会烧坏热继电器的发热元件，所以在使用热继电器作为过载保护的同时，还必须装设熔断器或低压断路器等短路保护装置。

4. 断相保护

电动机断相又称为缺相，是指接入电动机定子绕组的三相电源少一相或三相绕组有一相断路的现象。造成断相的原因主要有：三相电源的熔断器一相熔断或三相开关的某相接触不良，接触器受热变形卡死或主触头有烧损、安装维护不当等原因造成的一相断线等。

在断相的情况下，处于停机状态的三相电动机是起动不了的。但是，如果三相电动机在运行过程中突然断相，仍能继续运行，这称为断相运行。三相电动机在断相运行时，转速下降，有异常声响，未断线的两相电流超过正常值，绕组发热严重，时间长了就会因过热而烧毁。

电动机断相保护的方法很多，包括采用电压继电器、断丝电压保护、带断相保护的热继电器、断相保护继电器、欠电流继电器等。通常情况下，定子绕组Y联结的三相电动机，用普通三相结构的热继电器可兼作为长期过载和断相保护；定子绕组△联结的三相电动机，一定要选用带断相保护的热继电器兼作为长期过载和断相保护。

5. 电压保护

电动机在额定电压下才能正常工作，电压过高、过低或者工作过程中非人为因素的突然断电，都可能造成生产机械损坏或人身事故。因此，电气控制电路中应设置过电压保护、欠电压保护和失电压保护。

（1）过电压保护　电磁铁、电磁吸盘等大电感负载及直流电磁机构、直流继电器等，在断电时会产生较高的感应电动势，容易使电磁线圈绝缘击穿而损坏。因此，必须采用过电压保护措施。过电压保护通常采用在电磁线圈两端并联一个电阻、电阻串联电容或者二极管串联电阻的形式，形成一个放电回路，从而实现过电压保护。

（2）欠电压保护　在电动机运转过程中，电源电压过低会引起电磁转矩严重下降，在负载转矩不变的情况下，转速就会下降而造成电流增大。此外，电压的降低也会引起控制电器释放，从而造成电路不正常工作。当电源电压下降到（60%~80%）U_N，能切除电动机电源让其停转的保护，称为欠电压保护。

除了采用起保停控制方式，依靠接触器本身的低电压释放特性作为欠电压保护之外，还可采用欠电压继电器进行欠电压保护。通常情况下，欠电压继电器的吸合电压整定为（80%~85%）U_N，释放电压整定为（50%~70%）U_N。将电压继电器线圈跨接在电源上，其常开触头串联在接触器线圈电路中，当电源电压达到释放值时，电压继电器释放使接触器断电，接触器主触头断开电动机电源，就能实现欠电压保护。

（3）失电压保护　电动机工作过程中，如果因为突然停电而停转，一旦电源电压恢复，电动机可能会自行起动。电动机的自行起动可能造成人身事故或机械设备损坏。为防止电压恢复时电动机自行起动或电器元件自行投入工作而设置的保护，称为失电压保护。

采用按钮与接触器自锁控制的电动机起保停电路，就具有失电压保护功能。这是因为突然停电时，在电动机失电停转的同时，接触器的衔铁也会释放而使主触头和自锁触头都复位断开；当电源电压恢复时，由于起动按钮与接触器自锁触头都是断开的，所以接触器线圈不可能得电，因而电动机不会自行起动。

如果没有采用起保停电路，而采用不能自动复位的手动开关、行程开关来控制，就必须设置专门的零电压继电器作为失电压保护。一旦出现断电，电动机在失电停转的同时，零电压继电器也会释放，其自锁电路断开，这样当电源电压恢复时，电动机就不会自行起动了。

6. 弱磁保护

当直流电动机的负载不变、磁场过度减弱时，会引起电动机超速，甚至发生飞车事故，而且电流也会相应地增大，造成电动机发热严重甚至烧毁，因而需要设置弱磁保护。弱磁保护是通过在直流电动机励磁回路中串联欠电流继电器线圈，在接触器线圈电路中串联欠电流继电器的常开触头来实现的。励磁电流正常时，欠电流继电器吸合，其常开触头闭合，使接触器通电，其主触头闭合接通电枢回路的电源，让电动机通电工作；若励磁电流过小，欠电流继电器就会释放，其常开触头复位断开，使接触器断电释放，接触器主触头断开电枢回路的电源，就实现了对电动机的弱磁保护。

7. 其他保护

除上述保护外，还有超速保护、限位保护、油压（水压）保护等，通常就是在控制电路中串联一个受这些参量控制的保护装置，通过该装置的触头动作或复位对控制电路的电源进行控制。保护装置有离心开关、测速发电机、行程开关、压力开关、压力继电器等。

（三）电气控制电路的常见故障及诊断方法

一般电气控制电路由电源部分、电源保护部分、控制部分、执行部分、测量部分、指示部分以及受令部分组成。电路故障是指在一个电路内，除了电源和电器元件本身的故障以外，使电路不能正常运行的一切故障。在许多机床电气设备中，电器元件的动作由机械、液压来推动或与它们有着密切的联动关系，所以在检修电路故障时，也应注意检查、调整和排除机械、液压部分的故障。

1. 电气控制电路的常见故障

（1）断路故障　断路故障是指电路中的某一回路非正常断开，使得电流不能在回路中流通，如断线、触头或接线端接触不良等。最容易发生断路故障的有两处：一是开关触头和接触器、继电器的触头处，因为这些触头长时间暴露在空气中，受到空气的氧化作用和各种腐蚀性气体的腐蚀作用，再被油污和灰尘污染，很容易在触头的表面形成一层不导电的薄膜，从而引起断路或接触不良；二是电器元件的入线和出线处，因为压接螺钉松动或焊点虚焊最易造成回路断路或接触不良。

（2）短路故障　短路故障是指电路中不同电位的两点被短接起来，造成电路不能正常运行。常见的有接触器或继电器的电气联锁失效，可能产生接触器或继电器抢动而短路；接触器的主触头接通或断开时，产生的电弧使周围的介质击穿而短路；电器元件绝缘材料的老化、失效、受潮也会短路。当电路发生短路故障时，轻则烧毁熔断器，重则烧毁电器元件，甚至会引起火灾。

（3）接地故障　电路和设备的正常接地主要包括保护接地和工作接地。保护接地是为了保证人身安全，防止间接触电而将电气设备的金属外壳或其他部分进行接地。工作接地是为了保证系统、装置达到正常工作要求而进行接地。如电动机外壳接了地，当电动机外壳漏电而人触摸到时，由于人体电阻与接地电阻并联，而人体电阻又远大于接地电阻，大部分电流会经接地装置流入大地，通过人体的电流很小，就保护了人身安全。从安全和运行的需要出发，电路和设备需要正常接地，正常接地之外的接地都属于故障接地。比如电路中某点因绝缘损坏或其他原因与大地相接而形成的接地，会在电路中引起过电流、过电压，以至于损坏设备或对人身造成危险等。接地故障分为单相、两相或三相接地故障等。中性点不接地系统的单相接地故障，将使三相对地电压发生严重变化，造成电气绝缘击穿。

(4) 极性故障　直流电路有正极、负极。交流电路有同名端、异名端。极性故障是指电路中的电源极性接反或者同名端接错而造成电气设备不能正常工作的情况。

(5) 连接故障　任何电路都是将各电器元件按照一定的顺序连接起来的。如果这种顺序被打乱，或者将电路中的一些控制元件漏接或多接、三相电路的星形联结和三角形联结接错等，都会使电路不能正常工作。这种故障称为连接故障。

(6) 电路参数配合故障　电路的正常工作需要各种电器元件参数相匹配，如果参数配合不当，就会造成电路参数配合故障。

2. 电气控制电路的故障诊断方法

故障诊断是对电路的运行状态和异常情况做出分析，并根据分析做出判断，为故障恢复提供依据。电气控制电路是多种多样的，电气故障的现象是复杂多变的，同一类故障可能有不同的故障现象，不同类故障也可能有相同的故障现象，这是故障的同一性和多样性的体现，给查找故障带来了困难。电气控制电路的故障又往往和机械、液压、气动系统交错在一起，较难分辨。所以，故障诊断需要结合前人总结的经验，在对故障现象进行观察、分析时，抓住故障现象中最主要和最典型的方面，对故障类型、故障部位及原因进行诊断，最终给出解决方案，实现故障恢复。

故障现象是查找电气故障的基本依据和起点，采用合适的方法，对故障现象进行周密考虑和细致分析，总能查到故障点。查找故障点是一项技术性较强的工作，也是检修工作中最重要的一环。具体的故障查找方法因人而异、因时而异、因不同故障与不同控制系统而异。不正确的检修不能及时找出故障点，不仅耽误生产，甚至可能造成人身事故，所以掌握正确的检修方法尤为重要。

常用的故障诊断方法如下：

(1) 根据电路、设备的结构及工作原理直观地查找故障　弄清楚被检修电路、设备的结构和工作原理，是循序渐进、避免盲目检修的前提。检查故障时，先从主电路入手，看拖动该设备的所有电动机是否正常。然后逆着电流方向检查主电路的触头系统、发热元件、熔断器、隔离开关及线路本身是否存在故障。接着根据主电路与控制电路之间的控制关系，检查控制电路的线路接头、自锁或联锁触头、电磁线圈是否正常，检查并确定制动装置、传动机构中工作不正常的范围，从而找出故障部位。如能通过直观检查发现故障点，如线头脱落、触头和线圈烧毁等，就能提高检修速度。

(2) 从控制电路动作顺序检查故障　通过直接观察无法找到故障点时，在不会造成损失的前提下，切断主电路，让电动机停转。然后给控制电路通电，并检查控制电路的动作顺序，观察各电器元件的动作情况。如某电器元件该动作时不动作、不该动作时乱动作、动作不正常、行程不到位、虽能吸合但接触电阻过大或有异响等，则故障点很可能就在该电器元件中。当认定控制电路工作正常后，再接通主电路，检查控制电路对主电路的控制效果，最后检查主电路的供电环节是否有问题。

(3) 经验法检查

1) 弹压活动部件法。主要用于活动部件的检查，如接触器的衔铁、行程开关的滑轮臂、按钮和开关等。在断电的前提下，通过反复弹压活动部件，使活动部件灵活，同时也使一些接触不良的触头得到摩擦，达到接触导通的目的。

2) 电路敲击法。该法在电路通电的过程中进行。用一只小的橡皮锤，轻轻地敲击工作中的电器元件，如果电路故障突然被排除，或者故障突然出现，就说明被敲击电器元件附近或该电器元件本身存在接触不良现象。对于正常电气设备，一般能经住一定幅度的冲击，即使工作没有异常，如果在一定程度的敲击下，出现了异常，也说明该电路存在故障隐患，应及时查找并排除。

3）黑暗观察法。在电路存在接触不良故障时，在电源电压作用下，常产生火花并伴随着一定声响。因为火花和声音一般比较弱，在光线较为明亮、噪声稍大的场所，通常不易察觉，应在比较黑暗和安静的情况下，观察电路有无火花产生，聆听是否有放电时的“嘶嘶”声或“噼啪”声。如果有火花产生，则可以肯定产生火花的地方存在接触不良或者放电击穿的故障。但如果没有火花产生，也不一定就接触良好。因此，黑暗观察法只是一个辅助手段，对确定故障点有一定的帮助。

4）非接触测温法。温度异常时，电器元件性能常会发生改变，同时，电器元件温度异常也反映了电器元件本身有异常，如过载、内部短路等。因此，可以用测温法判断电路的工作情况。

5）电器元件替换法。对于值得怀疑的电器元件，可采用替换的方法进行验证。如果替换后故障依旧，说明对故障点的怀疑不准，该电器元件可能没有问题。如果替换后故障排除，则说明与该电器元件相关的电路部分存在故障，应及时加以确认。

6）对比法。如果电路有两个或两个以上的相同部分，可以对这两部分的工作情况做对比。因为两部分同时发生故障的可能性比较小，通过比较，可以方便地测出各种情况下的参数差异，通过合理分析，通常就可以方便地确定故障范围和故障情况。

7）交换法。当有两个或两个以上的电气控制系统时，可把系统分为几个部分，将各系统的电器元件进行交换。当换到某一电器元件时，故障电路恢复正常工作，而参与电器元件交换的正常电路出现了相同的故障，则说明故障就在此电器元件上。如果电器元件交换后故障没有变化，则说明故障与被调换的电器元件无关。当只有一台设备，而控制电路内部存在相同电器元件时，也可以将相同电器元件调换位置，检查调换后对应电器元件的功能是否得到恢复，从而确定故障范围。通过调换电器元件，不借用其他仪器就能检查电器元件的好坏。因此，在缺乏检测设备的条件下，交换法是首选的故障诊断方法。

8）加热法。当电气故障与开机时间呈一定的对应关系时，可采用加热法促使故障更加明显。因为电气线路内部的温度随着开机时间的增加会上升。在高温作用下，电气线路中的故障电器元件或侵入污物的电气性能不断改变，从而引发故障。用加热法加速电路温度的上升，能诱发故障快速呈现。

9）分割法。首先将电路分为几个较为独立的部分，弄清其间的联系，再对各部分电路进行检测，继而确定故障的大致范围。然后再将电路故障的部分细分，对每一小部分进行检测，不断缩小故障范围。如果仍没找出故障点，则继续细分至每一条支路，直到找到故障点为止。

（4）仪表测量检查　仪表测量检查是利用各种电工仪表测量电路中的电阻、电流和电压等参数，把测量到的数值与正常值做比较，从而进行故障判断。

1）电压测量法。电压测量法根据测量到的电压值来判断电器元件和电路的故障所在，要在通电情况下进行，包括三种方法：电压分阶测量法、电压分段测量法和对地电压测量法。一定要先把万用表的旋钮调到交流电压500V档位上，然后再测量。

① 电压分阶测量法如图7-29所示，因其测量电压的轨迹如同台阶一样而得名。具体操作方法是：断开主电路，接通控制电路电源，按下起动按钮SB2之后，如果接触器KM1不吸

合，说明电路中有断路故障。将万用表拨到交流电压 500V 档位，测量 7-1 两点之间的电压，正常值应为电源电压 380V。如果测到的电压为 0，通常是两个熔断器 FU 有损坏或者接触不良。确认电源电压正常、确保 7-1 之间为电源电压 380V 之后，按下起动按钮 SB2 不放，依次测量 7-2、7-3、7-4、7-5、7-6 之间的电压，电压正常值均应为 380V。如果测到 7-2 之间电压为 380V，而 7-3 之间电压为 0，则说明 2-3 之间也就是停止按钮 SB1 的常闭触头或者连接处有断路。

② 电压分段测量法如图 7-30 所示，电压分段测量法是对电路电压一段一段进行测量的，因而得名。具体操作方法是：断开主电路，接通控制电路电源，将万用表拨到交流电压 500V 档位，测量 7-1 两点之间的电压，应为电源电压 380V。然后，按下起动按钮 SB2 不放，再用万用表逐次测量相邻的 1-2、2-3、3-4、4-5、5-6、6-7 两点之间的电压。正常情况下，除 6-7 两点间应为电源电压 380V，其他任意相邻两点间的电压都应为 0。如果测得 1~6 之间任意相邻两点间电压不为 0，且指针摇摆不定，则说明这两点之间的触头、接线似通非通，接触不良。如果测得 1~6 之间任意相邻两点间电压为电源电压 380V，说明该两点间断路。比如测得 2-3 之间的电压为 380V，则断路点在 2-3 之间，应重点检查停止按钮 SB1 的常闭触头及连接线。

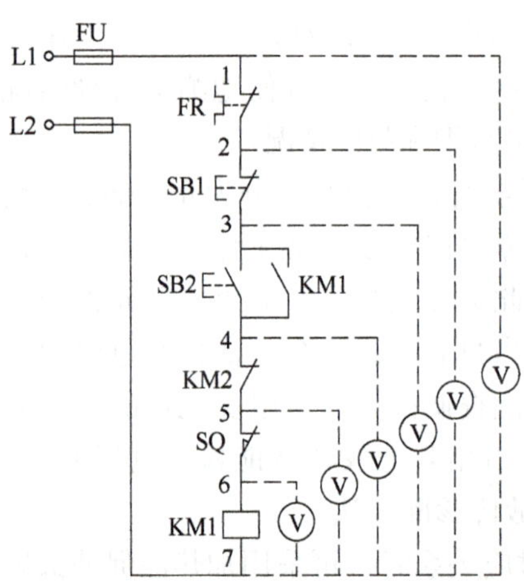

图 7-29　电压分阶测量法示意图

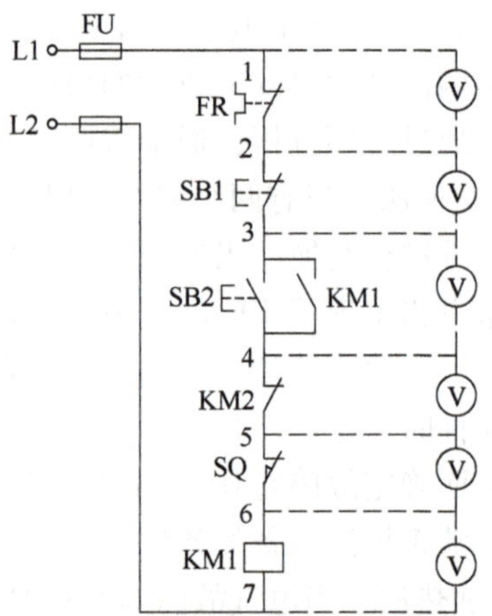

图 7-30　电压分段测量法示意图

③ 对地电压测量法。对地电压指电气设备发生接地故障时，接地设备的外壳、接地线、接地体等与零电位点之间的电位差（即电压）。通常将大地设为零电位点。通过测量对地电压，能准确判断电气设备是否发生了接地故障。

2）电阻测量法。电阻测量法根据测量到的电阻值来判断电器元件和电路的故障所在，包含电阻分阶测量法、电阻分段测量法两种。测量时一定要先断电，并把万用表的旋钮调到适当的电阻档。

① 电阻分阶测量法如图 7-31 所示，电阻分阶测量法的测量轨迹也如同台阶一样，其具体操作为：断开电源，按下 SB2 不放，将万用表拨到合适的电阻档，测量 1-7 之间的电阻，如测量到的阻值为无穷大，说明 1-7 之间出现断路。保持 1 点处的表笔不动，另一支表笔依次放在 2、3、4、5、6 点上，分别测量出 1-2、1-3、1-4、1-5、1-6 之间的电阻，正常值都应该是 0。当测量到某两点间的电阻值为无穷大时，说明表笔刚跨过的触头或连接导线有断路。若以上 5

次测量到的两点间的电阻值都为0，则说明1-6之间正常，故障点在6-7之间，通常是KM1线圈断线或虚接。

② 电阻分段测量法如图7-32所示，电阻分段测量法是对电路电阻一段一段进行测量的，其具体操作是：先切断电源，按下起动按钮SB2不放，然后将万用表拨到合适的电阻档，依次逐段测量相邻两点1-2、2-3、3-4、4-5、5-6、6-7之间的电阻。正常情况下，只有6-7之间的电阻为KM1线圈电阻（通常是几百到几千欧），其余两点间的电阻值都应该为0。如果测得某两点间的阻值为无穷大，就说明这两点间的电器元件或者连接导线有断路。

在电气控制电路中，可能发生故障的线路和电器元件较多，有的故障现象明显，有的无明显异常；有的易于检查和排除，有的查找起来费时又费力。在进行故障检查和分析时，只用一种方法往往很难奏效，常常需要多措并举，才能准确地找出故障点，也才能有的放矢地排除故障。

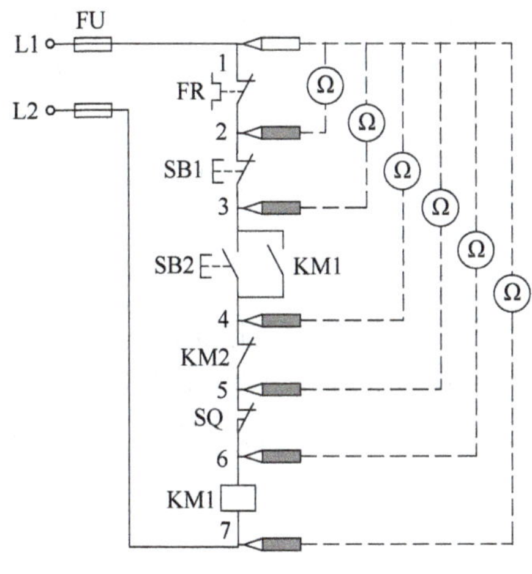

图7-31　电阻分阶测量法示意图

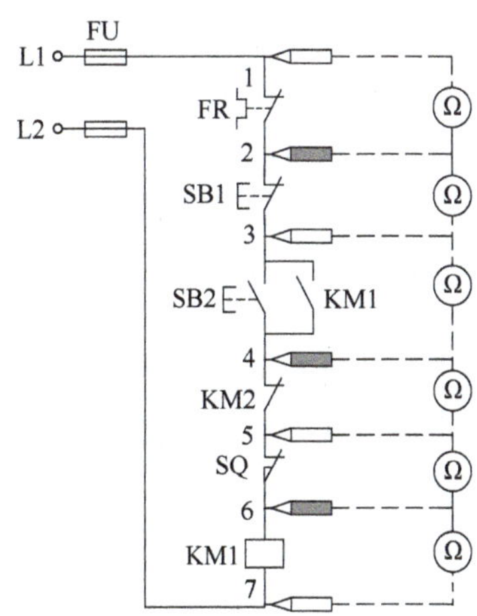

图7-32　电阻分段测量法示意图

（四）电气控制电路故障检修的一般步骤

1. 调查故障现象

故障调查主要有问、看、听、闻、摸几个步骤。

（1）问　先向设备的操作者询问故障发生前后设备的运行情况，了解故障是首次发生还是经常发生；是否有烟雾、跳火、异常声音和气味；设备有什么失常和误动现象；设备是否经历过维护、检修或线路改动；故障发生前后有无频繁起动、制动、正反转和过载等情况；询问系统的主要功能、操作方法、故障现象、故障过程、内部结构、其他异常情况和有无故障先兆等。通过询问，往往能得到一些有用的信息，通过这些信息，可大致判断出故障类型，有效地缩小故障范围。

（2）看　首先弄清电路的型号、组成及功能。例如输入信号是什么、输出信号是什么、什么电器元件受令、什么电器元件执行、什么电器元件检测、各部分在什么地方、操作方法有哪些等。这样可以根据以往的经验，将系统按原理和结构分成几部分，再根据控制元件的型号（如接触器、时间继电器）大概分析其工作原理。然后要看触头是否烧蚀、熔毁；线头是否松动、松脱；线圈是否发热、烧焦；熔体是否熔断；脱扣器是否脱扣；其他电器元件是否烧坏、发热、断线，导线连接螺钉是否松动，电动机的转速是否正常等。

（3）听　在电路和设备还能勉强运转而又不至于扩大故障的前提下，可通电起动运行，倾听电动机、变压器和电器元件运行时的声音是否正常，电路工作时有无振动声、摩擦声、放电声等异常响动。如有异响，则应尽快判断异响的部位并迅速关闭电源。

（4）闻　用嗅觉器官检查有无电器元件发热和烧焦的异味。

（5）摸　切断电源后，尽快且小心地触摸电动机、变压器、电磁线圈和触头等容易发热的部分，检查其温度是否显著上升、有无局部过热现象。

2. 电路分析

根据调查结果，结合对该电气设备电气原理图的分析，初步判断出故障产生的部位，然后逐步缩小故障范围，直至找到故障点并加以消除。分析故障时应有针对性，如接地故障一般先考虑电气柜外的电气装置，后考虑电气柜内的电器元件。断路和短路故障，应先考虑动作频繁的电器元件，后考虑其他电器元件。先判断是主电路还是控制电路的故障。合闸后，按下起动按钮，接触器若不吸合，故障必定在控制电路中；若接触器吸合，但主轴电动机不能起动，故障必定在主电路中。若是控制电路故障，可依次检查电源、熔断器熔体、按钮的触头、热继电器的常闭触头及接触器线圈等有无接触不良、断线等。若是主电路故障，可依次检查电源、熔断器熔体、接触器主触头、热继电器的发热元件及三相电动机的接线端子等有无接触不良、断线等。

3. 断电检查

检查前先断开总电源，然后根据故障现象初步判断产生故障的可能部位，逐一进行排查。应先检查电源进线处有无碰伤引起的电源接地、短路等现象，螺旋式熔断器的熔断指示器是否跳出，热继电器是否动作。然后检查电器元件外部有无损坏，连接导线有无断路、松动，绝缘是否过热或烧焦。

4. 通电检查

断电检查仍未找到故障时，可对电气设备做通电检查。通电检查时，要尽量使电动机和其所传动的机械部分脱开，将控制器和转换开关置于零位，行程开关还原到正常位置。然后用万用表检查电源线路是否正常，是否断相。接下来再进行通电检查，检查顺序为：先检查控制电路，后检查主电路；先检查辅助系统，后检查主系统；先检查交流系统，后检查直流系统。合上开关，观察各电器元件是否按要求动作，是否有冒火、冒烟、熔体熔断等现象，直至找到故障点为止。

六、思考与练习

（一）填空题

1. 他励直流电动机的励磁回路在断电时会产生很大的自感电动势，可能造成绝缘击穿，通常用电阻和二极管串联构成的放电回路作为__________保护。

2. 能让他励直流电动机反转的两种控制方法是改变__________的方向和改变__________的极性。

3. 只有容量__________的直流电动机，才允许采用直接起动。

4. 他励直流电动机的三种起动方法分别是____________起动、降低____________起动和电枢回路__________起动。

5. 他励直流电动机常用的三种电气调速方法分别是电枢回路__________调速、降低__________调速和减弱__________调速。

6. 他励直流电动机的弱磁保护常通过在励磁回路中串联__________继电器来实现。

7. 切除他励直流电动机电动运行时的电枢电源，迅速接入一个外加制动电阻构成闭合回路，能够实现__________。

8. 把处于电动状态的他励直流电动机的电枢反接在直流电源上，同时在电枢回路串联制动电阻，能够实现__________。

9. 当他励直流电动机的转速 n 高于理想空载转速 n_0 时，就进入了__________状态。

（二）多项选择题

1. 与交流电动机相比，直流电动机的优点有（　　）。

A. 制造工艺简单，生产成本低　　B. 调速性能好

C. 起动性能好　　D. 过载能力强

2. 就机械结构而言，三相笼型异步电动机上没有而直流电动机有的部件是（　　）。

A. 端盖　　B. 换向磁极　　C. 电刷装置　　D. 换向器

3. 直流电动机在正常运行时，能够随电枢一起旋转的部件有（　　）。

A. 电枢绕组　　B. 换向器　　C. 主磁极　　D. 电刷

4. 关于直流发电机工作过程的描述，正确的是（　　）。

A. 励磁绕组通入直流电，产生恒定的励磁磁场

B. 原动机拖动电枢旋转，电枢导体切割励磁磁场中的磁力线

C. 在电枢导体中感应出电动势，并产生交变的感应电流

D. 电刷两端输出直流电动势

5. 关于直流电动机工作过程的描述，正确的是（　　）。

A. 励磁绕组通入直流电，产生恒定的励磁磁场

B. 电刷两端接入直流电源，经过电刷和换向器，流进电枢绕组中的是交流电

C. 载流的电枢绕组在励磁磁场中受到电磁力的作用

D. 电磁力形成作用在电枢上的电磁转矩的方向始终不变，能带动电枢旋转

6. 关于直流电动机的机械特性，描述正确的是（　　）。

A. 直流电动机的机械特性是指在稳定运行情况下，电动机的转速 n 与负载转矩 T_L 之间的关系

B. 直流电动机的固有机械特性是指电枢电压、励磁磁通都为额定值，且励磁回路和电枢回路都未串联附加电阻时，直流电动机所表现出来的机械特性

C. 他励直流电动机的固有机械特性曲线是一条斜率大于 0 的直线

D. 他励直流电动机固有机械特性曲线的斜率很小，特性较硬

7. 关于他励直流电动机直接起动的起动电流，描述正确的是（　　）。

A. 起动电流数值很大，可达额定电流的 10~20 倍

B. 过大的起动电流会引起电网电压下降

C. 过大的起动电流会使换向器产生剧烈的火花

D. 过大的起动电流会引起过大的起动转矩，容易使转轴受到强烈的机械冲击而产生机械损伤

8. 关于电枢回路串联电阻调速，描述正确的是（　　）。

A. 调速方法简单，设备投资少

B. 只能从额定转速往下调，转速越低，稳定性越差，限制了调速范围

C. 属于有级调速，调速的平滑性差

D. 由于电枢电流大，调速电阻消耗的电能较多，所以经济性差

（三）判断题

1. 直流电动机的电枢电动势与电枢电流反向，因而称为反电动势。(　　)

2. 在电动运行、提升重物的他励直流电动机的电枢回路中串联较大的电阻，是实现倒拉反接制动的必要条件。(　　)

3. 他励直流电动机降低电枢电压调速，能使调速前后的运行稳定性保持不变。(　　)

4. 他励直流电动机减弱磁通调速时，能获得比额定转速更高的转速。(　　)

5. 他励直流电动机降低电枢电压调速和减弱磁通调速都能实现无级调速。(　　)

6. 电压测量法是根据测量到的电压值来判断电器元件和电路的故障所在，包含电压分阶测量法、电压分段测量法、对地电压测量法三种。(　　)

7. 用电阻测量法对电路进行故障诊断时，一定要先断开被测电路的电源，并把万用表的旋钮旋转到适当的电阻档。(　　)

项目八 变压器的应用

一、项目情景描述

某发电厂在进行毕业生招聘面试环节时，面试官提了个关于变压器选配的问题：该发电厂发出的电能要送到数千公里外供用户使用，这个输电系统应该配置哪种变压器？用户中有个数控加工厂，该加工厂的生产用电需要配置变压器吗？如果需要，该配置什么类型的变压器？

如果你是参加面试的毕业生，而你又希望自己能被录用，你该怎样回答？

二、项目解读

在供配电系统中，变压器无处不在，其作用无可替代。它们像神奇的“精灵”，既能把低压电变成适应远距离传输的高压电，又能把高压电变成便于安全使用的低压电。“变”是变压器的使命，也是变压器的灵魂。“变”既是变化、变通、变革，又是改变、蜕变、嬗变。“变”意味着新生，意味着发展，意味着升华。学习本项目，要把这种“变”的思维根植于心中，从端正学习态度入手，学会变通学习方法、转变思维模式，把惯性思维改变成创新思维，并最终实现由懵懂少年到社会主义建设者和接班人的华丽蜕变。

三、专业知识积累

（一）变压器的基础知识

1. 变压器的定义

变压器是一种静止的、将电能转换为电能的电气设备，算是一种静止的电机。它是根据电磁感应原理制成的，能将某一等级的交流电压和电流转换成另一等级的交流电压和电流的静止电气设备，具有变换电压、变换电流、变换阻抗的作用，但是不能变换频率。

2. 变压器的应用

变压器的主要功能是变换电压，同时还能变换电流和阻抗，在电力系统和电子设备中应用广泛。

1）在电力系统中，变压器是输配电能的主要电气设备。在电力系统中，在发电厂侧，需要升高电压把电能送到用电地区；在用户侧，需要把电压降低为各级使用电压，以满足用电的需要。升压与降压都必须由电力变压器来完成。因此，电力变压器是发电厂和变电站的主要设备之一，对电能的经济运输、灵活分配和安全使用具有重要意义。

2）测量系统中常用的仪用互感器，本质上就是变压器。仪用互感器是一种特殊的变压器，指用以传递信息供给测量仪器、仪表和保护、控制装置的变换器，也称测量用互感器，是测量用电压互感器和测量用电流互感器的统称。

仪用互感器可将高电压变换成低电压，或将大电流变换成小电流，以便将高电压与操作人员和测量仪表隔离，实现了用小量程的测量仪表测量高电压和大电流的目的。

3）自耦变压器多用在实验室中，在三相异步电动机的减压起动中也多有采用。

4）电子线路中的电子变压器，用来耦合电路、传递信号、实现阻抗匹配等。电子变压器是一种通过电力电子技术实现能量传递和电力变换的新型变压器。它在电子线路中起升压、降压、隔离、整流、变频、倒相、阻抗匹配、逆变、储能、滤波等作用。

3. 变压器的分类

1）按用途可分为：电力变压器、特殊变压器（电炉变压器、电焊变压器和整流变压器等）、仪用互感器、（高压）试验用变压器、控制变压器及调压器等。

2）按电源的相数可分为：单相变压器、三相变压器、多相变压器。

3）按每相绕组的个数可分为：双绕组、三绕组、多绕组和自耦变压器。

4）按冷却方式（绝缘介质）可分为：油浸式、干式和 110kV SF_6 气体绝缘变压器。

油浸式变压器的绕组是浸在变压器油中的，绝缘介质就是油，冷却方式有自冷、风冷和强迫油循环冷却，其优点是冷却效果好，可以满足大容量的需要，其中的气体继电器可以及时反映出绕组的故障，保证系统的稳定运行，不足之处是得经常巡视，关注油位的变化，一旦缺油十分危险。

干式变压器的绝缘介质是树脂或纸和绝缘漆，冷却方式有自冷和风冷，优点是免维护，缺点是容量受到限制。

110kV SF_6 气体绝缘变压器以 SF_6 气体代替绝缘油作为变压器的绝缘体与冷却介质，具有总体质量小、防火性能优良、噪声低、绝缘性能优良、运行检修环境清洁、与其他设备连接通用性强等优点。缺点是：过载能力较差，制造工艺要求高，造价昂贵以及运行中 SF_6 气体管理需要气体专用阀门、检漏仪、水分测量仪、回收及补气等一系列辅助装置，且管理要求高。

（二）单相变压器

1. 单相变压器的基本结构

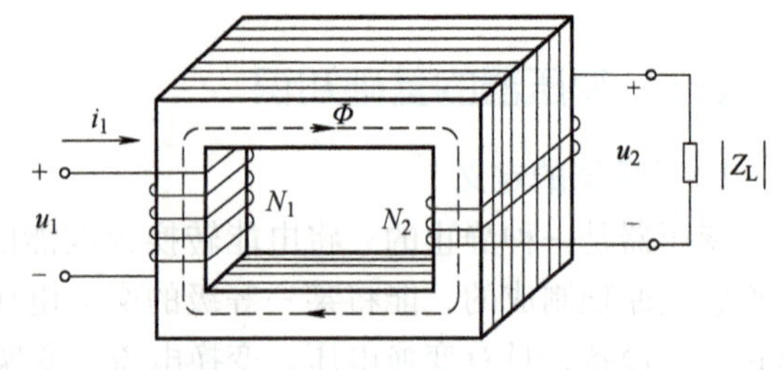

图 8-1 单相变压器的结构示意图

变压器主要由铁心和线圈两部分组成。如图 8-1 所示，在一个闭合的铁心磁路上，套上两个相互独立、彼此绝缘的绕组，就构成了单相变压器。接电源的绕组称为一次绕组或一次侧，其匝数用 N_1 表示；接负载的绕组称为二次绕组或二次侧，其匝数用 N_2 表示。为便于对参数进行区分，一次侧和二次侧的参数分别标有下角标 1 和 2。

图 8-1 中的一、二次绕组分别套在不同的铁心柱上，是为了突出两者之间只有磁的耦合，

没有电的联系。实际上，普通双绕组变压器的一、二次绕组并非绕在两个不同的铁心柱上，而是同心地绕在同一铁心柱上。

（1）铁心 铁心一般用硅钢片叠合而成，也可用铁氧体制作。铁心是变压器的机械骨架，由铁心柱和磁轭两部分组成，铁心柱上套装变压器绕组，磁轭起连接铁心柱使磁路闭合的作用。有了闭合磁路，铁心就能把一次电路的电能转变为磁能，又把磁能转变为二次电路的电能，承担起能量转换的媒介。对铁心的要求是导磁性能要好，磁滞损耗及涡流损耗要尽量小，因此均采用0.35mm厚的硅钢片制作。国产硅钢片有热轧硅钢片、冷轧无取向硅钢片、冷轧晶粒取向硅钢片等。20世纪60至70年代，我国生产的电力变压器主要用热轧硅钢片，由于其铁损耗较大，导磁性能相应地比较差，且铁心叠装系数低（因硅钢片两面均涂有绝缘漆），现在已停止使用。目前，国产低损耗节能变压器均用冷轧晶粒取向硅钢片，其铁损耗低，且铁心叠装系数高（因硅钢片表面有氧化膜绝缘，不必再涂绝缘漆）。

根据铁心的结构形式不同，变压器可分为心式和壳式两大类。

1）心式变压器。心式变压器在两侧的铁心柱上放置绕组，形成绕组包围铁心的形式，如图8-2所示。根据变压器铁心的制作工艺不同，可分为叠片铁心和卷制铁心两种。心式变压器结构比较简单，绕组装配比较容易，而且高压绕组与铁心的距离较远，绝缘较易处理。与壳式变压器相比，心式变压器消耗材料少，价格便宜，占地面积小，维护简单，因而应用最为广泛。电力变压器常采用心式结构。

2）壳式变压器。壳式变压器有三个铁心柱，中间一个铁心柱的宽度为两个外侧铁心柱宽度之和，把全部绕组放置在中间的铁心柱上，形成铁心包围绕组的形状，如图8-3所示。壳式变压器的任何一个绕组两边总有铁心或磁轭，铁心像变压器的外壳，因而得名。壳式变压器的结构比较坚固，易于加强对绕组的机械支撑，使其能承受较大的电磁力，特别适用于通过大电流的变压器。但其制造工艺较复杂，高压绕组与铁心柱的距离较近，绝缘处理较困难。但对于功率很小的变压器来说，由于壳式变压器只有一只线包，结构较为简单，故在小功率的变压器上仍得到广泛采用。

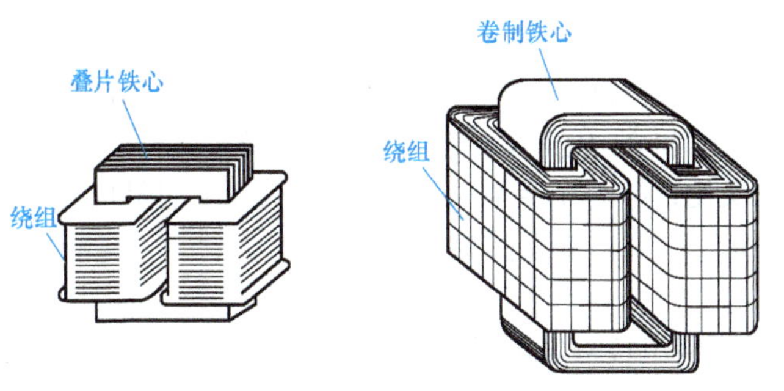

图8-2 心式变压器结构示意图

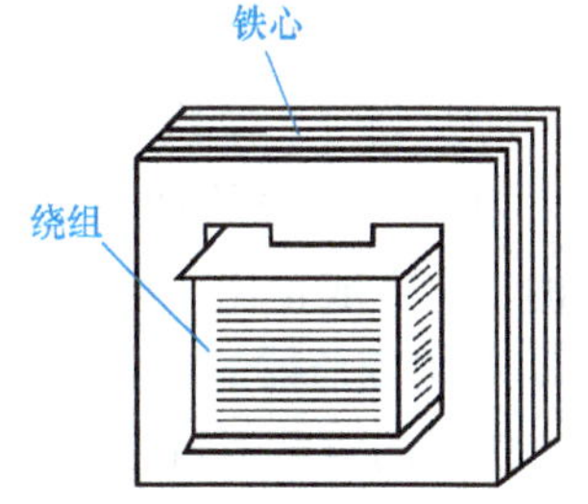

图8-3 壳式变压器结构示意图

（2）线圈 变压器的线圈通常称为绕组，它是变压器的电路部分。小型变压器的绕组一般用具有绝缘层的漆包圆铜线绕制而成，容量稍大的变压器的绕组则用扁铜线或扁铝线绕制。接到高压电网的绕组称高压绕组，接到低压电网的绕组称低压绕组。按高、低压绕组的位置和形状不同，绕组可分为同心式和交叠式两种。

1）同心式绕组。同心式绕组是将高、低压绕组同心地套装在铁心柱上，如图8-4所示。为了便于与铁心绝缘，把低压绕组套装在里面，高压绕组套装在外面。低压绕组与铁心柱之间和高、低压绕组之间都必须留有一定的空隙，并用绝缘纸板筒隔开。空隙可作为油浸式变压器的油道，既利于绕组散热，又作为两绕组之间的绝缘。大容量变压器一般还配备有专门的散热装置。

对低压大电流、大容量的变压器，由于低压绕组引出线很粗，也可以把低压绕组套装在外面。

同心式绕组按其绕制方法的不同又可分为圆筒式、螺旋式和连续式等多种。同心式绕组结构简单、制造容易，常用于心式变压器中。同心式绕组是一种最常见的绕组结构形式，国产电力变压器基本上均采用这种绕组。

2）交叠式绕组。交叠式绕组又称饼式绕组，它是将高压绕组及低压绕组分成若干个线饼，沿铁心柱的高度交替排列。为了便于绝缘，一般最上层和最下层安放低压绕组，如图 8-5 所示。交叠式绕组的主要优点是漏抗小、机械强度高、引线方便。这种绕组形式主要用在低电压、大电流的变压器上，如容量较大的电炉变压器、电阻电焊机（如点焊、滚焊和对焊电焊机）变压器等。

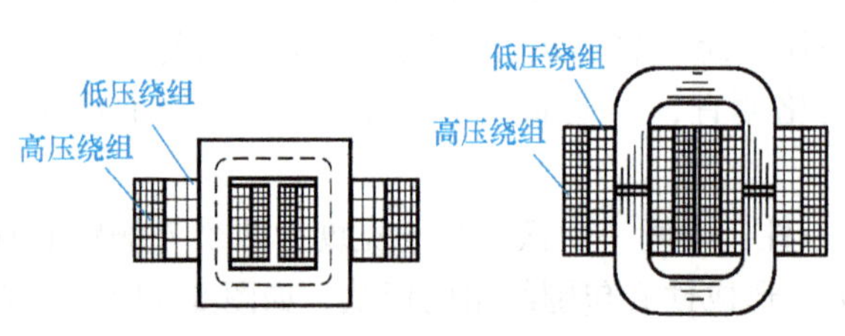

图 8-4　变压器的同心式绕组

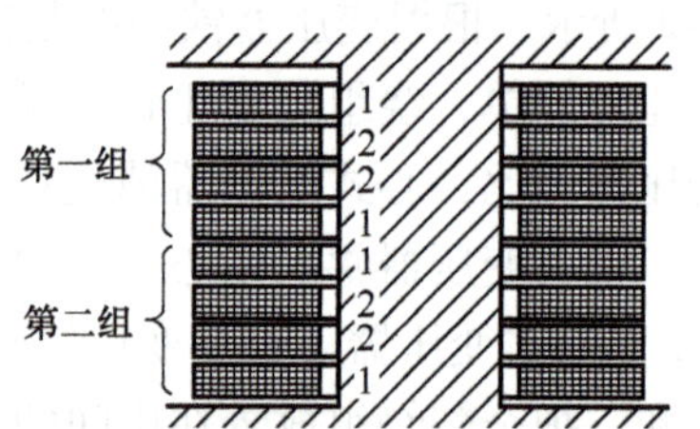

图 8-5　变压器的交叠式绕组

1—低压绕组　2—高压绕组

2. 单相变压器的基本工作原理

当单相变压器的一次绕组加上交变电压 U_1 时，便在一次绕组中产生交变电流 I_1，并在铁心中产生一个交变的磁通，该交变磁通同时交链一、二次绕组。根据电磁感应原理，一、二次绕组中将分别感应出交变的电动势。若在二次绕组两端接上负载，二次绕组中便会有交流电流 I_2 流过，此时二次绕组两端的电压就是感应电压 U_2。在理想条件下，一、二次绕组的电压 U_1 和 U_2 与一、二次绕组的线圈匝数 N_1 和 N_2 成正比，即 $U_1/U_2=N_1/N_2$；一、二次绕组的电流 I_1 和 I_2 与其线圈匝数 N_1 和 N_2 成反比，即 $I_1/I_2=N_2/N_1$；一、二次绕组的阻抗与其线圈匝数的二次方成正比，即 $Z_1/Z_2=N_1^2/N_2^2$。

3. 单相变压器的空载运行

变压器的空载运行是指变压器的一次绕组接额定电压的交流电源，而二次绕组开路时的工作情况。当变压器一次绕组接额定电压 U_{1N}空载运行时，一次绕组中流过的电流称为空载电流 I_{10}，它产生空载磁通势 $F_0=I_{10}N_1$，F_0 产生交变的磁通。交变磁通绝大部分沿铁心闭合，且与一、二次绕组同时交链，这部分磁通称为主磁通 Φ；另有很少的一部分磁通只交链一次绕组，不与二次绕组交链，且主要经非磁性材料而闭合，称为一次绕组的漏磁通 $\Phi_{\sigma1}$。根据电磁感应定律，主磁通 Φ 在一、二次绕组中分别产生感应电动势 E_1 和 E_2；漏磁通 $\Phi_{\sigma1}$ 只在一次绕组中产生感应电动势 $E_{\sigma1}$，称为漏磁电动势。对负载而言，二次绕组感应电动势 E_2 就为电源电动势，其空载电压为 U_{20}。

单相变压器的空载运行如图 8-6 所示。

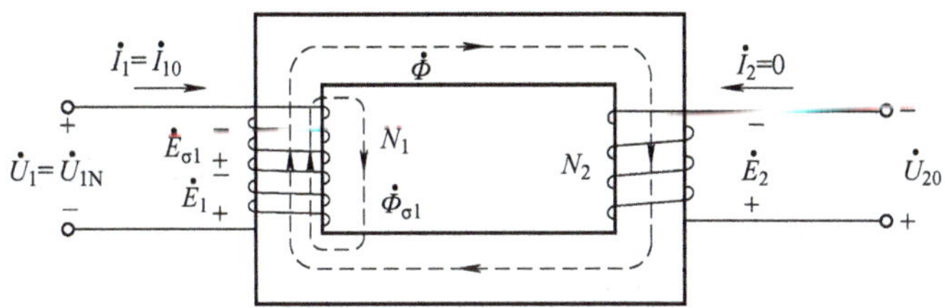

图 8-6　单相变压器空载运行

（1）空载运行时各物理量正方向的规定

1）一次绕组电压 U_1 等于电源电压 U_{1N}，U_1 与一次电流 I_1 采用关联参考方向。

2）二次绕组电动势 E_2 对负载而言为电源电动势，其空载电压为 U_{20}。

3）交变磁通 Φ 由一次电流 I_1 产生，方向符合右手螺旋定则。

4）感应电动势 E_1 和 E_2 由交变磁通 Φ 产生，方向由楞次定律确定。

（2）感应电动势与漏磁电动势　若空载运行时的主磁通 $\Phi=\Phi_m\sin(\omega t)$，则一、二次绕组的感应电动势可用相量表示为

$$\dot{E}_1=-j4.44fN_1\dot{\Phi}_m \tag{8-1}$$

$$\dot{E}_2=-j4.44fN_2\dot{\Phi}_m \tag{8-2}$$

由于漏磁通 $\Phi_{\sigma1}$通过的路径主要是变压器油或者空气，这些为非磁性物质，其磁导率 μ_0 为一个常数，所以漏磁通 $\Phi_{\sigma1}$的大小与产生此漏磁通的励磁电流（与空载电流 I_{10}近似）成正比。漏磁通 $\Phi_{\sigma1}$产生的漏磁电动势 $E_{\sigma1}$的大小也与 I_{10}成正比。

（3）空载运行时的电动势平衡方程式和电压比　变压器空载运行时，在一次绕组电路中，除感应电动势 E_1、漏磁电动势 $E_{\sigma1}$外，空载电流 I_{10}流过一次绕组时，还要产生电阻压降 $I_{10}R_1$。根据基尔霍夫电压定律以及图 8-6 所示正方向，可列出一次绕组的电动势平衡方程式为

$$\dot{U}_1=-\dot{E}_1-\dot{E}_{\sigma1}+\dot{I}_{10}R_1=-\dot{E}_1+\dot{I}_{10}R_1+j\dot{I}_{10}X_1=-\dot{E}_1+\dot{I}_{10}Z_1 \tag{8-3}$$

式中　Z_1——一次绕组的漏阻抗，$Z_1=R_1+jX_1$。

由于空载电流 I_{10}很小，电阻 R_1和漏阻抗 X_1 均很小，可忽略不计，则

$$\dot{U}_1\approx-\dot{E}_1=-j4.44f_1N_1\dot{\Phi}_m \tag{8-4}$$

由于变压器空载运行时，其二次绕组开路，所以二次绕组的端电压等于其感应电动势，即

$$U_{20}=E_2 \tag{8-5}$$

变压器一次绕组的匝数 N_1 与二次匝数 N_2 之比，称为变压器的电压比 k，即

$$k=\frac{N_1}{N_2}=\frac{E_1}{E_2}\approx\frac{U_1}{U_2} \tag{8-6}$$

若 $N_2>N_1$，$k<1$，则 $U_2>U_1$，为升压变压器；若 $N_2<N_1$，$k>1$，则 $U_2<U_1$，为降压变压器。若改变电压比 k，即改变一次或二次绕组匝数，则可达到改变二次绕组输出电压 U_{20} 的目的。

（4）空载电流和空载损耗　变压器空载运行时，空载电流 I_{10}一方面用来产生主磁通，另一方面用来补偿变压器空载时的损耗。由于它主要用来建立主磁通 Φ，故也称作励磁电流。空载电流 I_{10}数值很小，一般只占额定电流的 2%～10%。变压器空载时没有输出功率，它从电源获取的全部功率都消耗在内部，称为空载损耗。空载损耗绝大部分是铁心损耗 E_1I_{10}，即磁

滞损耗与涡流损耗，只有极少部分是一次绕组电阻上的铜损耗 $I_{10}^2R_1$，故可认为变压器的空载损耗就是变压器的铁心损耗。

4. 单相变压器的负载运行

变压器的负载运行是指变压器一次绕组加额定正弦交流电压，二次绕组接负载 Z_L 的情况下的运行状态，如图 8-7 所示。

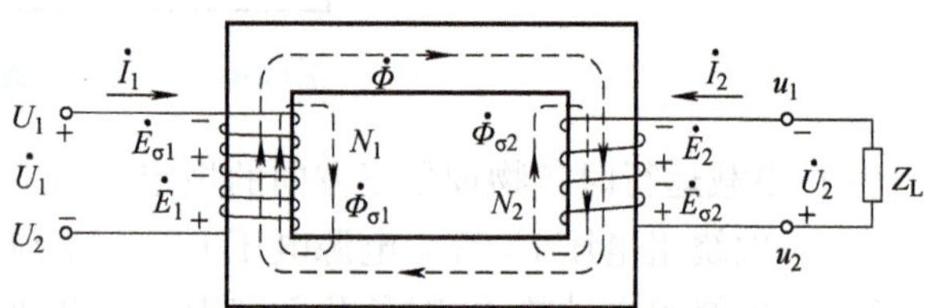

图 8-7 变压器负载运行示意图

（1）负载运行时的各物理量 当变压器二次绕组接上负载 Z_L 时，在感应电动势 $\dot{E}_2$ 作用下，二次绕组中流过电流 $\dot{I}_2$，$\dot{I}_2$ 随负载的变化而变化。$\dot{I}_2$ 流过二次绕组 N_2 时建立磁通势 $F_2=\dot{I}_2N_2$，此时铁心中的主磁通 $\dot{\Phi}$ 不再单由一次绕组的磁通势 F_1 产生，而是由一次和二次绕组的磁通势 F_1、F_2 共同产生。F_2 的出现将使主磁通最大值 $\dot{\Phi}_m$ 趋于减小，感应电动势 $\dot{E}_1$ 也将随之减小。由于电源电压 $\dot{U}_1$ 不变，$\dot{E}_1$ 的减小将导致一次电流 $\dot{I}_1$ 增加，即由空载电流 $\dot{I}_{10}$变成负载电流 $\dot{I}_1$，其增加的磁通势以抵消二次绕组的磁通势 $F_2=\dot{I}_2N_2$ 对空载主磁通的去磁影响，使负载时的主磁通值基本回升到空载时的值。也就是说，一次电流增加量 $\Delta\dot{I}_1=\dot{I}_1-\dot{I}_{10}$所产生的磁通势 $\Delta\dot{I}_1N_1$，基本与二次绕组电流 $\dot{I}_2$ 产生的磁通势 $\dot{I}_2N_2$ 两者大小相等、方向相反，抵偿了 F_2 的去磁作用，因此可以维持主磁通基本不变，即

$$\Delta\dot{I}_1=-\frac{N_2}{N_1}\dot{I}_2 \tag{8-7}$$

式（8-7）表明变压器负载运行时，一、二次电流紧密地联系在一起，二次电流的变化同时会引起一次电流的变化。

（2）变压器负载运行时的基本方程式

1）磁通势平衡方程式。变压器负载运行时，一次绕组磁通势 $F_1=\dot{I}_1N_1$ 和二次绕组磁通势 $F_2=\dot{I}_2N_2$ 共同作用，产生铁心中的主磁通，而且基本维持空载时的主磁通不变，则变压器负载运行时的磁通势平衡方程式为

$$F_1+F_2=F_{10} \tag{8-8}$$

$$\dot{I}_1N_1+\dot{I}_2N_2=\dot{I}_{10}N_1 \tag{8-9}$$

式（8-9）两边同时除以 N_1，则得电流平衡方程式为

$$\dot{I}_1=\dot{I}_{10}+\left(-\frac{N_2}{N_1}\dot{I}_2\right)=\dot{I}_{10}+\left(-\frac{\dot{I}_2}{k}\right)=\dot{I}_{10}+\dot{I}_{1L} \tag{8-10}$$

式（8-10）表明，变压器负载运行时，一次电流 $\dot{I}_1$ 有两个分量：一个是空载电流 $\dot{I}_{10}$，用以产生负载时铁心中的主磁通；另一个是负载电流 $\dot{I}_{1L}$，抵消二次绕组磁通势 $F_2=\dot{I}_2N_2$ 的去磁作用，以保持主磁通基本不变。

2）电动势平衡方程式。参照图 8-6 所示各物理量正方向的规定，负载运行时的一、二次绕组的电动势平衡方程式为

$$\dot{U}_1=-\dot{E}_1+\dot{I}_1R_1+j\dot{I}_1X_1=-\dot{E}_1+\dot{I}_1Z_1 \tag{8-11}$$

$$\dot{U}_2=\dot{E}_2-\dot{I}_2R_2-j\dot{I}_2X_2=E_2-\dot{I}_2Z_2 \tag{8-12}$$

$$\dot{U}_2=\dot{I}_2Z_L \tag{8-13}$$

式中　R_2、X_2、Z_2和Z_L——二次绕组的电阻、漏电抗、漏阻抗和二次侧的负载阻抗。

5. 变压器的作用

通过对变压器负载运行的分析，可以清楚地看出变压器具有变换电压、变换电流、变换阻抗的作用。

（1）变换电压　由 $\dot{U}_1=-\dot{E}_1+I_1Z_1$、$Z_1=R_1+jX_1$ 可知，由于变压器一次绕组的电阻 R_1 与一次绕组漏磁通 $\Phi_{\sigma1}$对应的漏电抗 X_1 都较小，所以 $Z_1=R_1+jX_1$ 也较小，于是可得出 $\dot{U}_1\approx-\dot{E}_1$。由 $\dot{U}_2=\dot{E}_2-\dot{I}_2Z_2$、$Z_2=R_2+jX_2$ 可知，二次绕组电阻 R_2、二次绕组漏磁通 $\Phi_{\sigma2}$对应的漏电抗 X_2 的值都很小，所以 $\dot{U}_2\approx\dot{E}_2$。又因为 $U_1/U_2\approx E_1/E_2=k=N_1/N_2$，所以在其他条件不变的情况下，改变变压器一、二次绕组的匝数比 k，就可获得不同的 U_2 值，从而达到变换电压的目的。

（2）变换电流　在变压器负载运行时的磁通势平衡方程式 $\dot{I}_1N_1+\dot{I}_2N_2=\dot{I}_{10}N_1$ 中，由于变压器空载电流很小，一般只有额定电流的百分之几，额定运行时的 $\dot{I}_{10}N_1$ 可忽略不计，$\dot{I}_1N_1\approx-\dot{I}_2N_2$，可得到一、二次电流的有效值关系：$I_1/I_2\approx N_2/N_1=1/k$。所以，当变压器额定运行时，一、二次电流之比近似等于其匝数比的倒数，只要改变一、二次绕组的匝数比 k，就能起到电流变换作用。

（3）变换阻抗　变压器除了有变换电压和变换电流的作用外，还有变换阻抗的作用，如图 8-8 所示，变压器一次绕组接交流电源 U_1，二次绕组接负载 $|Z_L|$，对电源来说，图 8-8 中点画线框内的电路可用另一阻抗 $|Z_L'|$ 来等效代替。这里的等效，是指两个阻抗从电源吸取的电流和功率相等。

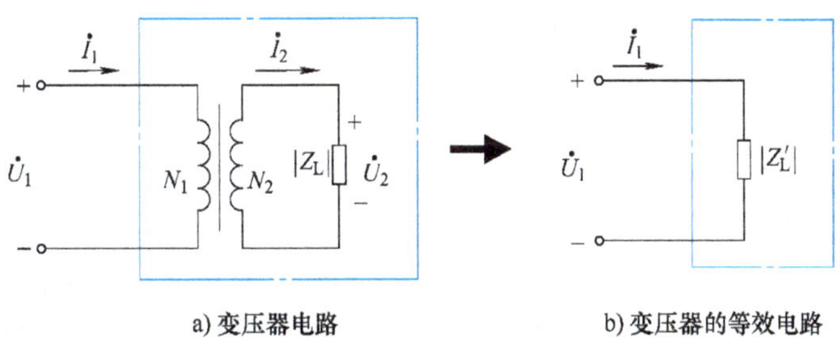

a) 变压器电路　　b) 变压器的等效电路

图 8-8　变压器的阻抗变换原理图

当忽略变压器的漏磁和损耗时，等效阻抗为

$$|Z_L'|=\frac{U_1}{I_1}=\frac{\left(\frac{N_1}{N_2}\right)U_2}{\left(\frac{N_2}{N_1}\right)I_2}=\left(\frac{N_1}{N_2}\right)^2|Z_L|=k^2|Z_L| \tag{8-14}$$

式中　$|Z_L|$——变压器二次绕组的负载阻抗，$|Z_L|=\frac{U_2}{I_2}$。

式（8-14）表明，在电压比为 k 的变压器二次绕组上接阻抗为 $|Z_L|$ 的负载，相当于在电源上直接接了一个 $|Z_L'|=k^2|Z_L|$ 的阻抗。也就是说，通过变压器把负载阻抗 $|Z_L|$ 变换成了 $|Z_L'|$。通过选择合适的电压比 k，可把实际负载阻抗变换为所需的阻抗值，这就是变压器变换阻抗的作用。

6. 变压器的运行特性

变压器的运行特性主要有外特性和效率特性，它们对应的主要指标为电压变化率和效率。

（1）变压器的外特性和电压变化率　变压器负载运行时，二次绕组接负载，流过负载电流，由于变压器内部存在电阻和漏电抗，产生阻抗压降，使变压器二次绕组端电压随负载电流的变化而变化。当一次绕组加额定电压，且负载功率因数 $\cos\varphi_2$ 为定值时，二次电压 U_2 随负载电流 I_2 的变化关系，即 $U_2=f(I_2)$，称为变压器的外特性，如图 8-9 所示。变压器接纯电阻负载（$\cos\varphi_2=1$）时，电压变化较小，如图 8-9 中的曲线 2 所示；接纯电感性负载（$\cos\varphi_2=0.8$）时，电压变化较大，如图 8-9 中的曲线 1 所示；接纯电容性负载［$\cos(-\varphi_2)=0.8$］时，端电压可能出现随负载电流的增加反而上升的情况，如图 8-9 中的曲线 3 所示。

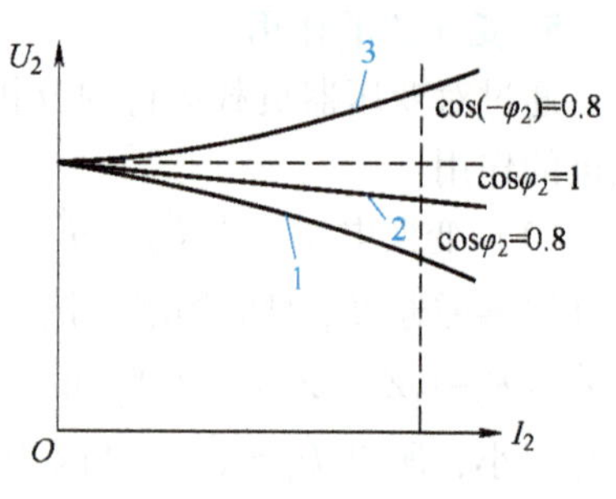

图 8-9　变压器的外特性

电压变化率 $\Delta U\%$ 是指变压器一次绕组加额定电压且负载功率因数 $\cos\varphi_2$ 一定时，二次绕组端电压 U_2 与额定电压 U_{2N} 之差与额定电压 U_{2N} 的百分比，即

$$\Delta U\%=\frac{U_{2N}-U_2}{U_{2N}}\times 100\% \tag{8-15}$$

电压变化率 $\Delta U\%$ 是变压器的主要性能指标之一，它反映了供电电压的质量，即电压的稳定性。

（2）变压器的效率及效率特性　在额定功率时，变压器的输出功率 P_2 和输入功率 P_1 的比值的百分数，叫作变压器的效率，效率用 η 表示，即

$$\eta=\left(\frac{P_2}{P_1}\right)\times 100\%$$

当变压器的输出功率 P_2 等于输入功率 P_1 时，效率 η 等于 100%，变压器将不产生任何损耗。但实际上这种变压器是没有的。变压器传输电能时总要产生损耗，这种损耗主要有铜损耗和铁损耗。铜损耗是指变压器线圈电阻所引起的损耗。当电流通过线圈电阻时，线圈电阻会发热，这就是一部分电能转变为热能损耗掉了。由于线圈一般都由带绝缘的铜线缠绕而成，因此称之为铜损耗。

变压器的铁损耗包括两个方面，一个是磁滞损耗，当交流电流通过变压器时，通过变压器铁心的磁通是交变的，磁力线的方向和大小会周期性变化，铁心由硅钢片制成，磁力线的变化使得硅钢片内部分子相互摩擦而放出热能，造成电能损耗，这就是磁滞损耗；另一个是涡流损耗，当变压器工作时，铁心中有磁力线穿过，与磁力线垂直的平面上会产生感应电流，由于此电流自成闭合回路形成环流，且成旋涡状，故称为涡流，涡流的存在使铁心发热而消耗能量，这种损耗称为涡流损耗。

变压器的效率特性是指在电源电压和负载功率因数 $\cos\varphi_2$ 不变的情况下，变压器效率 η 随负载电流 I_2 变化的关系，即 $\eta=f(I_2)$，如图 8-10 所示。决定变压器效率的是铁损耗、铜损耗和负载电流 I_2 的

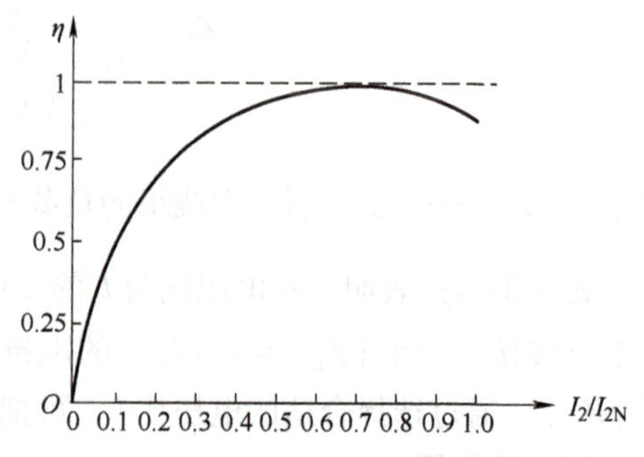

图 8-10　变压器的效率特性

大小。当负载电流 I_2 很小时，铜损耗很小，因此铁损耗是决定效率 η 的主要因素。此时，如果增大负载电流 I_2，总损耗增加不大，则输出功率 P_2 随负载电流 I_2 增大而增大，故效率 η 随负载电流 I_2 的增加而增大。当负载电流 I_2 较大时，铜损耗成为总损耗的主要成分，因为铜损耗与电流 I_2 的二次方成正比，而输出功率 P_2 只与电流 I_2 成正比，当负载电流 I_2 继续增大时，效率 η 反而会下降。

变压器的效率与其输出功率等级有密切关系，通常输出功率越大，损耗与输出功率比就越小，效率也就越高；反之，输出功率越小，效率也就越低。

（三）三相变压器

在实际电力系统中，普遍采用三相制供电，故三相变压器得到了广泛使用。三相变压器可以由三台相同的单相变压器组成，称为三相变压器组，也可以将三个铁心柱用磁轭连在一起构成三相变压器，称为三相心式变压器。三相变压器一次绕组接三相对称电压，在二次绕组上感应出三相对称电动势。当二次绕组接对称负载时，二次绕组中流过三相对称电流，其大小相等，相位互差 120°。所以，三相变压器运行时可只取一相来分析，也就是说，单相变压器的分析方法完全适用于三相变压器在对称负载下运行时的情况。

1. 三相变压器的磁路系统

（1）三相变压器组的磁路　三相变压器组是由三个单相变压器按一定方式连接在一起组成的，如图 8-11 所示。由于各相的主磁通 $\dot{\Phi}_U$、$\dot{\Phi}_V$、$\dot{\Phi}_W$ 沿着各自独立的磁路闭合，各相磁路彼此无关，因此三相变压器组各相之间只有电的联系，没有磁的联系。当三相变压器组一次绕组加三相对称电压时，将产生三相对称的一次空载电流，进而产生三相对称磁通。

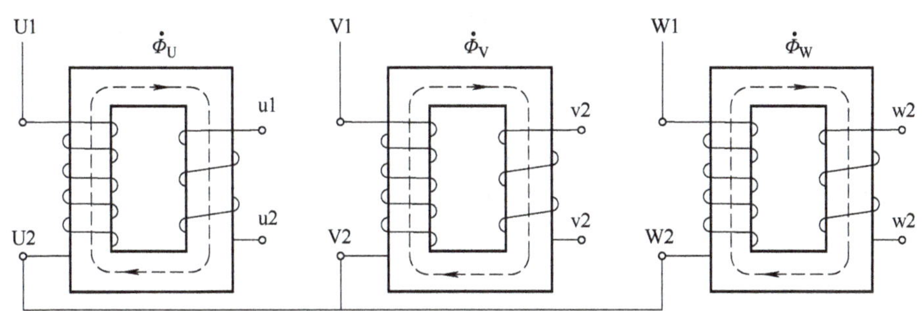

图 8-11　三相变压器组的磁路系统

（2）三相心式变压器的磁路　三相心式变压器的铁心是将变压器组的三个铁心合在一起演变而成的，如图 8-12 所示。当变压器一次绕组加上三相对称电压时，流过三相对称电流，产生三相对称主磁通 $\dot{\Phi}_U$、$\dot{\Phi}_V$、$\dot{\Phi}_W$，如图 8-12a 所示。此时，通过中间铁心柱内的磁通是三相对称主磁通 $\dot{\Phi}_U$、$\dot{\Phi}_V$、$\dot{\Phi}_W$ 的相量和，其值为 0，可将中间铁心柱省去，成为图 8-12b 所示的形状。为使制造方便、节省材料、减小体积，将三相铁心柱布置在同一平面上，便成为图 8-12c 所示的常用三相心式变压器的铁心结构。这种结构的三相磁路长短不等，中间 V 相最短，两边 U、W 相较长，造成三相磁路磁阻不等。当一次绕组接上三相对称电压时，三相磁通相等，但由于磁路磁阻不等，将使三相空载电流不相等。但一般电力变压器的空载电流很小，因此它的不对称对变压器负载运行的影响很小，可忽略不计。

上述三相变压器的两种磁路系统各有优缺点。三相变压器组的每台单相变压器具有制造、运输方便，备用变压器容量较小等优点；在相同额定容量下，三相心式变压器较三相变压器组效率更高、维护更方便、占地面积更小。所以，对于一些超高压、特大容量的三相变压器，为减少制造和运输困难，常采用三相变压器组；但对于一般容量的变压器，采用三相心式变压器即可。

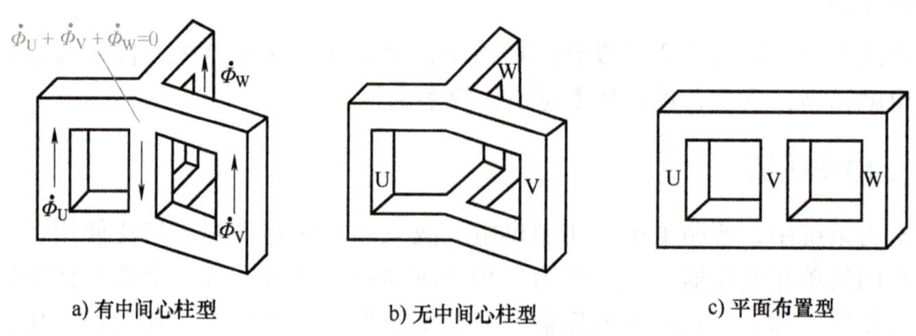

图 8-12　三相心式变压器的磁路系统

2. 三相变压器的电路系统

三相变压器的电路系统是指三相变压器各相的高压绕组、低压绕组的连接情况。为表明连接方式，对绕组首、尾端的标志进行了规定：对高压绕组，三相首端分别用 U1、V1、W1 表示，三相尾端分别用 U2、V2、W2 表示，中性点用 N 表示；对低压绕组，三相首端分别用 u1、v1、w1 表示，三相尾端分别用 u2、v2、w2 表示，中性点用 n 表示。

三相变压器的绕组有星形联结和三角形联结两种方式。将三相绕组的尾端接在一起，而将其三个首端引出，则为星形联结，如图 8-13a 所示。用字母 Y 和 y 分别表示高压绕组和低压绕组的星形联结。若同时也把中性点引出，则高压绕组和低压绕组分别用 YN 和 yn 表示，如图 8-13b 所示。三角形联结是将三相绕组的首、尾端依次相连，构成一个封闭的三角形，其连接顺序如图 8-13c 所示，为 U1U2→W1W2→V1V2→U1U2，然后从首端 U1、V1、W1 引出。分别用字母 D 和 d 表示高压绕组和低压绕组的三角形联结。

我国生产的电力变压器常用 Yyn、Yd、YNd、Dyn 四种联结，其中大写字母表示高压绕组，小写字母表示低压绕组。

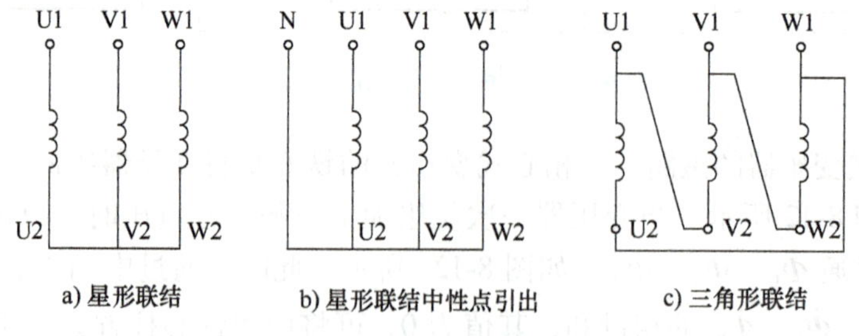

图 8-13　三相变压器高压绕组的联结方式

3. 三相变压器的并联运行

变压器的并联运行是指多台变压器的一、二次绕组分别并联到一、二次公共母线上，同时对负载供电的运行方式，如图 8-14 所示。

变压器并联运行有以下用途：可以根据负载大小来调整投入并联的变压器台数，以提高运行效率；为实现不停电检修变压器，可将备用变压器投入运行，使电网仍能继续供电，提

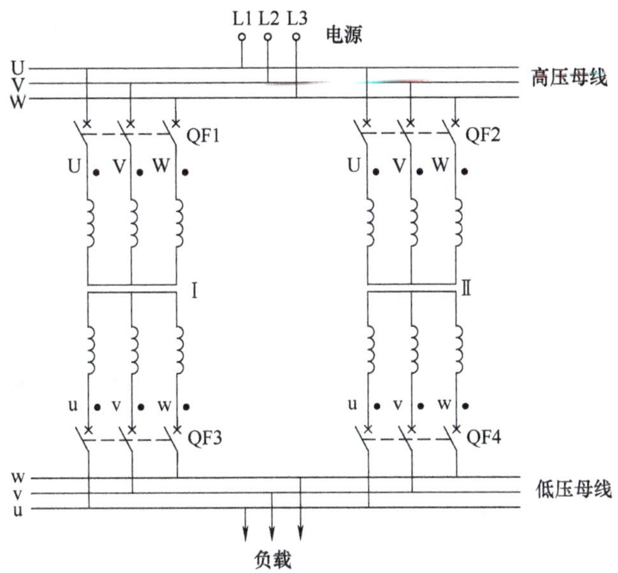

图 8-14　三相变压器 Yy0 联结的并联运行示意图

高供电的可靠性；另外，可灵活调节电网容量，根据用电量的增加分批增加新的变压器，以减少总的备用容量和投资，提高经济性。

变压器在并联运行时，理想的运行情况是：空载运行时，各变压器绕组之间无环流；负载运行时，各变压器所分担的负载电流与其容量成正比，防止某台过载或欠载，使各变压器的容量得到充分利用与发挥；带上负载后，各变压器所分担的负载电流与总的负载电流同相位，当总的负载电流一定时，各变压器所负担的电流最小，或者说当各变压器的电流一定时，所能承受的总负载电流最大。要达到理想运行，并联的变压器必须具备下列条件：①并联运行的各变压器的额定电压应相等，即各台变压器的电压比应相等；②并联运行的各变压器的联结组标号必须相同；③并联运行的各变压器的短路阻抗（或短路电压）的相对值要相等。

四、项目任务实现

项目情景描述中，面试官提出的问题考查的是输配电系统和工厂供电系统中变压器的选配，需要从输配电系统和工厂供电系统中常用的变压器入手，进行分析和比较，重点关注电力变压器、配电变压器、自耦变压器和控制变压器即可。

（一）电力变压器

电力变压器是一种传输电能的静止电气设备。它具有两个或多个绕组，能够根据电磁感应原理，将某一数值的交流电压（电流）变成同频率的另一种或几种数值不同的电压（电流）。

1. 电力变压器的用途

电力变压器包括升压变压器（发电厂用，6. 3kV/10. 5kV 或 10. 5kV/110kV 等）、联络变压器（变电站之间用，220kV/110kV 或 110kV/10. 5kV 等）、降压变压器（配电用，35kV/0. 4kV 或 10. 5kV/0. 4kV 等）三大类。它们是电网安全、经济运行的基础，在输配电系统中应用广泛。

电力系统在传送电能的过程中，必然会产生电压损耗（电压降）和功率损耗。在输送功率相同的电能时，电压损耗与电压成反比，功率损耗与电压的二次方成反比。利用变压器提高电压之后再输送，可以减少送电损失。下面以三相变压器为例来说明，由于三相变压器的输出容量（视在功率）$S=\sqrt{3}UI$，所以在 S 相同的情况下，输电电压 U 越高，输电电流 I 就越小。对于现有输电线路，输送距离一定时，输电线路的电阻 R 是确定的。由于输电线路上的电压降 $U=IR$，功率损耗 $P=I^2R$，所以输电电流 I 越小，输电线路上的电压降 U 和功率损耗 P 就越小。同时，由于输电电流的大小与所需要的输电线的截面积成正比，所以输电电流 I 越小，需要的输电线就越细，可以节省材料、降低输电线的造价。因此，采用高压输电可以达到减小投资和降低运行费用的目的。

我国规定的高压输电线路电压通常为 110kV、220kV、330kV 与 550kV 等几种，但是受绝缘和制造技术上的限制，交流发电机发出的电压一般只有 6.3kV、10.5kV、13.8kV、15.75kV、18kV、20kV、24kV 等，远远达不到高压输电的要求。因此，发电机发出的交流电需要经升压变压器升高电压后再输送出去。而从用电安全上考虑，通常需要低电压，一方面低电压能提高用电的安全性，另一方面低电压对用电设备绝缘等级的要求降低，可以降低用电设备的制造成本。所以，当高压电、超高压电被输送到用电侧之后，必须经过降压变压器降压，且往往需要多次降压才能供用户使用。

总之，发电厂发出的电能必须经过升压，使之达到 220~330kV 才能远距离输送，高压电被送到用电区后，必须经过降压，使之降至 10~18kV，甚至要降至 220V 或 380V，才能供应给用户。

2. 油浸式电力变压器的基本结构

电力变压器均为心式结构，应用最广泛的是油浸式电力变压器，其基本结构如图 8-15 所示，主要由铁心、绕组、绝缘套管、油箱及附件等部分组成。

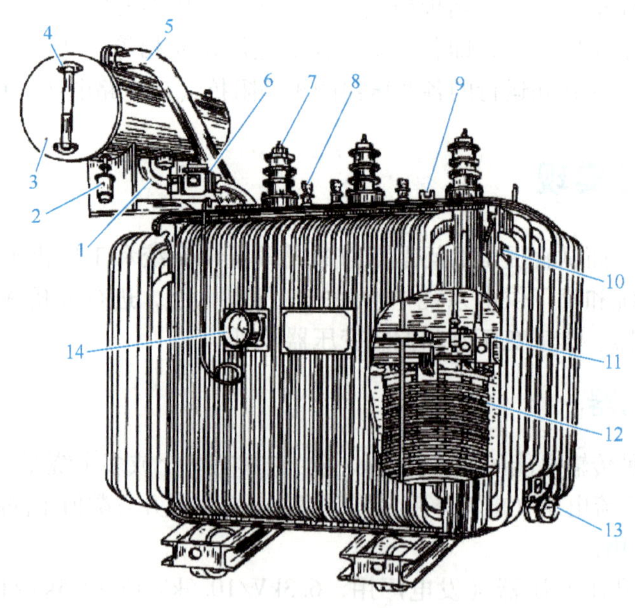

图 8-15　油浸式电力变压器的基本结构

1—连通管　2—吸湿器　3—储油柜　4—油位计　5—安全气道　6—气体继电器　7—高压绝缘套管　8—低压绝缘套管　9—分接开关　10—油箱　11—铁心　12—绕组　13—放油阀门　14—温度计

（1）铁心　铁心是变压器的磁路部分，是磁通闭合的路径，也是绕组的支撑骨架。铁心由铁心柱和磁轭两部分组成，套装有绕组的部分为铁心柱，连接铁心柱以构成闭合磁路的部分为磁轭。为提高铁心的导磁性能，减小磁滞损耗和涡流损耗，铁心大多采用厚度为0.35mm、表面涂有绝缘漆的热轧硅钢片或冷轧硅钢片叠装而成。在大容量变压器中，为使铁心损耗发出的热量能够被变压器油在循环时充分带走，以达到良好的冷却效果，常在铁心中设置冷却油道。

（2）绕组　绕组是变压器的电路部分，常用绝缘铜线或铝线绕制而成。在变压器中，工作电压高的绕组称为高压绕组，工作电压低的绕组称为低压绕组。一般高、低压绕组套装在同一铁心柱上，圆筒式高压绕组在外层，低压绕组在里层，这样易于实现低压绕组与铁心柱之间的绝缘。

（3）油箱　变压器的铁心与绕组构成了变压器的器身，器身安装在油箱内。油箱用钢板焊接而成，表面采用静电喷塑，美观且抗腐蚀。油箱内充满了变压器油，变压器油起绝缘和冷却作用。中、小型变压器的油箱由箱壳和箱盖组成，变压器的器身放在箱壳内，将箱盖打开就可吊出器身进行检修。

变压器的器身全部浸泡在变压器油中，使铁心和绕组不会因潮湿而侵蚀。在变压器运行过程中，变压器油的对流作用能够将铁心和绕组产生的热量经油箱散发出去，从而降低变压器的温升。

（4）绝缘套管　绝缘套管是变压器绕组的引出装置，安装在变压器的油箱盖上，穿过油箱盖将油箱中变压器绕组的输入、输出线从箱内引到箱外接于电网，实现了将带电的绕组引出线与接地的油箱之间的绝缘。绝缘套管由外部的瓷套和中间的导电杆组成，要求绝缘性能和密封性能都要好。

（5）储油柜　在变压器油箱的上方，安装有圆筒形的储油柜，上部有加油孔，经连通管与油箱相连。变压器运行时，油箱内的油会随气温、负荷的变化而热胀冷缩，储油柜内油面的高度随之发生变化，给变压器油提供了缓冲空间。由于储油柜内的油与空气接触面积小，降低了变压器油受潮和氧化的程度，减缓了油的劣化，确保了油的绝缘性能，延长了油的使用寿命。

（6）气体继电器　气体继电器安装在油箱和储油柜的连通管里，用于轻瓦斯、重瓦斯信号保护。当变压器内部发生故障时，内部绝缘物气化产生气体，使气体继电器动作，发出故障信号或切除变压器电源，起自动保护作用。上接点为轻瓦斯信号，一般作用于信号报警，以表示变压器运行异常；下接点为重瓦斯信号，动作后发出信号的同时使断路器跳闸、掉牌、报警，以保证故障不再扩大。

当气体继电器内充满油时，说明油箱内无气体。油箱内有气体就会进入气体继电器内，达到一定程度时，气体挤走贮油使触头动作。打开气体继电器外盖，顶上有两个调节杆，一个是控制气体排出的，拧开钮帽就可放掉继电器内的气体，另一个是保护动作试验钮。

（7）吸湿器　吸湿器安装在储油柜下方，储油柜内的绝缘油通过吸湿器与大气连通。吸湿器内装有吸湿剂，如变色硅胶等，能吸收进入储油柜的潮气和杂质，确保变压器油不变质，以保持变压器内部绕组的良好绝缘性能。硅胶出现变色、变质时易造成堵塞，应及时更换。

（8）油位计　油位计安装在储油柜的一端，反映变压器油箱内的油位状态。油位过高需要放油，油位过低则需要加油。冬天气温低或者负载轻时，油温通常较低，油位变化不大或略有下降；夏天气温高或者负载重时，油温就会上升，油位会略有上升。

（9）安全气道　安全气道的作用是防止突发事故使油箱内压力剧增而引起油箱爆炸。在全密封变压器中，广泛采用压力释放阀作为保护。当变压器内发生故障时，如发生绕组短路等，变压器油就会燃烧并急剧分解成气体，导致油箱内部压力剧增，油和气体将冲破安全气道上方的玻璃膜而喷出，使油箱内的压力得到释放，避免变压器油箱破裂。

（10）温度计　温度计用来监视变压器的运行温度，在油温超限时发出信号。信号式温度计指示的是上层油的温度，由于铁心和绕组的温度要比上层油温高 10℃，而当环境温度最高为 40℃时，变压器铁心和绕组的极限工作温度为 105℃，所以上层油温不得超过 95℃。因此，为确保工作安全，通常将油浸式变压器的监视温度设定在 85℃。

（11）分接开关　分接开关可以通过改变高压绕组的抽头，增加或减少绕组的匝数，从而改变电压比。一般变压器均为无载调压，需停电调节，常分为Ⅰ、Ⅱ、Ⅲ三档，分别对应+5%、0%、-5%。当一次电压为 10.5kV、10kV、0.95kV 时，二次电压对应为 380V、400V、420V，出厂时一般置于Ⅱ档。

3. 电力变压器使用注意事项

作为电力系统中输配电力的主要设备，电力变压器是电力系统安全运行的关键。如果变压器在运行中内部发生过载或短路，绝缘材料或绝缘油就会因高温或电火花作用而分解、膨胀、气化，使变压器内部压力急剧增加，甚至可能引起变压器外壳爆炸，大量绝缘油喷出燃烧，油流又会进一步加剧火灾危险。为保证电力变压器的安全运行，使用中必须注意以下几点：

1）不能过载运行。长期过载运行会引起绕组发热，使绝缘老化而容易造成短路。

2）要经常检验绝缘油质量，定期化验变压器油，质量不合格的油应再生处理或者及时更换。

对不合格的变压器油，应首选再生处理。再生处理是指采用物理-化学或化学方法除去油中的有害物质，恢复或改善油的理化指标。再生处理的常用方法有两种：吸附剂法和硫酸-白土法。对于劣化程度较轻的变压器油，宜采用吸附剂法进行再生处理。吸附剂法又分为接触法和渗滤法。接触法是采用粉状吸附剂（如白土、801 吸附剂等）和油在搅拌接触方式下进行再生的；而渗滤法是强迫油通过装有颗粒状吸附剂（如硅胶、颗粒白土和活化氧化铝等）的净化器进行渗滤再生处理的。对于劣化较严重的变压器油，宜采用硫酸-白土法进行再生处理。硫酸处理能除去油中多种老化产物，白土处理能消除硫酸处理后残留在油中的不良物。

更换不合格的油可缩短系统停电时间，只需放净变压器内的旧油，用合格油对变压器进行冲洗，再对变压器进行真空注油。换油虽然简单，但不如滤油对变压器的冲洗更彻底，而且换油耗费较大，不利于节能和环保。换油处理仅适用于机组运行了较长时间，油酸值较高，油呈深黄或褐色，出现游离水或油混浊现象并全面降解，但是机组不容许长时间停电的情况。

3）防止铁心绝缘老化。铁心长期发热是变压器绝缘老化的直接原因，一定要保证散热良好。

4）防止因检修不慎破坏绝缘，发现擦破损伤，应及时处理。

5）保证变压器的导线接触良好，接触不良会产生绕组局部过热。

6）防止雷击。如果遭到雷击，变压器会因绝缘击穿而烧毁。

7）安装可靠的短路保护。当变压器绕组或负载发生短路时，如果保护系统失灵或保护定值过大，就可能烧毁变压器，所以一定要有可靠的短路保护。

8）必须有良好的接地保护。电力变压器在使用中一定要接地，具体要求是：①变压器的外壳应可靠接地，工作零线与中性点接地线应分别敷设，工作零线不能埋入地下；②变压器的中性点接地回路，在靠近变压器处应做成可拆卸的连接螺栓；③装有阀式避雷器的变压器，其接地应满足三位一体的要求：即变压器中性点、变压器外壳、避雷器接地应连接在一处共同接地；④接地电阻应≤4Ω。

9）保持良好的通风和冷却。变压器的运行温度与其寿命有很大关系，温度每升高 8℃，其绝缘寿命就要减少一半左右。如果变压器绕组导线是 A 级绝缘，其绝缘体以纸和棉纱为主，则变压器在正常温度 95℃以下运行，寿命约 20 年；若温度升至 105℃，则寿命会缩短到 7 年；若温度升到 130℃，寿命会缩短到 2 年；若在 170℃的温度下持续运行，10 天左右就会报废。因此，在变压器运行过程中，要时刻保持良好的通风和冷却。

4. 电力变压器的常见故障及解决方法

（1）焊接处渗漏油　焊接处渗漏油主要是焊接质量不良，存在虚焊、脱焊，焊缝中存在针孔、砂眼等缺陷导致。电力变压器出厂时因有焊药和油漆覆盖而不会出现渗漏，运行一段时间后隐患便暴露出来。另外，由于电磁振动也可能使焊接振裂而造成渗漏。对于已经出现渗漏现象的，首先应找出所有的渗漏点，不可遗漏。对于轻微渗漏点，通常采用高分子复合材料进行固化即可解决。对于渗漏严重的部位，要采用扁铲或尖冲子等金属工具将渗漏点铆死，控制渗漏量后再将治理表面清理干净，最后再采用高分子复合材料进行固化。

（2）密封件渗漏油　电力变压器的箱沿与箱盖通常采用耐油橡胶棒或橡胶垫来密封，如果橡胶棒或橡胶垫的接头处处理不好，例如接头处用塑料带绑扎，或者直接将两个端头压在一起，就会由于安装时的滚动而使接口压不牢，起不到密封作用，造成渗漏油故障。遇到这种情况，可用高分子复合材料进行粘接，使接头形成整体，就能使渗漏油现象得到很大的控制；若操作方便，也可以同时将金属壳体进行粘接以根治。

（3）法兰连接处渗漏油　法兰连接处渗漏油通常是由于法兰表面不平、紧固螺栓松动、安装工艺不正确等使螺栓紧固不好而造成的。解决办法是：先将松动的螺栓进行紧固后，对法兰实施密封处理，并针对可能渗漏的螺栓进行处理。对松动的螺栓进行紧固，必须严格按操作工艺操作。

（4）螺栓或管子螺纹渗漏油　电力变压器如果在制造时密封不良，使用一段时间后便会产生渗漏油故障。解决螺栓或管子螺纹渗漏油问题有两个办法：一是采用高分子复合材料将螺栓进行密封处理；二是将螺栓（螺母）旋出，表面涂抹脱模剂后，再在表面涂抹高分子复合材料进行紧固，固化后即可不再渗漏。

（5）铸铁件渗漏油　铸铁件渗漏油的主要原因是铸铁件有砂眼及裂纹。如果是铸造砂眼引起的渗漏，可直接用材料进行密封。针对裂纹渗漏，钻止裂孔是消除应力避免延伸的最佳方法。可根据裂纹的情况，先在漏点上打入铅丝或用手锤铆死，再用丙酮将渗漏点清洗干净，用材料进行密封。

（6）散热器渗漏油　散热器的散热管通常是用有缝钢管压扁后经冲压制成的，在散热管弯曲部分和焊接部分经常会产生渗漏油。这是因为冲压散热管时，管的外壁受张力，管的内壁受压力，存在残余应力所致。解决办法是：先将散热器上下平板阀门（蝶阀）关闭，使散热器中油与箱体内油隔断，降低压力及渗漏量，然后确定渗漏部位，并进行适当的表面处理，最后采用高分子复合材料进行密封治理。

（7）瓷绝缘子及玻璃油位计渗漏油　瓷绝缘子及玻璃油位计渗漏油通常由于安装不当或密封失效所致，要用高分子复合材料来粘接。高分子复合材料可以牢固地将金属、陶瓷、玻璃等材质粘接在一起，从而使渗漏油得以根治。

（二）配电变压器

配电变压器通常是指运行在电网中电压等级为10~35kV、容量为6300kV·A及以下，直接向终端用户供电的电力变压器。该类变压器作为日常照明和工厂动力用变压器，一般低压侧为0.4kV及以下。配电变压器主要用于配电网络，负责向用户提供电力，通常装在电杆上或配电所中。

1. 节能型配电变压器

随着节能降耗理念的不断深入，国家鼓励发展节能型、低噪声、智能化的配电变压器产品。主流节能配电变压器主要有节能型油浸式变压器和非晶合金变压器两种。

节能型油浸式配电变压器按损耗性能分为S9、S11、S13三个系列。就空载损耗而言，S11系列比S9系列低20%，S13系列比S11系列低25%。国家电网已广泛使用S11系列配电变压器，并在城网改造中逐步推广S13系列。一段时间之后，S11、S13系列节能型油浸式配电变压器将会完全取代现有在网运行的S9系列。

非晶合金变压器兼具了节能性和经济性，其显著特点是空载损耗很低，仅为S9系列油浸式配电变压器的20%左右，符合国家产业政策和电网节能降耗的要求，是节能效果较理想的配电变压器，特别适用于农村电网等负载率较低的地方。尽管国家早于2005年就开始鼓励和推广非晶合金变压器，但受制于原材料非晶合金带材产能不足，非晶合金变压器一直未进行大规模生产。在网运行使用的非晶合金变压器占配电变压器的比重仅为7%~8%，全国范围内仅上海、江苏、浙江等地区大批量采用非晶合金变压器。

2. 配电变压器的运行维护

（1）配电变压器的过载运行　变压器过载运行，是指负载电流超过了变压器的额定电流。一般情况下，变压器在小负载运行时，其绝缘材料不能充分发挥作用，而在持续过载运行中，变压器会产生高温，使绕组绝缘部分烧硬脱落，形成匝间短路；同时变压器油产生油泥，聚积在油箱板、绕组和铁心上，致使变压器油散热不良。这种恶性循环不仅严重影响变压器寿命，还会造成高压击穿和变压器烧毁等事故。因此，要经常观察三相负载电流。三相负载电流力求一致，如有偏差，不应超过10%。

（2）配电变压器的异常声音　交流电通过变压器绕组时，由于铁心自振原因会产生正常均匀的“嗡嗡”声。如果出现异常声音，需要查找原因，并及时向有关部门报告。变压器空载时和带负载后，声音也有所不同。把异常声音与正常声音做比较，查出原因并排除后，方可再投入运行。

（3）配电变压器温度的检查　若温度超过变压器允许值，要查明原因，及时采取措施。

（4）配电变压器油位是否正常，有无渗、漏油或油色异常现象　造成油位下降的原因很多。由于焊接质量差和密封不良，散热管、阀门、箱沿等处容易渗、漏油。当油位降到变压器上盖以下时，油和空气的接触面增加，就容易氧化变质和吸收空气中的水分，致使油的耐压强度降低，从而破坏绕组的绝缘性能。缺油严重时，变压器导电部位对地和相互之间的绝缘降低，造成相间或对地击穿放电。此时如果继续使用，变压器油就不能正常循环对流，油温升高，会缩短寿命甚至烧毁。

（5）配电变压器绝缘套管有无损伤、破裂和放电痕迹　绝缘套管长时间不清理或有破损裂纹和放电痕迹，在阴雨或降雾天气时，绝缘套管的泄漏电流因空气潮湿而增大，绝缘下降，会发生对地闪络。另外，绝缘套管积垢严重或绝缘套管上有大的碎片和裂纹，也会造成闪络或爆炸事故。为解决此现象，除观察绝缘套管本身外，还要注意套管的积污规律，如风向、周围环境等，这样才能做好清洗工作。

（6）配电变压器的定期清理　要定期清理配电变压器上的污垢，检查套管有无闪络放电，接地是否良好，有无断线、脱焊、断裂现象，要定期摇测接地电阻，使其阻值不大于4Ω（容量100kV·A及以上）或10Ω（容量小于100kV·A），或者采取防污措施，安装套管防污帽。在接、拆配电变压器引出线时，要严格按照工艺操作，避免引出线内部断裂。

3. 配电变压器的常见故障分析

（1）三相负载不平衡或季节性过载　从调查结果来看，配电变压器三相负载不平衡大量存在。特别是在农村，大部分电力负载为单相负载，且负载变化较大，许多配电变压器三相负载不平衡，使三相不能对称运行，产生零序电流。这一方面使变压器的损耗增大，另一方面降低了变压器的有功功率。以上两种情况都将导致变压器过热、变压器油老化，使绕组绝缘水平降低，最终也将导致变压器损坏。

应对措施：①调查配电变压器的负载情况，包括一天24h的负载与一年4个季节的负载，弄清负载的大致情况，并尽量调整好三相负载，使之接近对称运行；②调整用电峰谷时间，减少过载情况；同时要及时给变压器增容，避免变压器长期过载运行。

（2）接地不良　配电变压器一般都设有防雷保护，但仍存在两个问题：①避雷器接地不良；②只重视高压侧装设避雷器，而忽视低压侧也需装设避雷器的问题（尤其是多雷地区）。如果避雷器接地不良，发生过电压时，避雷器不能很好地泄放电流，就会使变压器的绝缘损坏；如果低压侧未装设避雷器，当高压侧避雷器向大地泄放很大的雷电流时，在接地位置上产生电压降，此电压在经变压器外壳的同时也作用在低压侧绕组的中性点，使低压侧绕组通过低压线路的波阻抗接地。

应对措施：①查清与避雷器有关的接地不良处，按要求重新进行改接。注意先要把避雷器的接地线直接与变压器的外壳、低压侧中性点连接在一起，然后共用接地装置，其接地电阻不亦超过4Ω。②对于多雷区，低压侧要增设一组低压避雷器。

（3）渗油漏油　配电变压器中变压器油的渗漏现象也较多。渗漏使变压器内的油量减少，油位降低，造成空气与水汽的渗入，加快了油的氧化而使其劣化，使油的黏度变大，对流速度降低，影响变压器的散热，使温升较高，这进一步加速了油的劣化。同时劣化后的油酸性增强，导致绕组的绝缘电阻降低，甚至对绝缘起到破坏作用，长此以往，必然导致变压器损坏。

应对措施：①查清渗漏油的地方，并做好处理；②查看变压器油是否劣化变质，对油进行简单分析，如果变压器油由初期的淡黄色逐步变成橙色、棕色，且油的黏度较大，说明变压器油已劣化，必须对其进行净化处理或更换；③当变压器油未劣化变质时，查看油位是否过低，如果过低，则加油至变压器储油柜所标刻度处；④检查绕组的绝缘电阻。

（三）自耦变压器

1. 自耦变压器的结构

自耦变压器是一、二次绕组不绝缘的特种变压器，它其实只有一个绕组，一次侧和二次侧在同一绕组上。通常把同时属于一次侧和二次侧的部分绕组称为公共绕组，其余部分称为串联绕组。当自耦变压器作为降压变压器使用时，整个绕组都是一次绕组，从一次绕组中抽出一部分线圈作为二次绕组；当作为升压变压器使用时，整个绕组都是二次绕组，从二次绕组中抽出一部分线圈作为一次绕组。

自耦调压器是将抽头做成滑动触头的降压自耦变压器。自耦调压器能够平滑地调节二次绕组的电压，常用于试验电压的调节。环形铁心单相自耦调压器比较常见，其结构如图 8-16 所示。

2. 自耦变压器的工作原理

自耦变压器与普通变压器的工作原理相同。一次绕组中流过交变电流，在铁心中产生交变磁场，交变主磁通在一次绕组中产生自感电动势，在二次绕组中产生互感电动势。由于一次侧和二次侧在同一绕组上，相当于自己跟自己耦合，因而得名自耦变压器。

改变一、二次绕组的匝数比就可改变二次侧的端电压，实现电压变换。降压自耦变压器一、二次侧的匝数比一般为（1.5∶1）~（2∶1）。

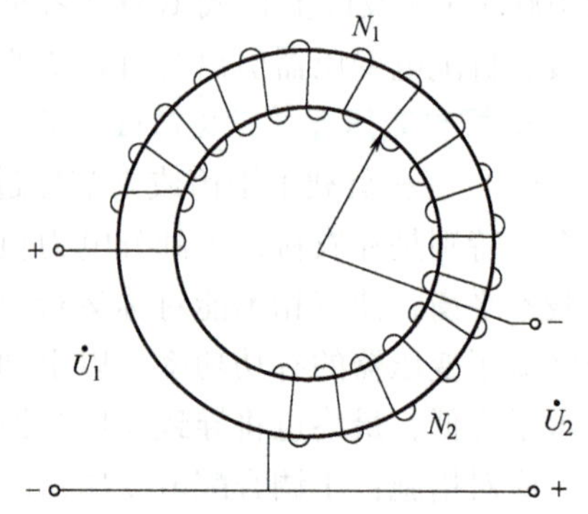

图 8-16　环形铁心单相自耦调压器结构

3. 自耦变压器的优点

普通双绕组变压器的一次绕组与二次绕组没有直接的电的联系，是通过电磁感应将电能从一次侧传递到二次侧的。自耦变压器的一次绕组与二次绕组既有磁的耦合，又有直接的电的联系，除了通过电磁感应传递能量外，还可以通过相连的电路直接传递一部分能量。由电磁感应传送到二次侧的功率，称为电磁功率或感应功率。由绕组电路直接传送到二次侧的功率称为传递功率。传递功率的存在，使自耦变压器比相同容量的双绕组变压器的结构尺寸更小、材料更省、损耗更少、效率更高。

（1）消耗材料少，成本低　自耦变压器的计算容量小于额定容量，而变压器的质量和尺寸仅取决于计算容量，因为变压器所用硅钢片和铜线的量与绕组的额定感应电动势和额定电流有关，也即与绕组的计算容量有关，所以在同样的额定容量下，自耦变压器的主要尺寸较小，有效材料（硅钢片和导线）和结构材料（钢材）都相应减少，从而降低了成本。

（2）损耗少、效益高　由于铜线和硅钢片用量减少，在同样的电流密度及磁通密度时，自耦变压器的铜损耗和铁损耗都比双绕组变压器减少，因此效益较高。

（3）便于运输和安装　因为自耦变压器消耗材料少，比同容量的双绕组变压器尺寸小、质量小，占地面积小，所以运输和安装都比较方便。

（4）提高了变压器的极限制造容量　变压器的极限制造容量一般受运输条件的限制，在相同的运输条件下，可允许制造出单台容量更大的自耦变压器。

注意： 自耦变压器的额定容量 S_N 一定时，电压比 k 越接近 1，感应功率的值就越小，传递功率所占比例就越大，经济效果就越显著，所以自耦变压器的电压比 $k \leqslant 2$ 时，上述优点才明显。

4. 在电力系统中采用自耦变压器的不利影响

自耦变压器并非没有缺点，在电力系统中采用自耦变压器，会有以下不利影响：

（1）使电力系统短路电流增加　以降压自耦变压器为例，由于一、二次绕组之间有电的联系，其短路阻抗相当于把绕组的串联部分（仅属一次绕组的部分）作为一次侧、公共部分作为二次侧的普通双绕组变压器的短路阻抗。因此，自耦变压器的短路阻抗只有同容量普通双绕组变压器短路阻抗的（$1-1/k$），若发生短路，将使三相短路电流显著增加。又由于自耦变压器中性点必须直接接地，所以系统的单相短路电流大大增加，有时甚至超过三相短路电流。

（2）在调压上造成一些困难　自耦变压器可能的调压方式有两种：一是在自耦变压器绕组内部装设带负荷改变分接头位置的调压装置；二是在高压与中压线路上装设附加变压器。这两种方法不仅制造上困难、不经济，而且在运行中也有缺点，例如会影响第三绕组的电压。

（3）使绕组的过电压保护复杂　首先，由于高、低压绕组的自耦联系，高压侧出现的过电压能直接传到低压侧，所以在低压侧使用的电气设备也应设置高压保护，以防止过电压。其次，当任一侧落入一个波幅与该绕组绝缘水平相适应的雷电冲击波时，另一侧出现的过电压冲击的波幅则可能超出该绝缘水平，所以必须在高、低压两侧出线端各装一组阀型避雷器，不能只在高压侧装、低压侧不装。

（4）使继电保护复杂　自耦变压器必须用于中性点直接接地系统中，且其中性点必须可靠接地，或者经小阻抗接地，以避免高压侧单相接地时，自耦变压器中压侧出现过电压。自耦变压器高、低压侧的零序电流保护，应接于各侧套管电流互感器组成的零序电流过滤器上，而不应装于接地中性点上，这使得继电保护的整定和配置复杂化。

5. 自耦变压器的应用

自耦变压器在不需要一次侧和二次侧隔离的场合都有应用。常见的交流（手动旋转）调压器、家用小型交流稳压器内的变压器、10kW 以上三相异步电动机自耦减压起动器内的变压器等，都是自耦变压器的应用范例。随着电力系统的发展、电压等级的提高和输送容量的增大，自耦变压器由于其容量大、损耗小、造价低的优点而在高压电力网络中得到了广泛应用。

小型自耦变压器常用于安全照明等设备的供电，常用的型号为 400V/36V（24V）。但是，由于自耦变压器的一次绕组和二次绕组直接相连，有跨级漏电的危险，所以不能用作行灯变压器。

（四）控制变压器

控制变压器是一种小型的干式变压器，主要适用于交流 50Hz（或 60Hz）、电压 1000V 及以下的电路中，在额定负载下可连续长期工作，通常在机床、机械设备中作为控制电路电源、局部照明电源、信号灯或指示灯电源等。控制变压器实际上是一个具有多种输出电压的降压变压器，因多用于低压配电系统的控制电路而得名，其文字符号为 CT。

控制变压器的一次绕组和二次绕组同心地绕在同一个铁心柱上，二次绕组在内侧、一次绕组在外侧，其工作原理与普通双绕组变压器相同，一、二次绕组的匝数比等于电压比。

1. 控制变压器的使用注意事项

（1）注意变压器的功率大小　二次绕组所接负载的总功率不得大于控制变压器的功率，更不允许短路。否则，将导致绕组温度太高，严重时将会烧毁。

（2）要正确接线　控制变压器的一次侧和二次侧不得接错，尤其是一次侧。一次侧应配接的电压值均标注在它的接线端子上，绝不允许把 380V 的电源线接在 220V 的接线端子上，但可以把 220V 电源线接在 380V 接线端子上，此时二次侧所有的输出电压将降低为原来的 57. 8%。负载应根据额定电压值接在二次侧的相应接线端子上，例如 6. 3V 的指示灯应接在 6. 3V 接线柱上，机床 36V 照明灯泡应接在 36V 接线柱上，127V 的机床交流接触器线圈应接在 127V 接线柱上。

2. 控制变压器的安全要求

1）控制变压器在冷态情况下的绝缘电阻应不低于 10MΩ，在热态和潮态情况下的绝缘电阻应不低于 2MΩ。

2）控制变压器的电气绝缘强度应能够承受交流 50Hz、2000V 正弦交流电压的耐压实验，历时 1min 不发生击穿或闪络现象。

3）控制变压器的泄漏电流不得超过 3mA。

4）控制变压器绕组的极限温升（E 级绝缘）不得超过 75K（电阻法测量）；铁心的极限温升（E 级绝缘）不得超过 55K（半导体点温计法测量）。

5）控制变压器应有供接地的专用端子，并标有接地符号。

（五）变压器选配

对面试官提出的输配电系统和工厂供电系统中变压器的选配问题，通过对上述电力变压器、配电变压器、自耦变压器和控制变压器的性能及应用情况进行比较，可得出如下结论：

（1）输配电系统需要配置电力变压器　把电能从发电厂输送到数千公里外的用户，这是输配电系统的工作。为减小电能在远距离输送过程中的损耗，发电厂侧要配置升压变压器升高电压后再输出，电能输送到用户侧后，要配置降压变压器经过多级降压后再提供给用户。因此，这里要配置的电力变压器包括升压变压器和降压变压器。

（2）工厂供电系统需要配置配电变压器　数控加工厂生产用电由工厂供电系统供应。一般中型工厂的电源进线电压是 6~10kV，除高压用电设备由高压配电线路直接供给外，其他设备要先由高压配电线路将电能分送到各车间变电站，再经配电变压器将电压降至 220V 或 380V 后再使用。

（3）数控机床的正常工作需要配置控制变压器和伺服变压器　数控机床属于低压电气设备。在国内，数控机床供电的电源电压都是三相 AC 380V，50Hz。其中，数控机床内部的主轴驱动器、伺服驱动器的电压是三相 AC 380V 或三相 AC 220V；数控系统的供电电压是 AC 220V 或 DC 24V 等；机床交流控制电路是 AC 220V 或 AC 110V 等；机床直流控制电路一般是 DC 24V；照明是 AC 220V、AC 24V 或 DC 24V 等。由于同时需要给数控机床的控制电路、局部照明、风扇等提供不同电压等级的交流电，应配置控制变压器，利用控制变压器既能降压又具有多种输出电压的特性满足供电需求。由于数控机床的伺服驱动系统比较特殊，需要配置专用的伺服变压器。伺服变压器的具体情况，参见本项目“五、拓展与提高”中的“（二）伺服变压器”。

五、拓展与提高

在实际工业生产中，除双绕组电力变压器外，还有各种用途的特殊变压器。这里着重介绍仪用互感器、伺服变压器和弧焊变压器。

（一）仪用互感器

仪用互感器是一种用以传递信息给测量仪器、仪表和保护、控制装置的变换器，也称测量用互感器，是电压互感器和电流互感器的统称。电压互感器和电流互感器的实物分别如图 8-17 和图 8-18 所示。电压互感器和电流互感器能通过电磁感应传递信号，将一次侧的高电压/大电流变换为二次侧的低电压/小电流，便于仪器测量或供继电保护自动装置使用。

图 8-17　常见的电压互感器实物　　图 8-18　常见的电流互感器实物

1. 仪用互感器的作用

在电气测量中，若直接使用电压表或电流表测量交流电路的高电压或大电流，就要用大量程的测量仪表，这对仪表的制造要求较高，对操作人员也很不安全。若使用仪用互感器测量高电压、大电流，就没有这些问题了。

首先，仪用互感器的一次回路与二次回路之间有电气隔离，使用仪用互感器能使仪表、继电器等二次设备与高电压、大电流的被测电路绝缘，能避免被测电路的高电压、大电流直接作用在二次设备上，降低了对测量仪表的绝缘要求，也可防止二次设备的故障影响到被测电路，提高了一、二次设备的安全性和可靠性，使测量操作更安全。

其次，使用仪用互感器可以扩大仪表、继电器等二次设备的应用范围，普通量程的电压表/电流表就可测量高电压/大电流，例如：5A 的电流表/100V 的电压表，通过不同变比的电流互感器/电压互感器，可对任意的大电流/高电压进行测量，而且可使仪表、继电器等二次设备的规格统一，既有利于这些设备的标准化，也能减少备品的数量。

2. 电压互感器

（1）电压互感器的结构　电压互感器是指电磁式电压互感器，基本结构与普通双绕组变压器相同，实质上就是一个降压变压器。它由铁心和一、二次绕组组成。一次绕组匝数多，导线细；二次绕组匝数少，导线粗。

（2）电压互感器的工作原理　电磁式电压互感器与普通双绕组变压器的工作原理相同，如图 8-19 所示。电压互感器的一次绕组 N_1 匝数很多，并联在高压线路上，加在 N_1 两端的电压就是需要测量的高电压；二次绕组 N_2 匝数较少，串联电压表或其他仪表的电压线圈组成闭合回路，电压表的读数就是 N_2 两端的电压值。由于电压互感器二次绕组所串联的仪表阻抗很大，使得二次电流很小，近似为零，电压互感器正常运行相当于降压变压器的空载运行，因此有

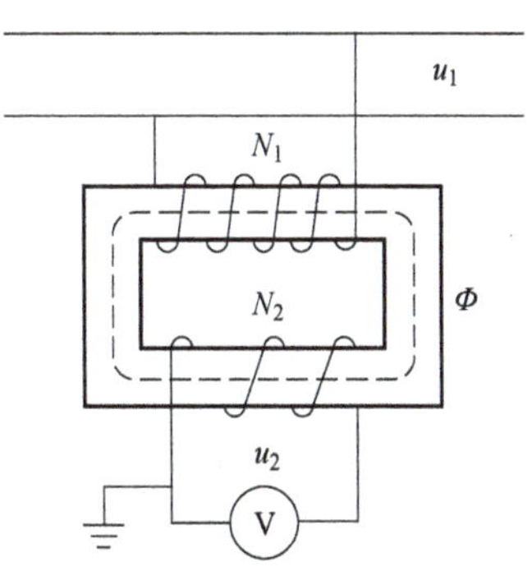

图 8-19　电压互感器工作原理

$$\frac{U_1}{U_2}=\frac{N_1}{N_2}=k_u \tag{8-16}$$

式中　U_1、U_2——一、二次绕组的电压；

N_1、N_2——一、二次绕组的匝数，k_u为电压比。

可见，电压互感器利用一、二次绕组的不同匝数，可将被测量的高电压转换成低电压来测量。

电压互感器二次侧的额定电压通常设计成 100V，额定电压有 3000V/100V、10000V/100V 等多个等级。

（3）电压互感器的使用注意事项

1）电压互感器在运行时二次绕组绝不允许短路。二次绕组短路，会有很大的短路电流，容易烧坏互感器。鉴于此，应在电压互感器的二次侧电路中串联熔断器作为短路保护。

2）电压互感器的铁心必须可靠接地，二次绕组的一端也必须可靠接地，以防止一次绕组绝缘损坏时，二次绕组出现对地高电位而危及人身和设备的安全。

3）电压互感器有一定的额定容量，使用时二次侧不宜接过多的仪表，否则将影响测量的准确度。

3. 电流互感器

（1）电流互感器的结构　电流互感器是指电磁式电流互感器。它实质上是一个升压变压器，与普通双绕组变压器的基本结构相同，由铁心和一、二次绕组组成。有的电流互感器没有一次绕组，就利用穿过其铁心的一次电路（如母线）充当一次绕组。

（2）电流互感器的工作原理　电磁式电流互感器与普通双绕组变压器的工作原理相同，如图 8-20 所示。电流互感器一次绕组的匝数 N_1 很少，一般只有一匝到几匝，导线较粗，串联在被测线路中，流过的是被测电流；二次绕组匝数 N_2 很多，导线较细，与电流表或仪表的电流线圈串联，构成闭合回路，电流表的读数就是流过 N_2 的电流值。电流互感器二次绕组所接的仪表阻抗很小，二次绕组相当于短路，电流互感器正常运行相当于升压变压器的短路运行。由于电流互感器铁心中的磁通密度较低，所以励磁电流很小，若忽略励磁电流，由磁通势平衡方程式可得

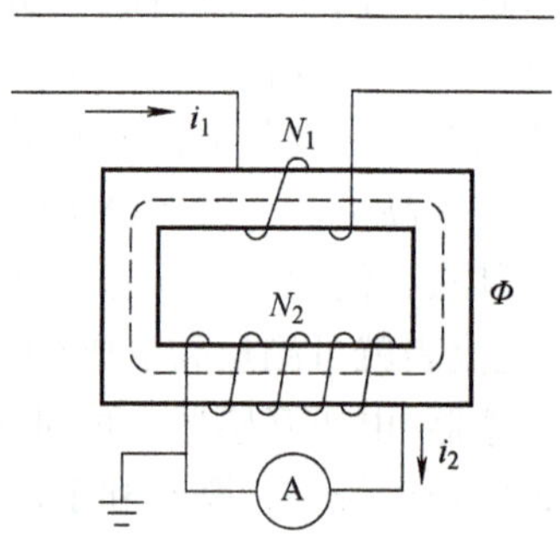

图 8-20　电流互感器工作原理

$$\frac{I_1}{I_2}=\frac{N_2}{N_1}=k_i \tag{8-17}$$

即

$$I_2=\frac{I_1}{k_i} \tag{8-18}$$

式中　I_1、I_2——流过一、二次绕组的电流；

N_1、N_2——一、二次绕组的匝数；

k_i——一、二次绕组的电流比，也就是电流互感器的电流比。

可见，利用一、二次绕组的不同匝数，电流互感器可将线路中的大电流转换成小电流来测量。

电流互感器二次侧的额定电流通常设计成 5A，其额定电流有 100A/5A、500A/5A、2000A/5A 等多个等级。

（3）电流互感器的使用注意事项

1）电流互感器运行时二次绕组绝不许开路。若二次绕组开路，电流互感器就成为空载运行状态，此时一次绕组中流过的大电流全部成为励磁电流，使铁心中的磁感应强度猛增，磁路严重饱和，一方面铁心过热会烧坏绕组绝缘，另一方面因二次绕组匝数很多，将感应出很高的电压，可能会击穿绝缘，危及二次绕组中的仪表及操作人员的安全。因此，电流互感器

的二次绕组电路中不允许装熔断器。在运行中若要拆下电流表，应先将二次绕组短路后再拆除。

2）电流互感器的铁心和二次绕组的一端都必须可靠接地，以免绝缘损坏时，高压侧电压传到低压侧而危及仪表及人身安全。

3）二次侧所接的电流表的内阻抗应该很小，否则会影响测量精度。

（二）伺服变压器

伺服变压器是专门为伺服驱动系统提供电源的变压器，可以有效地为伺服驱动器提供电能。

1. 伺服变压器的结构

伺服变压器的结构与传统的铁心变压器完全不同，它没有铁心和绕组，主要由大功率开关管、智能传感器以及智能控制系统共同组成，包括 AC/DC 转换电路、电源滤波电路、防雷过电流过电压保护电路和高次谐波抑制电路等。伺服变压器没有采用易产生谐波的晶闸管作为开关器件，无谐波输出，净化了电网，也能对伺服驱动器起到一定的保护作用。

2. 伺服变压器的用途

伺服变压器能把电压从 AC 380V 变换成 AC 220V 或 AC 200V，可以替换传统的三相干式变压器。它能通过智能传感器对负载进行动态跟踪，自动监测伺服驱动器的功率、电压、电流，以弱电控制强电，伺服驱动器需要多少能量，伺服变压器就输出多少能量，达到了节能降耗的目的。

3. 伺服驱动系统使用伺服变压器的必要性

伺服驱动系统的精度和转矩有很大关系，伺服电动机转矩输出的大小和精度又与输出电流息息相关。伺服驱动系统在起动和过载时要从电源吸取数倍于额定电流的过电流。如果电源不能及时供给，势必造成起动迟滞、同步失准、定位不准等不正常现象。

传统的工频变压器不够稳定，难以满足伺服驱动系统的工作要求，主要体现在两方面：①输出会受电网波动的影响；②漏磁、铁心磁阻、电磁线电阻会造成输出电流曲线的软化。

伺服变压器利用伺服驱动系统的闭环和半闭环控制来调节输出，输出的是动态电流，且输出电流非常高，符合伺服驱动系统的工作特性，能与伺服控制器一起达到变压、变流的目的。

4. 伺服变压器的优点

与传统的铁心变压器相比，伺服变压器具有如下优点：

1）智能化程度高，可随需应变，自动调节伺服驱动系统所需电流，输出电流不受电网电压波动的影响，能使伺服电动机发挥更好的性能。

2）适应性强，安装海拔可达 4500m，环境温度-45~68℃都能承受。

3）性能优越，即效率高（效率 η 可达 99.8%）、过载能力强、稳定性强、抗干扰、不发热、耗电少、输出能量更稳定、能够长时间连续工作。

4）体积只有手掌般大小，安装灵活。

5）价格低，比传统工频变压器便宜。

6）安全可靠，寿命长达二十年以上。

（三）弧焊变压器

弧焊变压器又称交流弧焊机，俗称交流电焊机。实际上，它是一种特殊的降压变压器，以交流电形式向焊接电弧供电，通常用于手工电弧焊。

电弧焊要依靠电弧放电产生的热量熔化金属，为保证弧焊的质量和电弧燃烧的稳定性，对弧焊变压器有如下的要求：

1）为保证起弧容易，空载电压应为 60~75V。为操作者的安全考虑，最高空载电压应不大于 85V。

2）负载运行时具有电压迅速下降的外特征，如图 8-21 所示。一般额定负载时输出电压在 30V 左右。

3）为满足不同焊接材料和不同焊件的要求，焊接电流可在一定范围内调节。

4）短路电流不应过大，且焊接电流应当稳定。

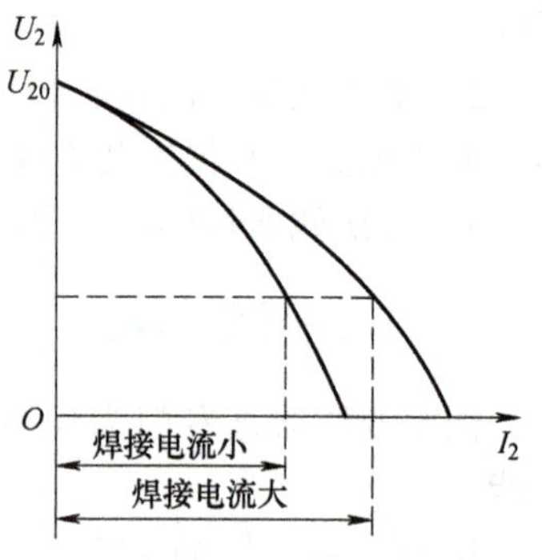

图 8-21　弧焊变压器的外特性

基于上述要求，弧焊变压器应具有较大的电抗，并且可以调节。为此，弧焊变压器的一、二次绕组要分装在两个铁心柱上。为获得电压迅速下降的外特性以及弧焊电流可调，可采用串联可变电抗器法和磁分路法，由此派生出带电抗器的弧焊变压器和带磁分路的弧焊变压器。

1. 带电抗器的弧焊变压器

如图 8-22 所示，在弧焊变压器二次绕组中串联一个可变电抗器，通过螺杆调节可变电抗器的气隙来改变弧焊电流。当可变电抗器的气隙增大时，电抗器 L 减小，感抗 X_L 减小，焊接电流 I_2 增大；反之，若气隙减小，电抗器的感抗 X_L 增大，焊接电流 I_2 减小。另外，换接一次绕组的端头，可以调节起弧电压的大小。

2. 带磁分路的弧焊变压器

带磁分路的弧焊变压器是在弧焊变压器一、二次绕组的两个铁心柱之间安装一个磁分路动铁心而制成的，如图 8-23 所示。磁分路动铁心的存在增加了漏磁通，增大了漏电抗，从而使变压器获得迅速下降的外特性。通过弧焊变压器外部手柄来调节螺杆，可将磁分路动铁心移动进或移出（在图中，移动方向垂直于纸面），使漏磁通增大或减小，即漏电抗增大或减小，从而改变焊接电流的大小。另外，还可以通过二次绕组的抽头调节起弧电压的大小。

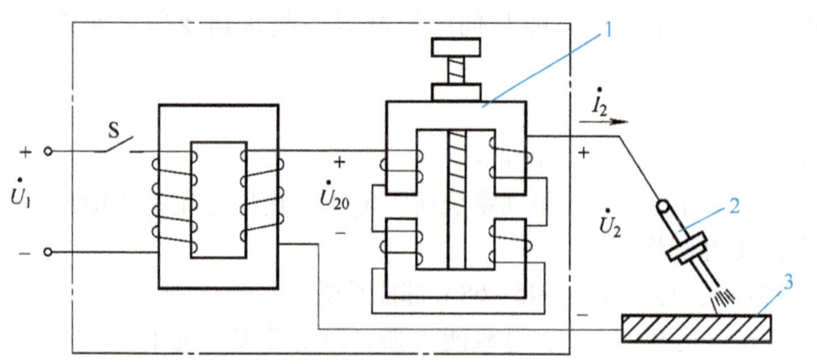

图 8-22　带电抗器的弧焊变压器

1—可变电抗器　2—焊把及焊条　3—工件

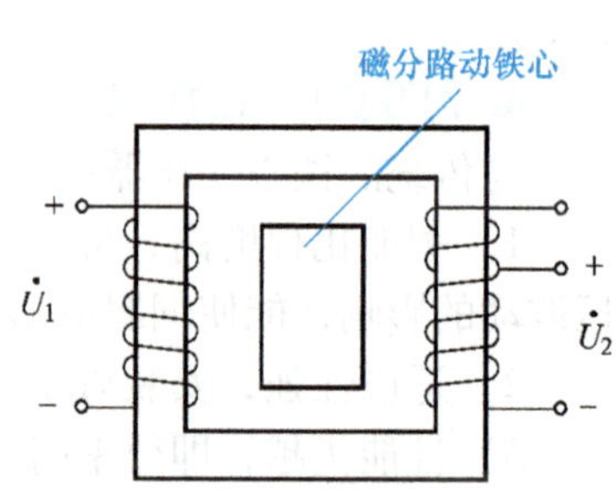

图 8-23　带磁分路的弧焊变压器

国产 BX1 系列磁分路动铁心式交流弧焊机就是根据上述原理设计的。它实质上是一台单相带磁分路的降压变压器，其结构图如图 8-24a 所示。一次绕组为筒形绕组，套装在一个铁心柱上，二次绕组分成两部分，一部分套装在一次绕组外面，另一部分兼作电抗线圈装在另一侧的固定铁心柱上。如图 8-24b 所示，一、二次绕组的接线板安装在弧焊机两侧。更换二次绕组接线板上连接片的位置，可改变二次绕组和电抗线圈的匝数，实现焊接电流的粗调；转动弧焊机中部的手柄，可改变磁分路动铁心的位置，即改变漏磁分路的大小，实现焊接电流的细调。当动铁心远离固定铁心时，漏磁通减小，焊接电流加大；反之，当动铁心靠近固定铁心时，漏磁通增大，焊接电流减小。

弧焊机空载时，无焊接电流流过，电抗线圈不产生电抗压降，形成较高的空载电压，便于引弧。在进行焊接时，二次绕组流过焊接电流，在铁心内产生磁通，该磁通经过磁分路动铁心又回到二次绕组构成回路，成为漏磁通，由于铁心磁阻很小，所以漏磁通很大。漏磁通在二次绕组中感应出反电动势，使二次绕组电压下降。当二次绕组输出端短路时，二次电压几乎全部被反电动势抵消，限制了短路电流，能够获得下降的外特性。

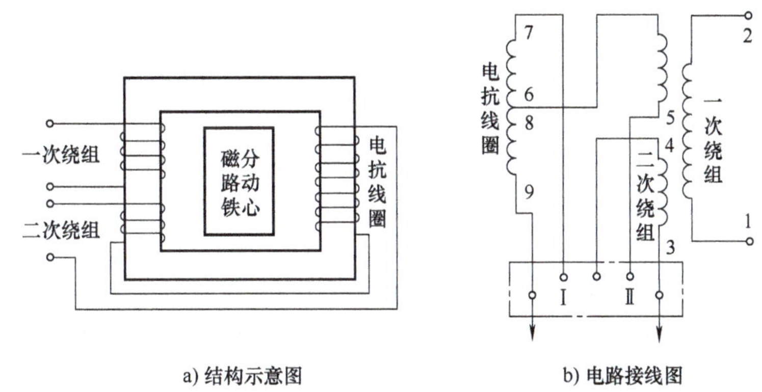

图 8-24　BX1 系列磁分路动铁心式交流弧焊机的结构与接线

六、思考与练习

（一）填空题

1. 变压器的铁心通常由硅钢片叠装而成，因绕组位置不同，可分为______和______两大类。

2. 电力变压器的____________穿过油箱盖，将油箱中变压器绕组的输入线与输出线从箱内引到箱外与电网相接。

3. 变压器的空载运行是指变压器的一次绕组加____________，二次绕组______的工作状态。

4. 一次绕组为 660 匝的单相变压器，当一次电压为 220V 时，要求二次电压为 127V，则该变压器的二次绕组应为______匝。

5. 电压比为 1.15 的变压器，一次侧接入 220V 的交流电源时，二次电压为______ V。

（二）选择题

1. 油浸式变压器中的油能使变压器（　　）。

A. 润滑　　B. 冷却　　C. 绝缘　　D. 冷却和增加绝缘性能

2. 有一台 380V/36V 的变压器，在使用时不慎将高压侧和低压侧互相接错，当低压侧加上 380V 电源后，会发生的现象是（　　）。

A. 高压侧有 380V 的电压输出

B. 高压侧有高于 380V 的电压输出，绕组严重过热

C. 高压侧没有电压输出

D. 高压侧有低电压输出，绕组无过热现象

3.（多选）变压器是利用电磁感应原理来改变交流电压的装置，主要功能有（　　）。

A. 电压变换　　B. 电流变换　　C. 阻抗变换　　D. 功率变换

（三）判断题

1. 双绕组变压器中，匝数较多、线径较小的绕组一定是高压绕组。(　　)

2. 变压器既可以变换电压、电流和阻抗，又可以变换相位、频率和功率。(　　)

3. 气体继电器装在储油柜与油箱之间的管道中，当变压器发生故障时，气体继电器就会过热而使油分解产生气体，促使气体继电器动作。(　　)

4. 油浸式电力变压器的安全气道用于避免油箱爆炸引起的更大危害。(　　)

5. 变压器二次电流增加时，二次绕组磁动势的去磁作用会使铁心中的主磁通减小。(　　)

6. 变压器的二次电流变化时，一次电流也跟着变化。(　　)

7. 同容量的自耦变压器与普通变压器相比，耗材少、尺寸小，质量小，效率高，尤其在电压比接近于 1 的场合显得特别经济。(　　)

8. 在运行时，电压互感器二次绕组不允许开路，电流互感器二次绕组不允许短路。(　　)

9. 伺服变压器利用伺服驱动系统的闭环和半闭环控制来调节输出，能与伺服控制器一起达到变压、变流的目的。(　　)

10. 弧焊变压器实质上是一台特殊的降压变压器。(　　)

项目九 控制电机的应用

一、项目情景描述

全自动液体灌装生产线由带式输送机、洗瓶机、烘干机、液体灌装机、旋盖机、贴标机、喷码机等设备组成，其工作流程为：洗瓶→烘瓶→灌装→旋盖→贴标→喷码→装箱。首先将空瓶放在带式输送机上，由带式输送机传送至洗瓶机进行洗瓶。一次洗几个瓶子要根据灌装机的灌装头数来决定，例如灌装机的灌装头数是 10 头，那么洗瓶机的洗瓶位就是 10 位。瓶子洗好之后，由带式输送机传送至烘干机，将瓶子消毒、烘干，然后再传送至液体灌装机进行灌装。灌装完毕，瓶子再被传送到旋盖机处进行封口。封口之后是贴标签、喷码，最后是装箱。

在全自动液体灌装生产线的工作流程中，带式输送机将瓶子准确送到位，是保证洗瓶、烘瓶、灌装、旋盖等主要工序顺利进行的前提。这要求带式输送机的起动和停止必须快速而精准，请问采用何种电气设备带动带式输送机，才能达到工艺要求？为什么？

二、项目解读

带式输送机的精准定位是保障全自动液体灌装生产线连续可靠运行的关键。在学习本项目的过程中，要充分理解“闻令而动，令行禁止”的含义。“闻令而动，令行禁止”不仅是工业生产对电气自动化控制的要求，也是维护社会安定、保障人民生命健康的需要。闻令而动，就要敢于直面问题，挑战面前不畏惧，困难面前不退缩，关键时刻顶上去。令行禁止，就要立足本职岗位，遵照规范，强化责任担当，规规矩矩做事、堂堂正正做人。“闻令而动，令行禁止”，对自动生产线而言，只有特殊制造的电气设备才能达到；在社会发展中，只有站位高远、信念坚定、业精技强的人们才能做到。通过学习本项目，培养“闻令而动，令行禁止”的觉悟和能力，为成长为国之栋梁奠定基础。

三、专业知识积累

随着自动控制系统和计算装置的不断发展，在普通旋转电机的基础上产生出多种具有特殊性能的小功率电机。它们通常在自动控制系统和计算装置中作为执行元件、检测元件和解算元件，突出的是转速、位置等的精确控制，这类电机统称为控制电机。控制电机的输出功率一般较小，从数百毫瓦到数百瓦，但在大功率的自动控制系统中，控制电机的输出功率也可达到数十千瓦。

控制电机和普通旋转电机在原理上并没有本质区别，但因使用场合不同，性能指标有很大不同。普通旋转电机主要在电力拖动系统中进行机电能量的转换，着重于起动和运转状态等力能指标的要求。控制电机主要用于自动控制系统和计算装置中，着重于特性的高精度和快速响应等。

控制电机包括测速发电机、伺服电动机、步进电动机、旋转变压器、自整角机等，已成为现代工业自动化系统、现代科学技术和现代军事装备中必不可少的重要元件，如机床加工的自动控制和自动显示、阀门的遥控、火炮和雷达的自动定位、舰船方向舵的自动操纵、飞机的自动驾驶、遥远目标位置的显示，以及电子计算机、自动记录仪表、医疗设备、录音设备、录像设备、摄影设备等的自动控制。

（一）伺服电动机

伺服电动机是指在伺服系统中控制机械元件运转的发动机，常常在自动控制系统中用作执行元件。它能将输入的电压信号转换成转矩或速度输出，以驱动控制对象，位置精度非常准确。输入的电压信号称为控制信号或控制电压。改变控制电压的极性和大小，便可改变伺服电动机的转向和转速，使伺服电动机按照控制信号的要求驱动工作机械，而且响应迅速。伺服电动机具有机电时间常数小、线性度高等特性，其主要特点是：当信号电压为零时无自转现象，转速会随着转矩的增加而匀速下降。伺服电动机在工业机器人、机床、各种测量仪器、办公设备以及计算机关联设备等场合获得了广泛应用。按照所使用的电源性质不同，伺服电动机有直流和交流之分。

1. 直流伺服电动机

直流伺服电动机就是一台微型他励直流电动机，其结构与工作原理与他励直流电动机相同，其输出功率为1~600W，一般用在功率稍大的系统中。按照励磁方式的不同，直流伺服电动机可分为他励式和永磁式两种。工程中采用直流电压信号控制伺服电动机的转速和转向，其控制方式有电枢控制和磁场控制两种。前者通过改变电枢电压的大小和方向来改变伺服电动机的转速和转向；后者通过改变励磁电压的大小和方向来改变伺服电动机的转速和转向。后者只适用于他励式直流伺服电动机，且控制性能不如前者，因此工程中应用的直流伺服电动机多采用电枢控制。

采用电枢控制时，直流伺服电动机原理如图 9-1 所示。伺服电动机励磁绕组接于恒压直流电源 U_f 上，流过恒定励磁电流 I_f，产生恒定磁通 Φ，将控制电压 U_c 加在电枢绕组上以控制电枢电流 I_c，进而控制电磁转矩 T，实现对电动机的转速 n 的控制。

他励直流电动机的电磁转矩公式 $T=C_T\Phi I_a$、反电动势公式 $E_a=C_e\Phi n$、电枢电路电动势平衡方程 $U_a=E_a+R_aI_a$ 等对直流伺服电动机都适用。采用电枢控制时，直流伺服电动机的机械特性与他励直流电动机改变电枢电压时的人为机械特性相似，其机械特性方程为

$$n=\frac{U_c}{C_e\Phi}-\frac{R_aT}{C_eC_T\Phi^2} \tag{9-1}$$

当 U_c 取不同值时，得到的机械特性曲线为一簇平行直线，如图 9-2 所示，图中的 n^* 和 T^* 分别是转速 n 和电磁转矩 T 的相对值。通过这簇机械特性曲线，容易看出：在 U_c 一定的情况下，T 越大则转速 n 越低；在负载转矩一定，磁通不变时，控制电压 U_c 越高，转速 n 也越

高，且转速 n 的增加与控制电压 U_c 的增加成正比；当 $U_c=0$ 时，$n=0$，电动机停转。

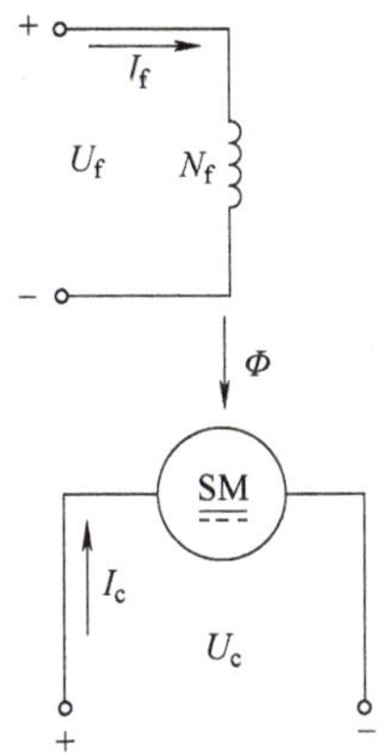

图 9-1　电枢控制直流伺服电动机原理

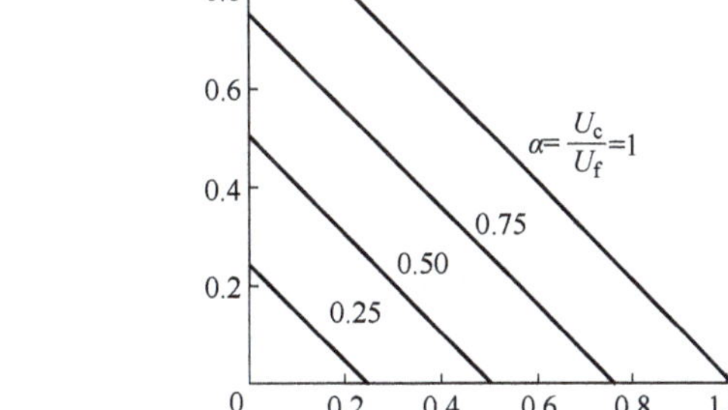

图 9-2　直流伺服电动机 U_f 为常数时的机械特性

改变控制电压 U_c 的极性就可改变直流伺服电动机的转向，所以说直流伺服电动机具有可控性。

在使用直流伺服电动机时，应先接通励磁电源，等待控制信号。控制信号一旦出现，电动机马上起动，快速进入运行状态；当控制信号消失时，电动机马上停转。在直流伺服电动机的工作过程中，一定要防止励磁绕组断电，以防电动机因超速而损坏。

2. 交流伺服电动机

（1）交流伺服电动机的基本结构　交流伺服电动机的结构与单相异步电动机类似，在定子铁心槽内嵌放两相绕组，一相是励磁绕组 N_f，由给定的交流电压 U_f 为其励磁；另一相是控制绕组 N_c，由输入的交流电压 U_c 来控制。两相绕组在空间相差 90°电角度。常用的转子有两种结构，一种为笼型转子，为了减小转子的转动惯量通常做成细而长的形状，转子导条和端环则采用高阻值材料或采用铸铝转子；另一种是用铝合金或铜等非磁性材料制成的空心杯转子。空心杯转子交流伺服电动机还有一个内定子，内定子上不装绕组，仅作为磁路的一部分，相当于笼型转子的铁心，空心杯转子装在内、外定子之间的转轴上，可在内、外定子之间的气隙中自由旋转，如图 9-3 所示。

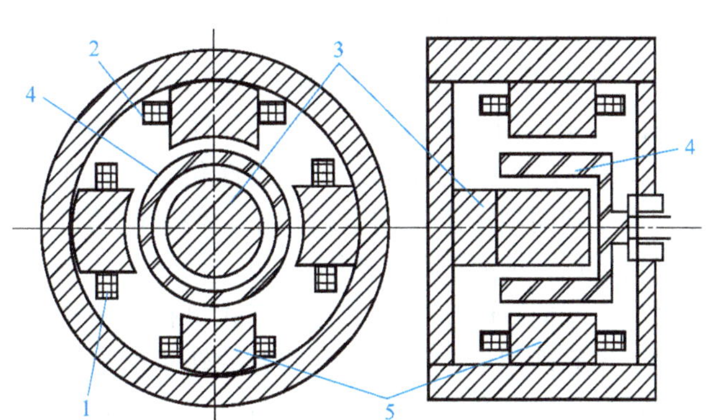

图 9-3　空心杯转子交流伺服电动机结构示意图

1—励磁绕组　2—控制绕组　3—内定子　4—转子　5—外定子

（2）交流伺服电动机的工作原理　交流伺服电动机的工作原理与具有起动绕组的单相异步电动机相似。如图 9-4 所示，在励磁绕组 N_f 中串联电容 C 进行移相，使励磁电流 I_f 与控制绕组 N_c 中的电流 I_c 之间的相位近似相差 90°电角度。励磁绕组产生的磁通 Φ_f 与控制绕组产生的磁通 Φ_c 之间的相位也近似相差 90°电角度，两者在空间产生一个两相旋转磁场。在该旋转磁场的作用下，笼型转子的导条或者空心杯转子的杯形筒壁中产生感应电动势与感应电流，此感应电流就是转子电流。转子电流与旋转磁场相互作用产生电磁转矩 T，T 带动转子旋转。

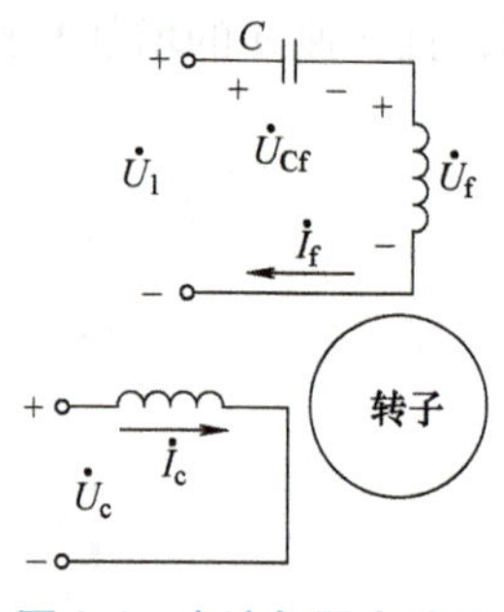

图 9-4　交流伺服电动机原理图

当控制电压 U_c 取消，仅有励磁电压 U_1 作用时，若伺服电动机仍按原转动方向旋转，就呈现“自转”现象。“自转”不符合交流伺服电动机的可控性要求。为防止发生“自转”，必须增大转子电阻。

由单相异步电动机的工作原理可知，单个绕组通入交流电产生的单相脉动磁场可分为两个大小相等、方向相反的旋转磁场，正向旋转磁场产生拖动转矩 T_+，反向旋转磁场产生制动转矩 T_-。图 9-5 画出了转子电阻值不同且控制电压 $U_c=0$ 时的正向转矩、反向转矩以及合成转矩 T 的机械特性。

图 9-5a 为电动机转子电阻值取一般单相异步电动机转子电阻值时的 $T=f(s)$ 曲线，出现最大转矩时的转差率 $s_m=0.2$ 左右。若此时控制电压消失，电动机仍沿转子原转动方向继续转动，即发生“自转”。

图 9-5b 是把交流伺服电动机的转子电阻增大到 R_2' 时的 $T=f(s)$ 曲线，此时 $s_m=0.5$ 左右。若负载转矩小于最大转矩，即 $T_L<T_m$，则在控制电压消失时，电动机仍沿转子转动方向转动。

图 9-5c 是电动机转子电阻增大到 $R_2''(R_2''>R_2'>R_2)$ 时的 $T=f(s)$ 曲线，此时 $s_m=1$，其合成转矩 T 在电动机工作状态时成为负值，即当控制电压消失后，处于单相运行状态的电动机会因电磁转矩为制动性质而使电动机迅速停转。所以，在设计制造时，如果适当加大交流伺服电动机的转子电阻，使 $T=f(s)$ 曲线中的 $s_m\geqslant1$，便可克服“自转”现象，对应的机械特性如图 9-6 所示。

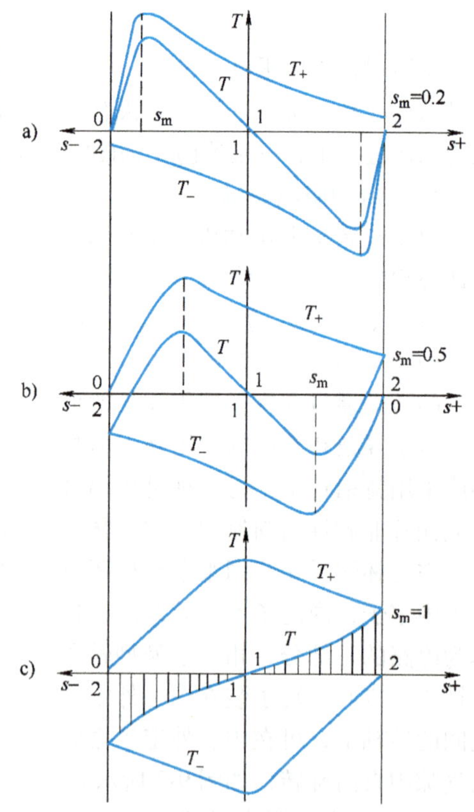

图 9-5　交流伺服电动机单相运行（$U_c=0$）时的 $T=f(s)$ 曲线

如图 9-7 所示，曲线 1 为一般三相异步电动机的机械特性，临界转差率 $s_m=0.1$，稳定运行区在 $s=0\sim0.1$ 的范围内，调速范围很小。增大交流伺服电动机的转子电阻，使 $s_m\geqslant1$，机械特性变为图中的曲线 2 或 3，即机械特性更接近线性化，而且在转速 n 由 0 到同步转速 n_1 的全过程中，伺服电动机均能稳定运行，扩大了调速范围。

虽然交流伺服电动机与电容分相式单相异步电动机的工作原理相似，但是因为前者的转子电阻比后者大得多，所以交流伺服电动机与电容分相式单相异步电动机相比，有三个显著优点：①起动转矩大；②运行范围较广；③不会出现自转现象。

（3）交流伺服电动机的控制方式　交流伺服电动机在运行过程中，控制绕组上所加的控制电压 U_c 是变化的，改变 U_c 的大小或者改变 U_c 与励磁电压 U_f 之间的相位差，都能使电动机气隙中的旋转磁场发生变化，从而影响到电磁转矩。当负载转矩一定时，通过调节控制电压 U_c 的大小或相位就可以改变电动机的转速或转向。所以，交流伺服电动机的控制方式有幅值控制、相位控制和幅值-相位控制三种。

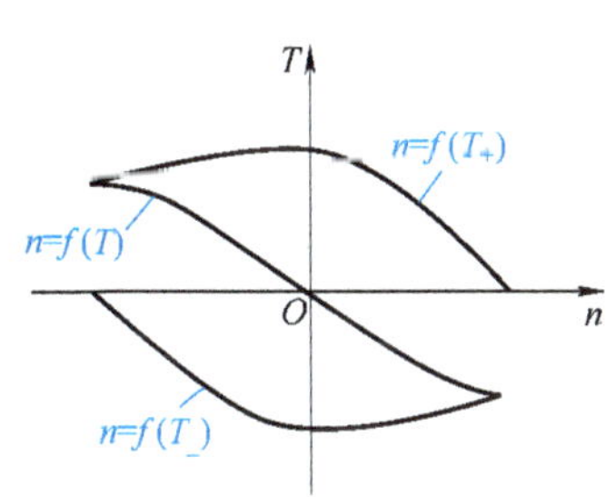

图 9-6 交流伺服电动机单相运行（$U_c=0$）克服了自转的 $T=f(s)$ 曲线

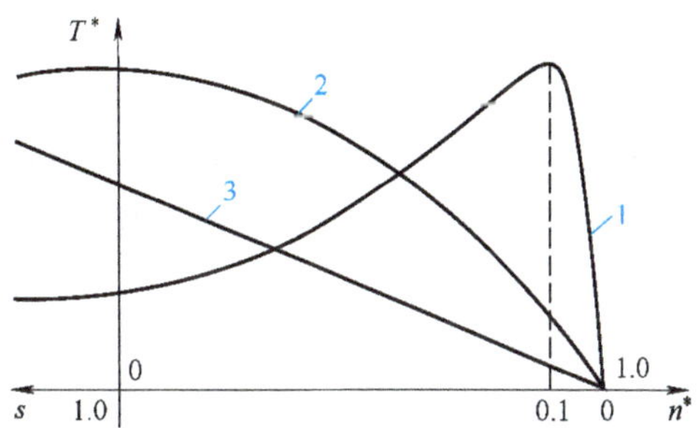

图 9-7 交流伺服电动机的机械特性曲线

1—$s_m=0.1$ 2—$s_m=1$ 3—$s_m>1$

（4）交流伺服电动机的优点

1）无电刷和换向器，因此工作可靠，对维护和保养要求低。

2）定子绕组散热比较方便。

3）惯量小，易于提高系统的快速性。

4）适应于高速大转矩的工作状态。

（5）交流伺服电动机的发展现状 随着集成电路、电力电子技术和交流可变速驱动技术的发展，永磁交流伺服驱动技术日臻成熟。交流伺服电动机和伺服驱动器系列产品不断完善和更新，交流伺服系统已成为当代高性能伺服系统的主要发展方向，在传动领域得到了广泛应用。

（6）交流伺服电动机的应用举例 这里以测温仪表电子电位差计为例，介绍交流伺服电动机的应用。电子电位差计主要由热电偶、电桥电路、变流器、放大器与交流伺服电动机等组成，其工作原理如图 9-8 所示。

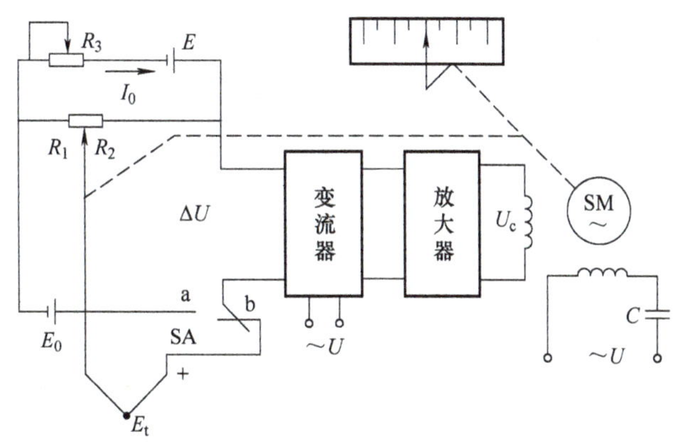

图 9-8 电子电位差计原理图

在测温前，将开关 SA 扳向 a 位，接入电动势为 E_0 的标准电池；然后调节 R_3 使 $I_0(R_1+R_2)=E_0$，$\Delta U=0$，此时的电流 I_0 为标准值。在测温过程中，保持 I_0 为恒定的标准值。在测量温度时，将开关 SA 扳向 b 位，接入热电偶。热电偶将被测的温度转换成热电动势 E_t，而电桥电路中电阻 R_2 上的电压 I_0R_2 用以平衡 E_t，两者不相等时将会产生不平衡电压 ΔU。而 ΔU 经过变流器变换为交流电压，再经过放大器放大，用以驱动伺服电动机 SM。电动机经减速后带动测温仪指针偏转，同时驱动滑动变阻器 R_2 的滑动端移动。当滑动变阻器 R_2 达到一定值时，电桥达到平衡，伺服电动机停转，指针停留在一个转角 α 处。由于测温仪的指针被伺服电动机所驱动，而偏转角度 α 与被测温度 t 之间存在着对应关系，因此，可从测温仪刻度盘上直接读得被测温度 t 的值。当被测温度上升或下降时，ΔU 的极性不同，亦即控制电压 U_c 的相位不同，从而使得伺服电动机正向或反向运转，电桥电路重新达到平衡，从而就可测得相应的温度。

（二）测速发电机

测速发电机是一种测速装置，能将输入的机械转速转换为电压信号输出，其输出电压与转速成正比，且对转速的变化反应灵敏，其文字符号为 TG。按照输出信号的不同，测速发电机有直流和交流之分。

1. 直流测速发电机

直流测速发电机是一种微型直流发电机，其定子和转子结构与直流发电机基本相同，按励磁方式不同可分为他励式和永磁式两种，其中以永磁式直流测速发电机的应用最为广泛。直流测速发电机的工作原理如图 9-9 所示。在恒定磁场 Φ_0 中，以转速 n 旋转时，测速发电机的空载电动势为

$$E_0=C_e\Phi_0 n \tag{9-2}$$

可见，直流测速发电机空载运行时，空载电动势 E_0 与转速 n 成正比，其极性与转动方向有关。直流测速发电机空载时的输出电压 $U_0=E_0$，因此空载输出电压 U_0 也与转速 n 成正比。

当负载电阻为 R_L 时，其输出电压 U 为

$$U=E_0-IR_a \tag{9-3}$$

其中 R_a 为电枢回路总电阻，而 $I=U/R_L$，则

$$U=\frac{E_0}{1+\frac{R_a}{R_L}}=\frac{C_e\Phi_0}{1+\frac{R_a}{R_L}}n=kn \tag{9-4}$$

由式（9-4）可知，直流测速发电机带负载后，输出电压 U 仍然与转速 n 成正比。只不过对于不同的负载电阻 R_L，测速发电机输出特性的斜率有所不同，它随负载电阻 R_L 的减小而降低，如图 9-10 所示。空载时负载电阻 $R_L=\infty$，$U=C_e\Phi_0 n=E_0$，输出特性 $U=f(n)$ 为一条直线。负载电阻 R_L 越小，电流 I 越大。当转速 n 为一定值时，输出电压 U 下降得也就越多，而且当负载电阻 R_L 减小时线性误差将增大，特别是在高速时，输出特性偏离 U 与 n 的线性关系为图 9-10 中的虚线所示。考虑到这种情况，在使用直流测速发电机时应将负载电阻 R_L 的值尽可能取大一些。在直流测速发电机的技术数据中，给出了“最小负载电阻和最高转速”，以确保控制系统的精度。

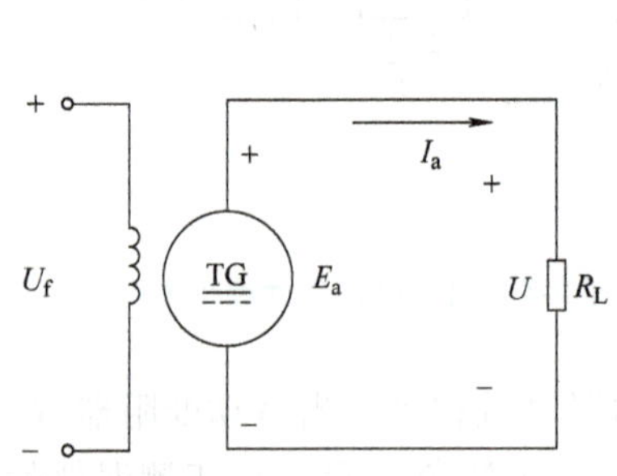

图 9-9　直流测速发电机的工作原理

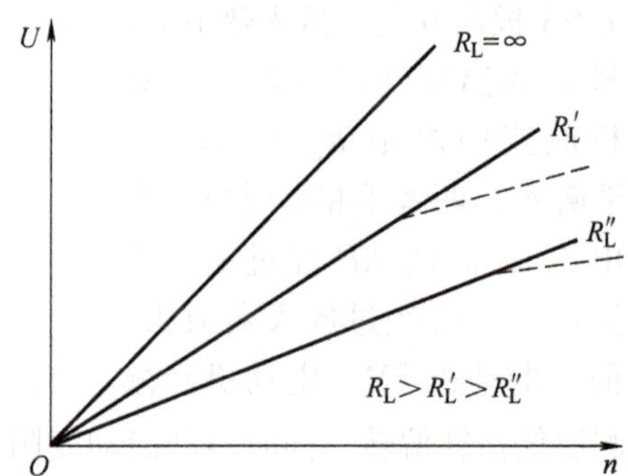

图 9-10　直流测速发电机的输出特性

2. 交流测速发电机

交流测速发电机有异步式和同步式两类，交流异步测速发电机在自动控制系统中应用较广。

交流异步测速发电机与杯形转子伺服电动机的结构相同，其定子上有两个轴线互相垂直的绕组：励磁绕组 N_1 和输出绕组 N_2。转子是空心杯，用电阻率较大的非磁性材料磷青铜制成，在杯子内部装有一个由硅钢片制成的铁心，称为内铁心，用以减小磁路的磁阻。在机座号小的测速发电机中，定子槽内嵌放着空间相差90°电角度的励磁绕组和输出绕组。在机座号较大的测速发电机中，常将励磁绕组嵌放在外定子上，而把输出绕组嵌放在内定子上。

交流异步测速发电机的工作原理如图 9-11 所示。发电机的励磁绕组接到稳定的交流电源上，励磁电压为 $\dot{U}_1$，流过的电流为 $\dot{I}_1$，在励磁绕组的轴线方向产生交变的脉动磁通 Φ_1，由

$$U_1 \approx 4.44 f_1 k_1 N_1 \Phi_1 \tag{9-5}$$

可知，脉动磁通 Φ_1 正比于励磁电压 U_1。

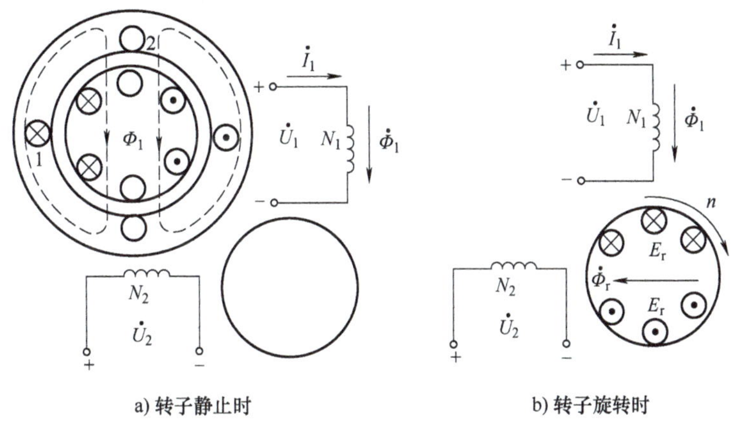

a) 转子静止时　　　　b) 转子旋转时

图 9-11　交流异步测速发电机工作原理

如图 9-11a 所示，当转子静止时，由于脉动磁通 Φ_1 与输出绕组 N_2 的轴线垂直，Φ_1 与 N_2 没有交链，所以输出绕组 N_2 中无感应电动势，输出电压 $U_2=0$。如图 9-11b 所示，当转子被主机拖动，以转速 n 旋转时，空心杯转子切割脉动磁通 Φ_1，在转子中感应出电动势 E_r，其方向由右手定则确定。由于脉动磁通 Φ_1 是随时间做正弦变化的，所以感应电动势 E_r 也是正弦交流电动势，其频率也是 f_1，转子感应电动势 E_r 的有效值为

$$E_r = C_e \Phi_1 n \tag{9-6}$$

空心杯转子可看作由无数条并联导体组成，感应电动势 E_r 在其中产生同频率的转子电流 I_r。由于空心杯转子为高阻值，漏抗忽略不计，故转子电流 I_r 与感应电动势 E_r 同相位。由转子电流 I_r 产生频率为 f_1 的脉动磁通 Φ_r，脉动磁通 Φ_r 与输出绕组 N_2 的轴线方向一致，因而在输出绕组中感应出频率也为 f_1 的电动势。输出绕组的感应电动势 E_2 的有效值为

$$E_2 = 4.44 f_1 k_2 N_2 \Phi_r \tag{9-7}$$

则输出绕组两端在空载时的输出电压为

$$U_2 = E_2 \tag{9-8}$$

由上述关系可知

$$U_2 \propto \Phi_r \propto E_r \propto \Phi_1 n \propto U_1 n \tag{9-9}$$

式（9-9）表明，测速发电机的励磁绕组加上电压 U_1 以转速 n 转动时，输出电压 U_2 的大小与转速 n 成正比。改变旋转方向，输出电压 U_2 的相位跟着反向，就把转速信号转换成了电压信号。

若输出绕组阻抗为 Z_2，则有

$$\dot{U}_2=\dot{E}_2-\dot{I}_2Z_2 \tag{9-10}$$

当输出绕组接有负载，回路总抗阻为 Z_L 时，则有 $\dot{I}_2=\dot{U}_2/Z_L$，代入式（9-10）中，得：

$$\dot{U}_2=\frac{\dot{E}_2}{\left(1+\frac{Z_2}{Z_L}\right)}=kn \tag{9-11}$$

测速发电机的输出电压 U_2 与转速 n 的关系为输出特性 $U_2=f(n)$。图 9-12a 为交流测速发电机的理想输出特性，曲线 1 为输出绕组开路，即 $Z_L=\infty$ 时的输出特性；曲线 2 为接上负载 Z_L 时的输出特性。因为交流测速发电机的脉动磁通 Φ_1 由励磁电流 I_1 与转子电流 I_r 共同产生，而转子电动势 E_r 和转子电流 I_r 与转子转速 n 有关。因此，当转子转速 n 变化时，励磁电流 I_1 和脉动磁通 Φ_1 都将发生变化，即脉动磁通 Φ_1 并非常数，这就使输出电压 U_2 与转速 n 不再是线性关系，从而出现了误差。所以，交流测速发电机在实际工作时的输出特性如图 9-12b 所示，其中 U_r 为剩余电压。

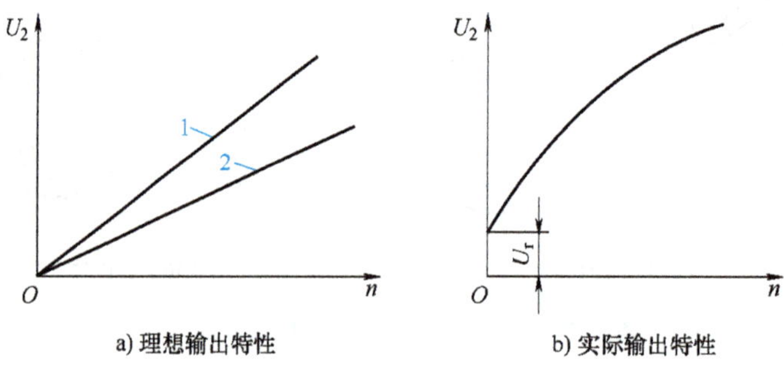

图 9-12　交流测速发电机输出特性

3. 测速发电机的应用

图 9-13 为直流测速发电机在恒速控制系统中的应用原理。图中直流电动机 M 拖动旋转的机械负载，要求当负载转矩 T_L 变动时，系统的转速 n 保持不变。由于直流电动机的转速 n 是随负载转矩 T_L 的大小变化的，若采用电动机直接拖动机械负载，不能达到负载转速恒定的要求。为解决此问题，需要一台直流测速发电机 TG 与直流电动机 M 同轴旋转，并将直流测速发电机 TG 的输出电压送入系统的输入端，作为反馈电压 U_f，且反馈电压 U_f 与给定电压 U_g 反向连接，成为负反馈。

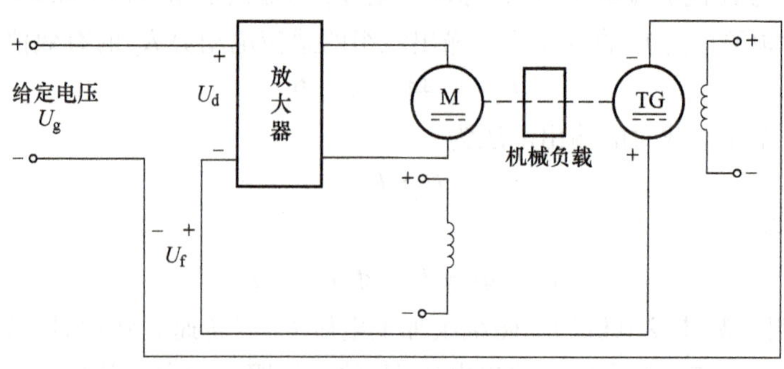

图 9-13　恒速控制系统原理

恒速控制系统工作时，先调节给定电压 U_g，使直流电动机 M 的转速 n 恰为负载要求的转速。当负载转矩 T_L 由于某种因素减小时，直流电动机 M 的转速 n 上升，与其同轴的测速发电机 TG 的转速也上升，输出电压 U_f 增大，使差值电压 $U_d=U_g-U_f$ 减小，差值电压 U_d经放大器放大后得到的输出电压也随之减小。该输出电压是直流电动机 M 的电枢电压，将使直流电动机 M 的转速 n 下降，从而使系统转速基本不变。反之，当负载转矩 T_L 由于某种原因有所增大时，系统的转速 n 将下降，测速发电机的转速和输出电压 U_f 都随之减小，因而差值电压 $U_d=U_g-U_f$ 增大，经放大后加在直流电动机 M 上的电枢电压也增大，又会使直流电动机 M 的转速 n 上升。由此可见，由于接入了直流测速发电机，该控制系统具有了自动调节功能，使系统转速近似为恒定值。

（三）步进电动机

步进电动机是一种将电脉冲信号转换成相应角位移或线位移的电动机。每输入一个脉冲，电动机就转动一个角度或前进一步，其输出的角位移或线位移与输入脉冲数成正比，转速 n 与脉冲频率 f 成正比。因此，步进电动机又称为脉冲电动机。步进电动机作为执行元件在数字控制系统中应用广泛。

1. 步进电动机的分类

步进电动机按运行方式可分为旋转型和直线型，通常使用的多为旋转型。旋转型步进电动机又分为反应式（磁阻式）、永磁式和感应式三种。反应式步进电动机目前在我国应用最广。

步进电动机按相数分有单相、两相、三相和多相等形式。

2. 三相反应式步进电动机的结构

反应式步进电动机具有惯性小、反应快和速度高等特点，没有单相和两相的，只有三相和多相的。

三相反应式步进电动机的结构如图 9-14 所示，定子和转子的铁心均由硅钢片叠制而成，定子上有均匀分布的六个磁极，磁极上绕有控制（励磁）绕组，两个相对磁极组成一相，三相绕组接成星形联结；转子铁心上没有绕组，只有均匀分布的四个齿，转子齿宽等于定子极靴宽。

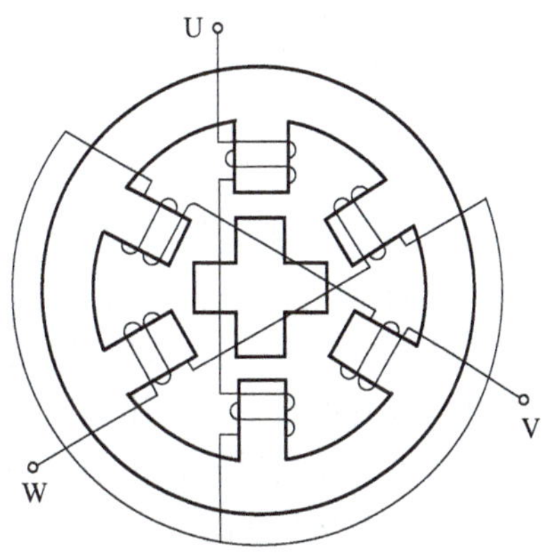

图 9-14　三相反应式步进电动机的结构示意图

3. 三相反应式步进电动机的工作原理

（1）单三拍控制的工作原理　单三拍控制方式中，“单”是指每次只有一相控制绕组通电，通电顺序按照 U→V→W→U 或者 U→W→V→U 依次进行；“拍”是指一种通电状态换到另一种通电状态，“三拍”是指输入控制绕组的电脉冲经过三次切换构成一个循环。

三相反应式步进电动机单三拍控制方式下的工作原理如图 9-15 所示。当 U 相控制绕组通入电脉冲时，U1、U2 成为电磁铁的 N、S 极。由于磁通要沿着磁阻最小的路径闭合，这会使转子齿 1、3 和定子磁极 U1、U2 对齐，即形成 U1、U2 轴线方向的磁通 Φ_U，如图 9-15a 所示。U 相脉冲结束，给 V 相通入脉冲，又会使转子齿 2、4 与定子磁极 V1、V2 对齐，如图 9-15b 所示，转子顺时针方向转过 30°。V 相脉冲结束，给 W 相通入电脉冲，又会使转子齿 3、1 与定子磁极 W1、W2 对齐，转子又顺时针方向转过 30°，如图 9-15c 所示。

由上述分析可知，如果按照 U→V→W→U 的顺序通入电脉冲，转子就按顺时针方向一步一步转动，每步转过 30°，该角度称为步距角。步进电动机的转速 n 取决于电脉冲的频率 f，频率 f 越高，转速 n 越高。若按 U→W→V→U 的顺序通入电脉冲，则步进电动机按逆时针方向一步步转动。三相控制绕组的通电顺序及频率的大小通常由电子逻辑电路来实现。

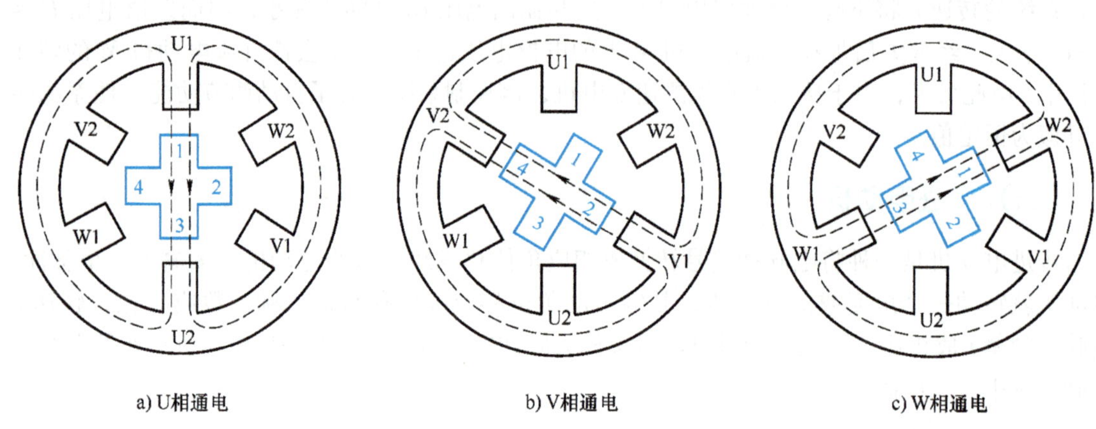

a) U相通电　　b) V相通电　　c) W相通电

图 9-15　单三拍控制方式下步进电动机的工作原理

单三拍控制方式，在一相绕组断电而另一相绕组刚开始通电时，容易造成失步。而且，由于吸引转子的是通电的那相单一控制绕组，电磁吸力不大，容易使转子在平衡位置附近产生振荡。因此，步进电动机在单三拍运行方式下的稳定性较差，实际应用中很少采用。

（2）六拍控制的工作原理　步进电动机六拍控制方式中，三相控制绕组的通电顺序按照 U→UV→V→VW→W→WU→U 进行，即先给 U 相绕组通电，而后给 U、V 两相绕组同时通电；接下来让 U 相绕组断电，只留 V 相绕组单独通电；然后再给 W 相绕组通电，也即使 V、W 两相绕组同时通电；然后断开 V 相绕组，只留 W 相绕组单独通电；接着再给 U 相绕组通电，如此依次循环下去，反映磁通和转子转动情况的工作原理如图 9-16 所示。

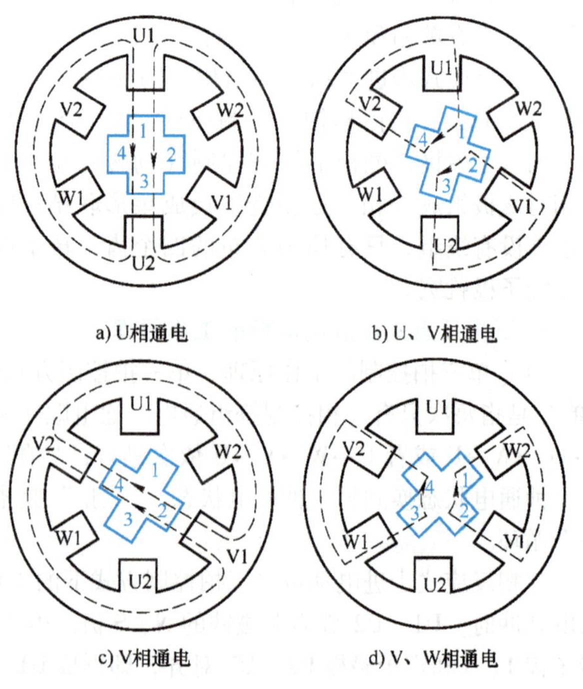

a) U相通电　　b) U、V相通电

c) V相通电　　d) V、W相通电

图 9-16　六拍控制方式下步进电动机的工作原理

图 9-16 中，绕组的通电状态每转换一次，步进电动机就沿顺时针方向旋转 15°，即步距角为 15°。若将原通电顺序反过来执行，步进电动机将按逆时针方向旋转。在该控制方式下，定子三相绕组经过六次换接完成一个循环，故称为“六拍”控制。步进电动机采用六拍控制方式时，在通电状态的转换过程中始终有一相绕组通电，使其工作状态比较稳定。

（3）双三拍控制的工作原理　双三拍控制时，每个通电状态都有两相绕组同时通电，且按照 UV→VW→WU→UV 顺序进行。在双三拍通电方式下，步进电动机的转子位置与六拍通电方式下两相绕组同时通电时的情况相同，如图 9-16b、d 所示。

步进电动机双三拍控制与单三拍控制方式的步距角相同，皆为 30°。

由以上分析可知，若步进电动机定子有三相六个磁极，极距就为 360°/6 =60°，转子齿数为 $z_r=4$ 时，齿距角就为 360°/4 =90°。当采用三拍控制时，每一拍转过 30°，即 1/3 齿距角；当采用六拍控制时，每一拍转过 15°，即 1/6 齿距角。因此，步进电动机的步距角 θ 与运行拍数 N、转子齿数 z_r 满足

$$\theta=\frac{360°}{z_rN}=\frac{2\pi}{z_rN} \tag{9-12}$$

式中　θ——步距角（rad）；

N——运行拍数；

z_r——转子齿数。

若脉冲频率 f 的单位为赫兹（Hz），步距角 θ 的单位为弧度（rad），则当控制脉冲连续通入时，步进电动机的转速 n 为

$$n=\frac{\theta f}{2\pi}\times60=\frac{60f}{z_rN} \tag{9-13}$$

式中　n——步进电动机的转速（r/min）；

f——控制脉冲的频率（Hz）。

所以，步进电动机的转速 n 与脉冲频率 f 成正比，并与频率 f 同步。由式（9-13）可知，在运行拍数 N 和转子齿数 z_r 一定时，步进电动机的转速 n 只取决于电脉冲频率 f，并与频率 f 成正比。

4. 步进电动机的主要特性

1）步进电动机必须加驱动才可以运转，驱动信号必须为脉冲信号。没有脉冲时，步进电动机静止，加入适当的脉冲信号，步进电动机就会以一定的角度转动，转速与脉冲的频率成正比。

2）步进电动机具有瞬间起动和急速停止的优越特性。

3）改变脉冲的顺序，就可以方便地改变步进电动机的转动方向。

5. 步进电动机的主要优点

1）当绕组励磁时，步进电动机停转的时候具有最大的转矩。

2）由于每一步的精度为 3%~5%，而且不会将上一步的误差积累到下一步，因而步进电动机有较好的位置精度和运动的重复性。

3）具有优越的起停和反转响应。

4）没有电刷，可靠性较高，步进电动机的寿命仅仅取决于轴承的寿命。

5）步进电动机的响应仅由数字输入脉冲确定，因而可以采用开环控制，这使得步进电动机的结构比较简单，维护方便，易于控制成本。

6）由于速度 n 正比于脉冲频率 f，因而步进电动机有比较宽的转速范围。

6. 步进电动机的主要缺点

1）如果控制不当容易产生共振。

2）低速时可以正常运转，但若高于一定速度就无法起动，并伴有啸叫声。

3）难以获得较大的转矩。

4）在体积和质量方面没有优势，能源利用率低。

5）过载时会破坏同步。

6）转矩会随转速的升高而下降。当步进电动机转动时，各相绕组的电感将形成一个反向电动势。频率越高，反向电动势越大。在反向电动势的作用下，步进电动机随频率（或速度）的增大相电流会减小，从而导致转矩下降。

7. 步进电动机的应用举例

步进电动机具有结构简单，精确度高，调速范围大，起动、制动、反转灵敏，无积累误差等优点，而且其转速仅与脉冲频率成正比，不受电压和负载变化的影响，也不受环境条件温度、压力等限制，所以在高精度数字控制系统中应用较多，遍布航天、机器人、精密测量等工业领域。

步进电动机应用于数控线切割机床的工作原理如图 9-17 所示。数控线切割机床是利用钼丝与被加工工件之间电火花放电所产生的电蚀现象，加工复杂形状的金属冲模或零件的一种机床，由专门的计算机控制。如图 9-17a 所示，在加工过程中，钼丝的位置固定，而工件则固定在十字拖板上，通过十字拖板的纵横运动完成对加工工件的切割。数控线切割机床在加工零件时，先根据图纸上零件的形状、尺寸和加工工序编制计算机程序，并将该程序记录在穿孔纸带上，而后由光电阅读机将该程序读出后进入计算机，计算机对两个方向的步进电动机给出控制电脉冲（十字拖板 x、y 方向的两根丝杠，分别由两台步进电动机拖动），指挥两台步进电动机运转，通过传动装置拖动十字拖板按加工要求连续移动，从而切割出符合要求的零件，其控制过程如图 9-17b 所示。

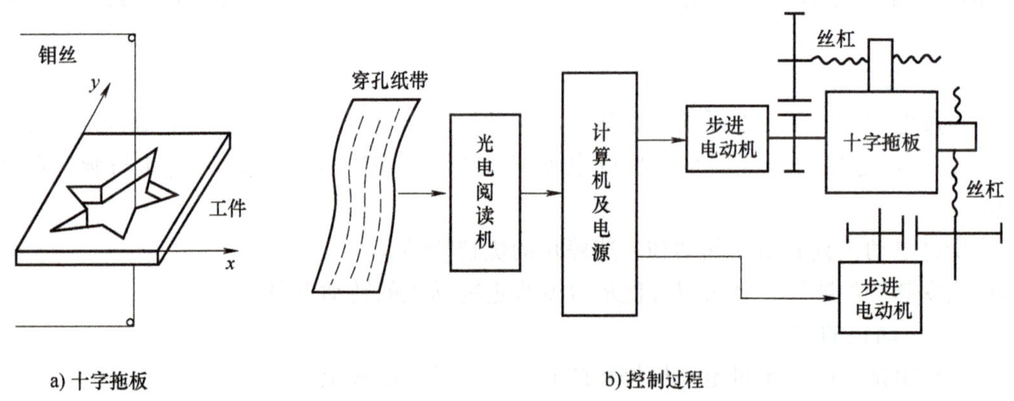

a) 十字拖板　　b) 控制过程

图 9-17　数控线切割机床

四、项目任务实现

项目任务是：为全自动液体灌装生产线中的带式输送机配置满足工艺要求的原动机。

电机是工业自动化控制中重要的动力设备，以直流电动机、单相异步电动机、三相异步电动机和控制电机的应用居多。在这四大类电机中，直流电动机、单相异步电动机和三相异步电动机的起动和停止都难以准确定位，只有控制电机中的伺服电动机和步进电动机具有即走即停的功能。对自动生产线中的带式输送机而言，该采用伺服电动机还是步进电动机呢？

为了适应数字控制的发展趋势，运动控制系统中大多采用步进电动机或全数字式交流伺服电动机作为执行电动机。虽然两者在控制方式上相似（脉冲串和方向信号），但在使用性能和应用场合上存在着较大的差异。

（一）步进电动机与交流伺服电动机的性能比较

1. 控制精度不同

步进电动机的转动是按步距角进行的，也就是将360°划分成一些份，每一份就是步进电动机每一步的转动角度。两相混合式步进电动机的步距角为3.6°、1.8°、0.9°，五相混合式步进电动机的步距角为0.72°、0.36°，也有一些高性能的步进电动机步距角更小。如四通公司生产的用于慢走丝机床的步进电动机的步距角为0.09°；德国百格拉公司生产的三相混合式步进电动机的步距角，可通过拨码开关设置为1.8°、0.9°、0.72°、0.36°、0.18°、0.09°、0.072°、0.036°，兼容了两相和五相混合式步进电动机的步距角。

交流伺服电动机的控制精度由电动机轴后端的旋转编码器来保证。以松下全数字式交流伺服电动机为例，对于带标准2500线编码器的电动机而言，由于驱动器内部采用了四倍频技术，其脉冲当量为360°/10000=0.036°。对于带17位编码器的伺服电动机而言，驱动器每接收2^{17}个脉冲（$2^{17}=131072$）电动机就转一圈，即其脉冲当量为360°/131072=0.0027466°，是步距角为1.8°的步进电动机的脉冲当量的1/655。可见，交流伺服电动机的控制精度比步进电动机高得多。而且，交流伺服电动机实现了位置的闭环控制，从根本上克服了步进电动机的失步问题。

2. 低频特性不同

步进电动机在低速时易出现低频振动现象。振动频率与负载情况和驱动器性能有关，一般认为振动频率为步进电动机空载起跳频率的一半。这种由步进电动机的工作原理所决定的低频振动现象对于机器的正常运转非常不利。当步进电动机工作在低速时，一般应采用阻尼技术来克服低频振动现象，比如在步进电动机上加阻尼器或在驱动器上采用细分技术等。

交流伺服电动机运转非常平稳，即使在低速时也不会出现振动现象。交流伺服系统具有共振抑制功能，可涵盖机械的刚性不足，并且系统内部具有频率解析机能（FFT），可检测出机械的共振点，便于系统调整。

3. 矩频特性不同

步进电动机的输出转矩随转速升高而下降，且在较高转速时会急剧下降，其最高工作转速一般为300～600r/min。交流伺服电动机为恒转矩输出，在其额定转速（一般为2000r/min或3000r/min）以内，都能输出额定转矩，在额定转速以上为恒功率输出。

4. 过载能力不同

步进电动机一般不具有过载能力。交流伺服电动机具有较强的过载能力。以松下交流伺服系统为例，它具有速度过载和转矩过载能力，最大转矩为额定转矩的三倍，可用于克服惯性负载在起动瞬间的惯性转矩。步进电动机因为没有这种过载能力，为了克服这种惯性转矩，在选型时往往需要选取较大转矩的电动机，而机器在正常工作期间又不需要那么大的转矩，于是就出现了转矩浪费现象。

5. 运行性能不同

步进电动机为开环控制，起动频率过高或负载过大易出现丢步或堵转现象，停止时转速过高易出现过冲现象，所以为保证其控制精度，应处理好升速、降速问题。

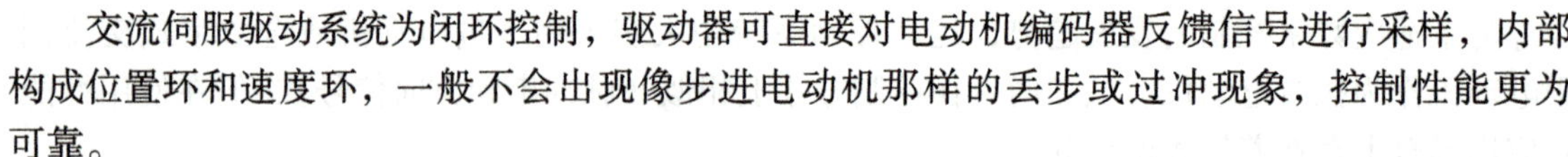

交流伺服驱动系统为闭环控制，驱动器可直接对电动机编码器反馈信号进行采样，内部构成位置环和速度环，一般不会出现像步进电动机那样的丢步或过冲现象，控制性能更为可靠。

6. 速度响应性能不同

步进电动机空载时从静止加速到工作转速（一般为每分钟几百转）需要 200~400ms。交流伺服系统的加速性能较好，以松下 MSMA 400W 交流伺服电动机为例，从静止加速到额定转速 3000r/min 仅需几毫秒，可用于要求快速起停的控制场合。

综上所述，交流伺服系统在许多性能上都优于步进电动机。

（二）步进电动机与交流伺服电动机的应用比较

1. 相同点

步进电动机与交流伺服电动机通常都在有定位要求的设备上作为执行电动机，例如线切割的工作台拖动、植毛机工作台（毛孔定位）、包装机（定长度）、工业控制系统、办公自动化设备、机器人等领域。

2. 不同点

1）步进电动机是开环控制，没有位置反馈，控制精度不够高，适宜于应用在对控制精度要求不高的场合；伺服电动机有位置反馈，控制精度高，适宜于应用在需要高精度控制的场合。

2）步进电机最高工作转速为 300~600r/min，只能用在低速系统中；交流伺服电动机在 2000r/min 或 3000r/min 的高转速系统中都能用。

3）凡是能采用步进电动机的场合都可以用伺服电动机来替代，但是，很多采用伺服电动机的场合都不能用步进电动机替代。

（三）控制电机选用

在全自动液体灌装生产线中，带式输送机的起、停都需要定位，不过，这个定位并不需要太精准，而且带式输送机要求的转速通常不高，因此采用步进电动机或者交流伺服电动机都可以。

从节约成本的角度考虑，宜选用步进电动机。因为步进电动机成本低，电动机加驱动器一套只需几百元，而一套伺服装置至少得上千元。

从有利于企业长远发展的角度考虑，宜选用交流伺服电动机。因为一个企业通常不止生产一种产品，即使生产的是一种产品，也会有型号和规格上的不同，全自动液体灌装生产线所带的负载通常不止一种，其负载大小和工作转速会有变化。如果采用交流伺服电动机，无论负载大小和工作转速高低，都能轻松完成。如果采用步进电动机，在负载过大或者工作转速过高时，就难以胜任了。而且，随着社会发展的需要，产品升级换代势在必行，当某一天需要更高的控制精度时，如果原先选用的是步进电动机，就要更换成交流伺服电动机，更换设备的投资太大；如果原先选用的就是交流伺服电动机，就无需更换设备，总体上是节约了成本。

五、拓展与提高

（一）自整角机

在自动控制系统中，常常需要指示位置和角度的数值，或者需要远距离调节执行机构的速度，或者需要某一根或多根轴随着另外的与其无机械连接的轴同步转动，这需要用到自整角机。

自整角机是一种感应式的机电测位微型电动机，主要作用是测量机械转角。两台或多台电动机通过电路的联系，使机械上互不相连的两根或多根转轴自动地保持相同的转角变化，或同步旋转，电动机的这种性能称为自整步特性。自整角机利用自整步特性将转角变为交流电压或由交流电压变为转角，来实现自动指示角度和同步传输角度，在伺服系统中被用作测量角度的位移传感器，还可以用来实现角度信号的远距离传输、变换、接收和指示。

非数字式自整角机必须两台或两台以上组合才能正常工作。当两台自整角机的定子（整步）绕组连接在一起时，只要其转角存在差值，就会有相应的输出。在伺服系统中，产生信号的自整角机称为发送机，它将轴上的转角变换为电信号；接收信号的自整角机称为接收机，它将发送机发送的电信号变换为转轴的转角，从而实现角度的传输、变换和接收。在伺服系统中，主令轴只有一根，而从动轴可以是一根，也可以是多根。主令轴安装发送机，从动轴安装接收机，故而就形成了一台发送机带一台或多台接收机的状况。

1. 自整角机的分类

按用途不同，自整角机分为力矩式和控制式（变压器式）两种。力矩式用于同步指示系统；控制式用作测角元件。输出形式决定用途，而输出形式依赖于转子（励磁）绕组是否连接在一起。

（1）力矩式自整角机　如果两台自整角机的励磁绕组连接在一起，且加上同样的励磁电压，就构成了力矩式自整角机。因为当这两台自整角机的转角存在差值时，在整步绕组各相绕组中就有均衡电流流过，会产生脉动磁场，从而在转子上产生电磁转矩，输出就是力矩的形式。该力矩会使两台自整角机转动，直到两台自整角机转角的差值为0，力矩也降为0，自整角机停止转动，其工作特点是转角存在差值时，能自动对齐转角。这也是自整角机名称的由来。主动引起转角差值的那台自整角机称为力矩式发送机，被动对齐转角的那台自整角机称为力矩式接收机。在这种连接方式中，引起转角差值的因素是外界力量，也就是被测的转角量。如果接收机接上一个指针，就可实时得知被测的转角大小。

由于控制电动机本身的体积和功率都较小，这使得自整角机的电磁转矩较小，因而力矩式自整角机输出的力矩也较小，只能带动指针或刻度盘等轻负载。在需要带动大负载时，就必须采取改进措施。

力矩式自整角机可组成差动工作方式。这时有两台发送机，一台差动式接收机。接收机转角为两台发送机转角的代数和。在一定条件下，一台发送机可带动多台接收机，称为力矩式自整角机的并联运行。

（2）控制式自整角机　如果两台自整角机的励磁绕组没有连接在一起，一台自整角机的励磁绕组加上励磁电压，另一台自整角机的励磁绕组悬空，就构成了控制式自整角机。当这两台自整角机的转角存在差值时，输出信号是电压的形式，电压信号从另一台自整角机的励磁绕组输出，该电压信号与转角的差值存在一定的函数关系。所以，控制式自整角机的工作特点是转角存在差值时，能输出与转角差值对应的电压信号。在这种连接方式中，主动引起转角差值的那台自整角机称为控制式发送机，引起转角差值的因素仍然是外界力量；被动对齐转角的那台自整角机称为控制式接收机，因其工作方式是整步绕组输入电压，励磁绕组输出电压，实质是一台变压器，所以也称为控制式自整角变压器，简称自整角变压器。

因为控制式自整角机的电压信号可以放大并驱动大功率伺服电动机，有效地克服了力矩式自整角机的局限，使用更加灵活，所以，控制式自整角机是自整角机应用的主要形式。

2. 力矩式自整角机简介

（1）力矩式自整角机的结构　力矩式自整角机的结构包括定子和转子两大部分，定子铁心和转子铁心由高磁导率、低损耗的薄硅钢片冲制后，经涂漆、涂胶叠装而成。为保证在薄壁情况下有足够的强度，机壳采用不锈钢筒制成或者采用铝合金制成。机壳通常加工成杯形，即电动机的一端有端盖，可以拆卸，另一端是封闭的。轴承孔分别位于端盖和机壳上。电动机在制造时应保证定子和转子有较高的同心度。自整角机的集电环由银铜合金制成，电刷采用焊银触头，以保证接触可靠。

力矩式自整角机的典型结构有转子凸极式、定子凸极式、隐极式三种，如图 9-18 所示。其中，应用最多的是两极的转子凸极式结构，如图 9-18a 所示。选用两极电动机是为了保证在整个圆周范围内有唯一的转子对应位置，从而准确指示。转子凸极式自整角机的典型结构如图 9-19 所示，其定子铁心上放置三相对称绕组，称为三相整步绕组，为分布式星形联结，各相轴心线在空间相差 120°；其凸极式转子铁心上放置单相绕组，称为励磁绕组，并由两组集电环和电刷引出，集电环和电刷数目较少，因此故障率较低，应用广泛。工作时，励磁绕组需要接单相交流电源。

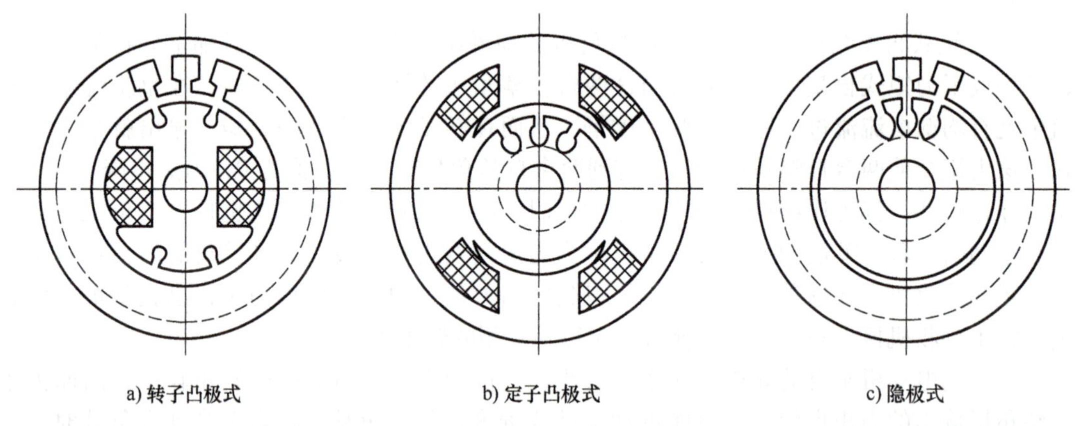

a) 转子凸极式　　b) 定子凸极式　　c) 隐极式

图 9-18　力矩式自整角机的典型结构

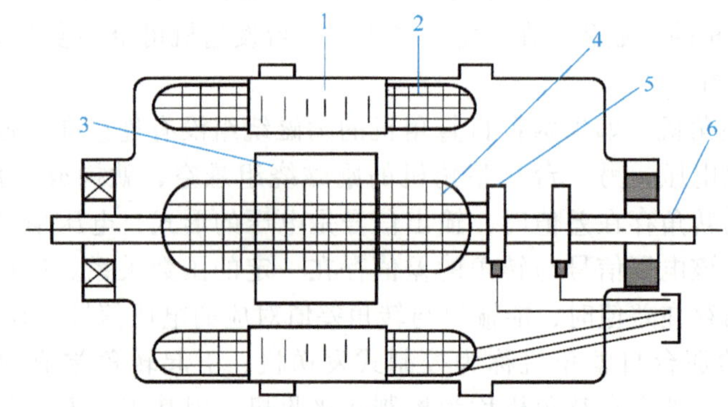

图 9-19　转子凸极式自整角机的典型结构简图

1—定子铁心　2—三相绕组　3—转子铁心　4—转子绕组　5—集电环　6—转轴

图 9-18b 所示为定子凸极式结构的截面，定子凸极铁心上放置单相励磁绕组，转子隐极铁心上放置三相整步绕组，并由三组集电环和电刷引出，由于集电环和电刷数目太多，易出故障，因而较少采用。

当自整角机的频率较高、尺寸较大时才采用隐极式结构，其截面如图 9-18c 所示。

（2）力矩式自整角机的工作原理　力矩式自整角机内部存在两种磁场相互作用，从而产生力矩，图 9-20 是其工作原理。在自整角机中，以 U 相整步绕组轴线和励磁绕组轴线之间的夹角作为转子的转角。假定各相整步绕组参数相同，两台自整角机参数相同。设发送机转子的转角为 θ_1，接收机转子的转角为 θ_2，发送机和接收机转角的差值，称为失调角 θ。

失调角 θ 定义为

$$\theta=\theta_1-\theta_2 \tag{9-14}$$

自整角机的整步绕组为星形联结，图 9-20 中特意画出中性线，是为了分析方便，实际应用中并没有接中性线，后面的分析将说明这一点。由于中性线的存在，在两台自整角机之间就构成了三个回路，分别是 U 相整步绕组回路、V 相整步绕组回路、W 相整步绕组回路。由于各相整步绕组回路参数相同，先以 U 相整步绕组回路进行分析。在 U 相整步绕组回路中，电流的有效值 I_U 应为两台自整角机的感应电动势有效值的差值与 U 相整步绕组回路阻抗 $2Z_U$ 的比值，按图 9-20 所示参考方向，有

$$I_U=\frac{E_{2U}-E_{1U}}{2Z_U} \tag{9-15}$$

式中　I_U——U 相整步绕组的电流有效值；

E_{1U}——发送机感应电动势的有效值；

E_{2U}——接收机感应电动势的有效值；

Z_U——U 相整步绕组的阻抗。

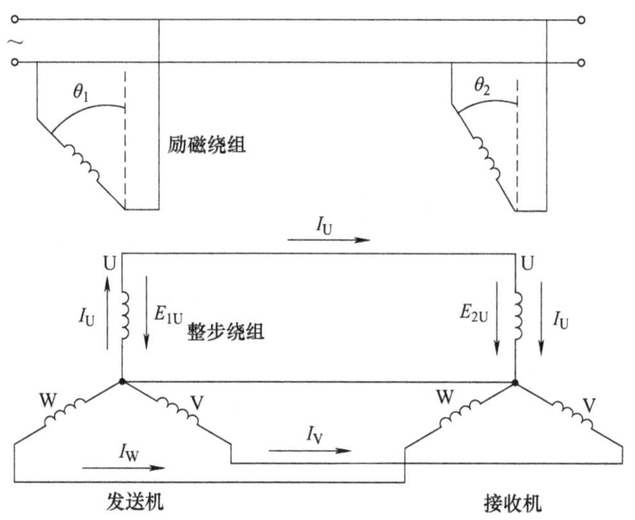

图 9-20　力矩式自整角机的工作原理

E_{2U}这个感应电动势来源于接收机励磁绕组磁场的变化，具体大小取决于接收机 U 相整步绕组和接收机励磁绕组轴线的角度。假设该角度为 θ_2，接收机励磁绕组磁场的幅值为 Φ_d，在接收机 U 相整步绕组中，感应电动势的有效值为

$$E_{2U}=4.44fNK\Phi_d\cos\theta_2=E\cos\theta_2 \tag{9-16}$$

同理，在发送机 U 相整步绕组中，感应电动势的有效值为

$$E_{1U}=4.44fNK\Phi_d\cos\theta_1=E\cos\theta_1 \tag{9-17}$$

式中 Φ_d——直轴绕组（励磁绕组）磁通的幅值；

K——整步绕组的基波绕组系数；

E——接收机 U 相整步绕组和接收机励磁绕组轴线重合时，所能产生的最大感应电动势的有效值。

结合式（9-15）得到 U 相整步绕组回路感应电流的有效值为

$$I_U=I\sin\left[\frac{(\theta_1+\theta_2)}{2}\right]\sin\left(\frac{\theta}{2}\right) \tag{9-18}$$

式中 I——最大感应电流的有效值，$I=E/Z_U$。

产生最大感应电流的条件是 U 相整步绕组回路出现最大感应电动势 $2E$，由数学推算可以得出，在 $\theta_1=180°$ 且 $\theta_2=0°$ 时就会引起最大感应电流。

同理，分别对 V 相整步绕组回路和 W 相整步绕组回路进行分析，可以得到各自回路的感应电流有效值分别为

$$I_V=I\sin\left[\frac{(\theta_1+\theta_2)}{2}-120°\right]\sin\left(\frac{\theta}{2}\right) \tag{9-19}$$

$$I_W=I\sin\left[\frac{(\theta_1+\theta_2)}{2}+120°\right]\sin\left(\frac{\theta}{2}\right) \tag{9-20}$$

U 相整步绕组回路、V 相整步绕组回路和 W 相整步绕组回路的电流都流经中性线，因此，中性线上的总电流 I_n 为

$$I_n=0 \tag{9-21}$$

中性线上的总电流 I_n 为零，中性线形同虚设。因此，实际应用时图 9-20 的中性线可以省去不接。

（3）力矩式自整角机的转矩分析　发送机和接收机各自的感应磁场与原来的直轴磁场相互作用，就会产生某种动作。当力矩式自整角机失调角为 θ 时，作用在电动机轴上的电磁转矩称为整步转矩，从本质上说，它是由三个整步绕组中的感应电流和主磁场相互作用产生的。如果简化分析，可以直接理解为感应磁场将与原来的主磁场相互作用。

在发送机中，主磁通和产生合成磁动势 F_1 的虚拟载流导体相互作用，在发送机内部产生转矩；在接收机中，主磁通和产生合成磁动势 F_2 的虚拟载流导体相互作用，在接收机内部产生转矩。

作用在自整角机转子上的整步转矩为

$$T=K_T(\Phi_dF_q-\Phi_qF_d) \tag{9-22}$$

式中 K_T——比例常数；

Φ_d——直轴磁通的幅值；

Φ_q——交轴磁通的幅值；

F_d——直轴磁动势；

F_q——交轴磁动势。

如果发送机和接收机均处于自由旋转状态，发送机产生的转矩使发送机转子旋转，接收机产生的转矩使接收机转子旋转，旋转的趋势是使 $\theta_1=\theta_2$。当 $\theta_1=\theta_2$ 时，失调角 θ 为零。此

时，发送机整步绕组合成磁动势和接收机整步绕组合成磁动势均为零，发送机和接收机的整步转矩都为零。

3. 控制式自整角机简介

控制式自整角机将接收机作为自整角变压器使用，能得到与失调角有密切关系的输出电压信号，使用形式更加灵活。两台控制式自整角机可组成角度测量系统，也可以有差动工作方式。由于生产工艺方面的原因，自整角机有零位和角度等方面的误差。

（1）控制式自整角机的结构　控制式自整角机从整体上可分为控制式自整角发送机和控制式自整角接收机（自整角变压器）。

控制式自整角发送机的结构与力矩式自整角发送机很相近，定子上放置彼此互差 120°电角度的三相整步绕组，转子上通常放置单相励磁绕组，转子结构分为凸极式和隐极式两种。

自整角变压器和力矩式自整角接收机不同，它不直接驱动机械负载，只是输出电压信号，供放大器使用。自整角变压器通常做成两极电动机，定子铁心上放置三相整步绕组，转子铁心槽内装设单相高精度的直轴绕组作为输出绕组，通过集电环和电刷装置接外电路，转子均采用隐极式结构，这使得电动机的气隙均匀，在运行时，整步绕组的合成磁动势在空间任一位置都有相同的磁导，可避免因槽口处磁通波形发生畸变而影响输出绕组的电动势。

（2）控制式自整角机的工作原理　在图 9-21 所示的控制式自整角机系统中，控制式自整角发送机的励磁绕组由单相交流电源励磁，其三相整步绕组和自整角变压器的整步绕组对应相接。假定各相整步绕组参数相同，两台自整角机参数相同，发送机和接收机所构成的整步绕组回路的电动势、电流及自整角变压器输出绕组的电动势分析如下：控制式自整角发送机的励磁绕组接单相交流电源，会产生脉振磁场，使得整步绕组中产生感应电动势，各相绕组中的感应电动势相位相同，大小取决于各相整步绕组和励磁绕组轴线之间的相对位置。自整角变压器的整步绕组虽然流过感应电流，但是因为不存在直轴磁场，因而整步绕组中没有感应电动势。在发送机和接收机中，各自以 U 相整步绕组轴线和励磁绕组轴线一致时作为转子的起始位置。

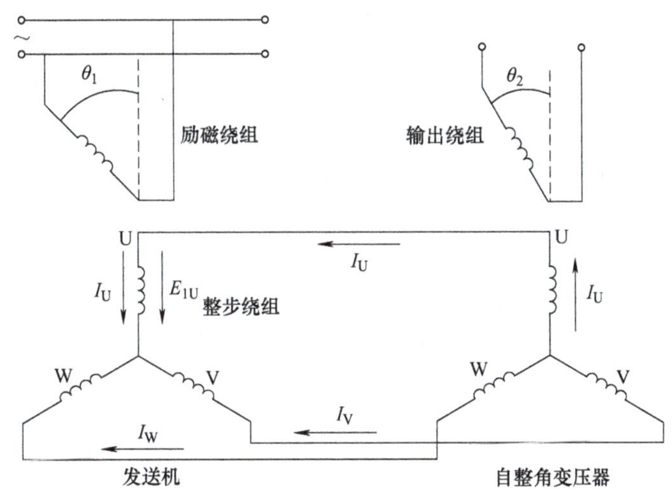

图 9-21　控制式自整角机的工作原理

先对整步绕组回路的情况进行分析。在发送机 U 相整步绕组中，感应电动势的有效值为

$$E_{1U}=4.44fNK\Phi_{d}\cos\theta_1=E\cos\theta_1 \tag{9-23}$$

U 相整步绕组回路的感应电流的有效值为

$$I_U = I\cos\theta_1 \tag{9-24}$$

式中 I——最大感应电流的有效值，$I=E/(Z_{U1}+Z_{U2})$。

当 U 相整步绕组回路产生最大感应电动势 E 时，就会得到最大感应电流 I。由数学推算可得，在 $\theta_1=0°$时，就会引起最大感应电流。

同理，分别对 V 相整步绕组回路和 W 相整步绕组回路进行分析，可以得到各自回路的感应电流的有效值为

$$I_V = I\cos(\theta_1-120°) \tag{9-25}$$

$$I_W = I\cos(\theta_1+120°) \tag{9-26}$$

伺服系统总是希望当失调角 θ 为零（即协调位置）时，输出电压 U_2 为零，即无电压信号输出，只有当失调角 θ 不为零时，才有输出电压，并使伺服电动机运转。这里自整角变压器的输出电压 U_2 为失调角 θ 的余弦函数，当失调角 θ 为零时，其余弦值等于 1，输出电压 U_2 不仅不为零，还达到了最大值，这显然不符合使用要求。因此，在实际使用自整角变压器时，总是先把转子由协调位置转动 90°电角度，即取交轴方向为起始位置。这时由交轴磁场在输出绕组中感应电动势，输出电压 U_2 为

$$U_2 = E_2 = U_{2m}\sin\theta \tag{9-27}$$

这种输出关系比较方便，逻辑清晰，实际应用较多。

4. 力矩式自整角机与控制式自整角机的性能比较

力矩式自整角机本身没有力矩的放大作用，在实际运用中存在许多限制。当一台力矩式自整角发送机带动多台力矩式自整角接收机工作时，每台接收机得到的整步转矩将随着接收机台数的增多而降低。这种系统在运行中如有一台接收机转子因意外原因被卡住，将会消耗大量电流，使系统中所有其他并联工作的接收机都受到影响。另外，力矩式自整角机的静态误差也比较大。

基于力矩式自整角机的上述缺陷，在伺服系统中广泛采用了由伺服机构和控制式自整角机组合的系统。自整角变压器的输出绕组通常接至放大器的输入端，放大器的输出端再接至伺服电动机的控制绕组，由伺服电动机驱动负载转动，同时通过减速器带动自整角变压器转子构成机械反馈连接。当自整角变压器转子偏转后，失调角 θ 减小，并使输出绕组的电压信号减小，直至协调位置，输出绕组的电压信号为零，伺服电动机停转。该组合系统能带动较大的负载，并有较高的角度传输精度。由于伺服机构中装设了放大器，系统具有较高的灵敏度。此时，角度传输的精度主要取决于自整角机的电气误差，通常可达到几角分，性能上优于力矩式自整角机。并且，这种系统输出的是电压信号，采用电气传输方式，输出电动机没有机械运动，既有效地避免了机械连接带来的误差，又使工作时温升相当低。在一台发送机分别驱动多个伺服机构的系统中，即使其中有一台接收机转子因意外原因发生故障，通常也不至于影响其他接收机的正常运行。因为控制式自整角机不直接驱动机械负载，所以这种电动机的尺寸可以做得比相应的力矩式自整角机小一些。控制式自整角机的使用比较灵活，是自整角机应用的主要形式。

5. 自整角机的应用举例

自整角机可以直接应用在角度指示系统中，带动指针等轻负载转动，也可以使用差动式自整角机组成更复杂的角度检测系统，还可用以实现角度信号的远距离传输、变换、接收和指示。自整角机广泛应用于冶金、航海等位置和方位同步指示系统以及火炮、雷达等

伺服系统中。

（1）液面位置指示器　力矩式自整角机广泛用作测位器，不仅可以测量水面或液面的高度，也可以用来测量阀门的位置、电梯和矿井提升机的位置、变压器分接开关的位置以及核反应堆控制棒指示器的指示等。以测水塔水位的液面位置指示器系统为例，说明其应用情况。液面位置指示器系统的基本组成如图 9-22 所示，图中用到的发送机和接收机就是力矩式自整角机。

液面位置指示器的工作主要分三步完成：

1）当水塔的水位变化时，浮子随着水面的升降而升降，并通过绳子、滑轮和平衡锤带动自整角发送机的转子旋转，将液面位置的直线变化转换成发送机转子的角度变化。

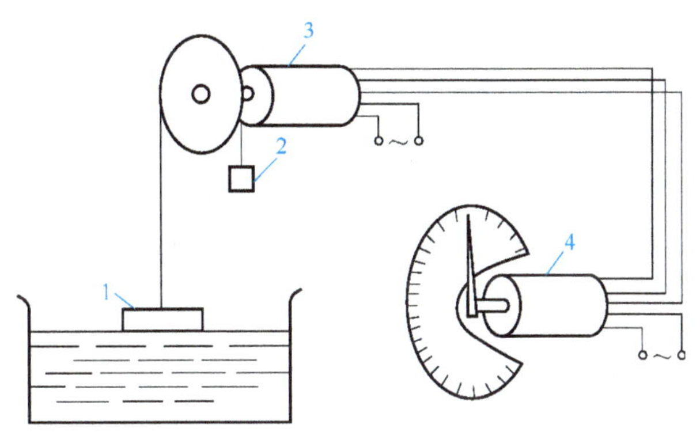

图 9-22　液面位置指示器系统的基本组成

1—浮子　2—平衡锤　3—发送机　4—接收机

2）根据力矩式自整角机的工作原理可知，发送机和接收机之间是通过导线远距离连接的，两者的转子同步旋转，接收机产生的力矩带动表盘指针转动，指向刻度盘所对应的角度，也就是发送机转子所旋转的角度。

3）将角位移换算成线位移，就可方便地测出水面的高度，实现远距离测量的目的。

（2）雷达高低角自动显示系统　图 9-23 是雷达高低角自动显示系统示意图。自整角发送机转轴直接与雷达天线的高低角 α（即俯仰角）耦合，因此雷达天线的高低角 α 就是自整角发送机的转角。控制式自整角接收机转轴与由交流伺服电动机驱动的系统负载（刻度盘或火炮等负载）的轴相连，其转角用 β 表示。接收机转子绕组输出电动势 E_2（有效值）与两轴的差角 γ 即（$\alpha-\beta$）近似成正比，即

$$E_2 \approx k(\alpha-\beta)=k\gamma \qquad (9\text{-}28)$$

式（9-28）中的 k 为常数。

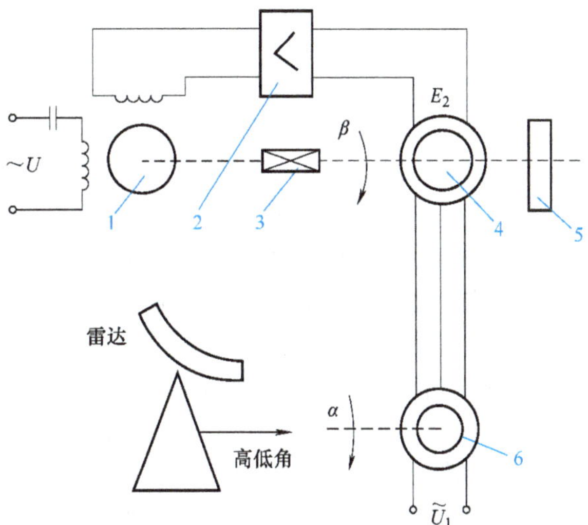

图 9-23　雷达高低角自动显示系统示意图

1—交流伺服电动机　2—放大器　3—减速器　4—自整角接收机　5—刻度盘　6—自整角发送机

E_2 经放大器放大后送至交流伺服电动机的控制绕组，使交流伺服电动机转动。可见，只要 $\alpha \neq \beta$，即 $\gamma \neq 0$，就有 $E_2 \neq 0$，伺服电动机便要转动，使 γ 减小，直至 $\gamma=0$。如果 α 不断变化，系统就会使 β 一直跟着 α 变化，以保持 $\gamma=0$，这样就达到了转角自动跟踪的目的。

只要系统的功率足够大，接收机便可带动火炮一类阻力矩很大的负载。发送机和接收机之间只需三根连线，便实现了远距离显示和操纵。

（二）旋转变压器

旋转变压器是一种输出电压随转子转角以一定规律变化的角位移检测传感器，又称同步分解器。它实际上是一种测量角度用的小型交流电动机，用来测量旋转物体的转轴角位移和角速度。旋转变压器在同步伺服系统及数字伺服系统中可用于传递转角或电信号；在解算装置中可用于函数的解算，故也称为解算器。目前，旋转变压器多用于运动伺服控制系统中，作为角度位置的传感和测量之用。

因为旋转变压器的一次绕组和二次绕组能相对转动，所以可以将其看成能转动的变压器。

1. 旋转变压器的发展历程

早期的旋转变压器用于计算解答装置中，作为模拟计算机中的主要组成部分之一。旋转变压器的输出是随转子转角做某种函数变化的电气信号，通常是正弦、余弦、线性等。在对绕组做专门设计时，也可产生某些特殊函数的电气输出。从 20 世纪 60 年代起，旋转变压器逐渐用于伺服系统，作为角度信号的产生和检测元件。由于三线的三相自整角机在伺服系统中的应用早于四线的两相旋转变压器，所以作为角度信号传输的旋转变压器，有时被称作四线自整角机。实际上，旋转变压器目前主要用于角度位置伺服控制系统。由于两相的旋转变压器比自整角机更容易提高精度，所以旋转变压器的应用更加广泛。特别是在高精度的双通道、双速系统中广泛应用的多极电气元件，原来采用的是多极自整角机，现在基本上都采用多极旋转变压器了。

2. 旋转变压器的分类

（1）按输出电压与转子转角间的函数关系分类

1）正-余弦旋转变压器：输出电压与转子转角之间呈正弦或余弦函数关系。正-余弦旋转变压器是最基本的旋转变压器，其他旋转变压器的电磁结构与它并无本质区别，只是绕组参数和接线方式有所不同。这些旋转变压器主要进行坐标变换、三角运算和角度数据传输与检测、信号转换等。

2）线性旋转变压器：输出电压与转子转角呈线性函数关系，即在一定的转角范围内，其输出电压与转子转角成正比。线性旋转变压器按转子结构又分成隐极式和凸极式两种。

3）比例式旋转变压器：它在正-余弦旋转变压器的结构上增加了一个固定转子位置的装置，其输出电压也与转子转角呈正余弦关系。

（2）按不同用途分类　按旋转变压器在系统中的不同用途，可分为解算用旋转变压器和数据传输用旋转变压器。根据数据传输用旋转变压器在系统中的具体用途，又可分为旋变发送机、旋变差动发送机和旋变变压器。

（3）按极对数分类　按极对数不同可分为单极型、双极型和多极型。大多数旋转变压器是单极型结构，定子和转子各有一对磁极，双极型结构的定子和转子各有两对磁极，多极型结构的定子和转子的磁极对数在两对以上。多极型的精度比单极型的要高一个数量级以上。多极型旋转变压器与多极型自整角机相似，其主要差别仅在于绕组的相数。常见的旋转变压器一般是单极型和双极型，主要用于高精度的检测系统。多极型旋转变压器主要用于高精度绝对式检测系统。

3. 双通道旋转变压器

双通道旋转变压器是将两个极对数不等的旋转变压器合在一起。通常极对数少的称为粗机，极对数多的称为精机，其结构有共磁路和分磁路两种形式。共磁路形式是粗机、精机绕组同时嵌入铁心中，绕组彼此独立，磁路共用。分磁路形式是将粗机、精机用机械组合成一体，各自绕组有单独的铁心，磁路分开。这两种旋转变压器组成了电气变速的双通道旋转变压器系统。它不同于两个相同且独立的旋转变压器和减速器组成的机械变速双通道旋转变压器系统。因为在同步伺服系统中，采用机械变速的双通道系统满足不了要求，必须采用电气变速双通道系统，这种系统不仅把精度提高到秒级，而且结构简单、可靠。

4. 旋转变压器的结构

旋转变压器的结构和两相绕线转子异步电动机的结构相似，可分为定子和转子两大部分。定子和转子的铁心由铁镍软磁合金或硅钢薄板冲成的槽状心片叠成。定子、转子的铁心槽内都嵌放着两个匝数、线径、几何尺寸等完全相同且正交 90°的绕组，定子、转子绕组都可用作励磁或输出，即定子绕组作为励磁，则转子绕组作为输出，反之亦可。一次侧一个绕组通电励磁，另一个正交绕组短路作为补偿，以矫正磁路不对称造成的励磁磁轴偏移。由于多极旋转变压器的工艺误差已被多极分割得很小，对励磁磁轴偏移的影响亦很小，所以多极旋转变压器通常不设短路补偿绕组。二次侧一个绕组为正弦输出绕组，另一个为余弦输出绕组。

定子绕组通过固定在壳体上的接线柱直接引出。转子绕组有两种不同的引出方式，根据引出方式的不同，可把旋转变压器分为有刷式和无刷式两种结构形式。

有刷式旋转变压器的定子和转子上分别有两个互相垂直的绕组，定子与转子铁心间有均匀分布的气隙。转子绕组的电信号，通过滑动接触，由转子上的集电环和定子上的电刷引进或引出，结构简单、工艺性好、体积小。但是，由于电刷与集电环是机械滑动接触的，所以旋转变压器的可靠性差，寿命也较短，实际应用较少。

无刷旋转变压器没有电刷和集电环，目前有两种结构形式。一种为环形变压器式无刷旋转变压器，另一种为磁阻式旋转变压器。环形变压器式无刷式旋转变压器在结构上分为旋转变压器本体和附加变压器两大部分。附加变压器的一、二次侧铁心及其绕组均为环形，分别固定于转子轴和壳体上，径向留有一定的间隙。旋转变压器本体的转子绕组与附加变压器一次绕组连在一起，在附加变压器一次绕组中的电信号（即转子绕组中的电信号）通过电磁耦合，经附加变压器二次绕组间接地送出去，也就是将电源从定子耦合到转子上，避免了电刷与集电环之间的不良接触造成的影响，提高了旋转变压器的可靠性及使用寿命，具有不用维修、输出信号大等优点，已成为数控机床中常用的位置检测元件。但是，无刷式旋转变压器的体积、质量、成本均有所增加，磁阻大、灵敏度低，工艺难度大。

磁阻式旋转变压器的励磁绕组和输出绕组放在同一套定子槽内，固定不动，但励磁绕组和输出绕组的形式不一样。两相绕组的输出信号仍然是随转角做正弦变化、彼此相差 90°电角度的电信号。转子的形状决定了极对数和气隙磁场的形状，对转子磁极形状做特殊设计，使得气隙磁场近似为正弦形。磁阻式旋转变压器一般都做成分装形式提供给用户，由用户自己组装配合。

5. 旋转变压器的工作原理

旋转变压器的工作原理和普通变压器基本相似，区别在于普通变压器的一、二次绕组是相对固定的，而旋转变压器的一、二次绕组能随转子的角位移发生相对位置的改变。普通变压器的全部主磁通 Φ 与一次绕组和二次绕组匝链，感应电动势的大小只与匝数有关，所以输出电压和输入电压之比是常数。旋转变压器的二次绕组相对一次绕组能够转动一个角度 θ，只有部分磁通（如 $\sin\theta$、$\cos\theta$ 等）与二次绕组匝链，所以二次侧感应电动势的数值不仅是匝数的函数，而且是转角 θ 的函数，即一次绕组和二次绕组之间的电磁耦合程度与转子转角有关。

由于匝数一般固定不变，所以二次侧感应电动势的值就只是转角 θ 的函数，输出电压的大小随转子角位移的变化而变化，输出绕组的电压幅值与转子转角呈正弦、余弦函数关系，或保持某一比例关系，或在一定转角范围内与转角呈线性关系。

定子绕组接交流电源励磁，转子绕组接负载，当主令轴带动转子转过 θ 角时，转子各绕组中产生的感应电压分别为

$$U_{c2}=kU_{r1}\cos(90°+\theta)=kU_{r1}\sin\theta \tag{9-29}$$

式中 U_{c2}——转子绕组产生的感应电压；

U_{r1}——输入定子绕组的电源电压；

θ——二次绕组相对一次绕组转动的角度；

k——一相定子绕组和转子绕组的有效匝数比（电压比）。

如果用转子绕组励磁，定子绕组输出，感应电压的表达式与式（9-29）相同，只是 k 的取值不同。

采用不同接线方式或不同的绕组结构，可以获得与转角呈不同函数关系的输出电压。采用不同的结构还可以制成弹道函数、圆函数、锯齿波函数等特种用途的旋转变压器。

6. 旋转变压器的应用

旋转变压器是一种精密角度、位置、速度检测装置，具有结构简单、牢固，对工作环境要求不高，输出信号幅度大，抗干扰能力强等优点，可完全取代光电编码器，广泛应用在伺服控制系统、机器人系统、机械工具、汽车、电力、冶金等领域的角度、位置检测系统中，也可用于坐标变换、三角运算和角度数据传输，还可作为两相移相器用在角度-数字转换装置中。

例如：伺服电动机常采用旋转变压器作为位置速度传感器；电动汽车中电动机的位置传感、电动助力方向盘电动机的位置速度传感、燃气阀角度测量、真空室传送器角度位置测量等，都采用了旋转变压器；用于冰箱、空调、洗衣机等家用电器的永磁交流电动机的位置传感器，原来以光学编码器居多，现在全换成旋转变压器了。

六、思考与练习

（一）填空题

1. 测速发电机是一种测速装置，它将输入的__________转换为__________信号输出。
2. 增大__________，能防止交流伺服电动机发生“自转”。
3. 改变控制电压的极性和大小，便可改变伺服电动机的__________和__________。
4. 步进电动机是一种将__________信号转换成相应角位移或线位移的电动机。

（二）多项选择题

1. 交流伺服电动机与单机异步电动机相比，有（　　）三个显著特点。

A. 起动电流大　　B. 起动转矩大　　C. 运行范围较广　　D. 无自转现象

2. 步进电动机与交流伺服电动机的不同点包括（　　）。

A. 伺服电动机有位置反馈，控制精度高；步进电动机是开环控制，没有位置反馈，控制精度不够高

B. 步进电动机只能用在低速系统中；交流伺服电动机能用在高转速系统中

C. 凡是能采用步进电动机的场合都可以用伺服电动机来替代，反过来则不一定可行

D. 交流伺服电动机可用在有定位要求的设备上，步进电动机则不行

（三）判断题

1. 控制电机主要用于自动控制系统和计算装置中，着重于特性的高精度和对控制信号的快速响应等。(　　)

2. 控制电机的输出功率一般较小，从数百毫瓦到数百瓦，但在大功率的自动控制系统中，控制电机的输出功率可达数十千瓦。(　　)

3. 电动汽车中所用的位置、速度传感器通常都是旋转变压器。(　　)

4. 非数字式自整角机必须单台使用，不能两台或两台以上组合工作。(　　)

（四）分析计算题

一台三相步进电动机的转子齿数 $z_r=40$，求其在不同控制方式（单/双三拍方式和三相六拍方式）下工作时的步距角 θ，并说明采用何种控制方式时精度最高。

参 考 文 献

［1］ 许翏. 电机与电气控制技术［M］. 3版. 北京：机械工业出版社，2017.

［2］ 胡幸鸣. 电机及拖动基础［M］. 4版. 北京：机械工业出版社，2021.

［3］ 王仁祥. 常用低压电器原理及其控制技术［M］. 2版. 北京：机械工业出版社，2009.

［4］ 黄永铭. 电动机与变压器维修［M］. 北京：高等教育出版社，2007.

［5］ 谭维瑜. 电机与电气控制［M］. 3版. 北京：机械工业出版社，2017.

［6］ 王炳实. 机床电气控制与PLC［M］. 2版. 北京：机械工业出版社，2018.

［7］ 田淑珍. 电机与电气控制技术［M］. 3版. 北京：机械工业出版社，2022.

［8］ 王得胜. 电气控制系统设计［M］. 北京：电子工业出版社，2011.

［9］ 单文培. 常用电气设备故障诊断与处理600例［M］. 北京：中国电力出版社，2016.